U0882652

肇庆市气象志

《肇庆市气象志》编纂委员会　编

气象出版社
China Meteorological Press

内容简介

《肇庆市气象志》共分五篇二十章。本志通过对肇庆市70年气象资料的整理、分析，科学系统地记述和总结了肇庆市的气候特点以及常见气象灾害的历史规律；全面客观地介绍了肇庆市气象事业70年来从小到大、由弱变强的发展历程，客观真实地反映了气象与国民经济、社会发展、人民生活、国防建设等方面的密切关系；收集整理了自宋代以来1000余年发生在肇庆境内的气象灾害事件，从中得出很多有益启示和宝贵经验。

本志是肇庆市第一部气象专业志，可作为肇庆市气候资源开发利用、有效做好气象防灾减灾工作的一本工具书，供党政部门领导和各行各业人士阅读参考，也可供志史研究人员参考。

图书在版编目（CIP）数据

肇庆市气象志 / 《肇庆市气象志》编纂委员会编
. -- 北京 : 气象出版社, 2023.11
ISBN 978-7-5029-8102-0

Ⅰ. ①肇… Ⅱ. ①肇… Ⅲ. ①气象－工作概况－肇庆
Ⅳ. ①P468.265.3

中国国家版本馆CIP数据核字(2023)第221830号

ISBN 978-7-5029-8102-0
9 787502 981020 >

肇庆市气象志
Zhaoqing Shi Qixiang Zhi

出版发行：气象出版社
地　　址：北京市海淀区中关村南大街46号　　邮　　编：100081
电　　话：010-68407112（总编室）　010-68408042（发行部）
网　　址：http://www.qxcbs.com　　E-mail：qxcbs@cma.gov.cn
责任编辑：宿晓凤　　终　　审：张　斌
责任校对：张硕杰　　责任技编：赵相宁
封面设计：楠竹文化
印　　刷：北京地大彩印有限公司
开　　本：787 mm × 1092 mm　1/16　　印　　张：23.25
字　　数：660千字　　彩　　插：20
版　　次：2023年11月第1版　　印　　次：2023年11月第1次印刷
定　　价：268.00元

本书如存在文字不清、漏印以及缺页、倒页、脱页等，请与本社发行部联系调换。

1985 年 4 月 27 日，国家气象局局长邹竞蒙（前排右四）在广东省气象局局长谢国涛（前排右五）陪同下，到肇庆地区气象处检查指导工作

1985 年 4 月 27 日，国家气象局局长邹竞蒙（后排中）在广东省气象局和肇庆地区气象处领导陪同下，到高要县气象局检查指导工作

2007 年 7 月 13 日，中国气象局原局长秦大河（中）在广东省气象局局长余勇（右四）陪同下，考察肇庆市气象事业发展情况

2015 年 4 月 30 日，中国气象局副局长矫梅燕（前排左三）在广东省气象局局长许永锞（前排左二）陪同下，参观肇庆市突发事件预警信息发布中心

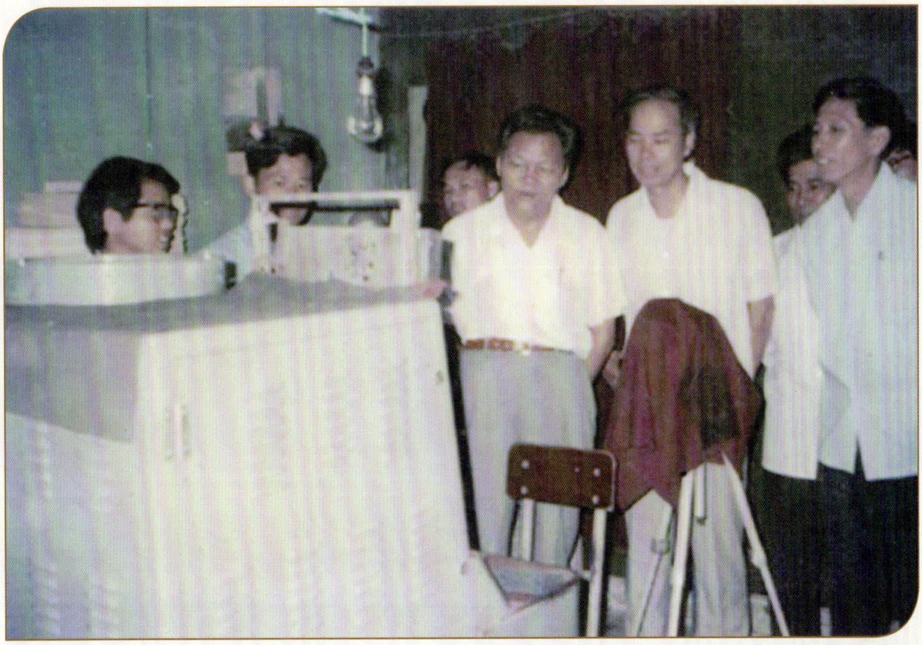

1987 年 6 月，肇庆地委书记黄荣新（前排右三）、广东省气象局局长谢国涛（前排右二）到肇庆市气象台指导工作

2008 年 5 月 5 日，肇庆市委书记覃卫东（右三）在肇庆市气象局局长凌汉强（右四）陪同下，到肇庆市气象局指导工作

2022 年 5 月 9 日，肇庆市委书记张爱军（右五）、市长许晓雄（右六）等在肇庆市气象局局长陈辛动（右三）陪同下，到肇庆市气象局指导工作

2007 年 8 月 1 日，肇庆市市长杨浩明（左）会见正在肇庆调研指导工作的广东省气象局局长余勇（右），共商加快肇庆气象事业发展大计

1998 年 7 月，广东省气象局局长李明经（左一）在肇庆市气象局局长朱杰文（右二）陪同下，到德庆县气象局检查指导防洪抗灾工作

2019 年 3 月 12 日，广东省气象局局长庄旭东（中）在肇庆市气象局局长梁域（左一）陪同下，到高要区金渡镇气象服务站检查指导工作

1954 年 12 月建成的高要县气象站业务楼

20 世纪 70 年代的高要县气象观测场

1987 年 6 月 10 日，肇庆地区气象专业广播电台正式开播

20 世纪 90 年代的怀集县气象局

1990 年 6 月 12 日，肇庆市防雷设施检测所正式挂牌成立

2002 年 3 月 28 日，肇庆市防雷设施检测所鼎湖区分所开业

2008 年 3 月 15 日，肇庆新一代多普勒天气雷达基地动工建设

2015 年 1 月 1 日，广宁县气象局（新址）气象观测场（国家基本站）投入使用

西江流域（肇庆）气象灾害监测预警中心大楼（2010 年 7 月建成）

肇庆市新一代多普勒天气雷达站（2013 年 12 月建成）

高要区气象综合探测基地（2017 年 8 月建成）

四会市气象局业务办公楼（2010 年 8 月建成）

广宁县气象局气象业务技术用房（2017 年 3 月建成）

怀集县气象局业务综合办公楼（2007 年 8 月建成）

封开县气象监测预警中心办公楼（2012 年 12 月建成）

德庆县气象监测预警中心办公楼（2014 年 9 月建成）

现代化建设

肇庆市突发事件预警信息发布中心（2014 年建成）

肇庆市新一代多普勒天气雷达（2013 年 12 月投入使用）

○ 高要区突发事件预警信息发布中心（2020 年 3 月新址重建）

○ 四会市突发事件预警信息发布中心（2015 年 1 月建成）

广宁县突发事件预警信息发布中心（2015 年 9 月建成）

怀集县突发事件预警信息发布中心（2015 年 1 月建成）

封开县突发事件预警信息发布中心（2015 年 1 月建成）

德庆县突发事件预警信息发布中心（2015 年 1 月建成）

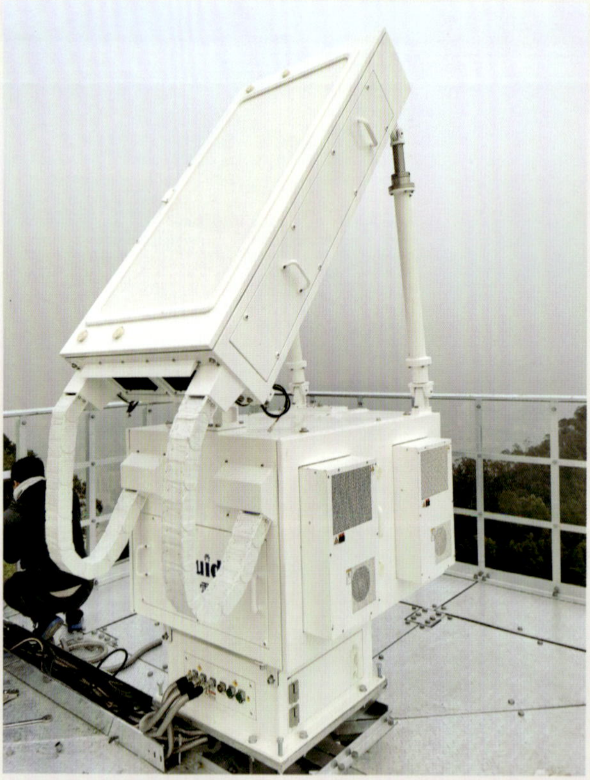

高要 X 波段相控阵天气雷达（2021 年 12 月建成）

四会 X 波段相控阵天气雷达（2021 年 12 月建成）

2003 年 6 月，持续暴雨导致德庆县莫村镇一大桥被洪水冲毁

2005 年 6 月 23 日，遭遇洪水袭击的德庆县悦城镇一片汪洋

2007 年 6 月 28 日，广东肇庆星湖生物科技股份有限公司生物工程基地厂区遭受雷击

2013年5月16日，高要市蚬岗镇一座风雨亭发生雷击事故，造成4名村民当场死亡

2014年3月30日，高要市大湾镇因连降暴雨发生山体滑坡

2016年4月12日，封开县渔涝镇突降冰雹

2017 年 8 月 23 日，台风“天鸽”给端州区带来狂风暴雨，大树被连根拔起

2018 年 9 月 17 日，受台风“山竹”影响，四会市大沙镇附近出现破坏力极强的龙卷，厂房顶的铁皮被刮起

2020 年 6 月上旬，受持续强降水影响，西江、贺江水位急剧上涨，封开县旧县城江口镇处于洪水包围中

2021 年 1 月 12 日，怀集县气象观测场出现霜（冰）冻

2004 年，肇庆遭遇严重的夏秋连旱，11 月 15 日，肇庆市气象局在怀集、封开、德庆等地开展人工增雨作业

2007 年 11 月 14 日，鼎湖区发生山林火灾，肇庆市气象局及时派员到火灾现场开展紧急气象保障服务

2015 年，肇庆市气象局开展助力春运“暖流行动”

2016 年 7 月 6 日，高要区气象局技术人员到该区南药基地开展气象服务

2018 年 8 月 8 日，广东省第十五届省运会在肇庆召开。图为省运会气象保障服务团队

2019 年 11 月 15 日，广宁县气象局业务技术人员为乡镇气象信息员讲课

2021 年 8 月，防雷技术人员对肇庆市阅江大桥防雷装置进行定期检测

2021 年 8 月 31 日，德庆县气象技术人员“三下乡”助力永丰镇乡村振兴

2021 年 10 月 1 日，肇庆市气象局组织专家组为端州“焰遇 · 肇耀千年”国庆欢乐节提供现场气象服务

2011 年 5 月 7 日，肇庆市气象局举办气象防灾减灾科普宣传开放日活动，肇庆《都市报道》小记者俱乐部的小记者们到肇庆市气象局参观采访

2016 年 3 月 30 日，肇庆市首届气象科普有奖知识竞赛决赛成功举办

2017 年 5 月 4 日，肇庆市气象学会组织技术人员到肇庆市第八小学开展科普活动

2017 年 5 月 18 日，肇庆市气象局志愿者到高要区雅瑶小学举办气象防灾减灾科普知识讲座

2018 年 6 月 16 日，肇庆市气象局参加由市安委会组织的以“生命至上、安全发展”为主题的大型宣传服务咨询活动

2021 年 3 月 20 日，肇庆市气象局开展“3·23”世界气象日科普宣传活动

2001 年 10 月，梧州市、云浮市、肇庆市气象局男子羽毛球团体友谊赛在封开县体育馆举行

2002 年 10 月重阳节期间，肇庆市气象局组织离退休人员到七星岩景区开展登高活动

2008 年 3 月 6 日，肇庆市气象局彭端（前排左二）获“全国三八红旗手”称号

2018年4月20日，肇庆市气象局女子队参加市妇联组织的市直机关、事业单位健身操比赛

2018年12月12日，肇庆市气象局党总支组织党员到罗定市长岗坡开展主题党日活动

2019年，肇庆市气象局组织“六一”儿童节活动

2020年8月7日，肇庆市气象局开展“爱岗敬业 奉献社会”道德讲堂活动

2020年9月10日，肇庆市气象局扶贫干部为贫困户子女颁发扶贫教育奖学金

2020年9月28日，肇庆市气象局举行升国旗仪式

2020 年 11 月 19 日，参加广东省西江流域气象系统羽毛球赛的肇庆市代表队荣获团体冠军

2021 年，肇庆市气象局举办“三八”妇女节花艺课

2021 年 6 月 8—9 日，肇庆市气象局组织“西江党旗红”党员志愿者服务队到七星岩东门广场协助开展大规模核酸检测工作

1998 年 4 月，两广三市（肇庆、梧州、云浮）西江防洪气象联防协作会议在肇庆召开

2004 年 4 月 27—28 日，肇庆、梧州、云浮三市气象部门在肇庆召开两广西江防汛气象联防协作会

2005 年 3 月，肇庆、云浮两市召开汛期气候趋势预测研讨会

2005 年 3 月 30 日，广东省气象局在肇庆举行孙云智从南极胜利归来欢迎仪式

2010 年 5 月 10 日，肇庆市气象局组织召开肇庆新一代多普勒天气雷达频率协调会

2012 年 4 月 20 日，中国气象局华南区域气象中心工作会议在肇庆召开

○ 2012 年 11 月 22 日，广东省气象学会第十一次会员代表大会暨学术年会在肇庆召开

○ 2012 年 12 月 7 日，肇庆市农业局和肇庆市气象局举行合作备忘录签字仪式

2014 年 6 月 20 日，肇庆市气象防灾减灾协会成立暨第一届会员大会顺利召开

2015 年 10 月 8 日，广东省气象局长工作研讨会暨业务工作会议在肇庆召开

2019 年 11 月 19 日，肇庆市气象局、肇庆市生态环境局举行打赢"蓝天保卫战"合作框架协议签署仪式

2021 年 10 月 19 日，肇庆市气象局组织召开全市重大气象灾害应急指挥部联席会议，28 个成员单位分管领导参加会议，肇庆市市委副书记杜敏琪（前排右四）出席会议并讲话

《肇庆市气象志》编纂委员会

主　　任：陈辛动

副 主 任：吴振强　孔树剑　温坚培　刘　谦

委　　员：何伟芬　孙云智　梁　腾　周　静　黄成南
　　　　　李厚伟　钟诗豫　彭　端　赵　玲

《肇庆市气象志》专家审核组

梁　域　朱杰文　朱炳胜　王文波　何华庆

《肇庆市气象志》编辑部

主　　编：温坚培

编纂人员：彭　端　赵　玲　郭媚媚　吴礼凤
　　　　　谭丹凤　袁　徽

序

西江悠悠流水长，北岭巍巍高山青。

沧海桑田，斗转星移，以1953年6月建立高要县气象站为起点，肇庆市气象事业已经走过了不平凡的70个春秋。

回眸过去，伴随着共和国的成长，肇庆气象事业经历了从无到有、不断壮大、走向现代化的科学发展历程。

白手起家，艰苦创业，奠定肇庆气象事业的坚实基础。20世纪50年代初，国家号召组建共和国的气象站网，为国防建设、工农业生产服务，为广大人民群众趋利避害服务。老一辈肇庆气象人经过10多年的努力，在西江两岸，在绥江流域，相继建立了10个县级气象站，形成肇庆气象的系统布局。他们艰苦奋斗、迎难而上、甘于奉献的作风，永远是肇庆气象部门一笔宝贵的精神财富。

解放思想，开拓创新，为社会主义现代化建设服务。乘着改革开放的春风，肇庆市广大气象工作者爱岗敬业、恪尽职守、奋发图强，使肇庆市气象事业步入一个快速发展时期，成为肇庆市经济社会发展不可或缺的重要组成部分。顺应全球气候变暖、灾害性天气不断增多，社会经济发展对气象预测预报工作要求越来越高的情况，肇庆市气象部门牢固树立“人民至上、生命至上”的理念，积极推进气象现代化建设，不断提高气象预报的科学性和准确性，拓宽服务领域，创新服务手段，在重大灾害性天气的预报服务中，为各级政府部门提供了大量的气象信息和工作建议，为广大市民工作、生活、出行提供了及时准确的预测预报预警服务，在政府防灾减灾决策和社会经济发展中发挥了重要作用。肇庆市气象事业取得了长足的发展。

赓续前行，奋发有为，开启新时代气象强国建设新征程。党的十八大以来，肇庆市气象部门在地方党委、政府和上级气象局的关心支持下，因地制宜加强基层台站建设，不断改进硬件设备设施，改善工作环境和条件，台站面貌实现了跨越式发展。我们加强党建工作，推动党建与业务的深度融合，注重精神文明建设和人才队伍建设，凝心聚力，切实有效提升气象服务质量，得到了地方党政部门和人民群众的充分认可。

古人云：“未晚先投宿，鸡鸣早看天。”古代君王也有“欲前知水旱以施恤民之政”的良法美意。著名气象学家竺可桢认为，气象学是人类在生产斗争中最迫切、最需要、最基本的一种知识。盛世修志，正值其时。从2021年底开始，我们组织力量编纂《肇庆市气象志》，历经一年又半载，几易其稿，即将付梓。本志通过对肇庆市70年气象资料的整理、分析和研究，总结出肇庆的气候特点以及常见气象灾害的历史规律，为合理利用气候资源和更好地做好防灾减灾工作提供了科学依据。同时也实事求是地记述了肇庆气象事业的发展历程，从中得出很多有益启示和宝贵经验。《肇庆市气象志》的出版，不仅可以起到气象学文献“资治、存史、教化”的作用，还将成为发展肇庆气象事业、研究气候变化规律、提高灾害防御能力的一本难得的工具书和参考书。

"芳林新叶催陈叶，流水前波让后波。"希望全市气象工作者以史为鉴，不忘初心、牢记使命，不负韶华，努力构建科技领先、监测精密、预报精准、服务精细、人民满意的现代气象体系，助力肇庆气象事业的高质量发展！

是为序。

肇庆市气象局局长　陈辛动
2023 年 9 月 28 日

凡　例

一、本志以辩证唯物主义和历史唯物主义为指导思想，坚持求真存实的原则，全面、系统、真实、客观地记述肇庆市的气候特点和规律、气象事业发展的历史和现状，并收集整理了自宋代以来1000余年发生在肇庆境内的气象灾害事件，以期达到总结经验、借鉴历史、认识规律、启迪后世的目的。

二、本志记事上限为建立高要县气象站的1953年6月，下限为2021年12月。按照详今略古、详近略远的原则，重点记述1958年9月高要专区气象台（肇庆市气象局前身）成立以来特别是改革开放以来的发展。

三、本志所用气象资料，除特别注明外，均为肇庆市所属气象站的观测资料。

四、本志数字使用以2011年7月发布的中华人民共和国国家标准《出版物上数字用法》（GB/T 15835—2011）为准。计量单位采用1984年2月国务院颁布的《中华人民共和国法定计量单位》。

五、本志记述的区域范围为肇庆市所辖行政区域，但对1997年1月以前属肇庆市气象局管辖的云浮、罗定、新兴、郁南县（市）气象局，部分章节仍有记述。

六、本志所述人名、地名、单位名称均以当时的称谓为准。

七、从20世纪80年代起，因行政、业务工作需要，按照上级气象部门机构改革的统一部署，肇庆市市、县两级气象机构曾多次实行处、台合一，局、台合一，以及局、站合一，曾称×××气象处（台）、×××气象局（台）、×××气象局（站），相应的领导职务称为处（台）长、局（台）长或局（站）长。为了方便行文、前后连贯，本志除引用正式文件外，一般将机构名称表述为×××气象处、×××气象局、×××气象站，领导职务表述为处长、局长、站长。

八、本志中党组织、团组织分别指中国共产党、中国共产主义青年团。省委、省政府、市委、市政府分别指中共广东省委员会、广东省人民政府、中共肇庆市委员会、肇庆市人民政府。而省气象局、市气象局分别指广东省气象局、肇庆市气象局。

九、本志史料来自档案、志书、著述、报刊、报表等文献资料和实地调查、采访笔录等资料，除个别地方外，文中一般不注明出处。

十、本志采用语体文、记叙体。本志由历史照片、概述、大事记、正文和附录5个部分组成。正文分篇、章、节、目4个结构层次，以文为主，辅以图表。图表编号采用4组数字组成，分别表示篇次、章次、节次和表次。例如，表1-2-3-4表示第一篇第二章第三节第四表。

目　　录

序

凡例

概述……1

大事记（1953—2021年）……7

第一篇　天气与气候

第一章　气候特征……26

第一节　总体特征……26
第二节　四季划分及各季气候特征……27

第二章　气候变化……30

第一节　日照……30
第二节　气压……31
第三节　气温……33
第四节　湿度……35
第五节　降雨量……36
第六节　蒸发量……43
第七节　风……44

第三章　气象灾害……47

第一节　台风……47

第二节　暴雨……54
第三节　强对流……58
第四节　高温……61
第五节　干旱……62
第六节　低温冷害……62
第七节　寒露风和霜降风……65
第八节　大雾……66
第九节　气象次生灾害……67

第二篇　气象事业

第四章　组织机构……70
第一节　机构职能……70
第二节　管理体制……75
第五章　内设机构与直属单位……79
第一节　内设机构……79
第二节　直属单位……84
第六章　县级气象机构……90
第一节　高要区气象局……90
第二节　四会市气象局……97
第三节　广宁县气象局……105
第四节　怀集县气象局……111
第五节　封开县气象局……118
第六节　德庆县气象局……124
第七章　党群社团组织……132
第一节　中国共产党组织……132
第二节　肇庆市气象学会……136
第三节　肇庆市气象局工会……141
第八章　精神文明建设……144
第一节　思想道德教育……144

第二节　文体活动……145
第三节　志愿者服务……145
第四节　扶贫济困和乡村振兴……146
第五节　文明建设成果……147
第六节　气象优良传统的传承……148

第三篇　气象业务

第九章　气象观测……152

第一节　地面气象观测……152
第二节　农业气象观测……155
第三节　特色观测……156
第四节　天气雷达探测……157
第五节　气象哨和自动气象站……158

第十章　气象通信……159

第一节　台站气象数据传输……159
第二节　气象信息接收……160
第三节　气象通信网络系统……161

第十一章　天气预报预警……163

第一节　单站补充天气预报……163
第二节　应用气象传真图制作天气预报……165
第三节　人机交互制作天气预报……166
第四节　综合临近预报系统……166
第五节　精细化网格预报系统……167
第六节　天气预报视频会商系统……168
第七节　中长期天气预报……168
第八节　本地预报服务系统、工具和方法……169

第十二章　气象服务……173

第一节　决策气象服务……173
第二节　公众气象服务……174
第三节　西江航运和防汛气象服务……177

第四节　专项气象服务……177
第五节　重大天气过程气象服务……182

第十三章　科技服务……192

第一节　专业有偿服务……192
第二节　防雷减灾技术服务……193
第三节　人工影响天气……195

第四篇　气象管理

第十四章　教育与科研……198

第一节　人才结构……198
第二节　在职教育……198
第三节　气象科研……198

第十五章　人事管理……204

第一节　职工队伍……204
第二节　劳动工资与社会保障……204
第三节　专业技术职务评聘……206
第四节　离退休人员管理……208
第五节　人员变动情况……211

第十六章　气象法规建设……213

第一节　地方气象法规……213
第二节　行业管理……214
第三节　气象执法……214
第四节　气象行政服务窗口……215

第十七章　计划财务与基本建设……216

第一节　气象财务体制……216
第二节　气象财务管理……216
第三节　财务审计……217
第四节　基本建设……218

第十八章　气象现代化建设与考评……224

第一节　气象现代化建设……224
第二节　气象现代化考评……225
第三节　突发事件预警信息发布中心……227
第四节　气象灾害防御应急联动……228

第五篇　人物和获奖名录

第十九章　人物简介……232

第一节　历任局（台）领导……232
第二节　高级工程师……236

第二十章　获奖名录……241

第一节　集体荣誉……241
第二节　个人荣誉……255

附　录

附录一　1949 年以前肇庆地区重大气象灾害……284

附录二　1949—2021 年肇庆市历年主要气象灾害……304

附录三　1954—2021 年肇庆市气象要素平均值和极值……328

附录四　重要文件摘编……331

附录五　历年公开发表科技论文目录……336

附录六　图表索引……357

编后记……360

概　述

一

肇庆市位于广东省中西部，东部和东南部分别与佛山市、江门市接壤，西南部与云浮市相连，西部及西北部分别与广西壮族自治区的梧州市、贺州市交界，北部和东北部与清远市相邻。全境位于北纬 22°47′—24°24′ 和东经 111° 21′—112°52′，北回归线横贯境域。土地总面积 1.49 万平方千米，约占广东省总面积的 8.31%。

肇庆市受地壳活动、沉积建造、褶皱、断裂等影响，形成山地、盆地、丘陵、冲积平原等形态相间分布的山区地貌。地势西北高，南部和东部较低，以中低山丘陵为主，平原较少，呈西北往东南倾斜走向。境内较大河流有西江及其一级支流贺江、新兴江及其二级支流东安江、北江及其支流绥江和二级支流风岗河。

新中国成立后，设西江行政督察专员公署，辖肇庆市（县级）和高要、四会、广宁、德庆、封川、开建、新兴、罗定、云浮、郁南 10 县。1961 年 4 月改称肇庆专区，1970 年 10 月改为肇庆地区。1988 年 1 月 7 日，国务院批准撤销肇庆地区，将肇庆市升为地级市。1994 年 4 月，罗定市、云浮市、郁南县、新兴县从肇庆市划出设云浮地级市。2008 年 12 月 17 日，国务院批准《珠江三角洲地区改革发展规划纲要（2008—2020）》，肇庆市列入珠三角区域，成为珠三角 9 个城市之一。2015 年 4 月 28 日，国务院批准高要市撤市设区。至此，肇庆市辖端州、鼎湖、高要 3 区和广宁、德庆、封开、怀集 4 县，代管四会市（县级）。2019 年 2 月 18 日，中共中央、国务院印发《粤港澳大湾区发展规划纲要》，肇庆列入粤港澳大湾区城市群。

2021 年，全市户籍总人口数 458.1 万人。

二

肇庆市气候条件优越，气候资源丰富，光照充足，雨水充沛，宜工宜农，宜居宜业。

境内受南亚热带季风影响，冬半年盛行东北季风，天气较为干冷，夏半年盛行西南和东南季风，高温多雨。由于北回归线横贯中部和地理环境影响，境内丘陵、盆地、谷地、台地纵横交错，地形复杂，形成多样化的气候。年平均气温为 21.5 ℃，以 7 月最热，月平均气温 28.5 ℃，极端最高气温 40.6 ℃，日最高气温≥ 35 ℃的日数为 25.9 天。1 月最冷，月平均气温 12.5 ℃，极端最低气温 -4.2 ℃。年雨量 1638.4 毫米，78% 集中在雨季的 4—9 月。年降雨日数 160 天，79% 集中在 2—9 月。年暴雨日数（≥ 50 毫米）5.5 天，雨季期间集中了 85.4%。一日最大降水量 297.6 毫米，出现在 6 月。年平均相对湿度 80%，3—6 月较大，接近 85%；10 月至次年 1 月较小，约 75%。雾日年平均 27 天。一年之中，各月均有雷暴记录，6 月、7 月、8 月各有 15 天左右雷暴日。年日照时数 1705.1 小时，2—4 月多阴雨寡照天气，各月在 60 ～ 80 小时；7—10 月日照充足，各月在 180 ～ 210 小时。年平均风速 1.5 米 / 秒，年大风日数约 3.5 天。终年盛行偏东风，年内各月风向有交替：大致以 5—8 月吹东到东南风，9 月至次年 4 月转为东北风。年有霜日数约 4.8 天，年结冰日不到 1 天。

肇庆市常见的气象灾害有：暴雨洪涝、热带气旋、强对流天气、雷电灾害、干旱、高温酷暑、低温冻害等。随着科学技术的发展和经济实力的提升，全市防灾抗灾能力有了很大的提高，因气象灾害造成的经济损失也逐年降低。

三

新中国成立前，1923 年在高要县宋隆、1927 年在新兴县、1936 年在罗定县曾设立雨量站。肇庆地区没有正规的气象台站。

新中国成立后，根据全国气象事业的部署和规划，为适应本地国民经济的发展，加快了肇庆地区气象台站的建设。1953 年 6 月建立了高要县气象站，随后相继建立了广宁县（1956 年 9 月）、怀集县（1956 年 10 月）、德庆县（1956 年 11 月）、罗定县（1957 年 7 月）、新兴县（1957 年 11 月）、封开县（1958 年 9 月）、郁南县（1958 年 10 月）、四会县（1959 年 1 月）、云浮县（1961 年 5 月）气象（候）站。1958 年 9 月成立高要专区肇庆气象台。其时，各县人民公社纷纷组建气象哨组，后因体制、编制、经费等原因而陆续撤并、停办。1994 年 4 月，云浮地级市成立，新兴、郁南、罗定归云浮市管辖。1997 年 1 月，肇庆、云浮两市气象部门正式分开运作，肇庆市气象局（正处级）管辖高要、四会、广宁、怀集、封开、德庆 6 个县（市）气象局（正科级）。

肇庆市气象局的前身是 1958 年 9 月 24 日成立的高要专区肇庆气象台，至改革开放前，领导体制和机构设置多次变更。1980 年 4 月后，气象体制收归中央，统一由中国气象局管理，实行气象部门与地方人民政府双重领导，以气象部门领导为主的管理体制。气象部门既是上级气象部门的下属机构，又是同级政府的工作部门。

四

70 年来，肇庆市气象事业经历了一个由小到大、由弱变强的发展过程。20 世纪 50 年代至 60 年代初，是筚路蓝缕艰苦创业时期。20 世纪 60 年代中期到 70 年代，在艰难曲折中缓慢发展，基础设施落后、工作条件艰苦、仪器设备简陋、服务手段单一，满足不了工农业生产和人民群众的需求。改革开放到20世纪末，步入一个快速发展时期，在台站基本建设、业务体制改革、人才队伍建设、科研技术攻关、服务领域拓宽等方面打下了扎实的基础。进入21世纪后，致力于现代化建设，气象事业得到长足发展，初步建立了比较完善的气象现代化体系，为肇庆市的防灾减灾、经济建设和社会发展发挥了重要作用。

现代综合探测系统初具规模。肇庆市已建成由6个国家基本气象站，1个新一代多普勒天气雷达站和6部X波段双极化相控阵天气雷达，40套大气电场仪，1个温室气体观测站，3个农业气象站，197个区域自动站和多套闪电定位自动观测仪、能见度自动观测仪、回南天观测仪、生物舒适度监测仪、臭氧观测仪、水汽观测站、气溶胶观测站等组成的种类比较齐全的地空气象监测站网系统。同时，根据《广东省气象现代化新型台站建设标准及考核办法》，全面实施台站环境综合改造工程，肇庆市气象部门台容站貌焕然一新，现代化水平全面提升，为全市基本建成结构完善、功能先进的气象现代化体系奠定了坚实基础。肇庆市气象局和6个县级基层气象台站先后被评为“广东省气象现代化新型台站”。

全面建成立体化气象通信网。通过实施“气象卫星综合应用业务系统”和“气象综合信息网络系统”等工程，广泛利用卫星通信、计算机网络、分布式数据库、程控交换等先进技术，肇庆市气象部门建成了“天基”卫星通信与“地基”宽带网通信相结合的现代化气象信息网络，有效提高了气象信息的综合处理和集中控制能力，增强了气象产品的加工与分发能力。同时，通过对局域网加装通信机、服务器、人机交换系统、电视天气预报制作系统等，构成了功能较完备的县级气象信息网络系统。2008年后，肇庆市气象系统建成以气象通信专网为主、多种通信手段为辅的数据通信传输网络，上行气象观测数据、分析报告，主要使用气象专用通信网络；下行接收气象资料、图表、天气分析，主要通过气象专网、卫星以及移动运营商3G、4G网络等多种方式接收，以传真、电话、电报为辅助手段，所有资料实现计算机自动化处理。至2021年，建成全市气象骨干网带宽达1G、省—市达200M、市—县达50M的专用高速网络，同时配备VPN和无线APN连接等应急网络通信手段。

现代化气象预报预测体系趋于完善。随着科学技术的日益发展，从20世纪90年代中期起，肇庆市各气象台站逐步取消人工填图，以现代化的人机交互处理替代以手工为主的传统预报工作方式，利用人机交互处理系统为工作平台，在上级台站提供的指导产品的基础上，综合运用各种诊断分析、预报技术和方法、预报业务平台以及预报人员的经验，采用人机交互作业方式，分析和制作各种天气预报产品。以天气预报人机交互处理系统（MICAPS）为基础，开发应用由暴雨预报、短期气候诊断分析、气候灾害监测、森林火险等级预报、西江流域防洪决策服务等系统构成的较先进的预报业务综合平台，使天气预报准确率逐年提高。2008年后综合临近预报系统（雨燕GRAPES-SWIFT）投入业务运行，该系统利用天气雷达与其他观测资料，结合数值预报产品进行强对流系统的客观识别与产生降水的定量估计，计算强对流系统过去的移动轨迹，并对未来0～3小时或0～6小时的强对流系统位置与强度变化以及造成的降水进行定量预报，形成临近预报产品向用户分发。2018年开始使用精细化网格预报系统（GIFT），该系统提供了智能化工具对不同气象要素之间的预报结果进行协同处理，最终输出文字、图形化预报产品，形成了一整套精细化网格数字天气预报业务技术体系。目前，肇庆市气象部门冷空气、晴雨预报准确率已稳定在90%以上；台风影响预报准确率和暴雨、龙卷、冰雹等灾害性天气的预报准确率也不断提高，达到了广东省先进水平。

全力打造肇庆突发事件预警信息发布体系。按照广东省气象局的部署，围绕“报得准、审得快、发得出、传得畅、收得到、用得好”的总体要求，坚持“统一谋划、统一部署、统一规划、统一设计、统一建设”的原则，于2014年12月完成市、县两级共7个预警信息发布中心硬件网络、软件平台的建设，实现了自然灾害类、事故灾难类、公共卫生事件类和社会安全事件类预警信息的录入、审核、“一键式”发布，同时可以对预警信息的传播和服务效益进行在线实时监控和跟踪评估，提高了各级领导指挥应急救援的针对性和时效性。

五

气象服务是气象工作的出发点和归宿，是气象事业的立业之本。随着气象现代化建设的日益推进，肇庆市气象部门不断拓宽服务领域，服务面覆盖到社会经济各部门和城乡广大公众，渗透到社会经济活动和人民生活的各个环节。

2013年以来，通过争取省、市、县三级地方财政资金支持，在肇庆市1573个行政村建设乡村气象服务站，共安装1800多套农村预警大喇叭、600多块预警显示屏，在107个乡镇气象服务站安装电视机、电脑等预警信息接收终端。目前，预警信息发布基本实现“省—市—县—乡镇—村”全线贯通，实现“镇镇有显示屏、村村通大喇叭”。同时，通过气象影视节目、气象应急频道、广播电台、“12121”热线、报纸、传真、手机短信、公众网站、气象微博、微信公众号等方式全方位、多渠道发布预警信息，使公众在“任何时刻、任何地方”，至少有1种渠道（方式）及时获取预警信息，打通信息传播“最后一公里”。

肇庆市是雷电灾害多发频发地区，随着社会经济的发展，城乡各种雷击事故造成的损失日益增多。为了保护人民生命财产安全，落实《中华人民共和国气象法》和中国气象局《防雷减灾管理办法》，肇庆市气象部门从20世纪90年代中期开展防雷减灾技术服务，在广东省气象局的指导和肇庆市人民政府的支持下，逐步完善了防雷减灾机构，并纳入法治化管理。组建了一支防雷装置设计审查、施工质量检测以及常年防雷装置安全性能检测、施工的专业技术队伍，同时组织技术力量积极推进易燃易爆场所、大型工程、重点项目等雷击风险评估工作，在减轻雷电灾害损失中做了大量工作，发挥了重要作用。

肇庆市人工影响天气工作始于1977年，那时主要利用“三七”高炮实施人工增雨缓解旱情。2004年，肇庆市政府划拨专项资金，购置了多套火箭人工增雨设备，使人工增雨作业更机动灵活、准确高效。市、县两级政府重视人工影响天气工作，至2012年，相继成立了名为“人工影响天气办公室”的地方气象机构，落实编制人员。气象部门根据地方政府需求，适时组织开展人工增雨作业，在缓解农村农业旱情、增加城乡生产用水、降低森林火险等级、加强生态环境保护、提高环境空气质量等方面做出了重要贡献。

六

70年来，肇庆市气象部门的干部职工队伍从最初的十几人发展到2021年的263人，其中国家编制人员 89 人，地方编制人员 123 人，编外人员 51 人。人员素质也有了很大提高，全市气象部门 263 人中，研究生毕业 7 人，具有本科学历 221 人（其中 16 人获硕士学位），具有大专学历 32 人。正高级工程师 1 人，高级工程师 25 人，工程师 90 人。

在综合目标管理考核方面，肇庆市气象局成绩显著。2012—2016 年连续 4 年荣获广东省综合考评特别优秀奖，其中 2012 年、2015 年排名广东省第二，2013 年、2014 年蝉联广东省第一。

在广东省气象部门业务竞赛中，肇庆市气象部门更是屡创佳绩。2012 年获广东省气象行业气象测报技能竞赛团体第一名，1 人获农业气象观测单项一等奖。2014 年获广东省公共气象服务技能竞赛团体第一名，广东省气象行业测报技能竞赛团体第二名，2 人分别获广东省公共气象服务技能竞赛个人综合知识单项一等奖和气象信息员基本知识单项第一名。在 2016 年广东省三大气象业务技能竞赛中，获 2 个团体第一名、1 个团体第二名，共 6 人次获个人全能前五名（含 1 个第一名、2 个第二名、1 个第三名）。在 2018 年广东省两大气象业务技能竞赛中，分别获团体第一名、第二名，4 人分别获个人全能第一名、第三名、第六名，1 人获“广东省五一劳动奖章”。在 2020 年广东省气象行业职业技能竞赛中，获团体第二名，2 人获“广东省技术能手”称号。

在气象科研方面，取得累累硕果。据统计，1980 年以来，全市气象部门科技人员在正式专业刊物发表科技论文近 400 篇，其中核心刊物论文 11 篇。获得厅局级以上立项科研课题 32 项。5 人次入选省气象局科研团队或高级别人才。

七

肇庆市气象局始终坚持加强党的建设。1965 年 4 月，肇庆地委组织部决定，成立中共肇庆专区气象局分党组。1971 年 3 月 29 日，经上级党组织批准，成立肇庆地区气象台党支部。2006 年 8 月，经中共肇庆市直属机关工作委员会批准，成立中共肇庆市气象局总支部委员会，下辖肇庆市气象局机关党支部、肇庆市气象局业务党支部、肇庆市气象局科技信息服务党支部、肇庆市气象局离退休党支部。至 2021 年，肇庆市气象局党总支部共有中共党员 70 人，其中在职党员 45 人，离退休党员 25 人。特别是党的十八大以来，肇庆市气象局坚持党要管党、全面从严治党，立足部门实际，以党的政治建设为统领，全面推进党的思想建设、组织建设、作风建设、纪律建设，把制度建设贯穿其中，深入推进反腐败斗争，不断提高党的建设质量，增强党组织政治功能和组织功能，为新时期气象事业发展提供坚强政治保证。

肇庆市气象局始终坚持把精神文明建设作为党建工作在思想作风建设方面的具体实践和延伸，把精神文明建设摆在党建工作的突出位置，以党建工作部署推动精神文明建设创新发展、科学发展、持久发展，确保精神文明建设成果始终闪耀党的底色和光辉。

2016 年，肇庆市气象局党总支部获市直机关先进基层党组织，1 人被评为市直机关优秀共产党员，3 人当选肇庆市第十二次党代会代表，1 人当选广东省第十二次党代会代表。2018 年，肇庆市气象局党总支被中共肇庆市委评为肇庆市西江党旗红先进基层党组织，2 人分别被评为市直机关“优秀共产党员”和“优秀党务工作者”。2019年，1人被中国气象局授予全国气象部门“优秀共产党员”称号。2021年，2人被广东省气象局评为全省气象部门“优秀共产党员”，1人被评为“优秀党务工作者”。

文明单位创建工作不断取得新进展。2015年，肇庆市气象局及下属4个县（市、区）气象局获评市级文明单位。2018年，肇庆市气象局获评省级文明单位。

肇庆市气象局构建了“一园一厅一中心一基地”的气象文化格局，使创文工作在阵地建设中静之有形、观之有色。新、旧大院同时开展环境卫生综合治理，台容站貌焕然一新。先后建成党员学习活动室、多功能会议室，打造完善篮球场、羽毛球馆、乒乓球室、图书室、文化展厅、廉政文化园等一批文体基础设施，精心布置文明传播标语、宣传牌，实现了文明创建活动有组织、学习有场地、交流有平台。

肇庆气象文化教育展厅是目前广东省规模最大、保存最完整的气象历史实物展厅，陈列了自1958年肇庆地区成立气象局以来各类气象仪器设备300余套，影像资料100余份。气象廉政文化园寓廉于肇、寓廉于气，使党风廉政文化与肇庆气象文化水乳交融。

对德庆县永丰镇5个帮扶村开展精准扶贫攻坚工作，传递共同富裕正能量。肇庆市气象局荣获“2016年肇庆市新时期精准扶贫精准脱贫工作先进集体”，其中2名驻村扶贫队员分别荣获“全国气象部门2020年优秀共产党员”和“广东省脱贫攻坚工作突出贡献个人（2016—2018年）”。

积极营造生动活泼局面，开展各类文体活动。每年举办演讲比赛、知识竞赛、篮球赛、羽毛球赛、趣味运动会等各类比赛活动，开展元宵节、三八妇女节、六一儿童节、端午节、重阳节等主题节日庆祝活动。

肇庆市气象部门始终坚持把更好地服务地方经济社会发展作为气象工作的出发点和落脚点，践行“准确、及时、创新、奉献”的气象精神，恪守“你的冷暖，在我心中；你若安好，便是晴天”的服务理念，努力提供“走心、贴心、暖心”的气象服务，使精神文明建设在气象服务中贯之有道、行之有效。

70年风雨兼程，肇庆气象事业不断发展壮大，在趋利避害、防灾减灾、服务经济社会发展等方面彰显了气象力量。当前，在广东省气象局和肇庆市委、市政府的领导下，肇庆市气象部门不忘初心、牢记使命，乘着浩荡东风，按照国务院《气象高质量发展纲要（2022—2035年）》的要求，加快推进气象现代化建设，努力构建科技领先、监测精密、预报精准、服务精细、人民满意的现代气象体系，充分发挥气象防灾减灾第一道防线作用，全方位保障生命安全、生产发展、生活富裕、生态良好，更好满足人民日益增长的美好生活需要，为促进肇庆经济社会发展、生态文明建设接续奋斗，再创辉煌！

大事记（1953—2021 年）

1953 年

6 月，建立高要县气象站（驻肇庆镇城中路 52 号）。

8 月，高要县气象站从军队建制（隶属中南军区司令部广东省气象科）转为地方建制。

1954 年

10 月，高要县气象站从地方建制划归广东省气象局领导。

12 月，高要县气象站站址迁至肇庆东郊高要国营农场农业示范场。

1956 年

9 月，建立广宁县气象站，站址在广宁县南街镇郊外都巷村旁的小山岗上。

10 月，建立怀集县气候站，站址在怀城镇城北郊上郭乡一个名为关帝顶的小荒岗上。

1957 年

1 月，建立德庆县气象站，站址在德庆县九市镇三洲农场内。

7 月，建立罗定县气象站，站址在罗城镇气象路 41 号（即原来的县城南郊）。

11 月，建立新兴县气象站，站址在新兴县北郊桥亭岗农科所附近。

1958 年

6 月，怀集县气候站黄赋友参加在桂林召开的全国气象会议。这次气象会议提出，气象服务以农业为重点，每个专区设立气象台，每个县设立气象站，组成气象服务网。

9 月 1 日，建立广四县中心气象站，站址在四会镇高狮管理区三棵榕。

9 月 24 日，建立高要专区肇庆市气象台（不久改为高要专员公署气象台）。谭兆熊任副台长，主持工作。

9 月 24 日，德庆县气象站迁站到新圩镇的斑鸠地。

10 月，建立郁南县气候站，站址在都城镇郊外麻黄地。

12 月，怀集县气候站黄赋友作为广东省的代表，参加全国农业社会主义建设先进单位代表会议，受到毛泽东、刘少奇、朱德等党和国家领导人的接见。

1959 年

1 月，由于行政区域改变，高要专员公署气象台改称江门专员公署气象台。

4 月，高要县气象站迁到肇庆市端州三路。

8 月 31 日，成立江门专员公署气象局（地委组织部核定编制 39 名），李郁军任副局长兼台长。

9 月，筹建封川县气象站，站址在封川县江口镇封川纸厂东南方约 300 米处的小山上。

1960 年

1 月 1 日，德庆县气象站再次迁站，地址在德城镇头槎，海拔高度 21.9 米。

7 月，成立江门专区气象学会（后改名为肇庆专区气象学会）。李郁军为理事长。

1961 年

4 月，因行政区域变更，江门专员公署气象局更名为肇庆专员公署气象局。

5 月，肇庆专区气象台被评为全省文教战线的先进单位，受到广东省委、省人委的表彰。

5 月，建立云浮县气候站，站址在云浮县云城镇环城西路大炮岗。

1962 年

8 月，广东省气象台站的地方建制全部回收，改为直属省气象局领导。肇庆专员公署气象局改称肇庆专区气象局。

11 月，李郁军副局长调离气象部门，杨三录任肇庆专区气象局局长。

1963 年

6 月，高鹤、恩平、开平、江门、新会、台山县气象站和上川岛海洋气象站划归佛山专区。

10月1日，封开县气象站由原址迁到江口镇北郊大龙山东南方约200米一处叫“城头山”的岗地上。

1964 年

1 月，四会县气象站、高要县金利气象哨和肇庆专区气象局的柳以虎、四会县气象站的熊绍元、新兴县气象站的何日群被广东省人民委员会评为先进集体和先进工作者。

1965 年

4 月，肇庆地委组织部决定成立气象局分党组，杨三录任书记。

5 月，封开县气象站黄赋友参加封开贺江大桥建设论证会，并根据气象水文资料，提出桥高增加两米，以提高防洪能力。该建议被采纳。

10 月，肇庆专区气象局由府前路迁到花园后街李岗，即肇庆市端州区文明路一巷四幢。

1968 年

9 月，经肇庆专区革命委员会批准，成立肇庆专区气象局革命领导小组。

1969 年

1 月，广东省气象台站下放给当地革命委员会领导。肇庆专区气象局更名为肇庆地区气象台。

1970 年

6 月，裴玉祥任肇庆地区气象台领导小组组长。

12 月，广东省气象部门实行军队与地方双重领导、以军队领导为主的体制。康增安任肇庆地区气象台政委，魏景泉为副政委。各县武装部派参谋或政工干事进驻气象站。

1971 年

3 月，成立中共肇庆地区气象台党支部。裴玉祥为支部书记，谢正林为支部副书记，林炳球为支部委员。

1973 年

1 月，裴玉祥任肇庆地区气象台副台长。

12 月，成立肇庆地区气象局（肇庆地委组织部核定编制为 23 名）。裴玉祥任副局长，主持全面工作。

1975 年

5 月，广东省教育厅教材编写组和肇庆地区教育局派教授、专家到封开县气象站实地考察调研，编写中学地理教材，历时 3 个月。

1976 年

5 月，郭常任肇庆地区气象局局长。

1977 年

4 月，肇庆 711 型天气雷达正式投入业务使用。

4 月，埃及国家气象局局长哈桑一行参观高要县气象站。

1978 年

3 月 22 日，封开县气象站黄赋友参加在南京召开的全国汛期气象服务会议。

10 月，四会县气象站被中央气象局授予全国气象部门学大庆、学大寨先进集体称号。

12 月，召开肇庆地区气象部门先进代表大会。

1979 年

5 月，肇庆地区气象学会恢复正常工作，冯燮标任理事长。

10 月，裴玉祥任肇庆地区气象局局长。

1980 年

4 月，各地（市）、县气象局（处、台、站）实行省气象局和当地人民政府双重领导、以省气象局为主的领导管理体制。肇庆地区气象局改称肇庆地区行政公署气象局。

11 月，根据《工程技术干部职称评定委员会组织办法》的规定，成立肇庆地区行政公署气象局技术职称评定委员会。

12月，经广东省机构编制委员会和广东省气象局核定，肇庆地区行政公署气象局编制53名。

1981年

1月，肇庆地区行政公署气象局复称为肇庆地区气象局。

2月，肇庆地区气象部门全面铺开技术职称评定、晋升工作。

1983年

3月，一艘“红星”客轮和一艘载重40吨的货轮在西江河段遇大风袭击沉没，造成重大人员伤亡和财产损失。

9月，国家气象局在肇庆召开两广珠江水系强对流研讨会，国家气象局业务司司长方齐和交通部门有关领导出席，会议结束后沿江气象雷达站开展了雷达联防。

10月，肇庆、梧州、玉林地区气象局签订开展联防协作议定书。

11月，肇庆地区气象局改称肇庆地区气象处，实行处、台合一。

1984年

1月，方壮乐任肇庆地区气象处（台）处（台）长。

1985年

4月，国家气象局局长邹竞蒙在广东省气象局局长谢国涛陪同下来肇庆地区气象处和高要县气象局检查指导工作。

7月，肇庆市气象部门干部职工参加机关、事业单位工资制度改革。

1986年

1月，肇庆地区气象部门执行广东省人民政府办公厅转发的《国务院办公厅转发国家气象局〈基准气候站观测环境保护规定〉的通知》。

1987年

2月，广东省气象局党组决定，肇庆地区气象处（台）处（台）长方壮乐停职检查，任命张天禄为肇庆地区气象处（台）副处（台）长，主持全面工作。

6月，肇庆地区气象专业广播电台正式开播。肇庆地委书记黄荣新、地区行署副专员吴家仿、广东省气象局局长谢国涛等领导前来祝贺。

11月，广东省气象局党组免去方壮乐肇庆地区气象处（台）处（台）长职务，任命郭德铿为肇庆地区气象处（台）处（台）长。张天禄调广东省气象局工作。

1988年

1月，国家气象局两名摄影记者来肇庆地区气象处（台）和广宁、封开县气象局拍摄“发展中的中国气象”电视片。

3月，肇庆地区气象处（台）改为肇庆市气象局（台）。

7 月，肇庆市气象台正式向市电视台提供天气预报。

1989 年

8 月 23 日，经肇庆市人民政府办公室批准，成立肇庆市防雷设施检测所。

1990 年

8 月，根据市委、市政府抗旱紧急会议决定，在怀集、德庆、郁南、高要、鼎湖、封开、四会、新兴、云浮、罗定等 10 县（区）开展高炮人工增雨作业，历时 30 多天。

10 月，广东省气象局党组决定，朱杰文任肇庆市气象局党组成员、副局长。

1991 年

1 月 1 日，由于四会县气象局三棵榕观测场周边建筑物和树木影响观测环境，观测场迁至四会县城区新风路横二巷的野狸岗上。

1 月，两广珠江水系强对流天气联防会在肇庆召开。

4 月，肇庆市气象局机关工会正式成立，朱杰文任工会主席。

6 月，市政府决定在郁南、罗定、云浮、新兴、四会、高要等县实施高炮催雨作业。历时半个月，发射炮弹 1196 发，取得较好效果。

11 月，经市政府同意，肇庆市气象局与城市规划局联合发出《关于加强肇庆市防雷设施安装管理的通知》，对新建筑物设施进行审核，在全省首开先例。

12 月，肇庆市气象局吴桂强被国家气象局评为“1991 年防汛减灾气象服务先进个人”。

1992 年

12 月，广东省气象学会六届二次理事会在肇庆市新兴县龙山召开。

12 月，建立肇庆市内河航运防灾、抗灾气象警报服务网。

12 月，市政府发文批准成立肇庆市应用气象科学技术研究所。

1993 年

2 月，广东省气象局免去郭德铿肇庆市气象局局长职务，调中山市气象局工作。朱杰文任肇庆市气象局（台）党组书记、局（台）长，柳以虎任党组成员、副局（台）长。

4 月，肇庆市气象系统甚高频通信网建成并投入使用。

5 月，肇庆市气象局所属气象台站执行中国气象局《汛期气象服务规定》、广东省气象局《汛期气象服务实施细则》。

6 月 29 日，市政府副市长司徒绍到市气象局调研。

7 月 21 日，天气预报实时业务系统（省—市计算机网络）正式投入业务运行。

10 月，肇庆市气象台开始对外进行森林火险天气预报服务。

1994 年

6 月，西江发生 1915 年以来罕见特大洪涝灾害，高要水文站 20 日凌晨出现洪峰水位 13.62 米（为该站历史最高水位）。全市气象部门全力以赴投入抗洪救灾工作，做好气象服务。封开县气象局李明汉被中国气象局评为“1994 年度汛期气象服务先进个人”。肇庆市气象局被肇庆市委、市政府评为“抗洪抢险立功单位”，朱杰文获“在抗洪抢险中做出突出贡献记功奖励”。

8 月，两广两市（肇庆、梧州）西江防洪气象联防协作会议在肇庆市召开，副市长司徒绍参加了会议。会议商定，联防协作会议以后每两年召开一次。

1995 年

3 月，肇庆市技术监督局在《西江报》发表通告，声明承认肇庆市各县（市）防雷设施检测所通过计量认证，其检测数据有法律效力。

4 月，全市气象部门市—县甚高频远程计算机网络系统开通投入使用。

6 月，肇庆市气象局长朱杰文陪同广东省气象局副局长肖凯书与云浮市市长温耀深、副市长梁海森商谈分设云浮市（地级）气象局事宜。

8 月，广东省气象局任命吴桂强为肇庆市气象局（台）副局（台）长。

8 月，肇庆市电视台社教部在肇庆市气象局和四会市气象局拍摄气象专题片《风雨兼程气象人》。

1996 年

3 月，市气象局下发《预报员岗位职责》，各县（市）气象局执行统一的岗位职责。

3 月，全市气象部门市、县远程计算机网络由有线程控调用替代高频无线传输。

5 月，肇庆市气象局局长朱杰文先后陪同广东省气象局局长谢国涛、副局长胡光骏与云浮市市长温耀深商谈共同组建云浮市（地级）气象局事宜，并签署协议。

9 月，封开县气象局李明汉被广东省人民政府评为“农村科学技术先进工作者”。

12 月，封开县气象局李明汉被中国气象局授予“全国气象部门双文明建设先进工作者”称号。

1997 年

1 月，肇庆、云浮两市气象部门正式分开运作，罗定、新兴、郁南气象局划归云浮市气象局（筹备组）管辖。

2 月，省气象局党组决定，李明汉任肇庆市气象局（台）党组成员、副局（台）长。

4 月，肇庆市气象局与市公安局联合发出《关于加强防雷设施维修、检测、管理工作的通知》。

1998 年

1 月，肇庆市气象局被肇庆市委、市政府授予“文明单位”称号。

4 月，“9210”工程卫星电话网络在市气象局大院全部开通。

8 月，肇庆市气象台“9210”技术二次开发取得新进展，MICAPS 业务工作平台投入试运行。

8 月，高要市气象局整体（包括观测场）搬迁到高要市南岸镇南亭岗。

10 月，封开县气象局被中国气象局评为“1998 年全国气象部门防汛抗洪气象服务先进集体”。

11 月，开通肇庆市气象局、高要市气象局、四会市气象局、广宁县气象局 X.25 数据通信。

1999 年

3 月，肇庆市气象局“121”天气预报自动答询电话正式开通。

6 月，肇庆市气象局贯彻执行《广东省防御雷电灾害管理规定》，依法撤销隶属鼎湖区建设国土局的防雷设施检测站。

6 月 1 日开始，肇庆市气象台制作的电视天气预报节目正式在市电视台播放。

6 月 28 日，封开县南丰、渔涝气象自动观测站建成，正式投入业务运行。

2000 年

至年底，肇庆市气象局和各县（市）气象局全部被当地政府授予“文明单位”称号。

2001 年

6 月 7—10 日，顺利完成市政协提案在肇庆星湖风景名胜区（七星岩、鼎湖山）安装自动气象站的任务。

6 月 11—12 日，广宁县花山自动气象站安装调试完毕，正式投入运行。

12 月上旬，全市开展竞争上岗人员答辩考核工作，月底结束。

12 月，下发《肇庆市气象部门机构改革人事制度改革方案》。

12 月，肇庆市人民政府同意，将肇庆市气象局干部职工属于政策规定的地方补贴，按市直部门标准的 60% 列入财政预算，逐年划拨。

2002 年

3 月 28 日，肇庆市防雷设施检测所鼎湖区分所成立。

5 月 20 日，成立肇庆市行政服务中心气象局防雷窗口工作小组。

12 月底，怀集县、高要市、四会市气象局科技档案管理先后晋升为省部级先进单位。

2003 年

1 月，广东省气象局副局长余勇一行到广宁县、怀集县、封开县、德庆县和高要市气象局慰问、调研。

2 月 16 日，广东省气象局副局长余勇到高要市气象局检查指导工作。

3 月 26 日，广东省气象局副局长余勇来肇庆宣布肇庆市气象局新一届党组成员任免决定：朱杰文任肇庆市气象局局长、党组书记；李明汉任肇庆市气象局副局长、党组成员，任期三年；吴桂强任肇庆市气象局党组成员、纪检组长兼副局长，任期三年；温坚培任肇庆市气象局副局长、党组成员，试用期一年。

8 月 8 日，肇庆市防雷设施检测所大旺分所成立并举行挂牌仪式。

9 月 1 日，“121”新电话信息系统正式投入使用，电信公司的固定电话、流动市话全部开通“121”。

9月，印发《肇庆市气象灾害预警信号发布应急预案（试行）》。

10月，高要市气象局孙云智赴北京参加南极科学考察业务培训。《南方日报》《高要日报》对孙云智赴南极科学考察一事进行了宣传报道。30日，肇庆市电视台播放了对孙云智的采访报道。

12月1日，高要市气象局孙云智作为广东省气象局赴南极考察第一人，从高要出发前往南极。广东省气象局副局长杨少杰、肇庆市分管农口的市委副书记和市政府副市长、肇庆市气象局局长朱杰文、高要市有关领导参加出征仪式。

2004年

6月13日，《西江日报》在头版以《挺立在冰雪世界》为题大篇幅报道孙云智到南极半年来的工作和生活情况。

6月14日，由市气象局援建的“肇庆市青少年气象科普教育基地”在肇庆市端州中学挂牌成立。

7月19日，全省青少年气象夏令营在肇庆市举行开营仪式。

10月18日，市政府市长办公会议讨论成立人工增雨机构和投入经费问题，同意投入110万元用于人工增雨作业。

11月5日，凌汉强任肇庆市气象局党组书记、局长，朱杰文任调研员。

11月15—16日，为缓解严重旱情实施人工增雨作业，在广宁、怀集、封开县3个作业点共发射人工增雨火箭弹20枚，作业区普降小到中雨，局部大雨，取得明显的作业效果。

11月16日，高要市气象局成为广东省气象局“四个一流”新型台站。

2005年

1月20日，正式启用市—县SDH宽带网，实现市—县SDH宽带业务化。1月27日，召开肇庆市贯彻实施《防雷减灾管理条例》和《施放气球管理办法》座谈会，市人大、市政府有关领导出席了座谈会。

3月30日，孙云智赴南极科考胜利归来，广东省气象局副局长梁建茵和省气象局办公室、人事处、业务处等处室领导以及肇庆、高要市有关领导出席了在肇庆举行的欢迎大会。

4月20日，肇庆市政府召开常务会议，研究在肇庆市建设新一代天气雷达项目。市领导在会上明确同意政府划拨土地和投入配套资金。

6月23日，受西江上游地区大范围持续性强降水影响，中午12时，封开县江口水位达到25.92米，超警戒水位8.92米，是1949年以来的最高洪水水位。

7月1日，对无证从事防雷工程施工的高要市第四建筑公司实施行政处罚，收到对方缴纳的罚金3000元，标志着肇庆市气象局的气象行政执法工作进入实质性操作阶段。

11月4日，肇庆市电信小灵通气象短信正式开始试运行。

2006年

4月10日，市政府下发《关于印发〈肇庆市国民经济和社会发展第十一个五年规划纲要〉的通知》（肇府〔2006〕25号），其中新一代多普勒天气雷达基地、气象灾害综合探测站网和城乡防灾减灾气象预警服务系统被列入重点建设项目。

5月1日，铁通“12121”气象自动答询电话开通试用。

6月20日，肇庆市气象局“网上行政审批系统”正式运行。

2007年

1月1日，怀集县气象局气象观测场搬迁至怀城镇城北登云亭小山岗上（土名人头岭）。

4月5日，在地方报刊和政府网站刊登《关于禁用氢气灌充施放气球的通告》，明确从2007年4月20日起，在全市范围内禁止施放氢气球，改用灌充惰性气体（如氦气）的安全气球。

4月30日，移动“12121”平台正式向市民开通。

7月13日，中国气象局原局长秦大河在广东省气象局局长余勇陪同下莅临肇庆调研。

7月16日17时35分许，肇庆市封开县长岗镇发生重大雷灾事故，造成3人死亡、2人重伤、1人轻伤，伤亡人员中的5人为8～12岁的青少年儿童。这是肇庆市近年来发生的最严重雷击事故。市气象局及时组织技术人员开展雷灾事故调查并向肇庆市政府作了汇报。市长杨浩明批示同意市气象局的事故调查结论，并提出进一步抓好农村防雷安全工作的意见。

7月31日，广东省气象局局长余勇到四会市气象局新选观测场场址进行考察调研，对四会市气象局新观测场征地工作提出了指导意见。

8月1日，广东省气象局局长余勇、纪检组长邹建军来肇庆检查指导工作，肇庆市市长杨浩明会见了余勇一行，共商加快肇庆气象事业发展大计。

10月23—25日，中国气象局华风影视集团《自然灾害记录》摄制组到封开县拍摄专题纪录片，对“2007·7·16”长岗镇重大雷击事故现场进行拍摄和回访。

12月19日，广东省气象局副局长许永锞一行到四会市气象局调研新观测场征地工作。

2008年

8月20日，四会市气象局气象灾害预测预警中心项目正式开工建设。

11月27—28日，广东省气象局副局长林献民一行到肇庆新一代多普勒天气雷达信息处理中心工地现场和高要市金龙水库深坑岗的多普勒天气雷达站新址检查指导工作。

11月，肇庆市气象台与金石文化传播有限公司签定《天气预报服务协议书》，双方同意在肇庆广百广场电子显示屏向公众发布肇庆市区24小时天气预报。

2009年

1月1日，四会市气象观测场搬迁至四会市贞山街道橄榄村委白坟前村X439县道旁的小山头。

4月，中国气象局气测函〔2009〕53号《关于广东肇庆新一代天气雷达站址的复函》同意广东省气象局意见，将高要市金龙水库作为肇庆新一代天气雷达站址。同年，肇庆市新一代天气雷达站正式开工建设，占地17297平方米，建筑面积2600平方米，主要由塔楼、业务楼、绿化带等部分组成。

6月17日，省人大农村委员会一行到肇庆市气象局、高要市气象局进行应对气候变化、加强气象防灾减灾能力建设情况调研。

8月4日，广宁县气象局被中国气象局新增为土壤水分观测业务站点。12月，“肇庆气象公众网”初步建成。

2010 年

1月1日，封开县气象观测场迁到江口镇封州路封川村委会背后山上，海拔高度83.6米。

6月3—4日，广东省气象局局长余勇率领有关处室负责人一行3人，莅临肇庆市气象局以及四会市气象局、高要市气象局检查指导工作。

7月，肇庆市气象局从肇庆市文明路一巷四幢搬迁至肇庆市信安大道规划78区南信安五路12号。

8月，四会市气象局行政业务办公搬迁至东城街道广场南路17座大院。

8月7日，德庆县政府致函广东省气象局：《关于制定德庆县气象探测环境保护专项规划的承诺函》（德府函〔2010〕23号），承诺将严格按照《中华人民共和国气象法》《气象探测环境和设施保护办法》规定及相关技术要求制定新观测站的观测环境保护专项规划，并将相关要求落实到县规划管理部门的工作流程中；德庆县政府致函中国气象局监测网络司：《关于办理德庆县国家一般气象观测站土地使用权证的承诺函》（德府函〔2010〕24号），同意将征收的“双鱼山”约44亩①土地划拨给县气象局作为德庆县国家一般气象观测站新站用地，并承诺在2010年办好土地使用权证。

10月15—17日，肇庆市气象局羽毛球队一行16人到江门市参加第九届气象系统“西江杯”羽毛球赛，获团体冠军。

11月3日，经复查考核，肇庆市气象局被肇庆市委、市政府确认保留“肇庆市文明单位”称号。

2011 年

1月1日，德庆县气象观测场迁移到新圩镇九江村双鱼山，海拔高度47.2米。

3月18—19日，2011年汛期华南区域气候趋势预测会商会在肇庆召开。国家气候中心、华南7省（区）气候中心、广东省气象台、广州热带海洋气象研究所、厦门气候变化中心、香港天文台、澳门地球物理暨气象局、广东省水文局、珠江水利委员会水文局和广东省各市气象台等35个单位共45位代表出席了会议。

3月29日，广东省气象局主持工作的党组副书记、副局长许永锞莅临肇庆市气象局，宣布省气象局党组对肇庆市气象局主要领导的调整决定：赖天文任中共肇庆市气象局党组书记、肇庆市气象局局长；免去凌汉强中共肇庆市气象局党组书记、肇庆市气象局局长职务，另有任用。

6月16日，省气象局党组发文，吴桂强任肇庆市气象局调研员，免去其中共肇庆市气象局党组纪检组长、党组副书记职务。

6月20日，省气象局党组发文，李明汉任中共肇庆市气象局党组成员、纪检组长，免去其肇庆市气象局副局长职务。

9月27日，省气象局党组发文，陈辛动任肇庆市气象局党组成员、副局长。

11月8日，肇庆市政府以肇府〔2011〕29号文正式印发经十一届60次市政府常务会议

① 1亩≈666.67平方米。

审议通过的《肇庆市气象灾害防御规定》，于 2011 年 12 月 1 日起施行。

2012 年

3 月 31 日，肇庆市各台站顺利完成了地面气象观测业务切换工作。

3 月，肇庆市气象台被广东省妇联授予广东省“巾帼文明岗”荣誉称号。

4 月 1 日，广东气象应急频道正式落地高要市并播出相关节目。

4 月 20 日，中国气象局华南区域气象中心工作会议在肇庆召开。广东省气象局局长许永锞以及广西壮族自治区气象局、海南省气象局主要领导出席会议。

6 月 12 日，中央电视台 CCTV-7 频道《聚焦三农》栏目组到高要市摄制有关农业与气候关系的专题片。

8 月，广东省气象局免去陈辛动肇庆市气象局党组成员、副局长职务，调云浮市气象局工作。

8 月 11—12 日，肇庆市气象局获全省测报业务竞赛一等奖。其中，丘志华获个人全能三等奖，基础理论单项二等奖；罗天福获个人全能优秀奖；钟志成获农业气象观测单项一等奖；陈达炎获农业气象观测单项三等奖。

8 月 20 日，肇庆市人民政府印发《肇庆市气象灾害应急预案》（肇府函〔2012〕341 号），进一步明晰气象灾害应急工作责任与分工。

8 月 27 日，肇庆市人民政府下发《关于贯彻实施省政府进一步加强突发事件预警信息发布工作意见的通知》，明确要大力推进市、县级突发事件预警信息发布中心建设，加快预警信息发布系统（平台）的建设，提升预警信息发布管理水平；建立突发事件预警信息发布工作考核机制，将突发事件预警信息发布工作纳入应急管理工作考核体系；落实三大保障措施，包括加强组织领导、加大资金投入和强化宣教培训。

10 月 11 日，肇庆市人民政府召开全市气象工作会议，分管市领导、市有关单位负责同志、各县（市、区）人民政府、肇庆高新区管委会、肇庆新区管委会分管气象工作的负责同志、各县（市）气象局局长、肇庆市气象局班子成员以及各直属单位、各内设机构主要负责同志参加会议。

10 月 16 日，肇庆市机构编制委员会办公室印发《关于设立肇庆地方气象事业机构问题的复函》（肇机编办〔2012〕145 号），批复同意设立肇庆市防雷减灾管理中心、肇庆市人工影响天气中心和肇庆市突发气象灾害预警信息发布中心 3 个地方气象事业机构，均为肇庆市气象局下属正科级事业单位，公益一类。

10 月 24 日，德庆县气象预警中心业务楼工程项目举行开工仪式。

11 月 8 日，位于高要市金龙水库的肇庆市新一代天气雷达基地完成竣工验收。

11 月 15 日，中共广东省气象局党组决定：刘谦任肇庆市气象局党组成员、副局长。

12 月 18 日，广宁县气象服务中心成立，加挂“广宁县突发事件预警信息发布中心”“广宁县人工影响天气办公室”“广宁县防雷减灾办公室”牌子，为县气象局下属地方气象机构，正股级公益一类事业单位，核定事业编制 5 名，其中正、副主任各 1 名，人员经费按财政补助一类拨付。

12 月 28 日，封开县气象局办公楼迁到封开县江口街道封州一路（原封川收费站旁）。

2013 年

4 月 3 日，肇庆市市长率市直有关部门主要负责人莅临市气象局，调研指导汛期气象服务和率先实现气象现代化建设工作。

5 月 1 日，肇庆市有主持人现场播报的新版电视天气预报节目在肇庆电视台综合频道正式开播，节目由肇庆市气象局自主制作。

5 月 15 日，高要市突发事件预警信息发布中心成立，加挂“高要市防雷减灾管理中心”和“高要市人工影响天气中心”牌子，为副科级公益一类事业单位，核定事业编制 20 名。

5 月 22 日，肇庆市气象局和肇庆市图书馆签署《市气象局、市图书馆合作协议》，携手打造气象科普教育基地。

5 月 27 日，肇庆市政府分管副市长率市应急办、市编办、发改局、财政局、人社局、气象局及各县（市）分管领导拜访广东省气象局，广东省气象局局长许永锞、纪检组长邹建军和有关处（室）领导参加座谈会。双方就推进肇庆气象现代化建设、建立突发事件预警信息发布中心等交换了意见。

6 月 1 日，肇庆市新一代天气雷达正式投入业务使用。

7 月 19 日，德庆县突发事件预警信息发布中心成立，为县人民政府直属副科级公益一类事业单位，由县气象局代管，核定事业编制 20 名（含德庆县突发事件气象预警信息发布中心划入 2 名），其中正、副主任各 1 名，人员经费按财政补助一类拨付。

8 月 14 日，肇庆市市长莅临市气象局指导防御强台风“尤特”工作，要求全市气象部门继续努力做好强台风和暴雨的监测预报预警服务，确保人民群众生命财产安全。

8 月 16 日，四会市突发事件预警信息发布中心成立，加挂“四会市防雷减灾管理中心”和“四会市人工影响天气中心”牌子，核定事业编制 20 名，其中主任 1 名、副主任 2 名，人员经费按财政补助一类拨付。

8 月 20 日，封开县突发事件预警信息发布中心成立，核定事业编制 20 名，其中主任 1 名、副主任 2 名，人员经费按财政补助一类拨付。

9 月 4 日，广宁县突发事件预警信息发布中心成立，加挂“广宁县防雷减灾管理中心”和“广宁县人工影响天气中心”牌子，为县气象局下属公益一类事业单位，核定事业编制 20 名，其中主任 1 名、副主任 2 名，人员经费按财政补助一类拨付，由县气象局代管。

9 月 5 日，怀集县突发事件预警信息发布中心成立，为公益一类事业单位，核定事业编制 20 名，其中主任 1 名、副主任 2 名，人员经费按财政补助一类拨付，隶属怀集县气象局管理。

9 月 23 日，肇庆市市长莅临市气象局，检查指导防台工作，称赞肇庆气象部门预测预报准确精细，应急响应启动和预警信号发布及时到位，为市委、市政府组织部署防台工作提供了宝贵、可靠的决策依据。

10 月 15 日，按照广东省气象局部署，高要市气象局、广宁县气象局完成全省地面气象观测站的观测项目和时次的调整：基本站取消夜间值守班和云状的观测；取消 13 种天气现象的记录和降水、雨凇、积雪等重要天气报的编发；进行测报业务软件升级，取消的人工观测项目可综合利用自动气象站、闪电定位仪、天气雷达和气象卫星等来获取观测资料。

10 月，肇庆市人民政府办公室印发《肇庆市率先基本实现气象现代化考核评价办法》（肇府办函〔2013〕218 号），旨在充分发挥考核评价的导向、激励和约束作用，促进肇庆气象现代化建设水平不断提升，确保到 2015 年全市率先实现气象现代化。

11 月 16 日，以中国气象局大气探测中心李柏副主任为组长的天气雷达验收专家组一行，实地考察验收肇庆新一代多普勒天气雷达项目。

12 月 4 日，封开县人民政府办公室印发《关于同意将封开县气象局干部职工地方性补贴纳入财政预算的批复》，同意将封开县气象局国编人员 12 人（含退休人员 1 人）地方性津补贴按地方公益一类全额拨款事业单位标准纳入地方财政预算。

12 月 15—16 日，美国气象局国际事务办公室外事官威廉·波尔霍夫博士在中国气象局、广东省气象局专家陪同下，莅临肇庆市气象局和四会市气象局调研市、县级基层气象业务情况。

12 月 26 日，肇庆市机构编制委员会办公室印发《关于整合健全肇庆市突发预警信息发布中心相关问题的复函》（肇机编办〔2013〕237 号），正式批复同意肇庆市突发气象灾害预警信息发布中心更名为肇庆市突发事件预警信息发布中心，为肇庆市气象局下属正科级事业单位，公益一类，核定事业编制 30 名（含原突发气象灾害预警信息发布中心 5 名），其中主任 1 名、副主任 3 名，人员经费按财政补助一类拨付。

2014 年

1 月 21 日，广东省气象局局长许永锞一行莅临肇庆市气象局慰问和指导工作。

1 月 22 日，中共肇庆市委十一届四次会议确定 2014 年十件惠民实事，其中肇庆市气象局提出的安全气象社区建设提案被市委、市政府采纳，被列入第十件惠民实事，其主要内容有：加强防灾减灾建设，全面完成市三防指挥部决策系统升级改造，在市城区建设 5 个安全气象社区试点，每个社区成立 1 个气象灾害防御服务站。

3 月 28 日，广东天文防雷工程有限公司肇庆分公司挂牌成立。

4 月 4 日，肇庆市市长率国土、水务、民政、三防等部门主要负责人莅临市气象局，指挥部署汛期防灾减灾工作。

8 月，注销肇庆市气象设备服务公司。

9 月 18—19 日，安徽省气象局副局长胡雯率安徽省财政厅、人社厅、编委办、发改委等部门领导莅临肇庆市气象局调研考察气象现代化建设工作。

12 月 24 日，位于新圩镇双鱼山的德庆县气象监测预警中心业务大楼建成并投入使用，该中心集气象业务、气象服务、预警发布、灾害联防、应急指挥于一体。

12 月，召开肇庆市气象局工会会员大会，李明汉当选为第二届工会主席。

2015 年

2 月 1—2 日，广东省气象局局长许永锞一行莅临肇庆市气象局慰问并检查指导气象现代化建设工作。

3 月 18 日，国家气候中心首席专家任国玉研究员到广东肇庆中学开展题为《气候、环境与人类》的世界气象日科普报告会。报告会由中国气象学会主办，广东省气象学会承办，肇庆市气象局与肇庆中学共同协办，在肇庆中学礼堂内举行，近千名师生参加了报告会。

4 月 30 日，中国气象局副局长矫梅燕在广东省气象局局长许永锞的陪同下莅临肇庆检查指导气象工作，并会见了肇庆市市长，双方共商推进肇庆气象现代化建设。

5 月，为贯彻落实《广东省人民政府关于批转省气象局〈广东省全面深化气象管理体制改革实施方案〉的通知》(粤府函〔2014〕185 号)和《广东省机构编制委员会办公室广东省气象局转发广东省国家气象系统全面深化气象改革机构优化调整实施方案的通知》(粤机编办发〔2014〕176 号)以及《肇庆市人民政府关于印发肇庆市贯彻落实〈广东省全面深化气象管理体制改革实施方案〉细则的通知》(肇府函〔2014〕347 号)等文件精神,结合肇庆市国家气象系统实际,在《肇庆市国家气象系统机构改革方案》(粤气人字〔2002〕14 号)、《肇庆市国家气象系统机构编制调整方案》(粤气〔2006〕215 号)的基础上,进行机构优化调整。

7 月 28—30 日,广东省气象局副局长庄旭东一行到肇庆开展 2015 年重点工作督查调研和现代化新型台站复审验收。先后深入四会、怀集、封开、德庆、高要等县(市、区)气象局以及肇庆市气象局实地考察基层台站建设情况,对照《广东省气象现代化新型台站考核评审表》逐项进行细致全面的检查验收。

8 月 31 日,广东省气象局与肇庆市人民政府签订《广东省人工影响天气安全责任书》,进一步健全肇庆市人工影响天气安全生产责任制,强化人工影响天气安全管理工作。

10 月 9 日,肇庆市市长会见广东省气象局局长许永锞一行,双方就进一步推进气象现代化建设进行会谈。

10 月 9—10 日,广东省气象局在肇庆召开全省气象局长工作研讨会暨全省气象业务工作会议。许永锞作题为《改革开放 转型升级 建设过硬的、经得起检验的气象现代化》的主题报告。

10 月,省气象局副局长庄旭东、纪检组长刘作挺参观考察肇庆市气象局文化教育展厅,并为文化教育展厅揭牌。

11 月 24 日,中国气象局发文(中气函〔2015〕317 号)批复同意将高要国家基本气象站站址迁移至高要区莲塘镇上察村波西东岗。

12 月,肇庆市防雷设施检测所更名为肇庆市气象公共安全技术支持中心,肇庆市防雷设施检测所鼎湖区分所、肇庆市防雷设施检测所大旺分所分别更名为肇庆市气象公共安全技术支持中心鼎湖区分中心、肇庆市气象公共安全技术支持中心大旺分中心。

2016 年

1 月 1 日,广宁县气象局地面气象观测场和值班室搬迁至广宁县南街镇圣堂社区下迳村杉侧岗。

10 月 13 日,中国气象局综合观测司在肇庆组织召开肇庆新一代天气雷达业务验收会,经过讨论和质询,认为肇庆新一代天气雷达系统各项参数指标满足中国气象局相关技术要求,同意通过业务验收。

11 月 15 日,肇庆市平安西江气象保障工程(二期)建设方案论证会在广东省气象局召开。

11 月,广宁县气象局行政业务办公(广宁县突发事件预警信息发布中心)搬迁至广宁县南街街道百盈西路。

12 月 27 日,肇庆市科协在肇庆市气象局举行“肇庆市科普教育基地”授牌仪式,市科协、市气象局领导、有关部门负责人、专家及相关科技工作者参加授牌仪式。

2017 年

3 月 15 日，中国共产党肇庆市代表会议在星岩礼堂举行，会议选举产生肇庆市出席广东省第十二次党代会的 32 名代表。肇庆市气象局高级工程师郭媚媚同志光荣当选。

3 月 24 日，肇庆市气象局与市广播电视台签订《天气预报和气象灾害预警信息发布协议》。根据协议，肇庆市广播电视台每天 3 次在肇庆公共频道和综合频道播放由市气象局制作的电视天气预报节目，并及时、完整、准确地以图标和字幕形式在电视频道播发相应的预警信号及防御指引。

4 月，召开肇庆市气象局工会委员会第三届换届选举大会，温坚培当选为工会主席。

8 月 8 日，共建“平安西江”行动启动仪式在肇庆市高要区金沙咀国际广场举行，广东省气象局副局长常越出席仪式。

8 月 22 日，高要区建成首个广东南药基地自动气象站。

8 月 26 日，中共广东省气象局党组决定：王文波任肇庆市气象局党组成员、副局长，试用期一年。

12 月 1 日，肇庆市气象局召开防雷减灾体制改革工作会议。

2018 年

1 月 18 日，肇庆市人民政府印发新修订的《肇庆市气象灾害应急预案》（肇府函〔2018〕31 号），2012 年印发的《肇庆市气象灾害应急预案》同时废止。

2 月 12 日，广东省气象局党组书记、局长庄旭东一行先后到广宁县、四会市气象局调研指导工作，并慰问基层台站干部职工。

4 月 23 日，广东省气象局检查贯彻落实中央八项规定精神情况第一检查组到肇庆市气象局开展贯彻落实中央八项规定精神情况专项检查。

5 月 7—10 日，肇庆市出现大雨到暴雨、局部大暴雨的强降水过程，市气象局第一时间组织专家为肇庆中国平安保险公司提供天气灾害赔偿咨询服务。根据对致灾因子的计算结果，此次强降水过程达到第一档赔付标准，触发自动赔付条款，肇庆中国平安保险公司迅速完成了 600 万元气象灾害保险赔付。肇庆市首个巨灾指数保险自动赔付案例顺利完成。

7 月，肇庆市华云防雷工程有限公司更名为肇庆市华云信息科技工程有限公司。

8 月 8—31 日，广东省第十五届运动会和第八届残疾人运动会在肇庆市先后举行，肇庆市气象局全力以赴做好开、闭幕式和比赛期间的气象保障服务工作。

9 月 16—18 日，受台风“山竹”影响，高要区出现大暴雨，局部特大暴雨降水过程，风力影响创历史纪录。录得 11 级以上阵风 7 站，12 级以上阵风 5 站，其中，16 日 17 时 36 分，高要国家基本站录得瞬时极大风速 40.7 米 / 秒（13 级），此前极大风速为 38.1 米 / 秒（2004 年 7 月 2 日），打破了 1953 年高要建站以来最高风速纪录。

10 月 11 日，广东省气象局党组书记、局长庄旭东出席肇庆市气象局干部大会，宣布省气象局党组的任免决定：梁域任肇庆市气象局党组书记、局长，免去赖天文的肇庆市气象局党组书记、局长职务，办理退休手续。

10 月 24—29 日，广东省气象局党组第三巡察组赴肇庆对高要、四会、怀集、广宁、德庆、封开 6 个县（市、区）气象局党组开展巡察。

11 月 16 日，广东省第五届公共气象服务技能竞赛在广州举行，肇庆市气象局获团体第二名，翁佳烽获个人全能第一名，被省人力资源和社会保障厅授予“广东省技术能手”称号。

2019 年

1 月 1 日，怀集国家气象观测站正式在新址开展业务工作，新址观测场海拔高度 107.2 米，位于怀集县怀城镇天湖公园的一个山顶上。

3 月 12 日，广东省气象局局长庄旭东率队到肇庆市开展汛期综合大检查。

4 月 16 日，肇庆市人民政府印发新修订的《肇庆市气象灾害防御规定》（肇府规〔2019〕5 号）。

6 月 25—29 日，梁域一行到新疆乌鲁木齐市气象局及达坂城区气象局进行业务交流和考察学习。

7 月，肇庆市气象公共安全技术支持中心（地方机构）更名为肇庆市防雷设施检测所，肇庆市气象公共安全技术支持中心鼎湖区分中心、肇庆市气象公共安全技术支持中心大旺分中心分别更名为肇庆市防雷设施检测所鼎湖区分所、肇庆市防雷设施检测所大旺分所。

9 月 27 日，召开肇庆市气象局工会委员会第四届换届选举大会，温坚培当选为工会主席。

11 月 11 日，中国气象局决定，梁域晋升为二级巡视员。

11 月 19 日，市气象局和市生态环境局举行打赢“蓝天保卫战”合作框架协议签署仪式。

2020 年

3 月 26 日，广东省气象局党组书记、局长庄旭东出席肇庆市气象局干部会议，宣布省气象局党组任免决定：陈辛动任肇庆市气象局党组书记、局长，免去梁域肇庆市气象局党组书记、局长职务。

5 月 22 日，中共肇庆市气象局总支部召开党员大会，以无记名投票的方式选举出新一届党总支部委员。陈辛动当选为总支部书记。

6 月 28 日，肇庆市突发事件预警信息发布中心副主任高俊杰被中国气象局授予“全国气象部门 2020 年优秀共产党员”称号。

11 月 25 日，广东省气象局监网处在肇庆国家天气雷达站组织召开了“肇庆 SA 新一代天气雷达双偏振技术升级和雷达技术升级及技术标准统一”项目启动会。

11 月，注销广东天文防雷工程有限公司肇庆分公司。

2021 年

1 月 1 日，德庆县气象局气象观测场再次搬迁，新址位于新圩镇上咀村与官车村交界处第二冲顶山头上。

3 月 3 日，陈辛动向肇庆市委副书记杜敏琪专题汇报肇庆市气象发展三年行动计划（2021—2023 年）实施工作。

3 月 10 日，省气象局党组成员、副局长熊亚丽出席肇庆市气象局干部会议，宣布省气象局党组任免决定：吴振强任肇庆市气象局党组成员、副局长；孔树剑任肇庆市气象局党组成员、纪检组长；免去温坚培肇庆市气象局党组成员、纪检组长职务；免去王文波肇庆市气象局党组成员、副局长职务，另有任用。

6 月 8—9 日，组织“西江党旗红”党员突击队到肇庆市端州区七星岩东门广场协助开展大规模核酸筛查工作。

7 月 22—23 日，省气象局党组成员、纪检组长刘作挺一行赴肇庆督导肇庆市气象局机关党支部党史学习教育专题组织生活会。

8 月 16 日，陈辛动到市政府向市长许晓雄汇报河南郑州“7 · 20”特大暴雨等国内极端天气气候事件对肇庆气象灾害防御工作的启示。

9 月 2 日，肇庆市气象局在高要生态气象探测基地召开“肇庆市 X 波段双极化相控阵天气雷达项目——高要、四会 X 波段双极化相控阵天气雷达选址报告和可行性研究报告”专家评审会。由广东省气象局、广州热带气象海洋研究所、佛山市气象局等单位专家组成的专家组参加评审。

9 月，成立肇庆市气象公共安全技术支持中心。

10 月 19 日，肇庆市气象局组织召开 2021 年全市重大气象灾害应急指挥部联席会议。兼任市气象灾害应急指挥部指挥长的市委副书记杜敏琪出席会议，市政府副秘书长陈剑辉以及市发改局、市财政局、市公安局、市应急局、市委宣传部等 28 个成员单位的分管领导参加会议。

11 月 18 日，经市人民政府同意，肇庆市发展和改革局、肇庆市气象局联合印发《肇庆市气象发展“十四五”规划》。

12 月 1 日，广东省气象局党组书记、局长庄旭东一行赴肇庆督导肇庆市气象局党的十九届六中全会学习和党史学习教育。期间，庄旭东会见肇庆市委书记张爱军、市长许晓雄，商定肇庆市气象发展三年行动计划重点项目（6 部 X 波段天气雷达）建设事宜。

第一篇　天气与气候

气候是指一个地区大气的多年平均状况，是各种天气过程的综合表现，它具有一定的稳定性。

气候要素的各种统计量如均值、极值、概率等是表述气候的基本依据。

第一章　气候特征

肇庆气候主要特征：冬无严寒、夏无酷暑，气候暖热，无霜期长；雨量充沛，冬春有旱、夏季易涝；冬半年盛行东北季风、夏半年多吹东到东南风。

第一节　总体特征

肇庆位于广东省中西部，利用气候相似原理划分不同的气候带和气候区，属南亚热带。受南亚热带季风影响，肇庆冬半年盛行东北风，天气较为干冷，夏半年多吹东到东南风，高温多雨。由于地处北回归线上，太阳辐射高度角大，年平均日照 1705.1 小时，在盛夏和秋季，日照时间较长，而冬、春季多阴雨天气，日照较少。年平均气温 21.5 ℃，7 月平均气温 28.5 ℃，1 月平均气温 12.5 ℃，极端最高气温 40.6 ℃，极端最低气温 −4.2 ℃，冬无严寒、夏无酷暑、气候暖热。但干湿的区别较为明显，秋、冬季受干冷大陆气团控制，雨量较少，春、夏季受暖湿海洋气流影响，雨量充沛，平均年降雨量达 1638.4 毫米，雨季主要是汛期 4—9 月，降雨量占全年总降雨量的 78%。

表征一个地区气候特征，主要是依据该地平均气温、降雨量、季风转换（风向频率）等的分布情况。下面给出肇庆市逐候平均气温变化图（图 1-1-1-1）、逐旬降雨量和日照时数分布图（图 1-1-1-2）和各月风向频率表（表 1-1-1-1）。

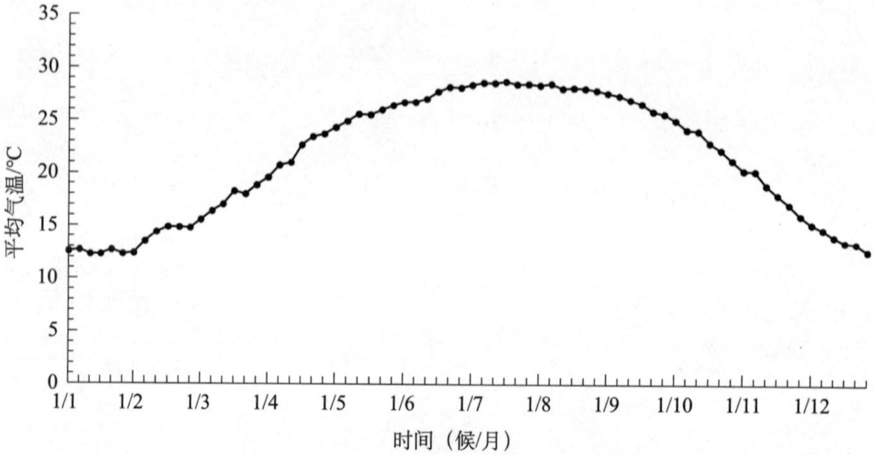

图 1-1-1-1　肇庆市逐候平均气温

注：采用高要、四会、广宁、德庆、封开、怀集国家气象观测站 1962—2020 年资料。

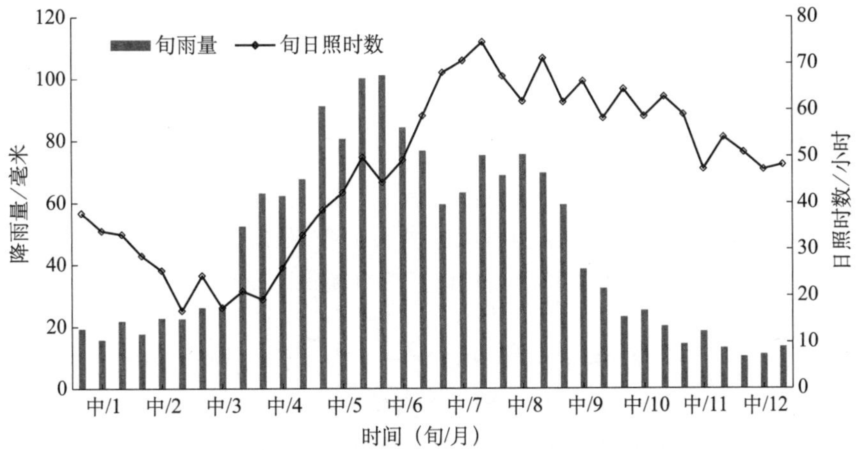

图 1-1-1-2　肇庆市逐旬降雨量和日照时数

注：采用高要、四会、广宁、德庆、封开、怀集国家气象观测站 1962—2020 年资料。

表 1-1-1-1　肇庆市各月风向频率（高要站为代表）　　%

月份	N	NNE	NE	ENE	E	ESE	SE	SSE	S	SSW	SW	WSW	W	WNW	NW	NNW	C
1	6	19	21	9	5	3	2	1	1	2	1	1	2	2	2	3	20
2	6	17	23	10	8	4	2	2	2	1	1	1	1	2	2	2	17
3	4	14	22	12	9	6	4	3	2	1	1	1	1	1	1	2	16
4	3	9	17	11	12	9	6	5	4	2	1	1	1	1	1	1	18
5	2	7	13	10	12	10	6	5	4	2	2	1	2	2	2	1	20
6	2	5	10	8	12	11	8	7	5	3	2	2	2	2	2	1	21
7	1	3	8	8	12	11	8	6	6	4	3	3	3	2	2	1	19
8	2	4	10	7	9	8	5	4	5	3	4	4	4	3	2	1	23
9	4	9	16	9	8	5	4	2	3	3	3	3	4	4	3	2	23
10	5	14	20	8	6	4	2	1	2	2	2	2	2	3	3	2	22
11	5	16	20	8	5	3	2	1	2	2	2	2	2	2	3	2	24
12	6	16	20	7	5	2	2	1	1	2	2	2	2	2	3	3	23

注：采用高要国家气象观测站 1954—2021 年资料。

第二节　四季划分及各季气候特征

一、四季的划分

四季，即春、夏、秋、冬。气候季节对各行业及人们生活都有不同程度的影响，对农业生产至关重要。季节划分通常有天文、气象、节气、农历、物候、候温等多种方法。最早是用二十四节气中的立春、立夏、立秋、立冬作为四季的开始。民间习惯，将农历一月到三月作为春季，四月到六月为夏季，七月到九月为秋季，十月到十二月为冬季。在一般气候统计分析上，为方便起见，把阳历3—5月作为春季，6—8月为夏季，9—11月为秋季，12月至翌年2月为冬季。我国幅员辽阔，各地气候差异大，以同一个时间段界定不同地区的季节，显然不尽合理，而利用物候、天文等方法又不便于业务操作。早在1934年，我国气候学家张宝堃根据实际观测到的物候现象提出，将候平均气温低于10 ℃作为冬季，高于22 ℃为夏季，10～22 ℃为春秋季。

2012年8月30日，中国气象局颁布了《气候季节划分》标准，规定日平均气温或滑动平均气温稳定在10 ℃以下为冬季，日平均气温或滑动平均气温稳定在22 ℃以上为夏季，日平均气温或滑动平均气温在10～22 ℃为春季与秋季。按此标准，肇庆常年滑动平均气温序列均在10 ℃以上，无气候意义上的冬季，属于四季不分明区之无冬区，只作春季、夏季和秋季划分。肇庆季节分配情况如下：春季为1月1日—4月15日，持续105天；夏季为4月16日—10月26日，长达194天；秋季为10月27日—12月31日，有66天。

广东省气象部门据本省天气气候特征，以候平均气温作为划分标准，对广东省自然天气季节进行划分，可分为春、初夏、盛夏、夏末、秋、冬6个自然季节，各季节都有其天气气候特征：春季天气回暖，候平均气温稳定在15 ℃或以上，多阴雨天气；初夏气温稳定上升，候平均气温稳定在23 ℃或以上，前汛期雨季；盛夏候平均气温稳定在28 ℃或以上，热带气旋活动盛期，也称后汛期，是一年中天气最炎热的时期；夏末北风初起，候平均气温缓降到27 ℃或以下，热带气旋也还比较活跃，寒露风自北向南陆续开始；候平均气温下降到23 ℃或以下，进入秋季，多秋高气爽天气；候平均气温在15 ℃以下为冬季，出现阶段性低温霜冻。按此标准统计，肇庆市自然季节分配情况如表1-1-2-1所示。

表1-1-2-1 肇庆市自然季节分配情况

自然季节	春季	夏季			秋季	冬季
		初夏	盛夏	夏末		
候平均气温	≥15 ℃	≥23 ℃	≥28 ℃	≤27 ℃	≤23 ℃	<15 ℃
开始时间	3月1日	4月21日	6月21日	9月11日	10月16日	12月6日
结束时间	4月20日	6月20日	9月10日	10月15日	12月5日	2月29日
持续时间	51天	61天	82天	35天	51天	85天

注：采用高要、四会、广宁、德庆、封开、怀集国家气象观测站1962—2020年资料。

二、肇庆市四季气候特征

本志以3月1日—4月20日为春季，4月21日—10月15日为夏季，10月16日—12月5日为秋季，12月6日至翌年2月28日（闰年2月29日）为冬季，分述肇庆四季的气候特征。

（一）春季（3 月 1 日—4 月 20 日）

进入 3 月，春回大地，乍暖还寒。冷空气活动仍较频繁，但东南气流开始加强，冷暖空气交汇，阴雨天气多，日照时间少，气温缓慢回升。当低温阴雨天气结束、快速回暖时，湿度猛烈回升，造成“回南天”现象。3 月下旬至 4 月中旬，太阳开始逐渐北移，太阳高度角逐渐增大，地面接收的太阳辐射总量逐渐增多，气温逐步回升。影响肇庆的冷空气势力也逐渐减弱，来自海洋的暖湿气流势力逐渐加强，冷暖空气交锋频繁，春雷乍动，降雨量明显增多，进入前汛期，强降雨、雷暴大风、冰雹等强对流天气频繁出现。

（二）夏季（4 月 21 日—10 月 15 日）

夏季漫长、高温多雨、日照充足。4 月下旬，进入初夏季节，天气开始炎热。5—6 月，进入雷暴多发的季节，盛行东南季风，受海洋暖湿气流影响，是肇庆降雨量最多的时期，其中 5 月下旬至 6 月中旬的“龙舟水”，更是常常出现暴雨洪涝灾害。6 月下旬，进入盛夏，海上台风开始活跃，华南多受副热带高压控制，是一年中最炎热时期，常会出现 35 ℃以上高温天气，前汛期结束。7—9 月，台风活动频繁，影响肇庆的台风占全年影响总数的一半，是后汛期的主要降水天气系统。在无热带天气系统降水时期，除热力性雷阵雨外，常出现晴热天气。9 月中旬，时令进入夏末，转受东北季风控制为主，但天气仍然炎热。当 8 月、9 月之交秋凉慢慢靠近时，副热带高压强盛，易出现“秋老虎”（特指立秋后短期回热天气）。秋分过后，冷空气开始频繁南下，气温逐步下降，会出现寒露风天气，对抽穗扬花时的晚稻有影响。

（三）秋季（10 月 16 日—12 月 5 日）

秋季受大陆高压控制，盛行东北风，多出现风轻云淡、秋高气爽的晴好天气。10 月中旬，夏末秋初，寒露过后，受大气环流变化的影响，雨季基本结束，降雨日数和降雨量明显减少，天高云淡、晴空万里，一派气候宜人的初秋景象。气温逐渐下降，由于天空少云，白天气温仍然较高，昼夜温差增大，午间微热、早晚渐凉。10 月下旬至 11 月中旬，晚稻收获时节，北方不断有冷空气南下影响，气温明显下降，会出现霜降风天气，影响晚稻正常的灌浆结实，造成晚稻产量下降。11 月下旬至 12 月上旬，秋末冬初，候平均气温降到 18 ℃以下，遇有强冷空气影响，会出现初霜冻。

（四）冬季（12 月 6 日至翌年 2 月 28 日）

12 月，冷空气开始频繁活动，候平均气温逐步下降至 15 ℃以下，跨进了广东冬季的门槛。1 月平均气温 12.5 ℃，是一年中最冷的时期，年极端最低气温为 −4.2 ℃，多年平均年极端最低气温 1.2 ℃，堪称气候温和。偶有寒潮袭击，也会出现候平均气温在 10 ℃以下，天气感觉很冷，时有低温霜冻天气。每年 2—3 月，当北方强冷空气与北上的暖空气对峙时，会造成长时间的低温并伴有阴雨寡照天气（3 月中旬以后出现的低温阴雨天气，称为“倒春寒”），对早稻的安全育秧影响甚大。

第二章　气候变化

气候变化，是指气候平均状态随时间的变化，即气候平均状态和离差（距平）两者中的一个或两个一起出现了统计意义上的显著变化。平均值的升降，表明气候平均状态的变化；离差值增大，表明气候状态不稳定性增加，气候异常愈明显。气候变化的原因很复杂，既有自然因素，也有人为因素。气候变化导致灾害性气候事件频发，冰川和积雪融化加速，水资源分布失衡，生物多样性受到威胁。气候变化对农、林、牧、渔等经济社会活动都会产生不利影响，农业可能是对气候变化反应最为敏感的行业之一。气候变化将使中国未来农业生产的不稳定性增加，产量波动大；农业生产部门布局和结构将出现变动；农业生产条件改变，农业成本和投资大幅度增加。

第一节　日　照

日照是表示太阳照射时间的量，有可照时间和实照时间两种。日照时数（实照时数）是指太阳中心从出现在一地的东方地平线到进入西方地平线，其直射光线在无地物、云、雾等任何遮蔽的条件下，照射到地面所经历的时间，单位为小时，可用日照计测定。

一、年变化

肇庆市日照时间比较长，光照充足。年平均日照 1705.1 小时，日均 4.7 小时。1954—2021 年肇庆市历年日照时数见图 1-2-1-1。

日照的年际变化较大。年日照时数最多的是 1963 年，达到 2097.9 小时；其次是 1971 年，2062 小时。年日照时数低于 1400 小时有 2 个年份，分别为 2012 年 1365.8 小时和 1997 年 1391.9 小时。

日照时数呈减少趋势。1961—1970 年全市年均日照时数为 1842.0 小时，1971—1980 年为 1811.4 小时，1981—1990 年为 1623.2 小时，1991—2000 年为 1635.1 小时，2001—2010 年为 1664.4 小时，2011—2020 年为 1584.0 小时。整体呈逐渐减少趋势，平均每 10 年减少 51.6 小时。

二、月变化

一年之中，各个月的日照时数是不同的。从天文角度来看，理应是 6 月日照时数最多，

12 月最少。但是，由于云量、降雨以及地理环境等因素的影响，实际日照时数的逐月变化与天文角度不完全相同。肇庆月平均日照时数最多的是 7 月，达 213.4 小时，日均 6.9 小时；其次是 8 月，200.5 小时。平均日照时数最少的是 3 月，只有 62.6 小时，日均 2.0 小时，不到 7 月的三分之一。其次是 2 月，72.4 小时。出现这种情况，正好与 2 月、3 月多阴雨天气相吻合。1954—2021 年肇庆市各月平均日照时数见表 1-2-1-1。

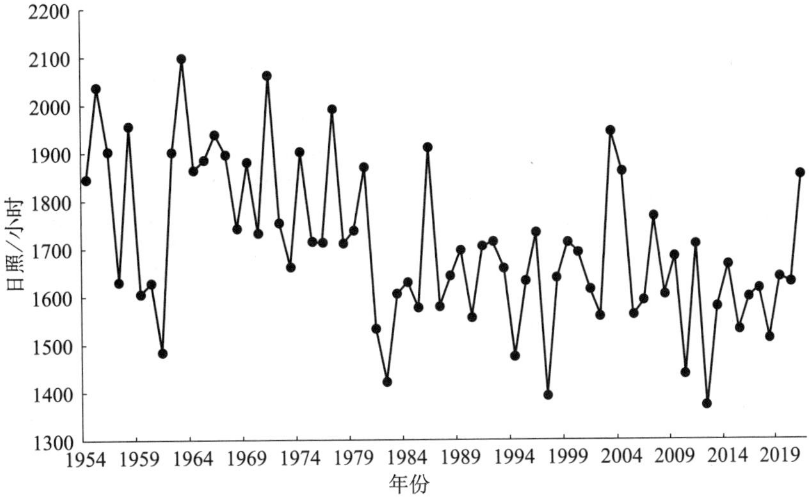

图 1-2-1-1 1954—2021 年肇庆市历年日照时数

注：由于建站时间有先后，所以各气象站资料统计的起始时间不同。1954—1956 年使用高要国家气象观测站资料；1957—1958 年使用高要、广宁、德庆、怀集国家气象观测站资料；1959—1961 年使用高要、四会、广宁、德庆、怀集国家气象观测站资料；1962 年起使用高要、四会、广宁、德庆、封开、怀集国家气象观测站资料。以下除特别说明外，资料统计均与此同。

表 1-2-1-1 1954—2021 年肇庆市各月平均日照时数 单位：小时

月份	日照时数	月份	日照时数	月份	日照时数
1	106.6	5	130.3	9	187.6
2	72.4	6	151.2	10	188.5
3	62.6	7	213.4	11	163.9
4	79.0	8	200.5	12	148.7

第二节 气 压

气压是指大气的压强，它是在任何表面的单位面积上，空气分子运动所产生的压力。气压的大小同高度、温度、密度等有关，一般随高度增高按指数律递减。

一、年变化

1954—2021 年，肇庆市年平均气压 1008.5 百帕。年平均气压 1954 年、1955 年和 1956 年最高，均为 1011.3 百帕；2019 年最低，为 1004.4 百帕。1954—2021 年肇庆市历年平均气压见图 1-2-2-1。

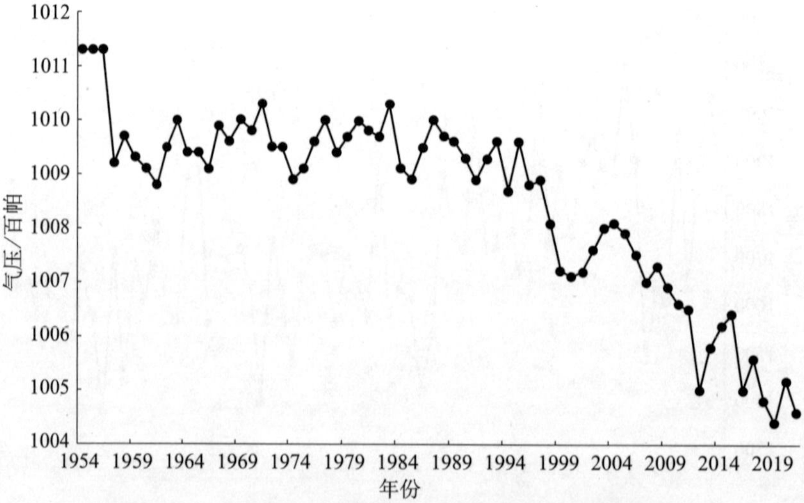

图 1-2-2-1　1954—2021 年肇庆市历年平均气压

二、月变化

一年之中，气压的变化是冬季高、夏季低。12 月平均气压最高，达到 1016.8 百帕；其次是 1 月，1016.6 百帕。随后，月平均气压逐月下降，7 月达到最低，只有 1000.3 百帕。然后，又逐月上升。肇庆市有记录的最高气压是 1032.7 百帕，出现在 2016 年 1 月 24 日（四会），正值寒潮袭击，冷高压南下造成。最低气压纪录是 981.3 百帕，出现在 1969 年 7 月 29 日（怀集），正值台风登陆广东后西行影响。1954—2021 年肇庆市各月平均气压见表 1-2-2-1。

表 1-2-2-1　1954—2021 年肇庆市各月平均气压　　单位：百帕

月份	平均气压	月份	平均气压	月份	平均气压
1	1016.6	5	1004.1	9	1004.6
2	1014.6	6	1000.8	10	1010.3
3	1011.6	7	1000.3	11	1014.2
4	1008.0	8	1000.4	12	1016.8

第三节 气 温

气温是指大气的温度，表示大气冷热程度的量。它是空气分子运动的平均动能。

一、年平均气温变化

1954—2021 年，肇庆市年平均气温 21.5 ℃。年平均气温最高 22.6 ℃，出现在 2021 年；年平均气温最低 20.5 ℃，出现在 1984 年。年平均气温的年际变幅为 2.1 ℃。气温年较差最大的是 20.3 ℃，出现在 2011 年；最小的是 13.6 ℃，出现在 1966 年。平均气温年较差 16.7 ℃。1954—2021 年肇庆市历年平均气温见图 1-2-3-1。

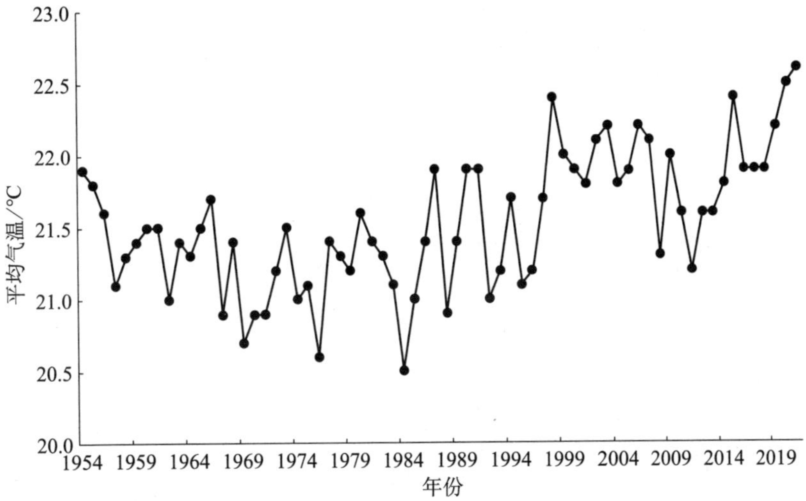

图 1-2-3-1　1954—2021 年肇庆市历年平均气温

二、月平均气温变化

1954—2021 年，肇庆市各月平均气温见表 1-2-3-1。7 月最高，28.5 ℃；其次是 8 月，28.2 ℃。68 年中月平均气温最高出现在 7 月的有 43 年，出现在 8 月的有 22 年，出现在 6 月的有 2 年，出现在 9 月的有 1 年。

月平均气温最低出现在 1 月，为 12.5 ℃；其次是 12 月，14 ℃。月平均气温最低出现在 1 月的有 37 年，出现在 12 月的有 14 年，出现在 2 月的有 12 年。

三、极端最高气温、极端最低气温变化

（一）年极端最高气温、极端最低气温

1954—2021 年，肇庆市最高气温的极值 40.6 ℃，出现在 2003 年 7 月 23 日（怀集站）；

最低气温的极值 -4.2 ℃，出现在 1967 年 1 月 17 日（广宁站）。1954—2021 年肇庆市历年极端最高气温、极端最低气温见表 1-2-3-2。

表 1-2-3-1　1954—2021 年肇庆市各月平均气温

单位：℃

月份	平均气温	月份	平均气温	月份	平均气温
1	12.5	5	25.5	9	26.7
2	14.1	6	27.4	10	23.2
3	17.5	7	28.5	11	18.4
4	21.9	8	28.2	12	13.9

表 1-2-3-2　1954—2021 年肇庆市历年极端最高气温、最低气温

单位：℃

年份	最高气温	最低气温	年份	最高气温	最低气温
1954	36.4	2.3	1978	37.9	−0.9
1955	35.4	−1.0	1979	38.7	0.6
1956	37.3	−0.4	1980	38.3	1.0
1957	39.4	−3.3	1981	37.7	−0.9
1958	37.3	0.5	1982	38.5	−1.4
1959	37.0	−1.2	1983	39.1	−0.3
1960	36.6	−1.7	1984	37.4	−1.5
1961	38.0	−3.8	1985	36.9	−0.9
1962	37.9	−1.5	1986	38.1	−1.2
1963	38.7	−3.9	1987	37.5	−0.7
1964	37.9	−1.4	1988	37.6	1.1
1965	38.2	−0.6	1989	39.4	1.7
1966	37.9	1.0	1990	39.5	1.5
1967	38.6	−4.2	1991	39.1	−2.0
1968	38.7	−0.3	1992	37.6	−0.6
1969	38.6	−2.1	1993	37.3	−1.1
1970	37.3	−0.4	1994	38.0	−0.5
1971	38.3	−1.3	1995	37.7	0.2
1972	38.8	−1.3	1996	37.6	1.4
1973	36.7	−1.6	1997	37.7	0.4
1974	36.1	−2.0	1998	38.2	2.3
1975	36.8	−2.8	1999	37.9	−3.2
1976	37.5	−0.8	2000	37.9	0.7
1977	37.1	−1.5	2001	36.9	0.7

续表

年份	最高气温	最低气温	年份	最高气温	最低气温
2002	38.3	2.4	2013	37.8	0.9
2003	40.6	0.9	2014	38.3	−0.4
2004	38.3	0.1	2015	38.4	3.3
2005	38.7	−1.3	2016	39.1	−0.9
2006	38.5	2.5	2017	38.4	0.4
2007	38.1	1.6	2018	37.8	−1.2
2008	38.5	−0.2	2019	38.3	1.6
2009	38.7	−1.1	2020	39.6	1.1
2010	38.1	−1.3	2021	38.5	−2.4
2011	37.8	0.0	平均	38.0	−0.5
2012	37.7	0.3	极值	40.6	−4.2

（二）月极端最高气温、极端最低气温

1954—2021 年肇庆市各月极端最高气温、极端最低气温见表 1-2-3-3。

表 1-2-3-3 1954—2021 年肇庆市各月极端最高气温、最低气温 单位：℃

月份	最高气温	最低气温	月份	最高气温	最低气温
1	29.8	−4.2	7	40.6	19.7
2	34.4	−3.3	8	39.5	18.6
3	34.5	0.4	9	38.7	12.1
4	37.7	5.1	10	36.6	4.3
5	37.9	11.4	11	33.9	−0.4
6	38.3	15.2	12	30.2	−3.2

第四节 湿 度

湿度是指空气中的含水量。日常生活中所指的湿度为相对湿度。相对湿度是指空气中水汽压与饱和水汽压的百分比。

一、相对湿度的年变化

1954—2021 年，肇庆市年平均相对湿度为 80.3%，表明空气较湿润。

年平均相对湿度的年际变化幅度比较小，历年平均相对温度在 74.4% ～ 83.5%。年平均相对湿度最大的是 1975 年，达 83.5%；最小的是 2007 年，为 74.4%。1954—2021 年肇庆市

历年平均相对湿度见图 1-2-4-1。

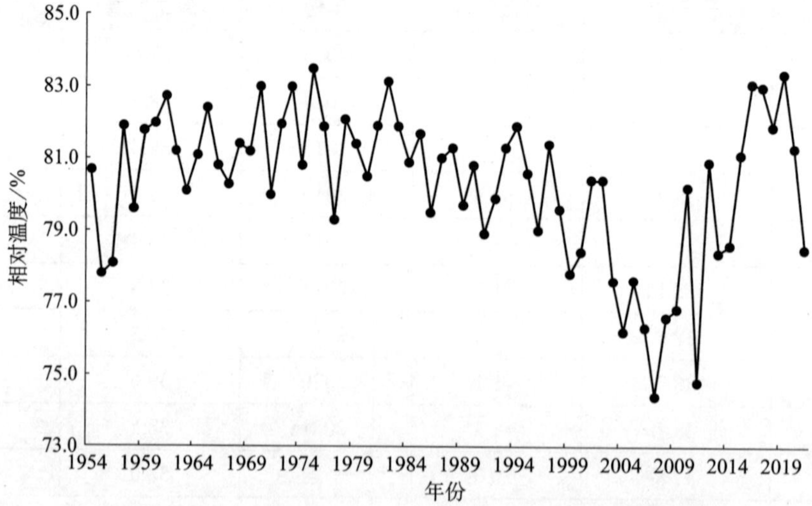

图 1-2-4-1　1954—2021 年肇庆市历年平均相对湿度

二、相对湿度的月变化

月平均相对湿度随季节的变化而变化，3—6 月相对湿度比较大，秋、冬季相对湿度比较小。一年之中，以 6 月的相对湿度最大，达 84%；其次是 4 月和 5 月，均为 83.6%。相对湿度最小的是 12 月，只有 75.5%；其次是 11 月，为 76.2%。1954—2021 年肇庆市各月平均相对湿度见表 1-2-4-1。

表 1-2-4-1　1954—2021 年肇庆市各月平均相对湿度

%

月份	平均相对湿度	月份	平均相对湿度	月份	平均相对湿度
1	77.6	5	83.6	9	80.4
2	80.7	6	84.0	10	76.8
3	83.2	7	81.1	11	76.2
4	83.6	8	82.1	12	75.5

第五节　降雨量

降雨量是指在一定时间内降落到地面的水层深度，单位用毫米表示。单位时间内降雨量称降雨强度。

一、年降雨量

1954—2021 年，肇庆市平均年降雨量 1638.4 毫米，但年际变化比较大，若以平均值正负 10% 之间（1474 ~ 1802 毫米）为正常，大于 10% 为偏多，大于 30% 为特多，少于 10% 为偏少，少于 30% 为特少，则正常年份有 34 年，偏少年份有 17 年，其中特少年份有 1 年，偏多年份有 17 年，无特多年份。年降雨量最多的是 1973 年，2055.8 毫米，比平均值偏多 25%；最少的是 1956 年，1099.1 毫米，比平均值偏少 33%，为最多年份的二分之一左右。1954—2021 年肇庆市历年平均年降雨量见图 1-2-5-1。

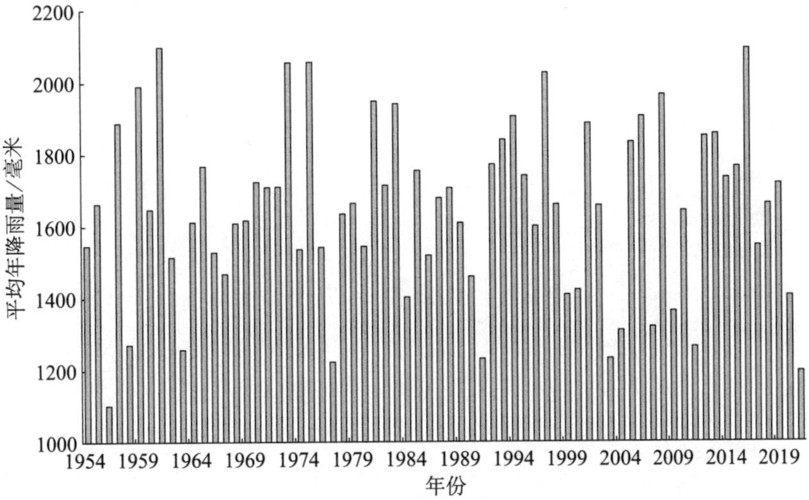

图 1-2-5-1　1954—2021 年肇庆市历年平均年降雨量

平均年降雨量的年际变化大体呈波动趋势。按年代细分，20 世纪 50—70 年代呈缓慢上升趋势，20 世纪 70 年代—21 世纪 00 年代呈缓慢下降趋势，随后呈现较大幅度波动，21 世纪 10 年代为峰值，平均年降雨量为 1712 毫米。进入 21 世纪 20 年代初期后开始下降，其中 2020 年为 1406.0 毫米，2021 年为 1194.4 毫米。1954—2021 年肇庆市各年代平均年降雨量见表 1-2-5-1。

表 1-2-5-1　1954—2021 年肇庆市各年代平均年降雨量　　单位：毫米

年份	平均年降雨量	年份	平均年降雨量
1954—1959	1575	2000—2009	1588
1960—1969	1610	2010—2019	1712
1970—1979	1684	2020—2021	1300
1980—1989	1679	平均	1638
1990—1999	1663		

二、汛期降雨量

每年 4—9 月是肇庆的多雨季节，称为“汛期”。肇庆开汛日（3 月 1 日以后，日降雨量

≥ 40 毫米或两日总雨量≥ 50 毫米）多年平均是 4 月 5 日，最早为 3 月 1 日，最迟为 5 月 12 日。1954—2021 年，汛期平均降雨量为 1273.7 毫米，占全年总降雨量的 78%。汛期降雨量最多的是 1961 年，达 1760.2 毫米，超过汛期平均降雨量的 38%。汛期降雨量最少的是 2021 年，只有 888.6 毫米，为汛期平均降雨量的 70%，仅为最多年份的二分之一左右。

汛期分为前汛期和后汛期。4—6 月为前汛期，7—9 月为后汛期。前汛期以锋面低槽和高空槽降水为主，后汛期则以热带气旋和热雷雨降水为主。肇庆市前汛期平均降雨量为 722.0 毫米，占汛期降雨量的 57%；后汛期平均降雨量为 551.7 毫米，占汛期降雨量的 43%。汛期降雨量年际变化与年降雨量分布基本一致，但前后汛期则差异较大。1954—2021 年肇庆市历年汛期平均降雨量见图 1-2-5-2。

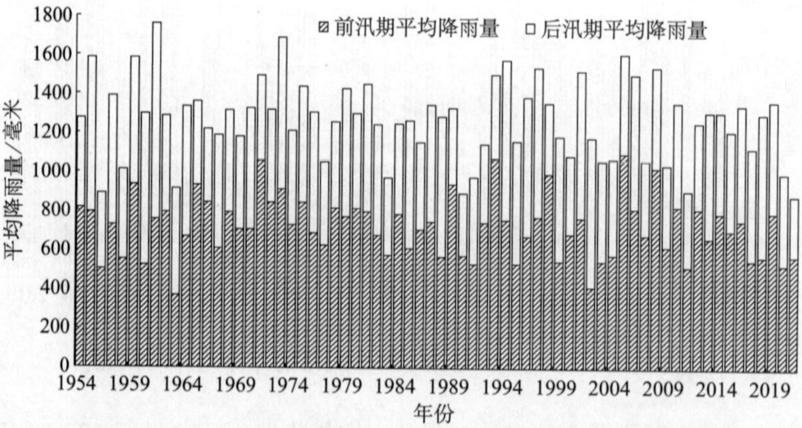

图 1-2-5-2　1954—2021 年肇庆市历年汛期平均降雨量

前汛期降雨量的年际变化。若以平均值正负 10% 之间（650 ～ 794 毫米）为正常，大于 10% 为偏多，大于 30% 为明显偏多，少于 10% 为偏少，少于 30% 为明显偏少，则正常年份有 25 年，偏少年份有 22 年，其中明显偏少年份有 3 年，偏多年份有 21 年，其中明显偏多年份有 6 年。前汛期降雨量最多的是 2005 年，达到 1097.9 毫米，比平均值偏多 52%；最少的是 1963 年，只有 368.9 毫米，仅为平均值的二分之一左右。

后汛期降雨量的年际变化。若以平均值正负 10% 之间（497 ～ 607 毫米）为正常，大于 10% 为偏多，大于 30% 为明显偏多，少于 10% 为偏少，少于 30% 为明显偏少，则正常年份有 15 年，偏少年份有 30 年，其中明显偏少年份有 6 年，偏多年份有 23 年，其中明显偏多年份有 9 年。后汛期降雨量最多的是 1961 年，达 1004.5 毫米，比平均值偏多超两倍；最少的是 2021 年，只有 312.8 毫米，仅为平均值的二分之一左右。

三、月降雨量

肇庆市月降雨量分布呈双峰型。平均月降雨量最多的是 5 月，为 269.6 毫米，占年降雨量的 16.5%；其次是 6 月，降雨量 264.3 毫米，占年降雨量的 16.1%。次峰值出现在 8 月，降雨量 215.4 毫米。平均月降雨量最少的是 12 月，只有 33.7 毫米；其次是 11 月，44.9 毫米，两个月合计也不到年降雨量的 5%。1954—2021 年肇庆市各月降雨量见表 1-2-5-2。

表 1-2-5-2　1954—2021 年肇庆市各月降雨量　单位：毫米

月份	平均降雨量	最多降雨量	最少降雨量
1	52.5	320.6	0.4
2	65.6	305.9	0.3
3	102.3	292.7	13.1
4	188.1	408.9	19.7
5	269.6	508.5	78.7
6	264.3	559.3	114.7
7	199.0	429.7	39.1
8	215.4	404.3	48.6
9	137.2	441.1	20.1
10	65.9	279.1	0.4
11	44.9	171.7	0.3
12	33.7	169.3	0.3

月降雨量的变幅非常大。汛期，最多的月降雨量达 559 毫米，最少的不到 20 毫米。非汛期，最多的月降雨量也有 300 毫米以上，而最少的则不到 1 毫米。

月降雨量在 500 毫米以上的共出现过 4 次，其中 5 月 1 次、6 月 3 次，分别是 1959 年 6 月 511.8 毫米、1966 年 5 月 514.9 毫米、1989 年 5 月 508.5 毫米和 2008 年 6 月 559.3 毫米。

月降雨量在 300 毫米以上的共出现过 72 次，年平均 1 次左右。其中 1 月 1 次、2 月 1 次、4 月 9 次、5 月 22 次、6 月 18 次、7 月 9 次、8 月 11 次、9 月 1 次。

月降雨量在 10 毫米以下的共出现过 61 次，年均不到 1 次。其中 1 月 8 次、2 月 5 次、10 月 13 次、11 月 14 次、12 月 21 次。

四、日降雨量

日降雨量的最高纪录是 297.6 毫米，出现在 1971 年 6 月 18 日（德庆）。1954—2021 年肇庆市历年日最大降雨量见表 1-2-5-3。

非汛期，除 2 月日最大降雨量为暴雨量级外，1 月、3 月、10 月、11 月和 12 月日最大降雨量均为大暴雨量级，汛期（4—9 月）日最大降雨量均为大暴雨量级或以上，其中最大的出现在 6 月，为特大暴雨级。1954—2021 年肇庆市各月日最大降雨量见表 1-2-5-4。

表 1-2-5-3　1954—2021 年肇庆市历年日最大降雨量　单位：毫米

年份	日最大降雨量	出现时间	年份	日最大降雨量	出现时间	年份	日最大降雨量	出现时间
1954	102.5	4 月 27 日	1977	105.4	5 月 30 日	2000	121.6	8 月 14 日
1955	99.4	5 月 8 日	1978	141.5	6 月 27 日	2001	161.4	9 月 21 日
1956	69.7	4 月 28 日	1979	118.6	9 月 2 日	2002	134.3	8 月 9 日
1957	178.6	9 月 23 日	1980	138.7	5 月 3 日	2003	85.6	6 月 10 日
1958	150.6	6 月 24 日	1981	141.3	8 月 2 日	2004	137.1	7 月 29 日
1959	120.9	6 月 12 日	1982	117.9	4 月 22 日	2005	147.0	9 月 4 日
1960	132.0	8 月 11 日	1983	140.6	6 月 17 日	2006	226.0	8 月 4 日
1961	216.3	9 月 30 日	1984	149.6	4 月 27 日	2007	88.3	8 月 25 日
1962	124.3	9 月 2 日	1985	187.5	9 月 23 日	2008	193.7	5 月 5 日
1963	109.5	7 月 20 日	1986	161.8	8 月 11 日	2009	99.6	8 月 12 日
1964	138.2	5 月 28 日	1987	132.1	9 月 19 日	2010	170.6	5 月 9 日
1965	116.3	5 月 15 日	1988	196.5	7 月 20 日	2011	122.7	9 月 3 日
1966	202.6	6 月 12 日	1989	196.5	5 月 22 日	2012	129.3	7 月 25 日
1967	154.2	5 月 25 日	1990	129.2	10 月 24 日	2013	156.0	8 月 16 日
1968	138.4	8 月 22 日	1991	98.6	6 月 20 日	2014	182.3	3 月 30 日
1969	159.7	7 月 29 日	1992	106.8	5 月 8 日	2015	210.7	10 月 5 日
1970	160.7	10 月 18 日	1993	122.4	5 月 8 日	2016	148.5	8 月 12 日
1971	297.6	6 月 18 日	1994	167.8	6 月 9 日	2017	105.0	5 月 15 日
1972	159.0	9 月 18 日	1995	146.9	10 月 3 日	2018	219.7	6 月 8 日
1973	144.3	6 月 4 日	1996	213.1	4 月 19 日	2019	171.7	8 月 26 日
1974	97.5	6 月 25 日	1997	105.7	7 月 18 日	2020	157.8	3 月 27 日
1975	132.7	8 月 14 日	1998	235.3	5 月 24 日	2021	80.5	6 月 22 日
1976	147.4	9 月 21 日	1999	188.9	4 月 26 日			

表 1-2-5-4　1954—2021 年肇庆市各月日最大降雨量　单位：毫米

月份	日最大降雨量	出现时间	月份	日最大降雨量	出现时间
1	122.9	1983 年 1 月 7 日	7	196.5	1988 年 7 月 20 日
2	87.6	1990 年 2 月 22 日	8	226.0	2006 年 8 月 4 日
3	182.3	2014 年 3 月 30 日	9	216.3	1961 年 9 月 30 日
4	213.1	1996 年 4 月 19 日	10	210.7	2015 年 10 月 5 日
5	235.3	1998 年 5 月 24 日	11	113.8	1982 年 11 月 28 日
6	297.6	1971 年 6 月 18 日	12	106.4	2013 年 12 月 16 日

五、降雨日数

（一）年降雨日数

日降雨量≥ 0.1 毫米的天数称为降雨日数。1954—2021 年平均降雨日数 160 天，20 世纪 70 年代最多，至今有减少趋势。最多的 1975 年 217 天，最少的 2011 年 124 天。1954—2021 年肇庆市历年降雨日数见图 1-2-5-3，1954—2021 年肇庆市各年代平均年降雨日数见表 1-2-5-5。

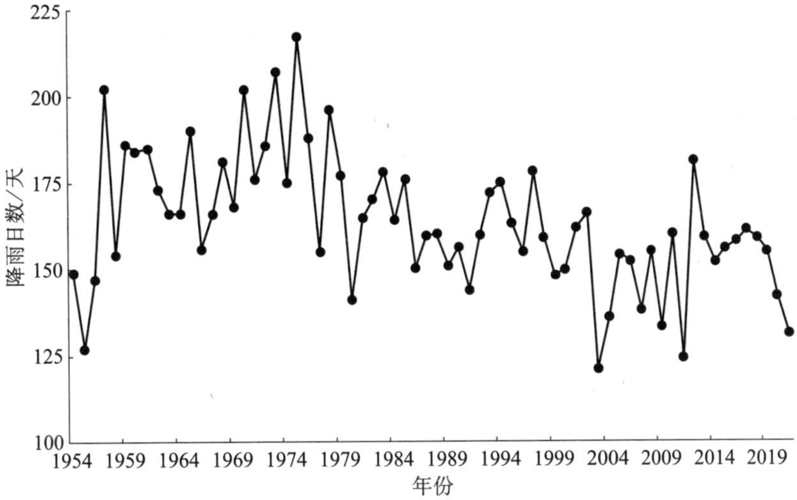

图 1-2-5-3　1954—2021 年肇庆市历年降雨日数

表 1-2-5-5　1954—2021 年肇庆市各年代平均年降雨日数　　单位：天

年份	平均年降雨日数	年份	平均年降雨日数
1954—1959	161	2000—2009	149
1960—1969	173	2010—2019	156
1970—1979	188	2020—2021	136
1980—1989	161		
1990—1999	161	平均	160

（二）月降雨日数

月降雨日数最多的是 6 月，平均 20 天；其次是 5 月，平均 19 天；最少的是 10 月、11 月、12 月，平均 8 天。1954—2021 年肇庆市各月降雨日数见表 1-2-5-6。

日降雨量≥ 50.0 毫米天数称为暴雨日数。年平均暴雨日数 5.5 天，最多的是 2012 年，9 天，最少的是 1956 年，只有 2 天。

表 1-2-5-6　1954—2021 年肇庆市各月降雨日数

单位：天

月份	平均	最多	最少	月份	平均	最多	最少
1	10	23	0	7	17	28	6
2	12	24	0	8	17	29	6
3	16	28	3	9	12	24	2
4	17	27	3	10	8	24	0
5	19	30	8	11	8	21	0
6	20	28	8	12	8	25	0

六、降雨强度

统计 1980—2021 年降雨分等级强度（图 1-2-5-4），年平均降雨日数 156 天，降雨概率为 43%。其中小雨（0.1 ～ 9.9 毫米）108 天，占 69%，其中 0.1 ～ 0.9 毫米微量降雨 42 天，占 27%；中雨（10.0 ～ 24.9 毫米）28 天，占 18%；大雨（25.0 ～ 49.9 毫米）14 天，占 9%；暴雨（≥ 50.0 毫米及以上）6 天，占 4%。

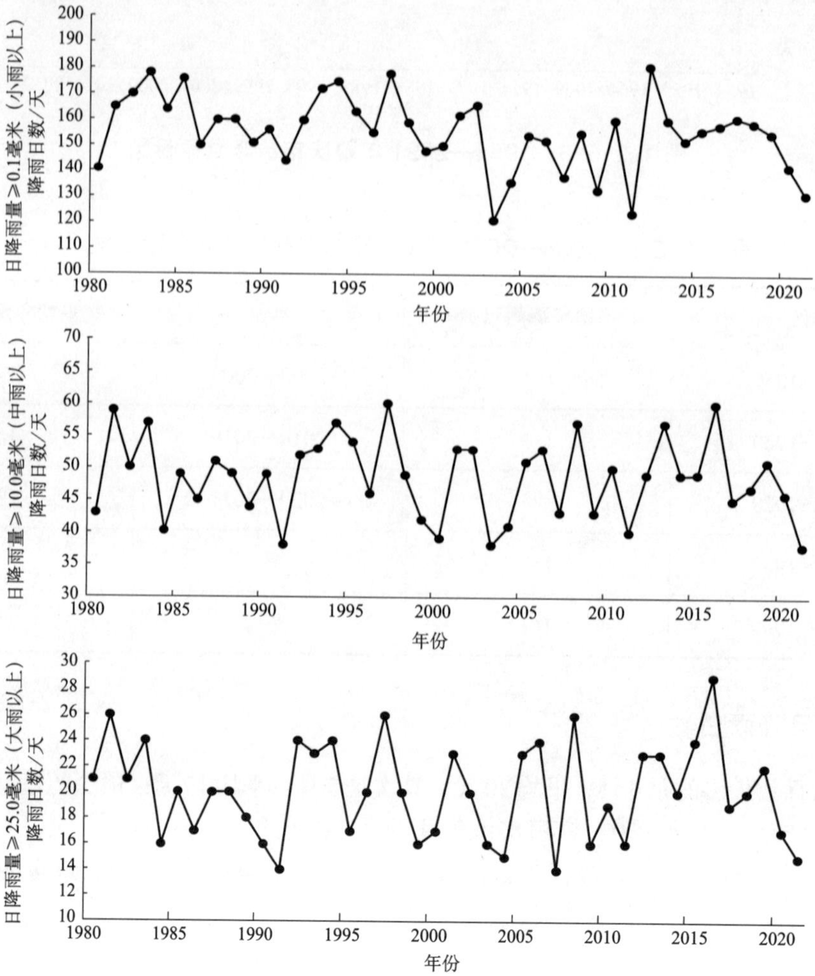

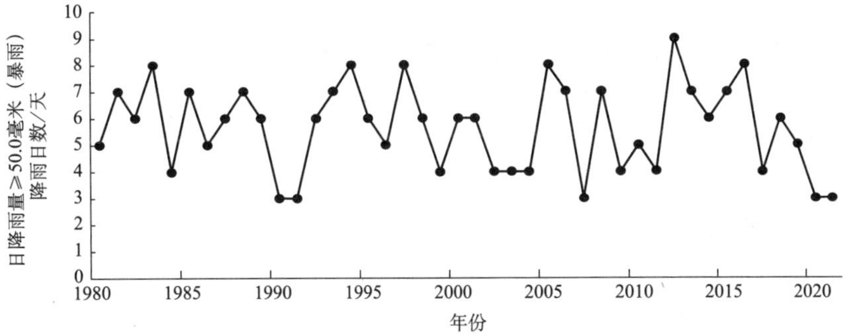

图 1-2-5-4 1980—2021 年肇庆市降雨分等级强度

第六节 蒸发量

蒸发量是指在一定时段内，水分经蒸发而散布到空中的量。一般温度越高，湿度越小，风速越大，气压越低，则蒸发量就越大，反之蒸发量就越小。

1996 年前，蒸发量用小型蒸发皿观测，1997 年后，用大型蒸发桶（E601 型）观测。1997—2001 年进行对比观测发现，用小型蒸发皿观测数据比用大型蒸发桶测得的数据，年平均偏多约 360 毫米。

一、年变化

1954—1996 年，肇庆市（以高要国家观测站为代表）年平均蒸发量为 1497.7 毫米。1997—2021 年，年平均蒸发量为 1155.1 毫米，年蒸发量最大的是 1999 年，达 1805.3 毫米，最小的是 1997 年，仅 901.0 毫米。1954—2021 年肇庆市历年蒸发量见图 1-2-6-1。

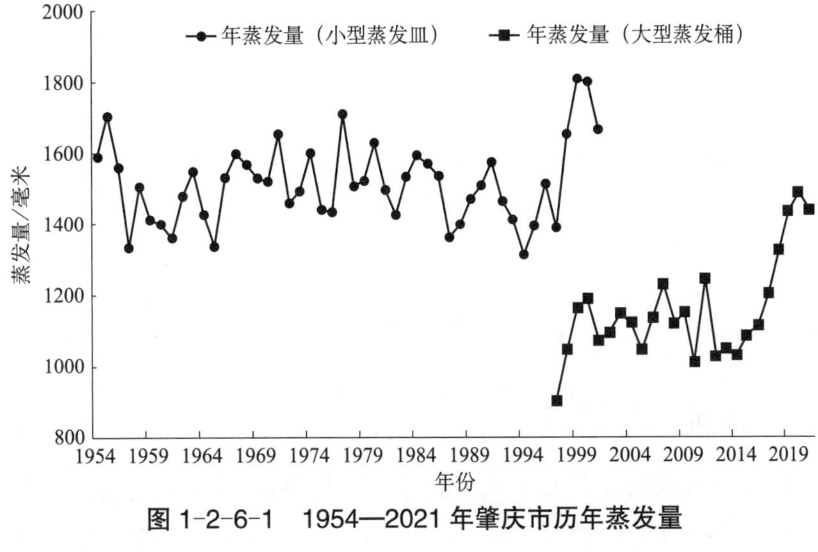

图 1-2-6-1 1954—2021 年肇庆市历年蒸发量

年蒸发量的年际变化呈波动趋势。用大型蒸发桶观测前，20 世纪 70 年代最多，60 年代最少；用大型蒸发桶观测后，呈上升趋势，2020 年为峰值，达 1487.9 毫米。

二、月变化

月平均蒸发量最大的是 7 月，达 129.8 毫米，其次是 8 月，128.3 毫米；最小的是 2 月，仅 60.1 毫米，其次是 3 月，62.9 毫米。其与降雨量相比较，3—9 月平均蒸发量小于降雨量，10 月到次年 2 月，平均蒸发量大于降雨量。1997—2021 年肇庆市各月蒸发量见表 1-2-6-1。

表 1-2-6-1　1997—2021 年肇庆市各月蒸发量　　单位：毫米

月份	蒸发量	降雨量	蒸发量与降雨量对比
1	68.7	42.7	+
2	60.1	58.1	+
3	62.9	84.1	−
4	74.2	170.1	−
5	98.5	265.3	−
6	106.7	265.6	−
7	129.8	216.0	−
8	128.3	235.2	−
9	123.7	157.0	−
10	120.5	64.9	+
11	95.4	42.3	+
12	85.4	30.4	+

第七节　风

风是指空气在水平方向的流动。风既有大小，又有方向。风向是指风吹来的方向，有东、西、南、北等 16 个方向。风速是指空气相对于地球某一固定地点的运动速率，其常用单位是米 / 秒。

一、平均风速

（一）年平均风速

1954—2021 年，肇庆市累年年平均风速为 1.5 米 / 秒。年平均风速最大为 1.8 米 / 秒，出现在 1955 年、1959 年、1960 年、2011 年、2013 年、2016 年、2018 年、2019 年、2020 年和 2021 年。最小的是 1982 年，为 1.1 米 / 秒。

（二）月平均风速

1954—2021 年肇庆市各月平均风速见表 1-2-7-1。

表 1-2-7-1　1954—2021 年肇庆市各月平均风速　　单位：米 / 秒

月份	平均风速	月份	平均风速	月份	平均风速
1	1.5	5	1.4	9	1.4
2	1.5	6	1.4	10	1.4
3	1.5	7	1.5	11	1.4
4	1.5	8	1.4	12	1.4

二、主导风向

东北风是肇庆的主导风向。1991—2021 年，肇庆市累年平均风向频率最大的是东北风，达 16%；其次是东北偏北风和东北偏东风，频率均为 11%，以上三者共占 38%。第四是东风，频率为 8%。频率最小的是偏西风，包括西南风、西南偏西风、西风、西北偏西风、西北偏北风，以上五者各占 3% 左右；其次是北风、东南偏南风、西南偏南风、西北风，以上四者各占 4% 左右。1991—2021 年肇庆市年平均风向频率及玫瑰图见表 1-2-7-2 及图 1-2-7-1。

表 1-2-7-2　1991—2021 年肇庆市（高要）年风向频率　　%

风向	N	NNE	NE	ENE	E	ESE	SE	SSE	
频率	4	11	16	11	8	6	5	4	
风向	S	SSW	SW	WSW	W	WNW	NW	NNW	C
频率	5	4	3	3	3	3	4	3	7

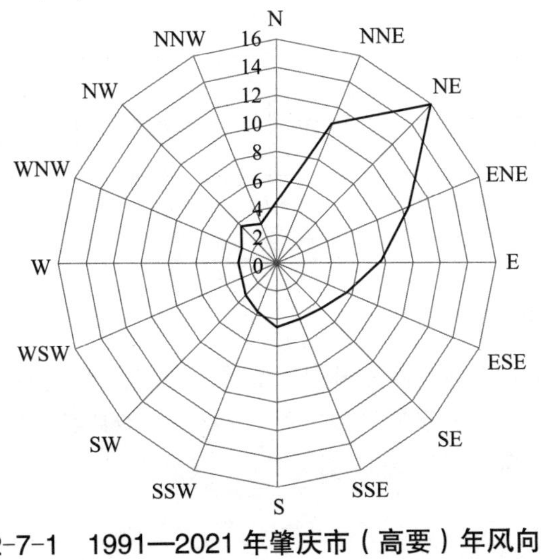

图 1-2-7-1　1991—2021 年肇庆市（高要）年风向玫瑰图

三、最大风速、极大风速

最大风速是指 10 分钟的平均风速。极大风速是指 3 秒钟的平均风速，也叫瞬间风速或阵风。根据肇庆市气象观测记录，1993—2021 年最大风速 28 米 / 秒，出现在 1998 年 4 月 12 日；极大风速 40.7 米 / 秒，出现在 2018 年 9 月 16 日。1993—2021 年肇庆市最大风速、极大风速见表 1-2-7-3。

表 1-2-7-3 1993—2021 年肇庆市最大风速、极大风速 单位：米 / 秒

年份	最大风速	极大风速 *	年份	最大风速	极大风速 *
1993	25.0	23.3	2008	15.0	24.5
1994	17.0	22.7	2009	14.9	23.6
1995	14.0	17.9	2010	16.7	27.9
1996	15.7	18.3	2011	14.6	23.8
1997	18.7	25.0	2012	17.1	27.9
1998	28.0	24.2	2013	15.7	28.4
1999	12.6	21.3	2014	14.6	28.1
2000	11.0	21.9	2015	15.5	25.1
2001	17.7	21.0	2016	16.5	34.0
2002	16.3	20.8	2017	22.6	35.7
2003	22.2	32.7	2018	27.3	40.7
2004	23.9	37.3	2019	15.5	31.0
2005	16.3	30.6	2020	17.3	28.1
2006	23.4	33.2	2021	18.9	30.3
2007	17.2	28.6			

* 注：极大风速中，1993—2003 年为高要、广宁两站最大值，2004 年及以后为全市最大值。

四、大风日数

大风是指瞬时风速≥ 17.2 米 / 秒（风力≥ 8 级）的风。大风天气主要是由台风、强冷空气、飑线、强雷暴等天气系统引起的气象灾害。1993—2021 年，肇庆市年平均大风日数 3.5 天。其中，2016 年最多，为 8 天；2002 年最少，仅 0.4 天。

第三章　气象灾害

肇庆境内丘陵、盆地、谷地、台地纵横交错，地势西北高、东南低，中部以丘陵为主，平原较少；西江、绥江两大河流横贯其中，天气气候复杂。春季和初夏，来自太平洋、南海的暖湿气流和北方的冷气团常常在此相遇，势均力敌，形成华南静止锋，导致长阴雨天气和前汛期的暴雨天气；夏季和初秋，形成于海洋的热带气旋频繁袭击广东，肇庆易受其外围环流影响，产生强降雨和大风；冬季受来自西伯利亚的强大寒冷气团侵袭，出现低温寒害。肇庆气象灾害较多，主要有台风、暴雨、强对流、高温、干旱、低温冷害、寒露风和霜降风、大雾等。

第一节　台　　风

台风是发生在热带或副热带海洋上的低压涡旋，其生命期平均约 1 周，短的只有 2 ～ 3 天，最长可达 1 个月左右。台风的生成和发展需要巨大的能量，因此它形成于高温、高湿和其他气象条件适宜的海洋面上。台风经过之处，往往出现狂风暴雨，海上还会掀起巨浪和暴潮，破坏力巨大。但台风也有其有利的一面，它带来的丰沛雨水可滋润土地，从而缓解或解除旱情，还可以增加水库蓄水。

一、台风等级划分

根据国家标准《热带气旋等级》（GB/T 19201—2006），热带气旋按底层中心附近最大平均风速划分为 6 个等级：

热带低压（TD）：底层中心附近最大平均风速 10.8 ～ 17.1 米 / 秒，即风力 6 ～ 7 级；

热带风暴（TS）：底层中心附近最大平均风速 17.2 ～ 24.4 米 / 秒，即风力 8 ～ 9 级；

强热带风暴（STS）：底层中心附近最大平均风速 24.5 ～ 32.6 米 / 秒，即风力 10 ～ 11 级；

台风（TY）：底层中心附近最大平均风速 32.7 ～ 41.4 米 / 秒，即风力 12 ～ 13 级；

强台风（STY）：底层中心附近最大平均风速 41.5 ～ 50.9 米 / 秒，即风力 14 ～ 15 级；

超强台风（Super TY）：底层中心附近最大平均风速≥ 51.0 米 / 秒，即风力 16 级或以上。

将台风对肇庆的影响程度分为一般影响和严重影响。如不达标准的，看作无影响，不作记述。

一般影响标准：在台风环流影响下，本地平均风力达 6 ～ 7 级；或 24 小时雨量≥ 40 毫米（据肇庆全市气象站记录，任一站满足其中一个条件视为有影响，下同）。

严重影响标准：在台风系统影响下，本地平均风力≥8级；或平均风力6～7级，且24小时雨量≥80毫米；或48小时雨量≥150毫米。

二、台风影响的年变化和月变化

1961—2021年，对肇庆市有影响的台风共有203个，平均每年3.3个。最多的年份是1961年和1964年，有8个。没有台风影响的有2年，1987年和1998年。造成严重影响的台风有85个，平均每年1.4个。

影响肇庆的台风主要集中在6—10月。1961—2021年这61年中，6—10月出现的台风共有189个，占总数的93.1%。特别是7—9月，属于台风活动的鼎盛时期，出现的台风有149个，占总数的73.4%。4月只出现2个，11月出现5个。最早的台风是0801号，于2008年4月18日22时登陆海南省文昌龙楼镇；最迟的台风是7427号，于1974年12月2日在台山登陆。1—3月、12月没有台风影响肇庆。

三、台风登陆地段

根据台风影响肇庆市的风雨强度及路径，对肇庆有影响的台风存在3种情形：一是福建或粤东沿海附近登陆后，向西北或偏西、或偏西南方向移动，且登陆强度在10级以上；二是在珠江口附近或电白到珠江口之间沿海地区登陆；三是在海南文昌或湛江登陆后向西北到偏北方向移动，且登陆强度在8级以上。

四、台风天气

受台风影响，肇庆出现台前飑线、大风、暴雨等气象灾害。

（一）台前飑线

在台风移动方向的前方500～1000千米处，常有一条对流性强降雨回波带，它具有类似飑线的特点，故称台前飑线。台前飑线经常出现在台风之前，它常引发雷暴大风、短时暴雨等强对流天气，但维持时间不长。

（二）大风

大风是台风天气的一个显著特点。台风天气的大风有别于一般的雷雨大风或冷空气大风，它有几个显著特点：

第一是风力大。受台风影响，平均风力常有4～6级，有时8～9级，阵风超12级。

第二是持续时间长。台风带来的大风一般持续1～2天，个别移动速度较慢的台风带来的大风持续时间会更长。长时间的狂风吹袭，破坏力非常大。

第三是风向变化。由于台风是一个风向逆时针旋转的巨大的空气涡旋，其位置变化会引起风向变化。例如，台风在肇庆东南方向时，肇庆吹东北风；当台风移至肇庆西北方向时，肇庆的风向转为偏南。仔细观察本地大风风向的变化，有助于判断台风的大致方位，为防御台风提供参考。

（三）暴雨

台风往往带来长时间强降雨。1961—2021 年对肇庆有影响的 203 个台风中，有 159 个最大日降雨量在暴雨或以上级别，占总数的 77.9%，其中，日最大降雨量≥ 100.0 毫米的有 55 个，占总数的 26.9%。日最大降雨量≥ 250.0 毫米的有 1 个，也就是 1971 年 6 月 18 日 03 时前后在珠海登陆的 7108 号台风，德庆站日降雨量 297.6 毫米。这只是统计国家气象观测站的记录，如果考虑乡镇自动站和水文站记录，则台风暴雨影响次数和量级更多、更大。

台风带来的降雨，雨量大，且时间长，一般都在 2 ～ 3 天。如果台风移动缓慢或停滞，降雨时间会更长，因此人们常说："一日台风三日雨。"

五、台风影响个例

1961—2021 年，对肇庆市有影响的台风 203 个，其中严重影响的 85 个。台风严重影响情况见表 1-3-1-1。

表 1-3-1-1　1961—2021 年对肇庆市有严重影响的台风统计

年份	台风编号及名称	登陆情况		受影响情况						
		地点	时间	最大过程雨量（毫米）	出现地点	最大日雨量（毫米）	出现地点	极大风速（级或米/秒）	极大风速出现日期	极大风速出现地点
				（测站）				（测站）		
1961	6109	汕头	7 月 2 日 7 时	142.9	广宁	97.8	广宁			
1961	6110	汕头	7 月 15 日 7 时	94.2	广宁	87.5	广宁	8 级	7 月 15 日	高要
1961	无	珠海	8 月 31 日	291.0	四会	199.4	四会	4 级	9 月 1 日	高要
1961	6125	宝安	9 月 29 日 11 时	264.8	高要	216.3	高要	6 级	9 月 30 日	高要
1962	6213	分别在香港、临高登陆	9 月 1 日 10 时、9 月 3 日	196.1	德庆	124.3	德庆	9 级	9 月 1 日	高要
1963	6304	澄海	7 月 1 日	153.8	怀集	84.1	四会			
1963	6307	吴川	7 月 22 日 21—22 时	144.5	高要	85.5	高要	5 级	7 月 22 日	高要
1964	6402	珠海斗门	5 月 28 日 08 时	170.5	高要	138.2	高要	5 级	5 月 28 日	高要
1964	6403	琼海	7 月 2 日 10 时	161.9	四会	130.9	四会	5 级	7 月 2 日	高要 四会
1964	6411	珠海澳门	8 月 9 日 1 时	122.4	高要	98.0	四会	20 米 / 秒	8 月 9 日	高要

续表

年份	台风编号及名称	登陆情况		受影响情况						
		地点	时间	最大过程雨量（毫米）	出现地点	最大日雨量（毫米）	出现地点	极大风速（级或米/秒）	极大风速出现日期	极大风速出现地点
				（测站）				（测站）		
1964	无	北部湾活动	影响时段：8月22—24日	95.6	四会	83.4	四会			
1964	6415	珠海	9月5日15时	138.1	高要	73.7	四会	28米/秒	9月5日	高要
1966	6605	珠海	7月13日23时	145.7	德庆	145.7	德庆			
1967	6706	电白—吴川	8月2日23—24时	184.6	广宁	115.2	德庆			
1967	6711	斗门—台山	8月21日20—21时	117.4	高要	106.3	高要	7级	8月22日	高要
1967	6720	湛江—海康	11月8日	114.8	高要	113.1	高要			
1968	6808	香港	8月21日19—20时	230.5	封开	138.4	封开	6级	8月22日	高要
1969	6903	惠来	7月28日11—12时	208.0	德庆	159.7	德庆			
1970	7003	崖县—陵水	7月16日	174.8	封开	116.5	封开			
1970	7004	宝安	8月3日下半夜	218.0	高要	153.1	高要			
1970	7013	琼海—文昌	10月17日06时	194.8	德庆	160.7	广宁	7级	10月17日	高要
1971	7108	珠海	6月18日3—4时	382.7	德庆	297.6	德庆			
1971	无	惠东	7月22日10时	117.6	四会	84.7	高要			
1972	7220	文昌—电白	11月8日	138.4	德庆	104.5	德庆			
1973	7307	电白	8月12日17—18时	125.4	高要	103.1	怀集			
1973	7318	崖县	10月18日	125.1	广宁	112.4	四会			
1975	7506	分别在万宁、三亚、斗门登陆	8月11日、8月14日	155.4	高要	132.7	高要			
1975	7513	台山上川岛	10月6日02时	146.7	四会	113.6	四会	7级	10月6日	高要 四会

续表

年份	台风编号及名称	登陆情况		受影响情况						
		地点	时间	最大过程雨量（毫米）	出现地点	最大日雨量（毫米）	出现地点	极大风速（级或米/秒）	极大风速出现日期	极大风速出现地点
				（测站）				（测站）		
1976	7616	海丰	8月24日09时	152.5	高要	105.7	封开			
1976	7619	分别在湛江、儋县、万宁三次登陆	分别于9月20日、9月22日、9月26日登陆	514.4	高要	243.7	高要			
1977	7709	18度西行，南海消失	影响时段：9月4—6日	127.3	四会	98.2	四会			
1978	无	湛江	6月26日	210.6	高要	141.5	高要			
1978	7812	吴川	8月27日18时	119.0	高要	81.9	高要			
1978	7820	珠江口消失	影响时段：10月15—17日	165.5	四会	98.1	四会			
1980	8009	陆丰	7月27日	136.5	怀集	118.6	封开			
1981	8107	福州	7月20日	226.2	德庆	109.6	德庆			
1982	8212	福建	8月15日20—21时	162.3	高要	100.1	高要			
1985	8517	湛江	9月22日	216.1	德庆	187.5	怀集			
1986	8613	海南万宁	8月10日夜间	230.6	四会	161.8	四会			
1988	8804	台山上川岛	6月29日	87.8	广宁	83.1	广宁	8米/秒	6月29日	四会
1988	8805	惠来	7月19日	217.1	广宁	196.5	广宁	11.7米/秒	7月19日	四会
1989	8903	台山	5月20日	158.9	广宁	144.7	广宁	22米/秒	5月21日	高要
1990	9025	三亚	11月17日	120.6	四会	94.4	四会			
1991	9111	徐闻	8月16日	126.5	高要	81.4	怀集			
1993	9309	阳江	8月21日	146.7	广宁	90.6	怀集	23.1米/秒	8月21日	高要
1993	9323	阳江	11月4日21时	116.3	高要	104.1	高要	13.8米/秒	11月4日	高要
1994	9403	徐闻	6月8日	257.8	高要	167.8	高要	11.9米/秒	6月8日	广宁
1994	9419	湛江徐闻	8月27日	143.6	德庆	89.3	德庆	16.5米/秒	8月28日	高要
1994	9422	三亚	9月6日	115.3	高要	89.6	高要	11.7米/秒	9月5日	广宁
1995	9504	澄海	7月31日12时	173.2	广宁	91.5	广宁	13.8米/秒	8月1日	广宁
1995	9509	海丰—惠东	8月31日	154.7	四会	131.9	四会	17.9米/秒	9月2日	广宁

续表

年份	台风编号及名称	登陆情况		受影响情况						
		地点	时间	最大过程雨量（毫米）	出现地点	最大日雨量（毫米）	出现地点	极大风速（级或米/秒）	极大风速出现日期	极大风速出现地点
				（测站）				（测站）		
1995	9515	电白—阳西	10月3日12时	221.7	怀集	146.9	四会	17.9米/秒	10月3日	广宁
1995	9516	钦州	10月13日	132.7	封开	99.0	四会	11.0米/秒	10月14日	广宁
1996	9607	福建晋江	7月27日04时	187.1	高要	124.5	高要	12.7米/秒	7月27日	高要
1996	9612	海南凌水	8月22日04时	145.0	高要	137.7	高要	10.0米/秒	8月25日	高要
1997	9713	雷州	8月22日13时30分	111.3	德庆	85.8	德庆	25.0米/秒	8月21日	高要
1999	9910	珠海前山	9月16日16时30分	142.5	四会	122.4	四会	19.6米/秒	9月16日	高要
2001	0103“榴莲”①	湛江	7月2日03时30分	141.7	高要	109.2	高要	16.7米/秒	7月2日	高要
2001	0104“尤特”	汕尾	7月6日07时50分	150.6	四会	96.2	德庆	16.7米/秒	7月6日	高要
2001	0114“菲特”	在海南文昌、广西北海、海南三亚三次登陆	分别于8月29日17时、8月31时11时、9月1日05时登陆	321.0	四会	149.4	四会	15.0米/秒	8月29日	高要
2001	0116“百合”	广东惠来	9月20日10—11时	165.6	四会	161.4	四会	10.0米/秒	9月20	高要
2004	0411未命名	惠来—陆丰	7月27日11时05分	181.4	四会	137.1	四会	14.6米/秒	7月29日	高要
2005	0513“泰利”	福建省莆田附近沿海地区	9月1日下午	190.3	高要	147.0	四会	7.9米/秒	9月3日	高要
2006	0604“碧利斯”	福建省霞浦县北壁镇	7月14日12时50分	239.3	四会	99.6	怀集	15.3米/秒	7月15日	四会
2006	0605“格美”	福建省晋江围头镇	7月25日15时50分	163.5	四会	111.0	德庆	16.1米/秒	7月29日	四会
2006	0606“派比安”	阳西—电白	8月3日19时20分	305.1	四会	226.0	四会	33.2米/秒	8月3日	高要
2008	0806“风神”	深圳葵涌	6月25日早晨	232.5	德庆	135.8	德庆	12.2米/秒	6月25日	广宁

续表

年份	台风编号及名称	登陆情况		受影响情况						
		地点	时间	最大过程雨量（毫米）	出现地点	最大日雨量（毫米）	出现地点	极大风速（级或米/秒）	极大风速出现日期	极大风速出现地点
				（测站）				（测站）		
2008	0809“北冕”	阳江阳西	8月6日19时45分	139	高要	67.4	德庆	20.2米/秒	8月6日	四会
2008	0814“黑格比”	茂名电白	9月24日06时45分	53.9	怀集	36.6	怀集	24.5米/秒	9月24日	高要
2009	0906“莫拉菲”	深圳南澳	7月19日0时50分	98.3	德庆	80.9	高要	17.1米/秒	7月19日	四会
2009	0915“巨爵”	台山北陡	9月15日07时	96.6	德庆	76.4	封开	21.6米/秒	9月15日	四会
2010	1003“灿都”	湛江吴川吴阳	7月22日13时45分	121.8	四会	65.1	德庆	18.9米/秒	7月21日	封开
2010	1011“凡亚比”	福建漳浦县	9月20日07时	143.7	广宁	137.1	广宁	16.5米/秒	9月21日	四会
2011	1117“纳沙”	海南文昌翁田镇	9月29日14时30分	95.3	四会	62.9	四会	19.9米/秒	9月29日	高要
2012	1208“韦森特”	台山市赤溪镇	7月24日04时15分	297.7	四会	129.3	四会	23.4米/秒	7月24日	四会
2013	1311“尤特”	阳江市阳西县溪头镇	8月14日15时50分	320.0	怀集	156.6	怀集	18.7米/秒	8月14日	四会
2014	1415“海鸥”	徐闻	9月16日09时40分	128.8	高要	71.6	高要	24米/秒	9月16日	封开
2015	1522“彩虹”	湛江市坡头区	10月4日14时10分	268.8	四会	146.0	四会	17.4米/秒	10月4日	四会
2016	1604“妮妲”	深圳大鹏新区沿海登陆	8月2日03时35分	167.3	高要	108.9	高要	15.6米/秒	8月2日	高要
2017	1713“天鸽”	珠海市金湾区	8月23日12时50分	126.7	广宁	85.6	高要	35.7米/秒	8月23日	高要
2017	1714“帕卡”	台山市东南部	8月27日09时	124.1	四会	101.4	四会	25.4米/秒	8月27日	高要
2018	1804“艾云尼”	阳江海陵岛	6月7日21时	271.8	四会	219.7	高要	19.1米/秒	6月8日	高要
2018	1822“山竹”	台山市海宴镇	9月16日17时	226.0	四会	142.4	四会	40.7米/秒	9月16日	高要

续表

<table>
<tr><th rowspan="3">年份</th><th rowspan="3">台风编号及名称</th><th colspan="2">登陆情况</th><th colspan="7">受影响情况</th></tr>
<tr><th rowspan="2">地点</th><th rowspan="2">时间</th><th>最大过程雨量（毫米）</th><th>出现地点</th><th>最大日雨量（毫米）</th><th>出现地点</th><th>极大风速（级或米/秒）</th><th>极大风速出现日期</th><th>极大风速出现地点</th></tr>
<tr><th colspan="4">（测站）</th><th colspan="3">（测站）</th></tr>
<tr><td>2019</td><td>1911
“白鹿”</td><td>台湾屏东县、福建省东山县沿海</td><td>8月24日13时前后、8月25日07时25分</td><td>223.3</td><td>广宁</td><td>171.7</td><td>封开</td><td>13.4米/秒</td><td>8月25日</td><td>封开</td></tr>
<tr><td>2020</td><td>2007
“海高斯”</td><td>广东珠海</td><td>8月19日06时</td><td>74.4</td><td>四会</td><td>46.8</td><td>四会</td><td>27米/秒</td><td>8月19日</td><td>高要</td></tr>
</table>

注：①为了帮助人们防台抗灾、加强国际区域合作，1997年11月25日—12月1日，在香港举行的世界气象组织台风委员会第30次年度会议决定，西北太平洋和南海的热带气旋采用具有亚洲风格的名字命名，并决定从2000年1月1日起开始使用新的命名方法，确立一张新的命名表。

第二节　暴　雨

暴雨是指降雨强度很大的雨。我国气象上规定，日（或24小时）降雨量50.0毫米以上称为“暴雨”。按其降雨强度大小又分为3个等级，即日（或24小时）降雨量50.0～99.9毫米称“暴雨”，100.0～249.9毫米称“大暴雨”，250.0毫米以上称“特大暴雨”。

一、暴雨的年变化和月变化

根据肇庆市6个气象站观测记录：1954—2021年68年间共出现暴雨376.1天，平均每年5.5天。最多的一年有9天，为2012年；最少的一年有2天，为1956年。暴雨日数≥7天的有14年，占21%；暴雨日数≤5天的有26年，占38%。

从年代分布上看，20世纪80年代和21世纪10年代最多，均为5.9天，其次是20世纪70年代，为5.8天，20世纪60年代为5.6天，其他年代为5.4天左右。

肇庆市全年各月都有可能出现暴雨，但主要集中在汛期（4—9月）。1954—2021年汛期出现暴雨321.5天，占暴雨总数的85.5%。其中，前汛期（4—6月）出现暴雨187.8天，占暴雨总数的49.9%，后汛期（7—9月）出现暴雨133.7天，占暴雨总数的35.5%，前汛期多于后汛期。而10月至次年3月，出现暴雨54.7天，占总数的14.5%。其中，12月至次年2月，出现暴雨15天，占总数的4%。

暴雨以5月最多，月均1.1天；其次是6月、8月，月均分别是1.0天、0.8天；2月和12月最少。

二、大暴雨及特大暴雨

1954—2021年，肇庆出现大暴雨以上降雨42.7天，年均0.6天；最多的2天，为1971年；有8年没有出现大暴雨。

大暴雨5月出现最多，占总数的21.6%；其次是6月、4月，分别占总数的16.1%、14.6%；2月没有出现大暴雨。

1954—2021年，肇庆市出现特大暴雨1次，为德庆1971年6月18日，日降雨量达297.6毫米。

1954—2021年肇庆市大暴雨、特大暴雨个例见表1-3-2-1，各月大暴雨、特大暴雨日数见表1-3-2-2。

表1-3-2-1 1954—2021年肇庆市大暴雨、特大暴雨个例 单位：毫米

出现时间	县/区	降雨量	出现时间	县/区	降雨量	出现时间	县/区	降雨量
1954-04-27	高要	102.5	1963-07-20	广宁	109.5	1970-10-18	德庆	155.8
1957-07-17	德庆	175.9	1964-05-28	高要	138.2	1970-10-18	怀集	108.5
1957-09-23	德庆	173.2	1964-07-03	四会	130.9	1970-10-18	广宁	160.7
1957-09-23	高要	178.6	1965-05-15	四会	116.3	1970-10-18	四会	103.8
1958-06-09	高要	104.4	1966-06-12	封开	198.9	1971-04-02	封开	114.1
1958-06-16	高要	122.0	1966-06-12	广宁	202.6	1971-04-02	怀集	118.4
1958-06-24	广宁	150.6	1966-07-14	封开	142.8	1971-04-02	广宁	123.9
1959-05-19	四会	111.5	1966-07-14	德庆	145.7	1971-04-02	四会	133.1
1959-06-12	四会	120.9	1966-07-14	广宁	100.3	1971-04-02	高要	124.6
1960-05-15	怀集	102.4	1967-05-25	封开	154.2	1971-04-03	怀集	114.9
1960-08-11	广宁	107.8	1967-08-03	封开	108.8	1971-04-03	广宁	150.9
1960-08-11	四会	127.8	1967-08-03	德庆	115.2	1971-04-30	怀集	129.8
1960-08-11	高要	132.0	1967-08-22	高要	106.3	1971-06-18	德庆	297.6
1960-08-27	高要	109.5	1967-11-08	高要	113.1	1971-06-18	四会	136.7
1961-04-23	四会	110.8	1968-05-25	怀集	136.7	1971-06-18	高要	149.5
1961-04-24	德庆	193.2	1968-06-09	封开	105.4	1971-06-19	怀集	121.4
1961-04-24	高要	120.4	1968-08-22	封开	138.4	1971-06-19	广宁	121.3
1961-04-25	广宁	133.9	1968-08-22	广宁	110.4	1972-05-03	怀集	101.4
1961-09-01	广宁	127.3	1969-07-29	德庆	159.7	1972-06-05	高要	102.2
1961-09-01	四会	199.4	1969-07-29	高要	111.2	1972-09-18	高要	159.0
1961-09-30	高要	216.3	1969-08-12	高要	145.7	1972-11-09	德庆	104.5
1962-05-29	怀集	108.5	1970-05-02	怀集	108.5	1973-05-28	广宁	112.9
1962-09-02	德庆	124.3	1970-07-17	封开	116.5	1973-06-04	怀集	126.9
1962-09-03	四会	113.8	1970-08-03	高要	153.1	1973-06-04	广宁	102.8

续表

出现时间	县 / 区	降雨量	出现时间	县 / 区	降雨量	出现时间	县 / 区	降雨量
1973-06-04	四会	144.3	1983-01-07	封开	122.9	1989-05-24	德庆	104.8
1973-08-13	怀集	103.1	1983-01-07	广宁	110.6	1990-10-24	怀集	129.2
1973-09-19	广宁	110.5	1983-06-17	怀集	140.6	1992-05-08	广宁	106.8
1973-10-21	四会	112.4	1984-04-27	怀集	149.6	1993-04-20	怀集	116.7
1975-03-04	怀集	107.1	1984-04-27	广宁	109.4	1993-05-08	封开	122.4
1975-07-12	封开	119.3	1984-04-27	四会	108.7	1993-06-09	广宁	100.0
1975-08-14	高要	132.7	1984-05-29	怀集	139.6	1993-11-05	高要	104.1
1975-10-06	四会	113.6	1984-05-29	四会	107.3	1994-06-09	四会	101.2
1975-10-06	高要	100.7	1985-05-02	四会	119.3	1994-06-09	高要	167.8
1976-04-19	四会	113.8	1985-05-24	高要	117.2	1994-07-24	怀集	137.0
1976-08-25	封开	105.7	1985-05-31	四会	115.5	1994-08-16	四会	118.2
1976-09-21	德庆	147.4	1985-06-27	怀集	142.1	1994-10-05	德庆	104.7
1977-05-30	高要	105.4	1985-09-23	封开	124.7	1995-09-01	四会	131.9
1978-04-16	怀集	106.3	1985-09-23	德庆	112.5	1995-09-01	高要	118.4
1978-06-27	高要	141.5	1985-09-23	怀集	187.5	1995-10-03	广宁	107.5
1979-04-19	四会	106.3	1986-05-02	广宁	115.9	1995-10-03	四会	146.9
1979-04-19	高要	107.6	1986-05-11	德庆	114.7	1995-10-04	怀集	137.8
1979-05-29	封开	106.5	1986-05-11	广宁	101.1	1996-04-19	高要	213.1
1979-09-01	德庆	115.3	1986-05-11	四会	110.2	1996-07-28	四会	124.5
1979-09-02	德庆	118.6	1986-06-06	封开	101.8	1996-08-17	德庆	108.5
1980-04-13	封开	104.6	1986-08-11	四会	161.8	1996-08-25	高要	137.7
1980-04-24	广宁	134.2	1986-08-11	高要	137.1	1997-07-18	四会	105.7
1980-05-03	封开	138.7	1987-04-06	德庆	107.8	1998-05-24	四会	235.3
1980-05-03	德庆	102.3	1987-04-06	四会	111.9	1998-06-03	封开	109.1
1980-05-03	高要	102.7	1987-09-19	德庆	132.1	1998-06-09	封开	112.7
1980-07-28	封开	118.6	1988-07-20	德庆	106.4	1999-04-26	怀集	188.9
1981-07-22	德庆	121.2	1988-07-20	广宁	196.5	1999-09-17	四会	122.4
1981-08-02	封开	141.3	1988-07-28	封开	103.0	2000-08-14	怀集	121.6
1981-10-07	德庆	108.1	1989-05-21	广宁	144.7	2001-05-18	高要	105.4
1982-04-22	封开	117.9	1989-05-21	四会	114.8	2001-07-02	高要	109.2
1982-05-12	怀集	111.9	1989-05-22	广宁	121.2	2001-09-01	四会	149.4
1982-08-16	高要	100.1	1989-05-22	高要	196.5	2001-09-21	广宁	108.9
1982-11-28	怀集	113.8	1989-05-23	怀集	102.7	2001-09-21	四会	161.4

续表

出现时间	县 / 区	降雨量	出现时间	县 / 区	降雨量	出现时间	县 / 区	降雨量
2002-05-22	怀集	117.9	2010-06-10	四会	106.3	2016-05-28	怀集	134.0
2002-08-09	四会	134.3	2010-06-25	怀集	104.7	2016-06-05	封开	131.0
2004-05-13	四会	130.1	2010-09-21	封开	108.0	2016-08-02	高要	108.9
2004-07-29	四会	137.1	2010-09-21	德庆	121.6	2016-08-12	广宁	148.5
2005-03-30	怀集	100.4	2010-09-21	广宁	135.3	2016-08-14	四会	127.7
2005-04-25	德庆	107.2	2011-07-16	封开	117.0	2017-03-29	怀集	102.8
2005-05-05	怀集	103.1	2011-09-03	四会	122.7	2017-05-15	四会	105.0
2005-05-09	广宁	105.1	2012-06-12	高要	124.4	2018-06-08	广宁	123.9
2005-05-29	高要	138.6	2012-07-24	四会	113.5	2018-06-08	四会	212.4
2005-06-23	德庆	115.6	2012-07-24	四会	129.3	2018-06-08	高要	219.7
2005-06-23	四会	102.4	2013-03-30	封开	100.4	2018-06-13	德庆	117.7
2005-09-04	四会	147.0	2013-06-10	怀集	100.3	2018-09-17	德庆	125.9
2005-09-09	广宁	103.2	2013-08-16	怀集	156.0	2018-09-17	广宁	139.0
2006-06-08	封开	149.0	2013-12-16	四会	106.4	2018-09-17	四会	142.4
2006-06-08	怀集	113.2	2014-03-30	封开	105.3	2019-04-19	怀集	105.6
2006-07-27	德庆	111.0	2014-03-30	德庆	171.5	2019-04-19	广宁	102.0
2006-08-04	德庆	112.6	2014-03-30	四会	164.0	2019-06-24	四会	138.3
2006-08-04	广宁	159.6	2014-03-30	高要	182.3	2019-07-29	四会	110.3
2006-08-04	四会	226.0	2014-08-13	广宁	120.7	2019-08-26	封开	171.7
2008-05-05	德庆	102.0	2014-08-19	广宁	150.3	2019-08-26	广宁	156.6
2008-05-05	高要	193.7	2015-05-20	高要	115.1	2020-03-27	怀集	157.8
2008-06-16	广宁	122.4	2015-06-02	广宁	115.0	2020-09-13	封开	103.1
2008-06-18	广宁	122.2	2015-07-10	高要	111.1			
2008-06-26	德庆	135.8	2015-10-05	广宁	103.8			
2010-05-09	德庆	170.6	2015-10-05	四会	210.7			

表 1-3-2-2　1954—2021 年肇庆市各月大暴雨、特大暴雨日数　　单位：天

月份	1	2	3	4	5	6	7	8	9	10	11	12
日数	0.3	0	1.7	6.2	9.2	6.9	4.9	5.2	5.0	2.6	0.4	0.2
占比 /%	0.7	0.0	4.0	14.6	21.6	16.1	11.4	12.2	11.8	6.1	0.9	0.5

三、连续性暴雨

连续性暴雨是指连续 2 天以上出现暴雨。1954—2021 年，共出现连续性暴雨 111 次，年均 1.6 次。1971 年和 2014 年连续性暴雨特别多，全年出现过 5 次。在 68 年中，没有出现连续性暴雨的有 10 年。从月分布来看，6 月和 8 月最多，其次是 5 月和 7 月，这 4 个月份占总数的 70%，4 月和 9 月占总数的 23%。持续时间 2 天的有 103 次，持续时间 3 天的有 7 次，持续时间最长的为 4 天，出现在 1959 年 6 月 11—14 日（德庆）。连续性暴雨容易造成洪涝灾害。

四、“龙舟水”

端午节前后，正值华南地区前汛期，夏季风活跃，北方又时有冷空气南下影响到华南，冷暖空气交汇，常常带来大而集中的降水。此时也正是早稻抽穗扬花、灌浆、结实的关键时期，如果出现强降水和洪涝灾害，就会严重危害水稻生长。民间把农历五月初五“端午节”前后（一个月时间内）的较大降水过程称为“龙舟水”。

1954—2021 年，“龙舟水”期间平均降雨量 286.3 毫米。其降雨量距平百分率≥ 50% 的有 10 年，为 1959 年、1963 年、1966 年、1971 年、1988 年、1989 年、1993 年、2004 年、2006 年和 2008 年。1954—2021 年肇庆市“龙舟水”期间降雨量见图 1-3-2-1。

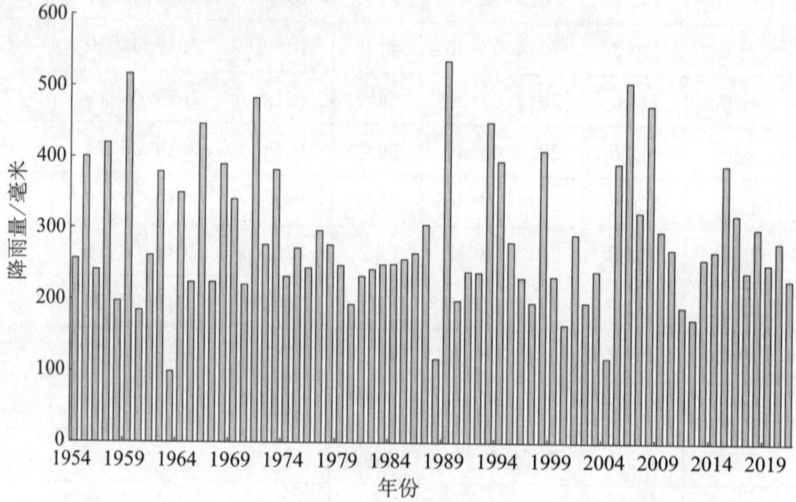

图 1-3-2-1　1954—2021 年肇庆市“龙舟水”期间降雨量

第三节　强对流

强对流天气是指出现短时强降水、雷雨大风、龙卷、冰雹等现象的灾害性天气，它发生在对流云系或单体对流云块中，在气象上属于中小尺度天气系统。

一、雷暴

雷暴是产生在强烈的积雨云中，伴有雷鸣和闪电的局地对流性天气，常伴有强烈的阵雨或雷雨大风，有时伴有冰雹和龙卷。

（一）雷暴的年变化

肇庆位于雷暴多发区，雷暴灾害时有发生。肇庆高要国家站 1954—2018 年平均雷暴日为 82 天。雷暴日数出现最多的是 1959 年，全年雷暴日 118 天；最少的是 1990 年，有 53 天。雷暴日数的年际变化呈现逐渐减少的趋势。

肇庆高要国家站每年首次雷暴（简称“初雷”）最早出现在 1 月 2 日（1988 年），最晚出现在 5 月 1 日（1970 年）。初雷多年平均出现在 3 月 2 日。终雷（指一年中最后一次出现的雷暴）最早出现在 9 月 5 日（1991 年），最晚出现在 12 月 22 日（1997 年）。终雷多年平均出现在 10 月 11 日。

（二）雷暴的月变化

汛期是雷暴活动的高峰期，占总数的 92%。其中 7 月的雷暴最多，月均 15.8 天，占总数的 19.4%。11 月至次年 2 月，为雷暴的低发时期，占总数的 1% 左右。1954—2018 年肇庆市各月雷暴日数见表 1-3-3-1。

表 1-3-3-1　1954—2018 年肇庆市各月雷暴日数　　单位：天

月份	1	2	3	4	5	6	7	8	9	10	11	12
总数	7	62	222	475	839	994	1027	977	576	105	17	1
平均	0.1	1.0	3.4	7.3	12.9	15.3	15.8	15.0	8.9	1.6	0.3	0.0
占比 /%	0.1	1.2	4.2	9.0	15.8	18.7	19.4	18.4	10.9	2.0	0.3	0.0

注：采用高要国家气象观测站 1954—2018 年资料。

二、雷雨大风

雷雨大风是指在出现雷、雨天气现象时，阵风达到或超过 8 级（≥ 17.2 米 / 秒）的天气现象。有时也将雷雨大风称作“飑”。雷雨大风常出现在强烈冷锋前面的雷暴高压中。当雷雨大风发生时，乌云滚滚，电闪雷鸣，狂风伴有强降水，有时伴有冰雹。它涉及的范围一般只有几千米至几十千米，范围比较小。2013—2021 年，肇庆市 6 个国家气象观测站共记录到 273 次雷雨大风过程。

例如，2021 年 5 月 9 日午后，端州区、德庆、高要、广宁、四会大部出现雷阵雨，局部大雨，并伴有雷电、冰雹和 8 ～ 10 级短时大风，超过 10 级的有 2 站，最大风速为广宁石涧 26.9 米 / 秒（10 级）。又如，2021 年 5 月 31 日 08 时—6 月 4 日 08 时，肇庆各地普降暴雨到大暴雨，局地伴有 9 ～ 10 级短时大风，最大雨量为广宁潭布 252.7 毫米，最大阵风为德庆德城水厂 24.7 米 / 秒（10 级）。

三、短时强降水

短时强降水是指短时间内降水强度较大，降雨量达到或超过某一量值的天气现象。关于这一量值的规定，各地气象台站不尽相同，一般是指 1 小时降雨量≥ 20 毫米。统计 2000—2021 年时降雨资料，年平均有 9.3 时次，最多有 15.3 时次，最少有 4.3 时次。按月统计，主要出现在 4—9 月的汛期，占 91%；5 月和 6 月最多，占强降雨总次数的 40%。

四、冰雹

冰雹是坚硬的圆球形、圆锥形或形状不规则的固态降水，由透明的冰层和不透明的冰层相间组成，直径一般为 5 ～ 50 毫米，最大的可达 10 厘米以上，小如黄豆、花生米，大如栗子、鸡蛋。冰雹维持时间很短，通常是几分钟，天气剧烈，常和雷雨大风、龙卷一起出现。冰雹的直径越大，破坏力就越大，往往打坏屋顶，将果木、农作物打得斑痕点点，有时甚至会伤及人畜。

冰雹多出现在 2—5 月。此时，冷空气比较活跃，冷暖空气交锋激烈，锋面的抬升作用常产生并发展成极其旺盛的雷雨云，这就可能引发冰雹。一般冰雹范围很小，被观测到的次数就更少了。1959—2021 年，肇庆 6 个国家气象站记录到 35 次冰雹。

例如，2011 年 4 月 17 日 09 时 30 分—12 时 30 分，肇庆市的封开、德庆、高要、端州区先后遭受强对流天气袭击，共有 22 个镇出现 8 级以上大风，22 个镇大雨，10 个镇暴雨。最大风出现在高要回龙镇，为 39.3 米 / 秒（13 级）；6 小时累积最大降雨出现在封开莲都镇，为 62.5 毫米。德庆县普降大到暴雨，并伴有冰雹，13 个镇（街）不同程度受灾，悦城、九市、新圩、官圩、马圩等镇部分农作物受损、房屋倒塌、厂房棚顶被掀翻伤人，灾情较为严重。

五、龙卷

龙卷是一种强烈的、小范围的空气涡旋，是在极不稳定的天气下，由空气强烈对流运动而产生的强烈旋风。龙卷形状一般都呈上大下小的漏斗状，“漏斗”上接积雨云，下部一般与地面接触，且常被一团尘土或碎片残骸等包围，若其在水面上，就呈龙吸水现象，也称“水龙卷”。其水平范围很小，直径从几米到几百米不等，在空中可有几千米。龙卷风速极大，风力常常超过 12 级，具有极大的突发性，持续时间往往只几十分钟甚至更短，具有强烈旋转性。其常以 50 ～ 60 千米 / 小时的移动速度直线行进，故破坏区域也呈狭长的直线。龙卷被认为是自然界最猛烈的风暴，所到之处破坏力极大。

例如，2018 年 9 月 16—17 日，受台风“山竹”影响，高要区气象观测站录得过程最大风速 40.7 米 / 秒（13 级），17 日白天在鼎湖永安镇、四会大沙镇出现了龙卷。

第四节 高 温

日最高气温达到 35 ℃以上，称为高温。高温天气对人们健康、工农业生产、交通安全和森林防火等都有影响，是常见的气象灾害。

一、高温天气的年变化

1954—2021 年，肇庆市年平均高温天气为 25.9 天。极端最高气温 40.6 ℃，为 2003 年 7 月 23 日（怀集站）；其次，39.6 ℃，为 2020 年 7 月 28 日（德庆站）。超 37 ℃的高温天气，年平均只有 2.7 天。高温天气的年际变化较大，每年都出现高温天气，10 天以下只有 4 年，10 ～ 20 天有 23 年，20 ～ 30 天有 24 年，30 ～ 40 天有 8 年，40 天以上有 9 年，2021 年高温日数最多，达 70.3 天。1954—2021 年肇庆市历年高温日数见图 1-3-4-1。

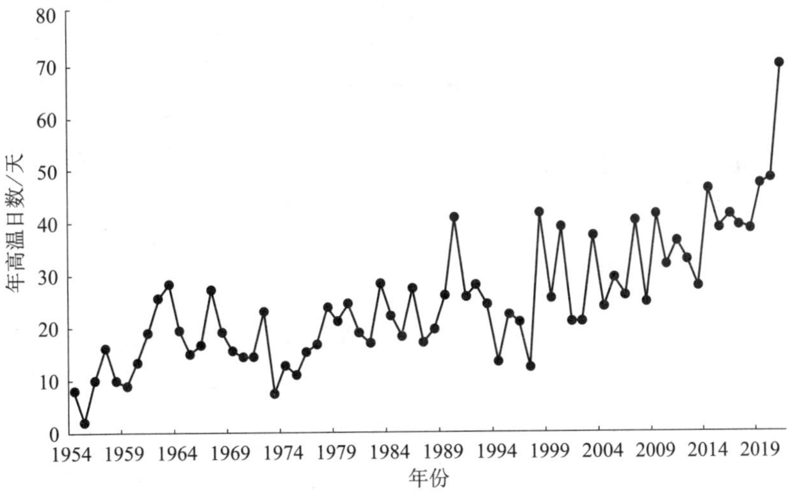

图 1-3-4-1 1954—2021 年肇庆市历年高温日数

二、高温天气的月变化

肇庆市的高温天气最早出现在 4 月 9 日（1983 年），最迟出现在 10 月 13 日（1998 年），主要在 7—8 月。1954—2021 年肇庆市夏季各月平均高温日数见表 1-3-4-1。

表 1-3-4-1 1954—2021 年肇庆市夏季各月平均高温日数 单位：天

月份	4	5	6	7	8	9	10
高温日数	0	1.2	3.9	9.7	8.2	2.9	0.2
占比 /%	0	4.6	14.9	37.2	31.4	11.1	0.8

第五节　干　　旱

干旱是指因较长时间少雨而空气干燥、土壤缺水，危害作物生长、造成作物减产，甚至影响居民生活、工业生产及其他社会经济活动的天气现象。肇庆市降雨时空分布不均，降雨量主要集中在汛期，而冬半年降雨量少且蒸发量又比较大，导致冬半年容易出现干旱。

一、干旱的统计标准

气象部门采用两次“透雨”之间的间隔天数来表示干旱的严重程度。所谓“透雨”是指一日或连续数日累计雨量达到一定数值，在一定程度上满足了作物对水分的需求。通常采用的干旱灾害统计标准为：春旱2—5月，夏旱6—7月，秋旱8—10月，冬旱11月至次年1月。在冬、春季（11月至次年5月），气温较低，蒸发量较小，“透雨”标准为日降雨量≥20.0毫米。若连续25天没有出现“透雨”，则统计为一次干旱过程，25～29天为轻度干旱（1级），30～59天为中度干旱（2级），60天以上为重度干旱（3级）。在夏、秋季（6—10月），气温较高，蒸发量大，“透雨”标准为日降雨量≥40.0毫米，30～39天为轻度干旱（1级），40～49天为中度干旱（2级），50天以上为重度干旱（3级）。两次“透雨”之间的间隔越长，干旱就越严重。反之，干旱就比较轻。

二、干旱天气过程

气象角度的干旱标准仅仅是从降雨量的角度来衡量干旱，并没有考虑作物的种类、布局及其生长发育期、耕作制度、生产水平和水利设施等因素，因此，并不完全等同于实际的干旱。

据上述标准统计，使用1954年12月—2022年1月高要国家气象观测站资料，肇庆市共出现干旱天气过程71次，重度干旱（3级）27次，年均0.4次。出现最严重干旱的是在2004年，干旱日数达148天。

第六节　低温冷害

一、寒潮

广东省气象局规定，凡一天中日平均气温降温幅度≥8 ℃或两天日平均气温降温幅度≥10 ℃，同时过程最低气温≤5 ℃，则称此冷空气爆发过程为一次寒潮过程。

影响肇庆市的寒潮并不多。以高要站为例，1954—2021年共出现过14次，平均4.9年出现一次。20世纪70年代出现较多，出现5次，其次是50年代出现3次。寒潮主要发生在12月至次年2月，其中以1月最多，共有6次，12月和2月各出现4次。其他月份还未出现过寒潮记录。1954—2021年肇庆市历年寒潮出现情况见表1-3-6-1。

表 1-3-6-1　1954—2021 年肇庆市历年寒潮过程（高要站）

单位：℃

开始日期	24 小时降温	48 小时降温	过程最低气温
1958 年 1 月 14 日	8.8	12.9	3.4
1960 年 1 月 21 日	8.0	11.8	3.4
1969 年 1 月 29 日	8.6	15.0	3.2
1972 年 2 月 3 日	6.1	11.4	4.8
1974 年 2 月 21 日	8.0	12.4	4.8
1975 年 12 月 8 日	6.0	11.1	2.2
1976 年 12 月 25 日	9.2	12.7	2.1
1980 年 1 月 29 日	8.9	12.6	4.6
1990 年 1 月 31 日	10.4	13.0	3.9
1991 年 12 月 26 日	7.7	13.1	2.8
1993 年 1 月 14 日	6.2	10.2	3.6
1996 年 2 月 16 日	10.4	15.3	3.1
2014 年 2 月 7 日	8.1	9.2	4.7
2020 年 12 月 30 日	8.5	11.4	4.0

注：采用 1954—2021 年高要国家气象站资料。

二、低温

日最低气温≤ 5.0 ℃，称为低温。

1954 年冬季至 2021 年冬季，肇庆市最低气温 -4.2 ℃，出现在 1967 年 1 月 17 日。68 年间出现低温日数 943.6 天，年平均低温日数 13.9 天。低温日数最多的有 32.2 天（1963 年），其次是 30.3 天（1969 年）和 27.3 天（1993 年）。25 天以上的有 7 年，15 ～ 24 天的有 14 年。1954—2021 年肇庆市历年低温日数见图 1-3-6-1。

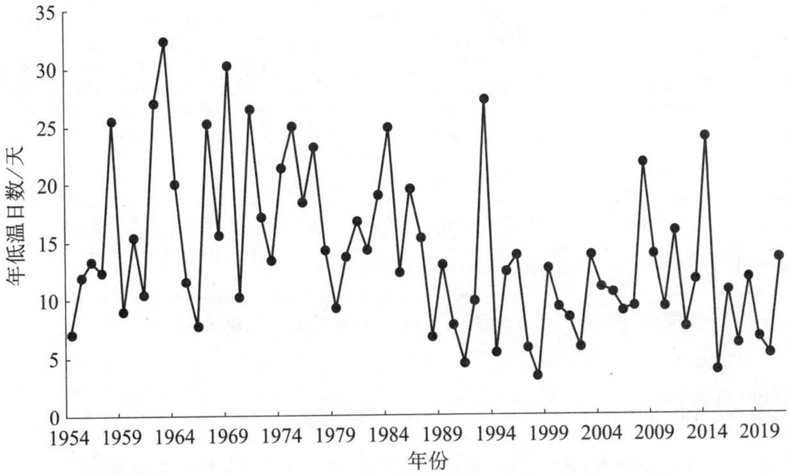

图 1-3-6-1　1954—2021 年肇庆市历年低温日数

三、霜冻

霜是地面温度达到 0 ℃或以下、无风或微风时，水汽在地面或近地面物体上凝结而成的白色松脆的冰晶。霜出现时对农作物会产生冻害，故称霜冻。

1962—2021 年这 60 年间肇庆市出现霜冻日数 286 天，年均霜冻日数 4.8 天。霜冻日数最多的年份是 1962 年冬季（22.2 天），其次是 1975 年冬季（19.8 天）。15 天以上的有 4 年，占总数的 7%。10 ～ 15 天的有 4 年，占总数的 7%。

1962—2021 年肇庆市历年霜冻日数见表 1-3-6-2。

表 1-3-6-2　1962—2021 年肇庆市历年霜冻日数

单位：天

年份	霜冻日数	年份	霜冻日数	年份	霜冻日数
1962—1963	22.2	1983—1984	10.3	2004—2005	2.0
1963—1964	3.5	1984—1985	0.8	2005—2006	3.2
1964—1965	10.2	1985—1986	15.5	2006—2007	3.8
1965—1966	1.2	1986—1987	1.3	2007—2008	3.5
1966—1967	7.0	1987—1988	5.3	2008—2009	5.0
1967—1968	5.8	1988—1989	3.2	2009—2010	2.2
1968—1969	4.7	1989—1990	1.8	2010—2011	2.7
1969—1970	10.7	1990—1991	1.7	2011—2012	1.2
1970—1971	9.7	1991—1992	3.8	2012—2013	2.2
1971—1972	9.2	1992—1993	7.3	2013—2014	6.0
1972—1973	0.2	1993—1994	4.7	2014—2015	3.5
1973—1974	18.8	1994—1995	2.0	2015—2016	1.5
1974—1975	0.5	1995—1996	4.5	2016—2017	0.7
1975—1976	19.8	1996—1997	2.7	2017—2018	3.7
1976—1977	6.3	1997—1998	0.0	2018—2019	0.5
1977—1978	3.7	1998—1999	1.2	2019—2020	0.8
1978—1979	0.8	1999—2000	7.8	2020—2021	2.5
1979—1980	1.0	2000—2001	1.2	2021—2022	0.3
1980—1981	5.7	2001—2002	2.0		
1981—1982	7.0	2002—2003	0.5	合计	286.0
1982—1983	11.7	2003—2004	3.7	平均	4.8

注：采用 1962—2021 年高要、四会、广宁、德庆、封开、怀集国家气象观测站资料。

四、低温阴雨

每年 2—3 月，北方冷空气南下影响华南时，常与北上的暖湿气流形成对峙局面，使肇庆出现长时间的低温并伴有连绵阴雨、日照稀少的天气，这种天气称为低温阴雨天气，它对早稻育秧影响很大，可导致不同程度的烂秧或死苗，从而影响早稻生长，甚至推迟生长季节。

广东省气象局将低温阴雨天气标准规定为：2月1日起，日平均气温≤ 12 ℃，且持续3天或以上；或者日平均气温≤ 15 ℃，每天日照≤ 2小时，持续时间≥ 7天。达到上述指标之一者，称为一次低温阴雨天气过程。3～5天为短过程，6～9天为中过程，≥ 10天为长过程。

1954—2021年，肇庆市（高要）出现低温阴雨天气过程共113次。出现时间最长的是1968年2月1—26日，长达26天。1988—2021年这34年间低温阴雨天气过程出现次数最多的是1988年5次，2005年、2012年和2016年各出现4次，有8年没有出现低温阴雨天气过程。

第七节 寒露风和霜降风

一、寒露风

寒露风是指寒露节气前后，因北方冷空气侵入引起显著降温、大风的天气现象，当降温值达到一定标准时，即称为“寒露风”。广东晚稻生育期间，处于气温由高变低的气候条件下，其抽穗开花时，正值秋季冷空气逐渐增强、南侵的时候，容易遭受低温危害。低温伴随干风或冷雨，影响晚稻正常抽穗开花，增加不实粒，因而造成减产。近20年来，晚稻抽穗开花集中期一般在9月下旬至10月上旬，正值寒露节气前后，因此流传着“禾怕寒露风”的农谚，实际就是指秋季低温给晚稻抽穗开花带来的冷害。

统计标准：每年9月21日—10月20日，出现日平均气温≤ 23 ℃，且连续3天或以上，为一次寒露风天气过程。

1957—2021年，肇庆市寒露风天气过程共有71次，有4年没有出现寒露风天气，平均每年出现1.1次，年平均天数为5.9天。年最多次数为高要2次，其余县（区）3～5次；年最多天数为高要10天，其余（县）区22～26天。

二、霜降风

每年10月下旬至11月中旬，霜降节气前后，常有冷空气侵入广东，影响晚稻正常的灌浆结实，造成晚稻产量下降。在农业气象上，人们习惯称之为“霜降风”过程。

统计标准：每年10月21日—11月20日，出现日平均气温≤ 18 ℃，且连续3天或以上，为一次霜降风天气过程。

1957—2021年，肇庆市霜降风天气过程共有72.2次，有4年没有出现霜降风天气，平均每年出现1.1次，年平均天数为6.0天。年最多次数为高要2次，其余（县）区3次；年最多天数为高要8天，其余（县）区20～23天。

第八节 大 雾

在水汽充足、微风及大气层稳定的情况下，相对湿度达到100%时，空气中的水汽便会凝结成细微的水滴悬浮于空中，使地面水平能见度下降至1000米以下，这种天气现象称为雾。雾也是一种常见的气象灾害，它对高速公路交通运输、海上航运以及机场飞机起降等危害很大。

一、雾的年变化

1962—2021年，肇庆国家观测站出现雾的日数年均27天。雾日数的年际变化比较大，最多66.5天（2016年），最少9.5天（2011年）。1962—2021年肇庆市历年雾日数见图1-3-8-1。

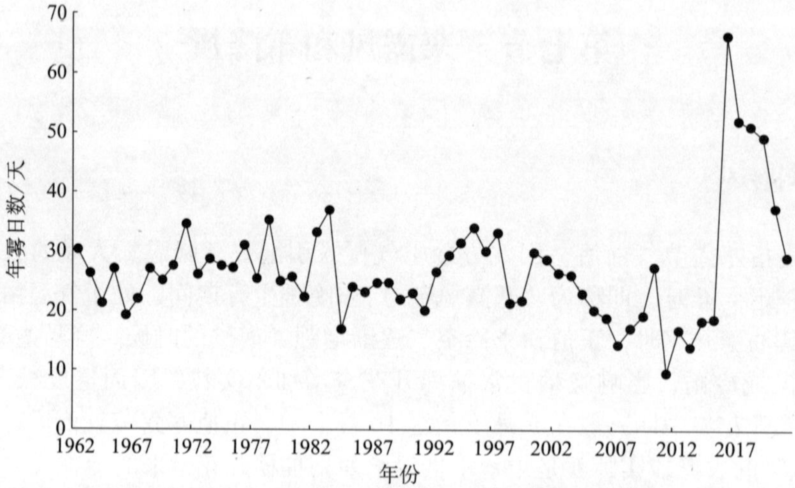

图1-3-8-1 1962—2021年肇庆市历年雾日数

注：采用1962—2021年高要、四会、广宁、德庆、封开、怀集国家气象观测站资料。

二、雾的月变化

肇庆市的雾天气主要出现在冬半年，1962—2021年肇庆各月雾日数见表1-3-8-1。

表1-3-8-1 1962—2021年肇庆市各月雾日数

单位：天

月份	1	2	3	4	5	6	7	8	9	10	11	12
雾日数	3.0	2.3	2.8	2.4	2.0	1.4	1.7	2.1	2.4	2.6	3.3	3.5

注：采用1962—2021年高要、四会、广宁、德庆、封开、怀集国家气象观测站资料。

第九节　气象次生灾害

一、地质灾害

地质灾害包括自然因素或者人为活动引发的危害人民生命和财产安全的山体崩塌、滑坡、泥石流、地面塌陷、地裂缝、地面沉降等与地质作用有关的灾害。肇庆近20年因气象因素引发的严重地质灾害有：

1998年6月25日，广宁县横迳黄庙良村出现滑坡，冲毁民房1间，滑脱岩土体0.018万平方米，死亡3人，经济损失9万元。

2001年7月18日，怀集县大坑山镇暴雨造成大坑山、怀城、闸岗、诗洞4镇多处崩塌形成泥石流，死亡2人，经济损失7000万元。

2002年9月25日，怀集中洲镇鱼坑尾发生滑坡，死亡2人，经济损失100万元。

2003年5月17日，高要区南岸镇山口暴雨发生滑坡，经济损失500万元。

2005年6月23日，高要区南岸镇山口村山体滑坡，经济损失600万元。

2006年7月15—17日，受强热带风暴“碧利斯”影响，肇庆市各地普降大到暴雨，局部大暴雨。封开县受贺江洪水影响乡镇8个，48个村庄受灾，9844间民房受浸，受洪水影响人口43200人，其中转移人口5609人。

2006年8月2—6日，受台风“派比安”外围环流影响，全市9个县（市）区97个乡镇受灾，受灾人口达24.201万人，倒塌房屋1.0377万间，死亡人数达9人，其中洪水造成1人死亡，地质灾害造成8人死亡。直接经济损失达13.7405亿元。

2008年5月4日08时—5日08时，受低压槽和弱冷空气共同影响，高要、肇庆城区及鼎湖区出现大暴雨，部分地区出现了山体滑坡、泥石流等严重灾害。

2009年4月24日夜间至25日凌晨，受冷空气和切变线共同影响，肇庆市自西向东出现大到暴雨。封开县罗董镇塘村因山体滑坡倒塌房屋2间，死亡3人，倒塌村桥一座；杏花镇旧街道受洪水淹浸；江口镇贺江岸东堤路出现滑坡。

2013年6月9日08时—11日08时，受高空槽和切变线影响，肇庆市普降大到暴雨，局部大暴雨。怀集县怀城镇梅石坑九队发生山体滑坡冲塌民居事故，死亡1人。封开县渔涝镇石便村上輋留山发生山体滑坡事故，死亡3人。

2013年8月14—19日，受强台风“尤特”环流和西南季风共同影响，肇庆市普降暴雨到大暴雨，局部特大暴雨。造成5个县（市）的75个乡镇受灾，共发生17宗地质灾害，因山体滑坡死亡2人。

2014年3月29日夜间至31日白天，受西南气流影响，肇庆市普降暴雨到大暴雨，高要市南岸镇长乐墓园发生崩塌事故，造成5人死亡、2人受伤。

2014年5月17日白天至20日，受西南暖湿气流和高空槽影响，怀集县出现强雷雨，局部暴雨，伴有7级以上短时大风等强对流天气，最大雨量为诗洞147.8毫米。诗洞镇丰安、健营等村出现突发性山体滑坡，下游的万诗村双黎片受浸。丰安村一民居（砖木结构房）遭泥土冲击倒塌，造成1人死亡、4人受伤；健营村一民居（20世纪80年代建造的砖木结构房）遭泥土冲击倒塌，造成1人死亡。

2015年10月4—5日，受台风“彩虹”环流影响，广宁县普降大暴雨，局部特大暴雨，最大雨量为潭布镇264.0毫米。江屯镇新坑村委会深坑养殖场附近出现山体滑坡，造成1死1伤。

2019年4月18—20日，受高空波动和偏南暖湿气流的共同影响，肇庆市出现大到暴雨，伴有局地雷暴大风等强对流天气，最大风速超过8级有8站，最大风速为广宁国家观测站31.0米/秒（11级）。此次暴雨过程范围大、暴雨中心流域特征明显、短时暴雨强、站点多，局地洪涝灾害风险大。高要、怀集多个乡镇出现水浸、地质灾害，部分道路出现坍塌。

二、森林火险

火灾发生概率与气象条件密切相关。肇庆市森林火灾多发生在秋、冬季节。此时，降水少，日照长，天气干燥，若有火源，极易酿成火灾。

这个时期，北方冷空气常侵袭广东，受冷高压控制，气流下沉，碧空无云居多。有时也会造成较长时间的干旱，森林火灾往往在这段时间发生。

近年肇庆市发生的主要森林火灾如下：2007年11月10日13时至12日18时，鼎湖区莲花镇富廊村的北岭山林场布基区发生一宗山火，过火面积达4000多亩；2009年1月12日15时15分至13日17时，鼎湖沙浦发生森林火灾，过火面积约1000亩；2019年12月6日15时，佛山高明区方向山火蔓延至高要区回龙镇而发生山火；2020年11月13日15时，端州区羚羊峡突发山火，持续近12小时。

三、空气污染

霾是大量极细微的干尘粒等均匀地浮游在空中，使水平能见度小于10千米的空气普遍混浊现象。随着社会经济和城市化进程的发展，工业燃料、汽车尾气、居民生活废气等污染物排放大量增加，导致肇庆灰霾天气增多，空气质量呈下降趋势。

2014年1—3月，肇庆市发生了两次大范围的重度灰霾污染天气过程，分别是1月3—8日和3月16—18日。1月，肇庆有27天出现轻度污染（75微克/米^3 < $PM_{2.5}$浓度 < 100微克/米^3），占全月总日数的87.1%，其中3天（3日、6日、7日）属于重度污染（$PM_{2.5}$浓度>150微克/米^3）。3月，肇庆市共有9天出现轻度污染，占全月近1/3的比重，其中重度污染有2天（17日、18日）。

第二篇　气象事业

从 1953 年 6 月建立高要县气象站，肇庆市气象事业从无到有，从小到大，不断发展壮大，走过了不平凡的 70 个春秋。

第四章　组织机构

第一节　机构职能

一、机构设置

（一）1958—1979 年机构设置

广东省肇庆市气象局（台）前身是广东省高要专区肇庆气象台。根据广东省人民委员会关于“将气象工作下放给地方管理，并从 1958 年 9 月起归各级人委建制”的精神，1958 年 9 月 24 日，广东省高要专员公署下发“(58）高气廖字第 918 号”文，将原高要气象站改建为专区气象台，全名为广东省高要专区肇庆气象台，并颁发印章。该文明确规定：气象台是专署直属事业单位，行政上由专署领导，业务上由省气象局指导。

1958 年 12 月，广东省高要专员公署改名为广东省江门专员公署。1959 年 1 月，专署以“(59）江气字第 007 号”函将高要专区肇庆气象台改名为江门专区气象台。

1959 年 8 月 31 日，江门地委决定，把江门专员公署气象台升格为江门专员公署气象局，将原专区气象台行政组改为办公室。

1961 年 4 月，因行政区域变更，江门专署气象局易名为肇庆专员公署气象局。

1962 年，肇庆专署气象局管辖肇庆专区气象台，以及高要、罗定、广宁、怀集、四会、封开、云浮、郁南、德庆、新兴、高鹤、恩平、开平、江门、新会、台山县气象站和上川岛海洋气象站共 18 个台站。8 月，广东省气象站的地方建制全部回收，改为直属省气象局领导，肇庆专署气象局改称肇庆专区气象局。

1963 年 6 月，高鹤、恩平、开平、江门、新会、台山县气象站和上川岛海洋气象站划归佛山专区。

1969 年 1 月，全省气象台站下放给当地革命委员会领导，肇庆专区气象局易名为肇庆地区气象台。

1970 年 6 月 17 日，军分区以“肇专革（70）176 号”文，任命裴玉祥为肇庆地区气象台革命领导小组组长，主管全台工作。

1970 年 12 月，全省气象部门实行军队与地方双重领导，以军管为主的体制，肇庆地区气象台划归肇庆军分区领导。

1973 年 9 月，地、县气象部门实行当地革命委员会与省气象局双重领导、以地方领导为主的体制。12 月，撤销军管，气象体制交地方，肇庆地委决定成立肇庆地区气象局，地委肇地组干“(1973）312 号”文同时任命裴玉祥等 4 人为副局长，裴玉祥同志抓全面。

（二）1980—1995 年机构设置

1980 年 4 月，气象部门管理体制由地方收归中央，实行垂直领导，统一由中央气象局管理。地区气象局再次实行双重领导，以部门领导为主。肇庆地区气象局改称肇庆地区行政公署气象局。

1981 年 1 月，肇庆地区行政公署气象局复称为肇庆地区气象局，下辖高要、罗定、广宁、怀集、四会、封开、郁南、德庆、新兴、云浮 10 个县气象局（站）。

1983 年 11 月，经国家气象局批复，同意肇庆地区气象局改称肇庆地区气象处，保留气象台，实行处、台合一，为县团级单位。

1987 年 4 月，增设通信科（1992 年改为技术装备科）。

1988 年 3 月，肇庆地区升格为地级市，肇庆地区气象处（台）改为肇庆市气象局（台），实行局、台合一，为正处级单位。内设 6 个科级机构，管辖 10 个县气象局（站）。

（三）1996—2001 年机构设置

1996 年，进行机构编制改革，管理体制不变，但转变了职能。加强了气象法规执行情况监督检查，气象行业管理，气候资源开发、利用、保护，以及气预报警报统一发布和管理；加强防御气象灾害，特别是雷电灾害的监督、管理；坚持以农业服务为重点的同时，不断拓宽气象服务领域。围绕城乡建设、防灾抗灾、水陆航行安全，以及保障国民经济各部门的商品生产与流通顺利进行，建立起形式多样的综合气象服务系统，以适应本市城乡社会及经济发展需要。

1997 年 1 月，肇庆、云浮两市气象部门正式分开运作。肇庆市气象局管辖高要、封开、德庆、怀集、广宁、四会 6 县（市）气象局（站）。内设科室有办公室、人事科、预报科、服务科、业务科、财务科、防雷设施检测所；一个附属单位为肇庆气象设备服务公司。

2000 年 5 月，增设审计科（与党组纪检组合署）。

（四）2002—2014 年机构设置

1. 2002 年机构改革

根据中组部、人事部《关于印发〈关于加快推进事业单位人事制度改革的意见〉的通知》等文件精神，2002 年 1 月开始按照新机构正式上岗。从 2002 年 4 月开始，肇庆市气象管理机构依照国家公务员制度管理。

肇庆市气象局内设机构改革后，有办公室（人事科、财务科、监察审计科与党组纪检组合署）、业务科、行政执法办公室（政策法规科）3 个正科级职能机构，以及气象台、防雷中心、财务核算中心、机关服务中心 4 个正科级事业单位，另设肇庆市防雷设施检测所鼎湖区分所、肇庆市防雷设施检测所大旺分所 2 个副科级直属事业机构。

2. 2006 年机构改革

2006 年 7 月，在《肇庆市国家气象系统机构改革方案》（粤气人字〔2002〕14 号）的基础上，进行机构编制调整。新组建了肇庆市气象科技信息服务中心（正科级直属事业单位），增设西江流域水文气象分中心，肇庆市气象局机关服务中心并入肇庆市气象局财务核算中心。在高要、广宁国家基本气象站及四会、怀集、封开、德庆国家一般气象站的基础上，组建高要、广宁、四会、怀集、封开、德庆国家气象观测站，实行县（市）气象局、站合一。

机构调整后，肇庆市气象局有3个内设机构，为办公室（人事科、计财科、监察审计科与党组纪检组合署）、业务科、行政执法办公室（政策法规科）；4个直属正科级事业单位，为肇庆市气象台（肇庆市气象预警信号发布中心、肇庆市应用气象科学技术研究所、西江流域水文气象分中心）、肇庆市防雷中心（肇庆市防雷设施检测所）、肇庆市气象局财务核算中心（肇庆市气象局后勤服务中心）、肇庆市气象科技信息服务中心；2个直属副科级事业单位，为肇庆市防雷设施检测所鼎湖区分所、肇庆市防雷设施检测所大旺分所；3个附属单位，为肇庆市气象设备服务公司、肇庆市华云防雷工程有限公司、肇庆市天顺防雷工程有限公司。

（五）2015—2021年机构设置

1. 2015年机构改革

2015年5月，为贯彻落实《广东省人民政府关于批转省气象局〈广东省全面深化气象管理体制改革实施方案〉的通知》（粤府函〔2014〕185号）和《广东省机构编制委员会办公室、广东省气象局转发广东省国家气象系统全面深化气象改革机构优化调整实施方案的通知》（粤机编办发〔2014〕176号）及《肇庆市人民政府关于印发肇庆市贯彻落实〈广东省全面深化气象管理体制改革实施方案〉细则的通知》（肇府函〔2014〕347号）等文件精神，结合肇庆市国家气象系统实际，在《肇庆市国家气象系统机构改革方案》（粤气人字〔2002〕14号）、《肇庆市国家气象系统机构编制调整方案》（粤气〔2006〕215号）的基础上，进行机构优化调整。肇庆市气象局加挂肇庆市气象台牌子，实行局、台合一。调整后，肇庆市气象局（台）有正科级内设机构7个，为气象灾害防御管理办公室（重大气象灾害应急指挥部办公室）、办公室（监察审计科）、站网管理科、预报科、发展改革与财务科、人力资源科、政策法规科；直属正科级事业单位4个，为肇庆市专业气象台（肇庆市应用气象科学技术研究所）、肇庆市气象公共服务中心、肇庆市防雷设施检测所、肇庆市气象局机关服务中心；下属正科级事业单位3个，为肇庆市防雷减灾管理中心、肇庆市人工影响天气中心、肇庆市突发事件预警信息发布中心；下属副科级事业单位2个，为肇庆市防雷设施检测所鼎湖区分所、肇庆市防雷设施检测所大旺分所；附属单位3个，为肇庆市华云防雷工程有限公司、肇庆市天顺防雷工程有限公司、广东天文防雷工程有限公司肇庆分公司。全市有6个县（市、区）气象局（台）。广东省气象局独立设置的肇庆天气雷达站，机构规格为正科级，委托肇庆市气象局（台）按照直属事业单位管理。

2. 2017年机构优化调整

2017年，各市、县气象局不再加挂气象台牌子，肇庆市气象局设置4个内设机构，为办公室（财务科）、业务科（防灾办）、人事科、法规科（公共安全监察科）。肇庆市气象局设置4个直属事业单位，分别为气象台、气象公共服务中心、公共安全技术支持中心和一个地方特色的机构。

二、地方气象机构

1989 年 8 月和 1992 年 12 月，经肇庆市人民政府批准，先后成立了肇庆市防雷设施检测所和肇庆市应用气象科学技术研究所。

1997 年 4 月，成立肇庆市华云防雷工程有限公司。

2005 年 6 月，成立肇庆市天顺防雷工程有限公司。

2012 年 10 月，肇庆市机构编制委员会办公室《关于设立肇庆地方气象事业机构问题的复函》(肇机编办〔2012〕145 号)，批复同意设立肇庆市防雷减灾管理中心、肇庆市人工影响天气中心和肇庆市突发气象灾害预警信息发布中心 3 个地方气象事业机构，均为肇庆市气象局下属正科级事业单位。

2013 年 12 月，肇庆市突发气象灾害预警信息发布中心更名为肇庆市突发事件预警信息发布中心。

2014 年 3 月，成立广东天文防雷工程有限公司肇庆分公司。

2014 年 8 月，注销肇庆市气象设备服务公司。

2015 年 12 月，肇庆市防雷设施检测所更名为肇庆市气象公共安全技术支持中心，肇庆市防雷设施检测所鼎湖区分所、肇庆市防雷设施检测所大旺分所分别更名为肇庆市气象公共安全技术支持中心鼎湖区分中心、肇庆市气象公共安全技术支持中心大旺分中心。

2016 年 10 月，肇庆市天顺防雷工程有限公司更名为肇庆市天顺信息科技有限公司。

2017 年 7 月，肇庆市华云防雷工程有限公司更名为肇庆市华云信息科技工程有限公司。

2019 年 7 月，肇庆市气象公共安全技术支持中心（地方机构）更名为肇庆市防雷设施检测所，肇庆市气象公共安全技术支持中心鼎湖区分中心、肇庆市气象公共安全技术支持中心大旺分中心分别更名为肇庆市防雷设施检测所鼎湖区分所、肇庆市防雷设施检测所大旺分所。

2020 年 11 月，注销广东天文防雷工程有限公司肇庆分公司。

2021 年 9 月，成立肇庆市气象公共安全技术支持中心。

三、编制情况

1959 年 8 月 31 日，江门专员公署气象台升格为江门专员公署气象局，编制 39 名。后因行政区划变更和建制改变，江门专员公署气象局又先后易名为肇庆专员公署气象局、肇庆专区气象局，定编 41 名。

1973 年 12 月，肇庆地委决定成立肇庆地区气象局，经地委组织部核定，编制 23 名。

1980 年 12 月，经广东省机构编制委员会和广东省气象局核定，编制 53 名。

2002 年 4 月，根据《人事部关于同意地方国家气象系统副省级市及地（市）级气象管理机构依照国家公务员制度管理的复函》(人函〔2001〕144 号）要求，肇庆市气象局列入气象管理机构编制限额内的工作人员（工勤人员除外），依照国家公务员制度进行管理。肇庆市气象局人员编制核定为 101 名。其中，肇庆市气象局机关管理编制 16 名，全市气象业务系统编制 85 名。

2006年机构改革，肇庆市气象局人员编制核定为98名。其中，肇庆市气象局机关17名，全市气象业务系统82名（市气象局直属事业单位23名，所辖县（市）气象局59名）。

2015年机构改革，肇庆市气象局财政补助事业编制99名，其中，机关财政补助事业编制41名（含肇庆市气象局机关财政补助事业编制17名），全市业务系统财政补助事业编制58名。

2019年，广东省气象局调整肇庆市气象局国家气象系统人员编制，调整后国家气象系统财政补助事业编制共98名，其中，机关财政补助事业编制41名（含肇庆市气象局机关财政补助事业编制17名），全市业务系统财政补助事业编制57名。

四、主要职责

肇庆市气象局是肇庆市人民政府主管气象工作的职能部门，又是广东省气象局的下属机构，其主要职责是：

制定地方气象事业发展规划、计划，并负责本行政区域内气象事业发展规划、计划及气象业务建设的组织实施；负责本行政区域内重要气象设施建设项目的审查；对本行政区域内的气象活动进行指导、监督和行业管理。

按照职责权限审批气象台站调整计划；组织管理本行政区域内气象探测资料的收集、处理；依法保护气象探测环境；管理本行政区域内气象标准化工作和涉外气象活动。

负责市重大气象灾害应急指挥部日常工作；负责气象社会管理，承担防总、减灾委、应急委、安委会、规委会等部门赋予气象部门的工作任务。

在本行政区域内组织对重大灾害性天气跨地区、跨部门的联合监测、预报工作，及时提出气象灾害防御措施，并对重大气象灾害作出评估，为本级人民政府组织防御气象灾害提供决策依据；管理本行政区域内气象公共服务工作，负责气象公共服务行业自律和气象服务市场活动的监督管理，组织服务效益和满意度评估；管理本行政区域内公众气象预报、灾害性天气警报以及农业气象预报、林业气象预报、城市环境气象预报、火险气象等级预报等各类专业专项气象预报的发布。

健全防灾减灾体制，组织制定和实施本行政区域气象灾害防御规划、气象灾害应急预案；组织本行政区域内气象灾害防御应急管理工作；承担市突发公共事件预警信息发布的管理工作；组织突发公共事件气象保障应急服务。

制定人工影响天气作业方案，并在本级人民政府的领导和协调下，管理、指导和组织实施人工影响天气作业；组织管理雷电灾害防御工作，会同有关部门指导对可能遭受袭击的建筑物、构筑物和其他设施安装的雷电灾害防护装置的检测工作；组织建立隐患排查治理体系和安全预防控制体系，承担雷电防护重点区域安全生产、公共场所气象灾害防御设施建设和防御措施落实情况的监察。

规划气象资源开发利用，负责向本级人民政府和同级有关部门提出利用、保护气象资源和推广应用气候资源区划等成果的建议；组织管理本行政区域气象服务生态文明建设工作，组织建立资源环境承载能力监测预警机制；组织对气候资源开发利用项目进行气候可行性论证；参与市政府应对气候变化工作，组织开展气候变化影响评估、技术开发和决策咨询服务。

组织开展气象法治宣传教育，负责监督有关气象法律法规的实施，对违反《中华人民共和国气象法》等法律法规的行为依法进行处罚，承担有关行政复议和行政诉讼。

统一领导和管理本行政区域内气象部门的发展改革与财务、机构编制、人事劳动、科研和培训以及业务建设等工作；会同县级人民政府对所辖气象机构实施以部门为主的双重管理；建立并完善事权和支出责任相适应的财政保障体系，完善双重财务管理体制为基础的综合预算管理；会同地方党委和人民政府做好当地气象部门的精神文明建设和思想政治工作。

承担上级气象主管机构和本级人民政府交办的其他事项。

五、站址变迁

1958 年 9 月，广东省高要专区肇庆气象台建立时，位于肇庆市区府前路。

1965 年 10 月，肇庆专区气象局迁到肇庆市区花园后街李岗，即肇庆市端州区文明路一巷四幢。

2010 年 7 月，肇庆市气象局从肇庆市文明路一巷四幢搬迁至肇庆市信安大道规划 78 区南信安五路 12 号。

六、人员情况

1958 年 9 月高要专区肇庆气象台建立初期，有气象人员 18 人。1959 年 8 月升格为江门专员专署气象局，在职人员 41 人。1988 年肇庆升格为地级市，肇庆市气象局在职人员为 62 人，县（市）气象局为 109 人。1997 年 1 月，肇庆、云浮两市气象部门正式分开运作，肇庆市气象局在职人员 48 人，县（市）气象局为 78 人。2012 年，肇庆市气象局新增 3 个地方气象事业机构，在职人员增至 60 人，县（市）气象局为 80 人。至 2021 年底，肇庆市气象局在职人员 77 人，县（市、区）气象局为 135 人。

第二节 管理体制

一、1958 年 9 月—1962 年 7 月，地方政府建制

肇庆市气象局前身是广东省高要专区肇庆气象台，从 1958 年 9 月起归各级人民委员会建制。

二、1962 年 8 月—1968 年 12 月，省气象局建制

广东省气象站的地方建制全部回收，改为直属省气象局领导，肇庆专署气象局改称肇庆专区气象局。

三、1969年1月—1970年11月，地方政府建制

1969年1月，全省气象台站下放给当地革命委员会领导。

四、1970年12月—1973年8月，军管

1970年12月，全省气象部门实行军队与地方双重领导，以军管为主的体制。原肇庆专区气象局易名为肇庆地区气象台，划归肇庆军分区领导。

五、1973年9月—1980年3月，地方政府建制

地县气象部门实行当地革命委员会与省气象局双重领导，以地方领导为主的体制。1973年9月，撤销军管，气象体制交地方，肇庆地委决定成立肇庆地区气象局。

六、1980年4月以后，省气象局建制

1980年4月25日，省政府下发粤府〔1980〕71号文《批转省气象局关于我省气象部门管理体制恢复以省局领导为主的报告》，5月18日，气象体制由地方收归中央，实行垂直领导，统一由中央气象局管理。地区气象局再次实行双重领导，以部门领导为主。

1981年1月，肇庆地区行政公署气象局复称为肇庆地区气象局。

1983年11月，经国家气象局批复，同意肇庆地区气象局改称肇庆地区气象处，保留气象台，实行处、台合一，为县团级单位。

1988年3月，肇庆地区实行市管县建制，肇庆地区气象处（台）改为肇庆市气象局（台）。

肇庆市气象机构体制沿革见表2-4-2-1。

表2-4-2-1 肇庆市气象机构体制沿革

机构名称	时间	领导体制
广东省高要专区肇庆气象台	1958年9月—1962年7月	将气象工作下放给地方管理，并从1958年9月起归各级人委建制
广东省肇庆专区气象局	1962年8月—1968年12月	广东省气象站的地方建制全部回收，改为直属省气象局领导
广东省肇庆专区气象局	1969年1月—1970年11月	体制下放，全省气象台站下放给当地革命委员会领导
广东省肇庆地区气象台	1970年12月—1973年8月	全省气象部门实行军队与地方双重领导，以军管为主的体制
广东省肇庆地区气象局	1973年9月—1980年3月	地县气象部门实行当地革命委员会与省气象局双重领导，以地方领导为主的体制

续表

机构名称	时间	领导体制
广东省肇庆地区气象局	1980 年 4 月—1983 年 11 月	地区气象局再次实行双重领导，以部门领导为主，地方为辅
广东省肇庆地区气象处	1981 年 5 月—1988 年 2 月	实行由气象部门与地方政府双重领导，以部门领导为主
广东省肇庆市气象局（台）	1988 年 3 月起	实行由气象部门与地方政府双重领导，以部门领导为主

肇庆市气象局历任领导人见表 2-4-2-2。

表 2-4-2-2 肇庆市气象局历任领导人

姓名	单位	职务	任职时间
谭兆熊	广东省高要专区肇庆气象台	副台长（主持工作）	1958 年 9 月—1959 年 9 月
李郁军	广东省江门专员公署气象局	副局长兼台长	1959 年 9 月—1962 年 11 月
杨三录	广东省肇庆专区气象局	局长、副局长（主持工作）	1962 年 11 月—1970 年 12 月
		副局长（正局级）	1973 年 4 月—1981 年 11 月
王国勋	广东省肇庆专（地）区气象局	副局长	1964 年 8 月—1984 年 5 月
康增安	广东省肇庆地区气象台	台政委（主持工作）	1970 年 12 月—1973 年 11 月
魏景泉	广东省肇庆地区气象局	副局长	1973 年 12 月—1975 年 4 月
郭　常	广东省肇庆地区气象局	局长	1976 年 5 月—1979 年 2 月
裴玉祥	广东省肇庆地区气象局	副局长（主持工作）	1973 年 12 月—1976 年 5 月，1979 年 2 月—1979 年 10 月
		副局长	1976 年 6 月—1979 年 1 月
		局长	1979 年 10 月—1984 年 1 月
冯燮标	广东省肇庆地区气象局	副局长	1979—1980 年
黄春明	广东省肇庆地区气象局	副局长、调研员	1979 年 1 月—1989 年 12 月
方壮乐	广东省肇庆地区气象局	副局长	1981 年 3 月—1983 年 12 月
	广东省肇庆地区气象处（台）	处（台）长	1984 年 1 月—1987 年 2 月
梅健伟	广东省肇庆地区气象处（台）	副处（台）长	1984 年 1 月—1992 年 12 月
张天禄	广东省肇庆地区气象处（台）	副处（台）长（主持工作）	1987 年 2 月—1987 年 11 月
郭德铿	广东省肇庆地区气象处（台）	处（台）长	1987 年 11 月—1988 年 2 月
	广东省肇庆市气象局（台）	局（台）长	1988 年 3 月—1993 年 2 月
朱杰文	广东省肇庆市气象局（台）	副局（台）长	1990 年 10 月—1993 年 1 月
		局（台）长	1993 年 2 月—2002 年 1 月
	广东省肇庆市气象局	局长	2002 年 1 月—2004 年 11 月
柳以虎	广东省肇庆市气象局（台）	副局（台）长	1993 年 2 月—1997 年 1 月

续表

姓名	单位	职务	任职时间
吴桂强	广东省肇庆市气象局（台）	副局（台）长	1995年8月—2002年1月
	广东省肇庆市气象局	副局长	2002年1月—2003年3月
	广东省肇庆市气象局	纪检组长	2003年3月—2011年6月
李明汉	广东省肇庆市气象局（台）	副局（台）长	1997年2月—2002年1月
	广东省肇庆市气象局	副局长	2002年1月—2011年6月
		纪检组长	2011年6月—2015年5月
	广东省肇庆市气象局（台）	纪检组长	2015年5月—2016年8月
温坚培	广东省肇庆市气象局	副局长	2003年3月—2015年5月
	广东省肇庆市气象局（台）	副局（台）长	2015年5月—2016年8月
		纪检组长	2016年8月—2021年2月
凌汉强	广东省肇庆市气象局	局长	2004年11月—2011年3月
赖天文	广东省肇庆市气象局	局长	2011年3月—2015年5月
	广东省肇庆市气象局（台）	局（台）长	2015年5月—2018年9月
陈辛动	广东省肇庆市气象局	副局长	2011年9月—2012年8月
	广东省肇庆市气象局（台）	局（台）长	2020年3月起
刘　谦	广东省肇庆市气象局（台）	副局（台）长	2012年11月起
王文波	广东省肇庆市气象局（台）	副局（台）长	2017年8月—2021年2月
梁　域	广东省肇庆市气象局（台）	局（台）长	2018年9月—2020年3月
吴振强	广东省肇庆市气象局（台）	副局（台）长	2021年2月起
孔树剑	广东省肇庆市气象局（台）	纪检组长	2021年2月起

第五章　内设机构与直属单位

第一节　内设机构

1958 年 9 月，广东省高要专区肇庆气象台建立，主要任务是组织领导全区气象站的行政、业务工作，使气象工作为国民经济服务。内设机构只有办公室、业务科、预报科。

1987 年 4 月，广东省气象局同意成立通信科（原机务室和原属预报科的通填组合并为通信科）。

1996 年机构改革，设置 7 个科室，分别为办公室、人事科（与党组纪检组合署）、预报科、服务科、业务科（与防雷监理所合署）、财务科、防雷设施检测所（并挂肇庆市防雷中心牌子）。2000 年增设内部审计科。

2002 年机构再次改革，设置办公室（人事科、财务科、监察审计科与党组纪检组合署）、业务科、行政执法办公室（政策法规科）。

2006 年 7 月，因业务技术体制改革，进行机构编制调整。调整后的机构设置为内设办公室（人事科、计财科、监察审计科与党组纪检组合署）、业务科、行政执法办公室（政策法规科）3 个职能科室。

2015 年 3 月，进行机构优化调整。调整后，正科级内设机构 7 个，分别为气象灾害防御管理办公室（重大气象灾害应急指挥部办公室）、办公室（监察审计科）、人力资源科、站网管理科、预报科、政策法规科、发展改革与财务科。

一、气象灾害防御管理办公室（重大气象灾害应急指挥部办公室）

2015 年 3 月，机构优化调整，设立气象灾害防御管理办公室（重大气象灾害应急指挥部办公室）。主要职责：在上级重大气象灾害应急指挥部和本级市委、市政府的领导下，组织本区域气象灾害防御和突发事件预警信息发布工作；负责组织制定和实施气象灾害防御规划、应急预案；负责组织气象防灾减灾体系的建设；负责人工影响天气管理；负责组织管理气象灾害风险评估和气候可行性论证等工作。历任负责人见表 2-5-1-1。

表 2-5-1-1　气象灾害防御管理办公室（重大气象灾害应急指挥部办公室）历任负责人

姓名	职务	任职时间
何伟芬	副主任（主持工作）	2015 年 5 月—2017 年 12 月
郭媚媚	副主任（主持工作）	2017 年 12 月—2019 年 2 月
孙云智	主任	2019 年 3 月起

二、办公室（与监察审计科合署）

1959 年 8 月 31 日，机构升格，将原专区气象台行政组改为办公室。主要职责：协助局领导处理日常工作；协调局内各部门的政务工作；负责本局的会议组织、秘书事务、文电资料、机要保密、综合调研、执法监督、安全保卫、档案、信息、信访、宣传和后勤服务等工作。

2002 年 1 月再次机构改革，人事管理合并到办公室。2015 年 3 月，机构优化调整，将人事管理分离。主要职责：承担文秘、档案、宣传、信息、保密、保卫、计划生育、信访、对外交流合作、会务、纪律检查、效能监察和内部审计等工作；起草综合性工作计划、总结、制度；负责组织协调党风廉政建设和反腐败工作；负责本级党组管理干部违纪案件的查处和申诉工作；负责局（台）本部和指导下属单位的党务、工会、共青团、妇女、气象文化等工作；协助局（台）领导协调内设机构、直属单位日常工作。历任负责人见表 2-5-1-2。

表 2-5-1-2　办公室（与监察审计科合署）历任负责人

姓名	职务	任职时间
谭兆熊	办公室主任	1960 年 2 月—1973 年 3 月
易汉屏	办公室副主任	1973 年 3 月—1978 年 4 月
谢正林	秘书科科长	1974 年 2 月—1975 年 3 月
张锦宗	办公室主任	1976 年 6 月—1984 年 3 月
詹润泽	办公室主任	1984 年 2 月—1986 年 2 月
陈肇才	办公室主任	1986 年 3 月—1994 年 3 月
叶佐金	办公室主任	1994 年 3 月—1997 年 1 月
温坚培	办公室主任	1997 年 1 月—2000 年 1 月
胡仕振	办公室主任	2000 年 1 月—2001 年 12 月
陈辛动	办公室主任	2002 年 1 月—2012 年 3 月
刘　谦	办公室主任	2012 年 3 月—2015 年 5 月
孔树剑	办公室主任	2015 年 5 月—2017 年 10 月
何伟芬	办公室副主任（主持工作）	2017 年 10 月—2017 年 12 月
	办公室主任	2017 年 12 月起

三、人力资源科（原人事科）

1970 年军管时，设有政工科。1980 年 12 月 1 日起，广东省气象局工作组开始了对地区气象局接收工作，设置了人事科。1996 年机构改革，改为人事劳动科（与党组纪检组合署）。2002 年 1 月撤销人事科，合并到办公室。2015 年 3 月，设立人力资源科。主要职责：负责市气象局（台）党组管理干部的考核、任免及后备干部队伍建设；负责机构编制、劳动工资、保险福利、教育培训、人才工作、职称评聘、人事档案、干部调配、奖惩等各项人事改革和管理工作；承担局（台）本部和指导下属单位教育培训和离退休人员服务等工作。历任负责人见表 2-5-1-3。

表 2-5-1-3　人力资源科（人事科）历任负责人

姓名	职务	任职时间
谢正林	政工科长	1972 年 2 月—1974 年 2 月
柳以虎	科长	1980 年 12 月—1993 年 2 月
李伟荣	副科长（主持工作）	1993 年 2 月—1997 年 1 月
	科长	1997 年 1 月—2001 年 12 月
黄天文	副科长（主持工作）	2001 年 4 月—2004 年 1 月
邹志强	副科长（主持工作）	2015 年 5 月—2016 年 10 月
麦冠华	副科长（主持工作）	2016 年 12 月—2019 年 12 月
唐　宇	副科长（主持工作）	2020 年 5 月起

四、站网管理科（原业务管理科，曾与人工影响天气办公室合署）

1972 年 2 月，肇庆军分区党委批准，肇庆地区气象局设置管理科，1978 年改为台站管理科，1981 年 3 月改为业务科。1996 年机构改革，称业务管理科（与防雷监理科合署）。2002 年 1 月机构改革，业务管理科与人工影响天气办公室合署。2015 年 3 月，机构优化调整，更名为站网管理科。主要职责：承担国家气象站网建设规划和本区域气象站网的建设管理；负责气象探测资料的收集和处理；承担气候资源普查、测验、资料整编和气象信息网络系统建设管理工作；承担气象观测资料审查认定；组织突发气象灾害应急监测工作；负责本区域气象探测环境保护等工作。历任负责人见表 2-5-1-4。

表 2-5-1-4　站网管理科（业务科）历任负责人

姓名	职务	任职时间
刘良江	科长	1972 年 2 月—1974 年 2 月
林炳球	副科长（主持工作）	1974 年 2 月—1975 年 3 月
张辅成	科长	1975 年 3 月—1981 年 6 月
张忠民	副科长（主持工作）	1981 年 6 月—1986 年 3 月
黄赋友	科长	1986 年 3 月—1996 年 12 月
陈肇才	科长	1997 年 1 月—1997 年 12 月
蔡礼其	科长	1997 年 12 月—2006 年 10 月
刘　谦	科长	2006 年 10 月—2012 年 3 月
梁绍强	科长	2012 年 3 月—2013 年 3 月
王文波	科长	2013 年 3 月—2017 年 12 月
林展新	科长	2017 年 12 月—2019 年 2 月
史　成	科长	2019 年 2 月起

五、预报科（原气象科、气象台，曾与雷达站合署）

1976 年 8 月，经肇庆地区无线电委员会批准，建立肇庆地区气象雷达站。1977 年 10 月，气象雷达站合并到预报科，1997 年归到专业服务科。

2002 年 1 月，机构改革，改称气象台（与气象预警信号发布中心合署）。

2015 年 3 月，机构优化调整，更名为预报科。主要职责：承担本区域气象情报信息收集处理和气象预报、预警信息的制作；组织跨地区、跨部门的气象联防；负责气候资源的开发、利用、管理工作；承担本区域应对气候变化的气象基础工作；承担大气成分评估、预报、预警工作；承担突发事件应急气象服务保障等工作；承担本区域气象情报信息采集、处理和预测预报技术的科研组织和系统建设管理工作；承担本区域气象信息化等工作。历任负责人见表 2-5-1-5。

表 2-5-1-5　预报科（气象科、气象台）历任负责人

姓名	职务	任职时间
林炳球	副科长（主持工作）	1972 年 2 月—1974 年 2 月
方壮乐	副科长（主持工作）	1974 年 2 月—1976 年 10 月
	科长	1976 年 11 月—1980 年 11 月
易汉屏	科长	1980 年 12 月—1981 年 3 月
谭兆熊	科长	1981 年 3 月—1985 年 7 月
冯玉卿	副科长（主持工作）	1984 年 3 月—1990 年 2 月
陈金方	副科长（主持工作）	1979 年 12 月—1986 年 3 月
叶佐金	科长	1986 年 3 月—1989 年 12 月
吴桂强	科长	1990 年 2 月—1993 年 1 月
吴新隆	科长	1993 年 1 月—1997 年 1 月
何华庆	科长	1997 年 1 月—2001 年 12 月
	台长	2001 年 12 月—2009 年 2 月
彭　端	台长	2009 年 2 月—2015 年 5 月
	科长	2015 年 5 月—2021 年 7 月
周　静	副科长（主持工作）	2021 年 7 月起

六、政策法规科（原法规科）

2002 年 1 月，机构改革，设法规科。2015 年 3 月，机构优化调整，改称政策法规科。主要职责：承担安委会赋予气象部门的工作任务；拟定地方性气象法规、规章草案；负责气象行政审批、行政执法的综合管理和监督检查；承办有关气象行政复议、行政诉讼工作；归口管理气象标准化和涉外气象活动工作；组织建立气象安全生产隐患排查治理体系和安全预防控制体系，开展对气象灾害防御重点区域、重点单位的监察督查。历任负责人见表 2-5-1-6。

表 2-5-1-6　政策法规科（法规科）历任负责人

姓名	职务	任职时间
梁绍强	科长	2002 年 1 月—2012 年 3 月
李厚伟	代理科长	2012 年 3 月—2013 年 3 月
梁绍强	科长	2013 年 3 月—2020 年 6 月
李厚伟	副科长（主持工作）	2020 年 6 月起

七、发展改革与财务科（原财务核算中心、财务科、计财科）

1988 年，设立计财科。1996 年，机构改革，改称财务科。2002 年，再次机构改革，改称财务核算中心。2006 年 7 月，业务技术体制改革，进行机构编制调整，原机关服务中心并入财务核算中心。2015 年 3 月，机构优化调整，财务核算中心改称发展改革与财务科，将机关服务中心分离。主要职责：负责编制全市气象事业发展改革规划、计划；协调完善部门双重计划财务体制；负责全市气象部门综合预算管理；承担局（台）本部和直属单位的财务和资产管理工作；审核重要气象建设项目的立项和方案；负责全市气象部门国有资产、基本建设、政府采购、资金账户、会计核算、统计等管理工作；负责全市气象部门各类资金管理和气象科技服务管理等工作。历任负责人见表 2-5-1-7。

表 2-5-1-7　发展改革与财务科（财务核算中心、财务科、计财科）历任负责人

姓名	职务	任职时间
张沛林	科长	1988 年 12 月—1993 年 1 月
冯荣沛	副科长（主持工作）	1993 年 1 月—1998 年 12 月
梁绍强	副科长（主持工作）	1998 年 12 月—2001 年 12 月
梁　腾	副科长（主持工作）	2002 年 1 月—2006 年 10 月
	主任	2006 年 10 月—2018 年 10 月
周庆生	主任	2018 年 10 月—2020 年 6 月
梁　腾	主任	2020 年 6 月起

八、装备科（原通信科）

1987 年 4 月，设立通信科。1992 年，改为技术装备科。1995 年，合并到防雷设施检测所。历任负责人见表 2-5-1-8。

表 2-5-1-8　装备科（通信科）历任负责人

姓名	职务	任职时间
叶佐金	科长	1989 年 1 月—1994 年 3 月
蔡礼其	副科长（主持工作）	1994 年 3 月—1995 年 12 月
	科长	1995 年 12 月—1997 年 1 月

九、内部审计科

根据《广东省气象部门内审工作实施办法》，2000 年 5 月成立内部审计科，由温坚培兼任科长，梁腾兼任审计员，后合并到办公室。

第二节 直属单位

2002 年 2 月 22 日，肇庆市机构编制委员会转发《肇庆市国家气象系统机构改革方案》，核定肇庆市气象局直属正科级事业单位 4 个：肇庆市气象台（肇庆市气象预警信号发布中心、肇庆市应用气象科学技术研究所）、肇庆市防雷中心（肇庆市防雷设施检测所）、肇庆市气象局财务核算中心、肇庆市气象局机关服务中心。直属副科级事业单位 2 个：肇庆市防雷设施检测所鼎湖区分所、肇庆市防雷设施检测所大旺分所。2006 年 7 月，成立气象科技信息服务中心。

2015 年 3 月，进行机构优化调整。调整后，肇庆市气象局（台）直属正科级事业单位 4 个：肇庆市专业气象台（肇庆市应用气象科学技术研究所）、肇庆市气象公共服务中心、肇庆市气象公共安全技术支持中心、肇庆市气象局机关服务中心。下属正科级事业单位 3 个：肇庆市防雷减灾管理中心、肇庆市人工影响天气中心、肇庆市突发气象灾害预警信息发布中心。下属副科级事业单位 2 个：肇庆市气象公共安全技术支持中心鼎湖区分中心、肇庆市气象公共安全技术支持中心大旺分中心。

一、气象科技信息服务中心

1986 年 3 月设立预报服务咨询中心，1989 年合并到业务科，1990 年合并到预报科（有偿服务组）。1997 年设专业服务科。2002 年 1 月机构改革，撤销专业服务科，合并到机关服务中心。2002 年成立影视中心。2006 年 7 月，因业务技术体制改革进行机构编制调整，成立气象科技信息服务中心。主要职责：负责本区域短时天气预报的制作和发布，负责西江河段和本市范围内重大工程建设项目的天气警报系统、气象信息计算机网络的建设、管理和服务；负责专业气象服务和气候资料的管理，以及气候资源的开发、利用和保护；负责“121”气象信息咨询电话服务；负责天气预报影视制作等工作。

2015 年 3 月，机构优化调整，撤销气象科技信息服务中心。历任负责人见表 2-5-2-1。

表 2-5-2-1　气象科技信息服务中心历任负责人

姓名	职务	任职时间
詹润泽	主任	1986 年 3 月—1989 年
黎镜森	副科长（主持工作）	1997 年 1 月—1999 年 12 月
何振图	副科长（主持工作）	2000 年 1 月—2001 年 12 月

续表

姓名	职务	任职时间
莫伟元	副主任（主持工作）	2003 年 6 月—2008 年 12 月
	负责人	2008 年 12 月—2012 年 3 月
王文波	主任	2012 年 3 月—2015 年 5 月

二、机关服务中心

2002 年 1 月，机构改革，设立机关服务中心。2003 年 4 月，将气象专业有偿服务工作移交影视中心。2006 年 7 月，因业务技术体制改革，进行机构编制调整，机关服务中心并入财务核算中心。2015 年 3 月，机构优化调整，单独设立机关服务中心。主要职责：负责做好本局（台）主持召开的各种会议、举办各种活动的后勤保障，协助相关公务接待工作；负责本局（台）车辆的调配使用、日常管理和维护工作；负责本单位所属场所物业管理；负责本局（台）安全保卫、消防、供水供电等管理和服务工作；会同有关部门做好精神文明、环境卫生、户籍管理、绿化等社会事务工作。历任负责人见表 2-5-2-2。

表 2-5-2-2　机关服务中心历任负责人

姓名	职务	任职时间
周庆生	副主任（主持工作）	2015 年 5 月—2016 年 9 月
	主任	2016 年 9 月—2018 年 10 月
梁　腾	主任	2018 年 10 月—2020 年 6 月
赖亚胜	副主任（主持工作）	2020 年 6 月起

三、肇庆市专业气象台（肇庆市应用气象科学技术研究所）

2015 年 3 月，机构优化调整，设立肇庆市专业气象台。主要职责：负责依法开展生态气象、气象为“三农”服务和有关专业气象服务等各类气象服务及服务效益评估；开展报刊杂志、广播电视、移动通信等各类媒体的气象信息服务及其广告业务；负责组织开展气象服务应用科学技术研究和合作交流；组织气象科普产品的开发制作，开展气象科普宣传。历任负责人见表 2-5-2-3。

表 2-5-2-3　肇庆市专业气象台（肇庆市应用气象科学技术研究所）历任负责人

姓名	职务	任职时间
赵　玲	副台长（主持工作）	2015 年 12 月—2019 年 10 月
	台长	2019 年 10 月—2021 年 7 月
温燕梦	副台长（主持工作）	2021 年 7 月起

四、肇庆市气象公共服务中心

2015年3月，机构优化调整，设立气象公共服务中心。主要职责：负责依法开展防雷装置安全监测、气候可行性论证、气象灾害风险评价（估）；负责承接防雷设施（装置）的设计技术评价、预警信息发布等政府购买服务。历任负责人见表2-5-2-4。

表2-5-2-4　肇庆市气象公共服务中心历任负责人

姓名	职务	任职时间
赖亚胜	副主任（主持工作）	2015年5月起

五、肇庆市气象公共安全技术支持中心（肇庆市防雷设施检测所、肇庆市防雷中心）

1989年5月23日，经肇庆市人民政府同意，成立防雷设施检测所，为肇庆市气象局下属单位。1996年，机构改革，并挂肇庆市防雷中心牌子。2015年3月，机构优化调整，成立肇庆市防雷设施检测所。2016年5月，更名为肇庆市气象公共安全技术支持中心。主要职责：负责防雷检测技术的研究与开发；负责防雷检测机构的专业技术培训；负责雷电防护装置定期检测工作。历任负责人见表2-5-2-5。

表2-5-2-5　肇庆市气象公共安全技术支持中心（肇庆市防雷设施检测所、肇庆市防雷中心）历任负责人

姓名	职务	任职时间
黄赋友	所长	1989年5月—1995年12月
蔡礼其	所长	1995年12月—1997年12月
李明汉	所长（兼）	1997年12月—2000年1月
钟献忠	所长	2000年1月—2001年12月
李明汉	所长（兼）	2002年1月—2002年12月
温坚培	所长（兼）	2003年1月—2003年7月
李明汉	所长（兼）	2003年7月—2004年5月
黎镜森	副所长（主持工作）	2004年6月—2008年12月
	负责人	2008年12月—2013年3月
赵　鑫	副所长（主持工作）	2013年3月—2019年2月
丁志平	负责人	2019年2月起

六、肇庆市防雷设施检测所鼎湖区分所

2002年3月28日，经有关部门批准，成立肇庆市防雷设施检测所鼎湖区分所，为肇庆

市气象局下属副科级单位。2015 年 3 月，机构优化调整，撤销肇庆市防雷设施检测所鼎湖区分所国家机构，保留地方机构。2016 年 5 月，更名为肇庆市气象公共安全技术支持中心鼎湖区分中心。2019 年 7 月，更名为肇庆市防雷设施检测所鼎湖区分所。主要职责：负责组织管理本行政区域防雷减灾工作；负责对全区防雷技术的咨询服务；负责对本行政区域内各类防雷设施的建设进行监督和指导；负责对本行政区域内各类防雷建（构）筑物的防雷设计进行审核；负责对本行政区域内各类防雷建筑物防雷设施进行验收；负责对当地各类防雷设施进行定期检测；负责本行政区域的雷电灾害调查和雷击事故鉴定工作；向当地人民政府和上级气象主管机构报告年度雷电灾害情况。历任负责人见表 2-5-2-6。

表 2-5-2-6　肇庆市防雷设施检测所鼎湖区分所历任负责人

姓名	职务	任职时间
赖亚胜	所长	2002 年 3 月—2003 年 7 月
黎镜森	所长	2003 年 8 月—2004 年 5 月
萧健雄	副所长（主持工作）	2004 年 5 月—2005 年 3 月
林翰英	副所长（主持工作）	2005 年 3 月—2008 年 12 月
赖亚胜	所长	2008 年 12 月—2015 年 5 月
戴瀚涛	所长	2015 年 5 月—2016 年 5 月
赖亚胜	所长	2016 年 5 月—2020 年 6 月
林志辉	负责人	2020 年 6 月起

七、肇庆市防雷设施检测所大旺分所

2002 年 3 月 8 日，经有关部门批准，成立肇庆市防雷设施检测所大旺分所，为肇庆市气象局下属副科级单位。2015 年 3 月，机构优化调整，撤销肇庆市防雷设施检测所大旺分所国家机构，保留地方机构。2016 年 5 月，更名为肇庆市气象公共安全技术支持中心大旺分中心。2019 年 7 月，更名为肇庆市防雷设施检测所大旺分所。主要职责：负责组织管理本行政区域防雷减灾工作；负责全区防雷技术的咨询服务；负责对本行政区域内各类防雷设施的建设进行监督和指导；负责对本行政区域内各类防雷建（构）筑物的防雷设计进行审核；负责对本行政区域内各类防雷建筑物防雷设施进行验收；负责对当地各类防雷设施进行定期检测；负责本行政区域的雷电灾害调查和雷击事故鉴定工作；向当地人民政府和上级气象主管机构报告年度雷电灾害情况。历任负责人见表 2-5-2-7。

表 2-5-2-7　肇庆市防雷设施检测所大旺分所历任负责人

姓名	职务	任职时间
赖亚胜	所长	2003 年 8 月—2007 年 2 月
麦剑飞	副所长（主持工作）	2007 年 2 月—2010 年 3 月
赵　鑫	副所长（主持工作）	2010 年 3 月—2010 年 6 月

续表

姓名	职务	任职时间
赵　鑫	所长	2010 年 6 月—2014 年 1 月
刘　刚	所长	2014 年 1 月—2015 年 5 月
丁志平	所长	2015 年 5 月—2019 年 2 月
钟鸣峻	负责人	2019 年 2 月起

八、肇庆市防雷减灾管理中心

2012 年 10 月，设立防雷减灾管理中心，为肇庆市气象局下属正科级事业单位。主要负责指导全市防雷减灾工作。历任负责人见表 2-5-2-8。

表 2-5-2-8　肇庆市防雷减灾管理中心历任负责人

姓名	职务	任职时间
曾昭盛	副主任（主持工作）	2016 年 9 月—2021 年 6 月
	主任	2021 年 6 月起

九、肇庆市人工影响天气中心

2012 年 10 月，设立人工影响天气中心，为肇庆市气象局下属正科级事业单位。主要职责：负责组织实施市内人工增雨、人工消雨、人工消雾等人工影响天气工作；负责多普勒天气雷达探测和资料传输、分析工作。历任负责人见表 2-5-2-9。

表 2-5-2-9　肇庆市人工影响天气中心历任负责人

姓名	职务	任职时间
梁裕昌	副主任（主持工作）	2016 年 6 月—2020 年 8 月
	主任	2020 年 8 月起

十、肇庆市突发事件预警信息发布中心

2012 年 10 月，设立突发气象灾害预警信息发布中心（挂肇庆市气象影视中心、肇庆市寒冷灾害防御中心牌子），为肇庆市气象局下属正科级事业单位。2013 年 12 月，更名为突发事件预警信息发布中心。主要职责：承担市级突发事件预警信息发布的实施、管理、组织工作和市级突发事件预警信息发布系统的建设、运维工作；对县（市、区）突发事件预警信息发布中心进行业务指导；完成市政府应急管理部门交办的其他工作。历任负责人见

表 2-5-2-10。

表 2-5-2-10　肇庆市突发事件预警信息发布中心历任负责人

姓名	职务	任职时间
黄成南	副主任（主持工作）	2016 年 8 月—2019 年 11 月
	主任	2019 年 11 月起

十一、肇庆地区气象局农业试验站

1959—1961 年，曾设立肇庆地区农业气象试验站，副站长欧汉主持工作。后撤销。

第六章　县级气象机构

第一节　高要区气象局

高要区位于广东省中部，西江中下游。高要历史悠久，古为百越之地，汉武帝元鼎六年（公元前 111 年）始设县置政，因羚羊峡（古称高要峡）居高扼要，故名高要县。1993 年高要撤县建市，由广东省直辖，委托肇庆市代管。2015 年 4 月撤销县级高要市，设立肇庆市高要区，以原高要市的行政区域为高要区的行政区域。

一、历史沿革

1. 始建情况

1953 年 6 月，粤中军区高要气象站成立，站址在高要县肇庆镇城中路 52 号。1953 年 9 月，由军队转为地方建制，更名为广东省高要气象站。1953 年 12 月，站址迁至肇庆东郊高要国营农场农业示范场。1954 年 12 月，站址再迁离原址 200 米（1959 年 4 月，站址改为肇庆镇端州三路）。1958 年 9 月 24 日，改建为广东省高要专区肇庆气象台。1959 年 1 月，因行政区域改变，并入江门专员公署气象台；2 月，原江门专员公署气象台地面气象观测组改名高要中心气象站。1960 年，改名为高要县气象服务站。1963 年 2 月，并入肇庆地区专区气象台作为地面观测组。1964 年 3 月，地面观测组改为高要县气象站。1981 年 5 月，改称高要县气象局（站）。1993 年，随着高要撤县建市，改称高要市气象局（站）。1998 年 8 月，搬迁到高要市南岸镇南亭岗。2015 年 11 月 24 日，中国气象局发文（中气函〔2015〕317 号）批复同意迁移高要国家基本气象站站址，移至高要区莲塘镇上察村波西东岗。2017年8月，高要区莲塘镇上察村波西东岗的高要区生态气象探测基地业务用房通过竣工验收。2019 年 1 月，突发平台（二期）建设项目完成建设并通过验收。2020 年 3 月 23 日，业务相关股室正式搬迁至高要区生态气象探测基地，实行两地办公。

1961 年 12 月，被确定为气象观测国家基本站；2007 年 1 月 1 日，改为国家气象观测站一级站；2009 年 1 月 1 日，改为国家基本气象站。

2. 建制情况

（1）管理体制

1953 年 6 月成立时，建制单位是中南军区司令部广东省气象科。同年 8 月，气象部门从军队建制转为地方建制。1954 年 10 月，划归广东省气象局领导。1958 年 8 月，广东省人民委员会作出《关于气象工作下放给地方管理的决定》，改为当地政府建制，实行地方、业务部门双重领导。1962 年 10 月，改为直属省气象局领导。1969 年 1 月，下放给高要县革命委员会领导。1970 年 12 月，实行军队与地方双重领导，以军队领导为主的体制。1973 年 9 月，由县武装部领导移交县革命委员会建制，农林水办公室领导，实行地方与省气象局双重领导，以地方领导为主的体制。1980 年 4 月，实行省气象局和高要县人民政府双重领导，以省气象局为主的领导管理体制。

1980 年 12 月，据粤府〔1980〕71 号、粤革发〔1979〕79 号文和广东省编字〔1980〕213 号、粤气政字〔1980〕86 号文规定，适应全国气象部门管理体制改革，实行省气象局与当地政府双重领导，以省气象局领导为主的管理体制，设置广东省高要县气象局，内设办公室、地面观测股、天气预报服务股。

1997 年 8 月，根据肇庆市机构编制委员会肇编办〔1996〕44 号文件精神，肇气人字〔1997〕14 号文件批准，高要市气象局与市气象站实行局、站合一，为正科级机构，内设办公室、预报服务股、测报股、防雷设施检测所。

2002 年 8 月 5 日，根据《关于印发〈高要市国家气象系统机构改革方案〉的通知》（高编〔2002〕103 号），高要市气象局（站）改称高要市气象局（台），实行局、台合一，机构规格为正科级事业单位，内设机构有办公室、测报科、预报服务科，直属机构有避雷设施检测所，地方气象机构有气象灾害监测和预警信号发布中心、气候研究所。

2012 年 3 月 29 日，根据《关于市避雷设施检测所核定人员编制的批复》（高机编〔2012〕25 号），高要市机构编制委员会就市避雷设施检测所核定人员编制进行了研究，同意重新核定市避雷设施检测所事业编制 13 名，其中所长 1 名、副所长 1 名，人员经费自筹解决。

2013 年 7 月 10 日，根据《关于设立市突发事件预警信息发布中心的批复》（高机编〔2013〕53 号），高要市机构编制委员会就成立地方气象事业机构进行了研究，同意成立高要市突发事件预警信息发布中心，为副科级公益一类单位，核定事业编制 20 名，加挂高要市防雷减灾管理中心和高要市人工影响天气中心两个牌子，不再保留高要市气象灾害监测和预警信号发布中心、高要市气候研究所。

2013 年 7 月 15 日，根据《肇庆市气象局关于同意〈广东省高要市气象局（台）综合改革方案〉的批复》（肇气函〔2013〕80 号），广东省高要市气象局（台）机构规格为正科级，设置 6 个股级内设机构，即气象灾害防御管理办公室（重大气象灾害应急指挥部办公室）、办公室、站网管理股、预报股、计划财务股、人力资源股；设置 3 个正股级直属事业单位，即高要市专业气象台、高要市防雷中心（高要市避雷设施检测所）、高要市气象局机关服务中心。经高要市编制委员会批准，成立高要市突发事件预警信息发布中心（加挂高要市防雷减灾管理中心、高要市人工影响天气中心牌子），属公益一类单位，由广东省高要市气象局统一管理。

2015 年 6 月 12 日，根据《肇庆市气象局关于印发广东省高要市国家气象系统全面深化气象改革机构优化调整实施方案的通知》（肇气〔2015〕65 号），广东省高要市气象局加挂广东省高要市气象台牌子，实行局、台合一。内设机构：气象灾害防御管理办公室（重大气象灾害应急指挥部办公室）、办公室（人力资源股）、站网管理股、预报股、发展改革与财务股；直属正股级事业单位：高要市气象公共服务中心、高要市避雷设施检测所、高要市气象局机关服务中心。

2015 年 9 月 28 日，根据《中共高要市委办公室、高要市人民政府办公室印发〈关于撤销高要市设立肇庆市高要区工作实施方案〉的通知》（高委办发电〔2015〕22 号）、《高要市气象局关于开展高要撤市设区单位名称变更等工作的请示》（高气〔2015〕69 号）及其批复，广东省高要市气象局（台）正式更名为广东省肇庆市高要区气象局（台），其他内设机构和直属单位的名称相应变更。

2017 年 2 月 8 日，根据《关于调整部分事业单位分类的通知》（高机编办〔2017〕15 号），经区机构编制委员会研究，同意高要区避雷设施检测所由公益三类单位调整为公益二类单位。

2017 年 3 月 13 日，根据区机构编制委员会办公室统筹调整，高要区避雷设施检测所 1 人连人带编划转到区行政服务中心工作，编制数调整为 12 名。

2017 年 4 月 17 日，根据《关于区避雷设施检测所更名的批复》（高机编〔2017〕10 号），经区机构编制委员会研究，同意将高要区避雷设施检测所更名为高要区气象公共安全技术支持中心。

2021 年 11 月 19 日，根据《中共肇庆市高要区委机构编制委员会办公室关于调整地方气象事业机构设置的批复》（高机编办〔2021〕80 号），将地方气象事业机构设置作优化调整，撤销肇庆市高要区气象公共安全技术支持中心，重新明确肇庆市高要区突发事件预警信息发布中心（肇庆市高要区防雷减灾管理中心、肇庆市高要区人工影响天气中心）的主要任务。

（2）人员状况

1953 年建站时只有 4 人；1955 年增加到 7 人；20 世纪 80 年代有编制 15 名，实有 16 人；2002 年机构改革，核定国家气象事业编制 14 名，直属机构事业编制 6 名（避雷设施检测所），地方气象事业编制 6 名。2008 年在职职工 22 人，其中国家编制人员 10 人、地方编制人员 5 人、编外人员 7 人。

2017 年 11 月 28 日，根据《关于肇庆市高要区气象公共安全技术支持中心调整岗位设置的批复》（高人社函〔2017〕51 号），同意肇庆市高要区气象公共安全技术支持中心岗位设置，核准岗位总量共 12 个。管理岗位九级 3 个；专业技术岗位 9 个，其中七级 1 个，九级 1 个，十级 3 个，十一级 2 个，十二级 2 个。

2020 年 11 月 13 日，根据高要区人社《关于高要区突发事件预警信息发布中心岗位设置的批复》，同意高要区突发事件预警信息发布中心岗位设置，核准岗位总量共 20 个。管理岗位 6 个，其中八级 1 个，九级 5 个；专业技术岗位 14 个，其中七级 1 个，九级 3 个，十级 4 个，十一级 3 个，十二级 3 个。

截至 2021 年 12 月，编制 33 名，其中国家编制 13 名（国家参公编制 4 名，国家事业编制 9 名）、地方编制 20 名。在职职工 40 人，其中国家编制人员 13 人（国家参公编制人员 5 人，国家事业编制人员 8 人）、地方编制人员 19 人、编外人员 8 人。硕士研究生 1 人、本科 36 人、大专 2 人、高中 1 人；高级专业技术人员 3 人、中级专业技术人员 12 人、初级专业技术人员 21 人；中共党员 15 人（其中预备党员 2 人），共青团员 2 人。在职女职工 16 人。退休职工 13 人（其中编外人员 1 人）。

（3）主要领导更替情况

见表 2-6-1-1。

表 2-6-1-1　高要区气象局历任负责人

姓名	单位名称	职务	任职时间
黎雪松	粤中军区高要气象站	站长	1953 年 6 月—1953 年 9 月
	高要气象站	站长	1953 年 9 月—1956 年
潘照成	高要气象站	站长	1957 年—1958 年 9 月
	广东省高要专区肇庆气象台	站长	1958 年 9 月—1959 年 1 月
	江门专员公署气象台	站长	1959 年 1 月—1959 年 2 月
	高要中心气象站	站长	1959 年 2 月—1960 年
	高要县气象服务站	站长	1960—1962 年
沈维立	肇庆地区专区气象台	站长	1963 年 2 月
郭世浩	高要县气象站	副站长	1964 年 3 月—1980 年
张兆祥	高要县气象站	站长	1965—1969 年
李庆贵	高要县气象站	站长	1970—1974 年
张佰廷	高要县气象站	站长	1974—1976 年
陈日辉	高要县气象站	站长	1976 年—1980 年 12 月
严燊祥	高要县气象局	副局长（主持工作）	1980 年 12 月—1981 年 5 月
	高要县气象局（站）	副局（站）长（主持工作）	1981 年 5 月—1986 年
	高要县气象局（站）	局（站）长	1986 年—1993 年 9 月
	高要市气象局（站）	局（站）长	1993 年 9 月—1997 年
卢志就	高要市气象局（站）	局（站）长	1997 年—2002 年 8 月
	高要市气象局（台）	局（台）长	2002 年 8 月—2010 年
戴瀚涛	高要市气象局（台）	副局（台）长（主持工作）	2010—2011 年
刘　谦	高要市气象局（台）	局（台）长	2011—2012 年
吴振强	高要市气象局（台）	局（台）长	2012 年—2015 年 9 月
	高要区气象局（台）	局（台）长	2015 年 9 月—2017 年 12 月
罗炽坤	高要区气象局（台）	副局（台）长（主持工作）	2017 年 12 月—2020 年 6 月
史　成	高要区气象局（台）	党组书记（兼）	2019 年 3 月—2019 年 8 月
罗炽坤	高要区气象局（台）	副局（台）长（主持工作）	2019 年 8 月—2020 年 6 月
周庆生	高要区气象局（台）	局（台）长	2020 年 6 月—2023 年 1 月
	高要区气象局	局长	2023 年 1 月起

二、气象业务与服务

1. 气象业务

（1）气象观测

1953 年 6 月，建站于高要县肇庆镇城中路 52 号，同年 12 月，作为新规范的试点站进行观测。1959 年 5 月起，分别担负预约 PK 北京、AV 南宁和固定 AV 广州、MH 广州的航空报。1974 年，所观测的资料参与亚洲气象资料交换。1980 年，按新的地面气象观测规范进行观测。1997 年 5 月 1 日，开始将观测资料通过 RMCS 软件实时传给广东省气象数据中心和肇庆市气象台。1997 年 6 月 1 日，观测报表实行计算机自动编排打印的程序化处理。1998 年 8 月，观测站整体搬迁至高要市南岸镇沿江一路。2004 年 1 月 1 日，按新的地面气象观测规范进行地面观测；2004 年起开始人工站和遥测站的双轨运行，2006 年起开始遥测站的单轨运行，取消人工观测站。2007 年 1 月 1 日，开始自动观测，实现了温度、气压、湿度、风向风速、降雨量、草温以及各层（0 ～ 320 厘米）地温的自动观测。同年，根据站网调整的要求，高要站更名为国家气象观测站一级站，2009 年恢复为高要国家基本气象站。2011 年 4 月 1 日起，撤销地面观测站气温、气压和湿度的自记仪器。2012 年 4 月 1 日起，取消加密天气报的编发和报文上传，用新格式的地面气象要素数据文件代替。2013 年 7 月 1 日起，取消地面 20 时自动与人工对比观测任务。2013 年 10 月 16 日，新增能见度自动观测项目。2014 年 1 月 1 日起，取消 08 时、20 时定时降水量的人工观测。2015 年 1 月 1 日起，人工能见度和日照保留现用人工观测方法，取消温度（干球、湿球、最高、最低温度表和浅层地温）、风向风速、水银气压表等人工观测任务。2015 年 7 月 10 日起，全国实时—历史地面气象资料一体化业务正式运行。2016 年 1 月，观测站整体搬迁至高要区莲塘镇上察村波西东岗。2016 年 8 月 5 日起，按《地面气象观测业务无人值守改革试点工作方案》相关规定执行。2017 年 9 月 1 日起，开展数据格式标准化业务试运行和降水现象平行观测业务。2020 年 4 月 1 日，地面气象观测自动化改革正式业务运行，取消每天的人工定时观测、人工连续观测天气现象、日常守班、重要天气报编发、地面观测记录簿记录、值班日记填写、人工数据质量控制（含质控疑误信息反馈）等工作任务，保留人工应急观测能力。

1974 年，建成 7 个气象观测哨。1999 年 4 月，建成高要金利自动气象站。2002 年 9 月—2021 年 12 月，共建成和改造 38 个自动气象站（主要观测要素有温度、风向、风速、雨量），其中蛟塘镇府气象站、南岸观测气象站、回龙猫爪谷景区气象站、蛟塘雷达站气象站为六要素站（在四要素基础上增加湿度和气压）。依托“平安西江项目”，白诸镇府气象站、G80 蚬岗服务区气象站和金利海事处气象站升级，增加能见度和地表温度观测项目。特色观测方面，2012 年 3 月建成生物舒适度观测站，11 月建成土壤水分观测站；2013 年 2 月建成回南天观测站；2015 年 4 月建成大气成分观测站；2021 年 1—3 月，安装 5 套大气电场仪，12 月分别在高要象山和高要生态气象探测基地建成肇庆（高要）X 波段双极化相控阵天气雷达站和温室气体观测站。

（2）气象信息网络

建站初始，相继装备桌式磁石电话机、转盘拨号电话机、按键式智能电话机作为气象信息传输工具。1983 年 10 月，配置无线气象传真收片机，接收北京、日本东京气象中心和长沙、广州气象分中心发出的天气图表和卫星云图及雷达回波图信息。1985 年 3 月，配置了无线单边带对讲机。1992 年 2 月，采用甚高频对讲机代替单边带对讲机进行天气预报会商和重要天气联防。1997 年 5 月，通过电信局的专线建成 X.25 分组数据网络。1999 年 7 月 1 日，安装“9210”工程单向卫星接收系统，投入气象业务运行。2005 年 1 月 20 日，根据粤气业〔2005〕2 号通知，通信方式由 X.25 切换到 SDH 宽带网业务化，气象信息资料实时上传给上级气象部门，原始数据定时整编归档存放到专门档案室。2018 年 5 月 1 日，宽带网速升级到 50M。

（3）农业气象

20 世纪 50 年代开始开展农业气象业务工作。1959 年建立农业气象实验站，进行田间小气候观测研究，1962 年 3 月 15 日起撤销。从 20 世纪 50 年代至今，主要观测项目有水稻、甘蔗、冬小麦、玉米、花生、甘薯及物候观测，此外还开展农业气候分析、农情调查，指导农业生产，2019 年起取消甘薯观测。在农业方面进行了大量科学研究，多次获得广东省和肇庆市的农业技术推广奖。

20 世纪 70 年代，根据本县地理环境和气候特点，建成十多个公社气象哨，形成群众性的观测天气网，收集到大量数据资料，通过分析绘制了自然气候区域图，其中包括地形、地貌、温度、雨量、霜冻等，编写了《高要县气候志》。20 世纪 80 年代初完成《高要县农业气候调查区划》。1978 年建立低温阴雨、暴雨、台风等灾害性天气档案 186 个。2015 年开发了高要市气象为农服务平台，新增罗非鱼养殖户服务对象，并编制高要罗非鱼养殖气候适宜性区划和高要罗非鱼养殖低温阴雨风险区划。2015 年 11 月高要区被评为标准化现代农业气象服务县（市、区）。

（4）天气预报业务

1958 年开始天气预报业务，发布县站天气预报，并开展预报服务工作，从最初晴、雨、风的预报发展到如今多要素多量级的预报。预报方法、手段不断更新、改进，主要历程为：20 世纪 50 年代，通过收听省台天气形势广播，充分应用本站气象资料和群众丰富看天经验，发布县站 3 天预报；60 年代以中期预报为重点，以灾害性和主要生产季节的关键天气为主，套用天气模式、运用点聚指标、综合分析判断的大中小结合的中期预报方法；70 年代抄收省台预报意见和 08 时气象资料数据，绘制小天气图和本站天气要素综合时间剖面图，并加入数理统计方法；80 年代，在之前的预报方法基础上，利用气象传真收片机接收北京、广州、长沙、日本东京天气实况图、天气分析预告图、卫星云图、雷达回波综合图等资料，预报准确率明显提高；90 年代中期后，通过计算机网络直接调阅各类气象产品信息，1999 年气象卫星单收站建成（PCVSAT），综合运用地面和高空图、卫星云图、雷达回波、本站资料及日本、欧洲数值预报产品，制作精细化天气预报；2012 年开始通过广东省气象局业务网直接调阅上级气象台和日本、欧洲及美国发布的数值预报产品，调看卫星云图、雷达回波、地面和高空天气分析图、天气实况，结合本站气象要素变化情况进行综合分析；2016 年 7 月，开始制作未来 24 小时分镇预报，并开展生活气象、交通、旅游等专项天气预报。

2. 气象服务

20 世纪 80 年代前，以电话咨询和县人民广播电台广播的形式开展服务。1987 年，与肇庆市气象台建立了气象预报警报服务发射台；同年 6 月，成立气象专业广播电台，每天多次播送天气预报及有关天气实况。1995 年，通过市电视转播台以电视字幕发布天气预报。2004 年，开通企信通短信平台；2005 年 5 月，通过中国电信设置“12121”天气信息窗口，发布天气预报或警报；2006 年初，与高要电台合作，开通气象专题直播节目，每周两次；2008 年 11 月，开始电视天气预报制作，并正式在电视台播出。2011 年 6 月，增加“高要天气”微博渠道，发布预报预警信息、天气实况及气象科普知识等。2013 年 10 月，通过广东省突发事件预警信号发布管理系统的决策短信、“12121”传真、电子邮件等决策渠道向地方党政部门、三防指挥部成员单位、相关单位发布《重大气象信息快报》《重大气象信息专报》《天气报告》等决策材料及向地方党政领导、三防指挥部成员单位负责人、应急负责人、气象信息员等发布决策预报预警信息。2014 年 4 月，增加“高要天气”微信渠道发布预报预警信息、天气实况及气象科普知识等。2015 年在全区建设预警显示屏、乡村应急预警大喇叭等并发布预报预警信息、科普宣传知识等；同年，开通“12379”电话热线，公众可以通过拨打“12379”热线咨询天气和查询预报预警信息。另外，还开展了专业气象服务，如 1960 年 9 月在煤矿场建立煤炭工业气象服务网，开展煤炭气象服务；1985 年 7 月 18 日，高要县人民政府批复县气象局《关于开展有偿专业气象服务的请示报告》(高府办〔1985〕25 号)，同意县气象局在做好公益气象服务的基础上，开展气象有偿专业服务，此项服务一直持续至 2012 年；配合政府、三防等部门工作的开展，实施人工影响天气服务。

三、法规建设与管理

1. 法规建设

1997 年 3 月 21 日，高要市人民政府专门召开《广东省气象管理规定》施行暨纪念世界气象日座谈会，规范高要市气象管理工作。2000 年，受肇庆市气象局授权委托，经培训核准配置 7 名持有广东省行政执法证人员，配合肇庆市气象局法规科开展行政执法。截至 2021 年 12 月，经中国气象局核准，配置有 13 名持有中华人民共和国行政执法证人员，主要是在辖区内开展气象安全行政执法监管工作。

2. 社会管理

1991 年 12 月 5 日，高要县气象局与县城乡建设规划局联合发文《关于加强高要县防雷设施安装管理的通知》，明确县内建筑物防雷设施的安装和检测管理工作。1998 年 4 月 25 日，高要市气象局与市公安局联合发文《关于加强防雷设施检测、管理工作的通知》，明确气象局是市政府负责管理防雷安全管理和组织实施的职能部门，公安局消防大队协同做好防雷安全设施的监督工作以及建筑物防雷设施的安装和检测管理工作。1999 年 5 月 5 日，高要市人民政府转发《广东省防御雷电灾害管理规定》(高府办〔1999〕12 号)，明确气象局对市内防御雷电灾害管理职能，规范了管理行为及社会行为。2021 年 9 月 2 日，完成观测场气象探测环境保护标准备案，并收到高要区自然资源局高要分局《关于地面气象观测站气象探测环境保护标准备案的复函》，2021 年 11 月 1 日，区气象局加入高要区国土空间规划分委员会。

2008 年 9 月，在高要市行政服务中心设立气象行政审批窗口，办理防雷报审、竣工验收和施放气球审批等业务，并将办理结果进行网上公示。2016 年 12 月，区气象局撤销在区行政服务中心设立的气象行政审批窗口，改由区行政服务中心综合窗口统一受理相关业务后转交区气象局。

四、党建与气象文化建设

1. 党建工作

(1) 支部组织建设情况

1970—1975 年，有中共党员 3 人，参与县直机关或主管部门的党组织生活。1977 年 4 月，有中共党员 7 人，经上级党委批准，建立中共高要县气象局党支部，受县农委党委领导。2008年12月，正式党员9人，党支部被上级党委评为“先进基层党组织”。2015年6月，经中共高要市直属机关工作委员会批准，成立中共高要市突发事件预警信息发布中心支部，有正式党员5人。2019年9月26日，经中共肇庆市高要区农业农村局直属机关委员会批复，将中共广东省肇庆市高要区气象局支部和中共肇庆市高要区突发事件预警信息发布中心支部合并为中共广东省肇庆市高要区气象局支部。2021年12月，正式在职党员13人，预备党员2人，退休党员8人。2018年，被高要区委评为“先进基层党组织”。2021年，1人被高要区委评为“优秀党务工作者”。

（2）党风廉政建设情况

1989年开始实行“两分开、一监督”制度，并不断完善党风廉政制度，自2003年起每年都与相关股室签订党风廉政建设责任书。2007年，被中国气象局评为“全国气象系统局务公开先进单位”。2004年起，建立“两网两栏”的局务公开新方式，公开的内容从“4+2+2”到“三重一大”等。按要求经常开展加强党风廉政建设方面的政策学习思想教育，明确领导廉政责任制，并进行年度述职述廉，健全单位党务、局务公开制度，任免兼职纪检员；实行单位财务年度审计、领导离任审计、项目建设专项审计制度。在党风廉政建设方面取得良好效果。

2. 气象文化建设

1998年迁站后，先后购置了乒乓球台、电视机、音响设备、单功能跑步机、五功能健骑机等设备，丰富了干部职工的文体生活。2002年开始，对照广东省气象系统创建“新型台站”标准要求积极开展创建活动，期间，办成图书阅览室，并购买了大量业务及其他相关知识的书籍，增强了职工的学习兴趣，2004年成为广东省“四个一流”新型台站。2016年，在局大院设置了多功能健身设施。2019年，建成以“共筑幸福气象之家”为主题的职工之家背景墙。

自2011年高要局工会委员会成立以来，工会结合“我们的节日”组织开展形式多样的活动，妇女节参观活动、端午节包粽子活动、中秋节猜灯谜赏月烧烤活动，另外还组织春游摄影、秋游野炊、羽毛球比赛、趣味运动会等，既丰富了职工的业余生活，同时也增强了干部队伍的凝聚力和向心力。

第二节　四会市气象局

四会市历史悠久，建县于秦始皇三十三年（公元前214年），因县境为四水汇流之地，故名“四会”。1993年11月25日，经中华人民共和国国务院批准，四会撤县设市，由广东省委托肇庆市代管。

一、历史沿革

1. 始建情况

1958年9月1日，成立广四县中心气象站（1952—1954年、1958—1961年期间，四会曾与广宁县合并称“广四县”），地址在四会镇高狮管理区三棵榕。1991 年 1 月 1 日，由于三棵榕观测场周边建筑物和竹木影响观测环境，观测场迁至四会县城区新风路横二巷的野狸岗上。2006 年受台风“派比安”强降雨影响，野狸岗观测场东面边坡出现塌方，影响观测场探测环境及气象业务办公安全，2009 年 1 月 1 日，观测场搬迁至四会市贞山街道橄榄村委白坟前村 X439 县道旁小山头。2010 年 8 月，行政业务办公搬迁至东城街道广场南路 17 座大院（四会市气象灾害监测预警中心）。

2. 建制情况

（1）领导体制与机构设置演变

新中国成立前，四会市没有专门的气象机构。新中国成立后，领导体制与机构设置进行过多次调整。

1958 年 9 月 1 日，据《广东省气象局分党组关于全党全民办气象，实现全省气象化的报告》和广四县委（府）广四水电字〔1958〕058 号文，成立广四县中心气象站，并于 1959 年 1 月 1 日正式投入使用，其建制单位是广四县人民委员会，业务领导为高要专员公署气象台。

1960 年 2 月，根据在佛山召开的全省气象会议决议，将广四县中心气象站改名为广四县中心气象服务站。

1961 年 4 月，根据县人民委员会通知，将广四县中心气象服务站改名为四会县气象服务站。

1962 年 8 月，根据省人委气〔1962〕字 332 号通知，四会县气象服务站更名为广东省四会县气象服务站，其建制单位是广东省气象局，业务领导为肇庆专区气象局。

1969 年 1 月，四会县气象服务站建制在县革命委员会，业务领导是广东省气象局。

1970 年 12 月，实行军队与地方双重领导，以军队领导为主的管理体制，由县武装部直接管辖。

1974 年 8 月，根据 1973 年关于气象部门实行当地革命委员会与省气象局双重领导，以地方领导为主的精神，转为由四会县当地革命委员会与地区气象局双重领导，以地方领导为主的体制。

1981 年 4 月，根据粤府〔1980〕71 号、粤革发〔1979〕79 号文和广东省编字〔1980〕213 号、粤气政字〔1980〕086 号文规定，实行广东省气象局与当地政府双重领导，以省气象局领导为主的管理体制，将广东省四会县气象服务站升格为广东省四会县气象局（站），实行局、站合一，为正科级事业单位，局内设预报组和测报组。

1990 年 8 月，经四会县人民政府批准，增设四会县防雷设施检测所，为局直属事业单位。2002 年 6 月，根据四机编〔2002〕11 号文，四会市气象局（站）改称四会市气象局（台），实行局、台合一，机构规格为正科级事业单位，内设办公室、业务服务股，直属机构有四会市防雷设施检测所。同时，根据广东省人民政府 2000 年第 62 号令，加挂四会市气象预警信号发布中心牌子。

2005 年 9 月，经四会市工商管理局审批注册登记，成立了四会市云泰防雷工程有限公司。此后，四会市云泰防雷工程有限公司逐步替换四会市防雷中心的业务。2012 年 6 月，经四会市工商管理局审批登记成立了广东省肇庆市华云防雷工程有限公司四会分公司。

2013 年 4 月，中国气象局印发《关于全面推进县级气象机构综合改革工作的通知》（气发〔2013〕28 号），组织开展县级气象机构参照公务员法管理工作。

2013 年 9 月，经四会市机构编制委员会办公室发文（四机编办〔2013〕56 号）批准增设四会市突发事件预警信息发布中心（加挂四会市人工影响天气中心、四会市防雷减灾管理中心牌子），为四会市气象局下属公益一类事业单位，核定事业编制 20 名，其中主任 1 名，副主任 2 名，人员经费由市财政按财政补助一类拨付。2013 年 9 月，经肇庆市机构编制委员会办公室发文（肇机编办〔2013〕194 号）批复同意四会市突发事件预警信息发布中心（加挂四会市人工影响天气中心、四会市防雷减灾管理中心牌子）为四会市气象局下属副科级事业单位。

2015 年 10 月，根据《广东省机构编制委员会办公室关于严格控制机构编制总量 确保完成控编减编任务的通知》（粤机编办发〔2014〕121 号）精神，四会市机构编制委员会办公室印发《关于重新核定四会市突发事件预警信息发布中心事业编制的通知》（四机编办〔2015〕100 号），重新核定四会市突发事件预警信息发布中心事业编制 11 名，其中领导职数 2 名，收回事业编制 9 名。

2020 年 7 月，四会市机构编制委员会印发《关于重新核定四会市气象局所属事业单位编制的通知》（四机编办〔2020〕85 号），重新核定四会市突发事件预警信息发布中心（四会市防雷减灾管理中心、四会市人工影响天气中心）事业编制 10 名，其中主任 1 名，副主任 2 名。

2021 年 1 月，四会市机构编制委员会办公室印发《关于优化调整地方气象事业机构设置的批复》（四机编办〔2021〕9 号），不再保留四会市防雷设施检测所，四会市突发事件预警信息发布中心（四会市防雷减灾管理中心、四会市人工影响天气中心）仍为市气象局所属副科级公益一类事业单位。四会市突发事件预警信息发布中心职能重新明确为：负责本行政区域内各类突发公共事件预警信息发布及预警信息发布平台的建设、运行和维护工作；负责维护管理气象服务、预警设备设施；负责对危化场所等新建项目的防雷装置提供技术指导、协助进行设计审核和竣工验收；负责雷电灾害调查分析、上报；组织实施本行政区域内人工影响天气作业及人工影响天气预警指挥作业系统建设；承担市委、市政府及上级气象部门交办的其他工作。

（2）人员状况

建站初期，只有 5 人。1978 年增加到 11 人。2008 年在职职工 20 人，其中，国家编制人员 9 人、地方编制人员 5 人、编外人员 6 人；本科 4 人，大专 9 人；苗族、壮族职工各 1 人；工程师 1 人、助理工程师 8 人；中共党员 11 人；退休人员 3 人。

2021 年底，编制 23 名，其中国家编制 8 名（国家参公编制 4 名、国家事业编制 4 名）、地方编制 15 名（四会市突发事件预警信息发布中心）。在职职工 25 人，其中，国家编制人员 7 人（国家参公编制人员 4 人、国家事业编制人员 3 人）、地方编制人员 12 人、编外人员 6 人；本科 17 人，大专 7 人，硕士研究生 2 人；苗族、藏族、回族职工各 1 人；工程师 7 人、助理工程师 11 人；中共党员 21 人（在职 16 人、退休 5 人）；退休人员 5 人（国家事业编制人员 4 人、地方编制人员 1 人）。

（3）主要领导更替情况

四会市气象局（台）领导职数以及任免管理，随着建制的变更而变动，实行谁主管谁任免谁管理。从 20 世纪 80 年代始，主要领导是上级气象部门与地方组织部门协商后，由肇庆市气象局任命。历任负责人见表 2-6-2-1。

表 2-6-2-1 四会市气象局历任负责人

姓名	单位名称	职务	任职时间
雷　金	广四县中心气象站	站长	1959 年 5 月—1961 年 4 月
张忠民	四会县气象服务站	副站长（主持工作）	1961 年 4 月—1979 年 10 月
吴东汉	四会县气象服务站	站长	1979 年 10 月—1980 年 3 月
	四会县气象局（站）	副局（站）长（主持工作）	1980 年 3 月—1982 年 4 月
吴沐良	四会县气象局（站）	负责人	1982 年 4 月—1984 年 4 月
	四会县气象局（站）	副局（站）长（主持工作）	1984 年 4 月—1993 年 11 月
刘贵扬	四会市气象局（站）	局（站）长	1993 年 11 月—1997 年 1 月
梁志强	四会市气象局（站）	局（站）长	1997 年 1 月—2002 年 6 月
	四会市气象局（台）	局（台）长	2002 年 6 月—2004 年 6 月
杨森槐	四会市气象局（台）	副（台）局长（主持工作）	2004 年 6 月—2008 年 1 月
吴振强	四会市气象局（台）	局（台）长	2008 年 1 月—2012 年 3 月
史　成	四会市气象局（台）	局（台）长	2012 年 3 月—2019 年 2 月
林展新	四会市气象局（台）	局（台）长	2019 年 2 月—2019 年 9 月
麦冠华	四会市气象局（台）	副局（台）长（主持工作）	2019 年 10 月—2019 年 12 月
	四会市气象局（台）	局（台）长	2019 年 12 月起

二、气象业务与服务

1. 气象业务

（1）气象观测

1958 年 11 月 1 日，四会国家气象观测站建站于四会镇高狮管理区三棵榕，开始进行非正式地面气象观测。1959 年 1 月 1 日，正式开始进行地面气象观测。1985 年 11 月，开始使用 PC-1500 计算机进行地面气象测报查算工作。1990 年 1 月，搬迁到四会县城中区新风路横二巷的野狸岗开展观测。1992 年 1 月，开始采用微机制作报表。1993 年 9 月，购进点阵打印机。2001 年，购买爱普生打印机、后备式不间断电源。2005 年 8 月，安装Ⅱ型自动气象站，2006 年 1 月 1 日正式进行Ⅱ型自动气象站与人工站双轨运行，以人工站为主；2007 年 1 月 1 日过渡到以自动气象站为主；2008 年 1 月 1 日，Ⅱ型自动气象站单轨开始运行。2008 年 6 月，四会国家一般气象站新观测场（贞山街道橄榄村委虾苟岗）完成自动站仪器的安装，7 月 1 日正式实行对比观测，2009 年 1 月 1 日正式观测，实行台、站分离。2013 年 10 月 1 日安装自动能见度仪，2016 年 9 月 1 日全省观测站实施无人值守。2018 年 9 月 1 日安装降水天气现象仪，2019 年 5 月 1 日安装光电式数字日照计，2020 年 10 月 28 日安装天气现象智能观测仪，2020 年 4 月 1 日取消人工观测天气现象，实现地面气象观测全面自动化。

1998—2021 年共建设了 23 个区域自动气象站，5 套大气电场仪设施，1 部 X 波段相控阵雷达。2020 年 12 月，在东城街道气象局大院、威整镇政府、黄田水利会、江谷水利会、迳口水利会 5 个自动气象站基础上增加建设了 5 个大气电场仪设施。2021 年 5 月，配合启动四会 X 波段相控阵雷达建设，选址为贞山电视发射塔旁山头。

（2）气象信息网络

建站初始，相继装备桌式磁石电话机、转盘拨号电话机、按键式智能电话机作为气象信息传输工具。1985 年 2 月，开始使用 8325 型甚高频电话。1985 年 3 月，开始使用 CZ-80 型传真机接收气象资料信息。1985 年 12 月，改用 AESV/FTC-2640 单边对讲机。1986 年 6 月，安装气象警报（B）发射机并组建气象警报服务网。1996 年 3 月，计算机接收气象资料的 MODEM 由 4800PS 升级为 9600PS。1999 年 1 月，开通 X.25 计算机局域网。1999 年 12 月，完成“9210”工程单收站安装并投入使用。2000 年 7 月，安装气象分组数据交换网络传输专线。

四会市气象信息资料都是实时上传给上级气象部门，原始数据定期整编归档存放到专门的档案室。2010 年 12 月，根据《关于下发广东省气象记录档案保管体制调整实施方案的通知》（粤气函〔2010〕371 号）文件精神，四会市地面气象观测站 1965—2008 年气象数据相关纸质档案移交到了广东省气象资料处理中心。

2015 年，四会市突发事件预警信息发布中心完成建设并正式投入使用，初步实现了信息“横向到边、纵向到底”的预警信息网布局，为及时发布全市各类自然灾害、事故灾难、公共卫生事件和社会安全事件等突发公共事件预警信息提供一体化的指挥和发布平台。按照广东省气象局要求完成业务信息网络备份线路的升级，采购并安装高清视频会商设备，完成省、市、县三级高清视频会商的要求。

（3）天气预报

1960 年 2 月，开始开展天气预报业务。1985 年 3 月，根据国务院办公厅批转国家气象局《关于气象部门开展有偿服务和综合经营的报告》精神，开始开展气象专业有偿服务。1989 年 1 月，开展旬、月中长期天气预报书面业务，加强了气象专业有偿服务。1991 年 9 月，开展森林火险预报服务。2000 年起，开展春运专项预报服务以及“国庆”“五一”节假日专题预报服务。2012 年起，开展高考专项预报服务以及其他重大活动专项气象服务，加强了决策服务。2019 年，开展了四会徒步活动天气专项服务、农民丰收节专项天气服务、龙舟赛专项天气服务，以及为广东省运会四会分会场开展专项服务。决策服务面不断扩大。

预报内容有晴、阴、雨（小雨、中雨、大雨、暴雨等量级）、气温、风向风速、霜（冰）冻、雷暴、冰雹、森林火险等；预报时段划分有长期天气预报（季度、月报），中期天气预报（旬报），短期天气预报（24 小时、48 小时），近年来还开展了短时天气预报（3 小时内）。

在预报手段方面，初期抄收广东省气象台经广东省人民广播电台播报的天气预报意见，观测本地天气变化。20 世纪 70 年代，抄收广东省气象台通过广东省人民广播电台播报的天气预报意见，抄收 08 时气象资料数据，填绘小天气图，点绘本站天气要素曲线综合时间剖面图，观测本地天气变化情况，采用多因子点聚图为主的综合分析方法。20 世纪 80 年代，利用气象传真机接收北京、广州、长沙、日本东京天气实况图、天气分析预告图、天气要素和各种大气物理量资料图表，接收卫星云图、雷达回波综合图等资料。20 世纪 90 年代中期后，通过计算机网络直接调阅上级气象台和日本及欧洲气象中心发布的气象产品信息，调看卫星云图、雷达回波、地面和高空天气分析图、各种气象物理量图表资料，结合本站天气及要素变化情况进行综合分析作出天气预报。2000年后，通过省气象局建成的业务网查看实时气象数据，欧洲中心、NECP模式集合数值预报资料，调阅卫星云图、雷达回波图等资料，综合分析作出天气预报。2010年后随着计算机网络高速发展，各类数值预报产品、实况产品、卫星产品均可在省气象局业务网调阅，预报资料高度集合。另外，随着风云气象卫星更迭发展、各类天气雷达数量增多、乡镇区域自动站密度增加，可查看的实况信息资料丰富，短期天气预报和短临天气预报水平得以提升。

2. 气象服务

气象服务主要是社会公益性服务，内容有气象资料服务、气象情报服务、气候评价服务、天气预报（警报）服务、森林火险气象预报（警报）服务、地质灾害气象预报（警报）服务、各类重大活动气象预报服务等。

（1）公众气象服务

服务方式不断更新、改进。20世纪60年代初，采用张挂形式，之后由县广播站广播；20世纪80年代，县广播电台成立，则由县广播电台于每晚新闻节目后广播；1990年6月，利用气象警报系统和县广播电台播报天气预报或警报；1994年10月，通过市电视转播台以电视字幕发布天气预报或警报；1999年9月，“121”天气预报自动答询电话正式开通；2004年，利用中国移动手机短信平台和通过中国电信设置“12121”天气信息窗口发布天气预报或警报；2008年10月，四会市电视台专题节目播报由气象台制作的天气预报节目；2009年6月，建立了气象网站，开展24小时滚动预报，旬、月、汛期等中长期预报，森林火险等级、灾害性天气预警信号等特色预报。2010年后随着计算机网络的高速发展，公众气象服务渠道不断拓展，主要有电视、电台、手机短信、“12121”应急电话、停课铃、缤纷微天气、乡镇显示屏、农村气象大喇叭等。同时，加强与电视台、四会融媒体中心、市委宣传部等部门的联系，增加气象信息传播渠道，特别是重大转折性气象信息预报，接受新闻采访。2013年9月20日，广东应急气象频道在四会正式落地播出，为四会广大市民获取专业及时的气象资讯和突发公共事件预警信息开辟了新途径。

（2）决策气象服务

决策气象服务主要通过书面报告、电话报告或电话传真等方式向四会市委、市政府，以及市三防指挥部、农业、林业、水利等部门和各乡镇政府机关提供服务，也为民用航空、军事部门和近邻气象台站提供气象情报信息服务。

2004年起，以《重大气象信息快报》《重大气象信息专报》《天气报告》形式，通过电话传真或电子邮件等方式向市领导和指挥机构开展决策气象服务；利用中国移动建立气象短信群发平台，向市领导、乡镇领导以及中小学校长、各管理区主任适时发布重大气象信息。2006年起，台风期间通过电视台实时滚动播出台风预报预警信息。2008年10月，在市气象台制作的气象影视中加入重大天气预报预警信息，经市电视台向公众发布。2010年后决策服务不断扩展，目前主要服务产品有《重大气象信息快报》《重大气象信息专报》《天气报告》《春运专报》《高考专报》《农民丰收节专报》，以及各类活动专报。

（3）专业气象服务

1967—1988年，6次派出专业服务组，为机场和作业区顺利完成飞机播种造林提供航空气象保障服务。

1977—1991 年，先后进行过 5 次人工增雨气象服务。从 2004 年开始，每年为中国（四会）柑橘·玉器文化节等市内重大社会活动提供气象保障服务。

1985 年 3 月，根据国务院办公厅批转国家气象局《关于气象部门开展有偿服务和综合经营的报告》精神，开始开展气象专业有偿服务。

1990年8月，经四会县人民政府四府批〔1990〕5号文批准，增设四会县防雷设施检测所，规范地开展气象科技和防雷减灾服务工作。1995 年 3 月，防雷设施检测所通过了计量认证。

2008 年开始开展雷击风险评估业务，为建设单位的防雷设计、设备安装、人员安排、施工安排以及日后防雷保护进行指导。

2009 年，首次在江谷水库实施人工增雨作业并取得显著成效，使全市的旱情及高森林火险等级得到缓解。2021 年 12 月，采购新型燃气增雨装备一台，开展常态化人工增雨作业。

2012 年开始免费提供非商业性气象资料证明。

2013 年，与农业、林业、国土、水务、环保及交通警察大队等部门签订了相关服务协议、备忘录并开展相关气象预警预报服务工作。其中已开展不同农时专题气象服务（春耕春种、夏收夏种、秋收秋种），并发布了《重大农业气象灾害监测预警评估报告》《地质灾害气象风险专题预报》《森林火险气象预报》等各类专业专题报告。

2020 年开始，向四会市供电局、中电四会热电有限公司等开展专业气象服务。

三、法规建设与管理

1. 法规建设

1992 年 2 月 25 日，四会县安全生产办公室、城乡规划局和气象局联合发文《关于加强四会县防雷设施安装和检测的管理规定》，推动了防雷检测和安装业务开展。2001 年 6 月，根据四会市执法委员会要求，成立四会市气象局执法责任制工作领导小组。2006 年，四会市政府下发《关于加强我市防御雷电灾害工作的通知》（四府办〔2006〕77 号）和《印发四会市危险化学品安全监督管理部门职责的通知》（四府办〔2006〕88 号），对规范四会市防雷审批和竣工验收等防雷管理工作作出了明文规定，进一步规范防雷审批和竣工验收工作。2008 年 5 月 23 日，四会市政府下发《关于进一步加强我市防雷减灾工作的意见的通知》（四府办〔2008〕41 号），进一步明确四会辖区内所有新建（构）筑物必须依法办理防雷装置设计审核和竣工验收，并要求各镇（街道）各部门要加强协调配合，共同做好防雷减灾工作。

2. 社会管理

1995 年 12 月，四会市委八届四次（扩大）会议同意将气象事业发展计划列入“九五”计划。1990 年 8 月，经四会县人民政府批准设立四会市防雷设施检测所，1997 年 7 月，经四会市机构编制委员会批准，四会市防雷设施检测所核定地方编制 8 名。1999 年 6 月，经四会市工商管理局审核登记成立四会市防雷中心，主要开展防雷设施安装等防雷技术服务；2013 年 9 月，经四会市机构编制委员会批准增设四会市突发事件预警信息发布中心（加挂四会市人工影响天气中心、四会市防雷减灾管理中心牌子），为四会市气象局下属公益一类事业单位。

借助气象“十二五”规划重点项目的立项和建设工作，加快推进四会市为农“两个体系”建设工作。2014 年 11 月，四会市已完成 9 个镇（街道）、15 个村（居）委会气象灾害应急准备工作认证；建成 11 个镇（街道）气象信息服务站，覆盖率为 85%；在 13 个乡镇（街道）安装电子显示屏，58 个行政村安装农村预警大喇叭，实现镇镇有气象电子显示屏，气象预警喇叭行政村覆盖率达到 47%；江谷镇辖区 15 个村（居）委会全部建设成为安全气象社区；2015 年，按“六个一”“三个有”标准，完成了全市乡镇、行政村气象服务站建设工作。

2017 年 1 月，四会市气象局与市住规建局联合印发了《关于做好优化房屋建筑和市政基础设施工程防雷许可工作的通知》；2017 年 11 月，四会市政府正式印发《关于转发〈肇庆市府办关于做好优化建设工程防雷许可有关工作的通知〉的通知》。

四会市从 2016 年 8 月开始实行“一门一网式”窗口受理行政审批事项，气象行政审批事项实现信息共享，同步办理，集中受理、登记和接收各个阶段申请材料，所有的防雷行政审批项目均能够在 5 个工作日内完成审批流程。

2020 年起，气象工作纳入四会市镇（街道）党政领导班子工作综合考评评价指标体系。

四、党建与气象文化建设

1. 党建工作

（1）支部组织建设情况

1980 年 3 月，四会县气象站建立党支部，吴东汉任党支部书记。2000 年有 4 名中共党员，2004 年 10 月，经四会市委主管领导和系统党委同意，对原支委进行增补选举，支委成员由原来 1 人增加为 4 人。2008 年党支部有中共党员 11 人，其中在职 8 人，退休 3 人。2021 年有中共党员 21 人，其中在职 16 人，退休 5 人。1999—2003 年，四会市气象局党支部连续 5 年被四会市农林水系统党委评为“先进基层党组织”。2021 年 6 月，肇庆市委授予四会市气象局党支部“肇庆市先进基层党组织”荣誉称号。

（2）党风廉政建设情况

一直以来，四会市气象局按要求经常开展加强党风廉政建设方面的政策学习和思想教育，明确领导廉政责任制，并进行年度述职述廉，健全单位党务、局务公开制度；实行单位财务年度审计、领导离任审计、项目建设专项审计制度。在党风廉政建设方面取得良好效果。

2. 气象文化建设

2003 年始，对照广东省气象系统创建“新型台站”标准要求积极开展创建活动。购买彩色电视机以及 DVD 播放机等设备，经常开展篮球、羽毛球友谊赛。2010 年加大了对全局站容站貌、环境绿化、科技教育、文化体育设施等硬件项目建设的投入，整治了包括职工饭堂、大院绿化、围墙周边环境等设施，不断改善办公环境。2015 年 7 月通过验收，获“广东省气象现代化新型台站”称号。每年都开展春运“暖流行动—志愿服务日”活动。2015 年完成阅览室建设和篮球场改造工程。2019 年成立局工会，开展趣味运动会、篮球赛、拔河比赛等各项文体活动。

第三节　广宁县气象局

自明朝嘉靖三十八年（1559 年）置广宁县以来，迄今 460 余年。广宁县位于广东省西北部，处北江支流的绥江中游，北纬 23°22′—23°59′。北回归线从广宁县南部经过，全县绝大部分地区属亚热带气候。广宁县竹子量多质优，素称“竹子之乡”。

一、历史沿革

1. 局（台）地址

广宁县气象局始创于 1956 年，选址在广宁县南街镇郊外都巷村旁的小山岗上。原属郊区，现处城区中心。

1994 年 4 月，县政府征用县气象局东部用地 4194 平方米。1995 年 1 月 2 日，观测场位置西移 10 米，北移 7 米。2002 年 1 月 1 日，观测场重新改造，海拔高度变更为 57.3 米。1997 年 8 月，广宁县气象局迁至南街镇德胜街业务综合楼办公。

因城市发展，探测环境受到严重影响，2016 年 1 月 1 日，地面气象观测场和值班室搬迁至广宁县南街镇圣堂社区下迳村杉侧岗，同年 11 月行政业务办公（广宁县突发事件预警信息发布中心）搬迁至广宁县南街街道百盈西路。

2. 建制情况

（1）领导体制与机构设置演变

广宁县气象站创建于 1956 年 9 月 1 日，属股级单位，由广东省气象局直接管理。

1959年6月1日，由于广宁、四会两县合并为广四县，广宁县气象站改称广四县气象站。1960 年 3 月 24 日改称广四县南街气象服务站，隶属广四县人民委员会气象科领导，业务上由江门专员公署气象局指导。

1961 年 4 月 1 日，广四县恢复为广宁、四会两县，站名改为广宁县气象服务站，隶属广宁县人民委员会气象科领导。1962 年 8 月 1 日，改称广东省广宁县气象服务站，隶属广东省气象局领导。1969 年 1 月 1 日下放到地方，隶属广宁县农业工作站领导。

1971 年至 1973 年 8 月，由县革命委员会与县武装部双重领导，站名改称广宁县气象站。1973 年 9 月 1 日至 1980 年 12 月 31 日，转归县革命委员会农林水办公室领导。

1981 年 1 月起，实行省气象局与地方政府双重领导，以省气象局领导为主的管理体制，改称广东省广宁县气象局，升级为科级单位。

1990 年 11 月，经广宁县编制委员会（宁编〔1990〕21 号）文批准，成立广宁县防雷设施检测所，为局直属股级事业单位，核定事业编制 10 名，其中所长 1 名。

2002 年 6 月，经广宁县机构编制委员会办公室（宁机编办〔2002〕54 号）文批准，广宁县气象局（站）改称广东省广宁县气象局（台），实行局、台合一，属正科级事业单位，内设机构有办公室、测报股、预报服务股，直属机构有广宁县防雷设施检测所。编制核定为 13 名，设局（台）长 1 名，副局（台）长 1 名。内设机构和直属机构配备 6 名股级领导职数。

2012 年 12 月，经广宁县机构编制委员会办公室（宁机编办〔2012〕84 号）文批准增设广宁县气象服务中心（加挂广宁县突发事件预警信息发布中心、广宁县人工影响天气办公室、广宁县防雷减灾办公室牌子），为县气象局下属公益一类事业单位，核定事业编制5名，其中正、副主任各1名，人员经费按财政补助一类拨付。

2013年9月，经广宁县机构编制委员会办公室（宁机编办〔2013〕22号）文批复同意撤销广宁县气象服务中心，调整为设立广宁县突发事件预警信息发布中心（加挂广宁县防雷减灾管理中心、广宁县人工影响天气中心牌子），为县气象局正股级公益一类事业单位，并重新核定事业编制20名，其中设主任1名，副主任2名，人员经费维持原渠道按财政补助一类拨付。

2013年12月，经肇庆市机构编制委员会及广宁县机构编制委员会（宁机编办〔2013〕35号）文批复同意将广宁县突发事件预警信息发布中心（加挂广宁县防雷减灾管理中心、广宁县人工影响天气中心牌子）机构升格为副科级，为地方气象服务机构。

2019年4月，广东省气象局印发《广东省气象局关于广东省气象部门国家气象业务系统事业编制优化调整的通知》（粤气〔2019〕25号）文件，重新核定广东省广宁县气象局参公编制4名和事业编制8名。

2021年9月，广宁县机构编制委员会印发《关于调整县突发事件预警信息发布中心事业编制的通知》（宁机编办〔2021〕69号），调整后广宁县突发事件预警信息发布中心事业编制总数为16名。

（2）人员状况

1956年建站初时只有4人，1957年增加到8人，20世纪70年代人员调整频繁，1978年国家编制人员15人，2002年机构改革核定国家气象事业编制13名，实有国家编制人员8名，编外人员5名。

截至2021年12月底，在职职工27人（女职工10人）。其中，国家编制人员10人（国家参公编制人员3人、国家事业编制人员7人）、地方编制人员16人、编外人员1人；本科26人，大专1人；布依族职工2人；高级工程师2人、工程师11人、助理工程师13人；中共党员18人（含退休党员3人、预备党员1人）、共青团员4人，另有退休职工3人。

（3）主要领导更替情况

县气象局（台）领导职数以及任免管理，随着建制的变更而变动，实行谁主管谁任免谁管理。从20世纪80年代始，主要领导是上级气象部门与地方组织部门协商后，由肇庆市气象局任命。历任负责人见表2-6-3-1。

表2-6-3-1　广宁县气象局历任负责人

姓名	单位名称	职务	任职时间
谢　忠	广宁县气象站	站长	1956年9月—1958年10月
黎雪松	广四县气象站	副站长（主持工作）	1957年12月—1960年7月
雷　金	广宁县气象服务站	站长	1960年8月—1966年7月
张沛林	广宁县气象站	站长	1966年8月—1980年12月
	广宁县气象局（站）	局（站）长	1981年1月—1981年5月
欧添达	广宁县气象局（站）	副局（站）长（主持工作）	1981年6月—1987年4月
	广宁县气象局（站）	局（站）长	1987年5月—1991年9月
陈世豪	广宁县气象局（站）	局（站）长	1991年10月—1994年12月

续表

姓名	单位名称	职务	任职时间
林作伍	广宁县气象局（站）	局（站）长	1995年1月—2000年10月
温坚培	广宁县气象局（站）	局（站）长	2000年11月—2002年5月
	广宁县气象局（台）	局（台）长	2002年6月—2002年12月
卢中清	广宁县气象局（台）	副局（台）长（主持工作）	2003年1月—2003年12月
	广宁县气象局（台）	局（台）长	2004年1月—2012年2月
孔树剑	广宁县气象局（台）	局（台）长	2012年3月—2015年6月
苏崇升	广宁县气象局（台）	局（台）长	2015年7月起

二、气象业务与服务

1. 气象业务

（1）气象观测

广宁县气象观测站是国家基本站，任务是观测、发报及编制报表。每天除按民航、空军等部门要求编发航危报外，定时观测编发天气报4次，建站初为01时、07时、13时、19时，1961年改为02时、08时、14时、20时。2005年1月1日起增加为02时、05时、08时、11时、14时、17时、20时、23时8次。当观测到灾害天气，如冰雹、暴雨、大风等及时向省、市、邻县气象部门编发重要天气报。台风季节还按预约进行台风联防观测发报。

1956年9月1日开始地面观测，初时为手工查算编报。观测项目有云、天气现象、气压、气温、湿度、风向风速、能见度、蒸发量、降水量、日照、地表及浅层地温等。1985年8月开始使用PC-1500袖珍计算机取代人工统计数据及编报。随着科技的进步，1995年3月开始转用IBM微型计算机编报，编制报表。

2003年8月建设遥测自动气象站，2004—2005年进行人工、遥测双轨运行观测，2006年开始遥测站单轨运行，大部分观测项目实现了自动观测。自动气象站观测项目有气压、气温、湿度、风向、风速、降水、地温等，除云、能见度、天气现象外，所有观测项目全部采用仪器自动采集记录，通过网络定时传送到广东省气象局，只在每天20时进行人工对比观测。

2007年1月1日开展酸雨观测，设有酸雨观测实验室。同年11月完成了全县17个乡镇区域自动站的安装。2008年安装了闪电定位仪。

2011年4月1日起，撤销地面观测站气温、气压和湿度的自记仪器。2012年1月，停用地面观测站虹吸式雨量计的观测。2012年4月1日起，取消天气报和加密报的编发及报文上传，用新格式的地面气象要素数据文件代替。2013年7月1日起，取消地面20时自动与人工对比观测任务。2013年10月16日，新增能见度自动观测项目。2014年1月1日起，取消08时、20时定时降水量的人工观测。

2015年1月1日起，正式在南街镇圣堂社区下迳村杉侧岗新址观测场开展观测工作，同时人工能见度和日照保留现用人工观测方法，取消温度（干球、湿球、最高、最低温度表和浅层地温）、风向风速、水银气压表等人工观测任务。2015年7月10日起，全国实时—

历史地面气象资料一体化业务正式运行。

2016 年 1 月 1 日起，取消能见度与视程障碍类天气现象人工观测；能见度观测以自动能见度观测为准；视程障碍类天气现象由软件自动判别，扬尘、浮尘、轻雾、霾的能见度判别阈值为 7.5 千米，沙尘暴、雾的能见度判别阈值为 0.75 千米。2016 年 8 月 5 日起，按《地面气象观测业务无人值守改革试点工作方案》相关规定执行。

2017 年 9 月 1 日起，开展数据格式标准化业务试运行和降水现象平行观测业务。

2018 年 9 月 1 日起，转入降水现象平行观测第二年，即日起降水类天气现象采用降水现象仪观测。

2019年1月1日起，开展第一阶段日照平行观测业务，以人工日照观测记录为正式记录。2019 年 5 月 1 日起，停止编发重要天气报，但台站保留最大冰雹的最大直径和平均重量的录入、上传功能，日照平行观测第二阶段开始，以自动观测日照数据为正式记录。

2020 年 4 月 1 日，地面气象观测自动化改革正式业务运行，取消每天的人工定时观测、人工连续观测天气现象、日常守班、重要天气报编发、地面观测记录簿记录、值班日记填写、人工数据质量控制（含质控疑误信息反馈）等工作任务，保留人工应急观测能力。

“文化大革命”期间，广宁县气象站有 3 次气象资料缺测：第一次是 1967 年 8 月 24—25 日 3 个时次的地面温度缺测；第二次是 1968 年 7 月 1—10 日连续 10 天气象观测资料缺测，直至 11 日 02 时才恢复正常，但临时不守夜班；第三次是 1968 年 9 月 1—4 日，未恢复守夜班，02 时气象资料缺测，作 3 次观测站来处理。

（2）气象信息网络

建站初始，气象信息传输工具只有桌式磁石电话机、转盘拨号电话机、按键式智能电话。

1983 年，配置无线气象传真收片机，接收北京、日本东京气象中心和长沙、广州气象分中心发出的天气图表和卫星云图及雷达回波图信息。

1985 年 9 月，开始使用无线单边带对讲机进行预报会商和天气联防，1992 年采用甚高频对讲机代替单边带对讲机。

1995 年 3 月，市、县的计算机无线联网开通，气象电报网络传送替代口传方式。

1999 年 1 月，开通 X.25 计算机通信接入县电信局数据交换网。

2005 年 1 月开始，通信方式由 X.25 切换到 SDH 宽带网，实现原始数据传输自动化。

2016 年，突发事件预警信息发布中心完成建设并正式投入使用，初步实现了信息“横向到边、纵向到底”的预警信息网布局，建成 15 个乡镇气象服务站、178 个农村气象大喇叭、15 个农村气象电子显示屏和 178 人的气象信息员队伍，为及时发布全县各类自然灾害、事故灾难、公共卫生事件和社会安全事件等突发公共事件预警信息提供一体化的指挥和发布平台。按照省气象局要求完成业务信息网络备份线路的升级，采购并安装高清视频会商设备，完成省、市、县三级高清视频会商的要求。

（3）农业气象

农业气象观测始于 1978 年，观测调查作物有水稻常规种和杂交稻，1989 年增加柑橘观测。现观测调查作物有水稻、花生、冬季马铃薯。每旬、每月向省气象局编发农业气象旬、月报并上报农情调查材料。2013 年 10 月 11 日，取消旬、月报的编发。2019 年 9 月，在广宁县宾亨镇中村砂糖橘种植基地建成了肇庆市首个岭南特色农业气象观测站。

（4）天气预报

县气象预报始于1958年。在省气象台预报的基础上，通过观看天、物象变化，参照当地流行的气象谚语、地形、地貌特点和天气演变的规律，并依据站内育养的泥鳅、黄鳝、蚂蝗等异常反应来推断未来天气演变，独立制作补充订正预报，并对外广播。绘制的图表有以压、温、湿三线为主的单站曲线图及单站分型点聚图、各类灾害性天气预报图等。

从1971年初开始，建立了拥有500多人的群众管天网，依靠群众、土法开展天气预报服务工作，主要抓春播期、汛期、秋收冬种期重要的天气预报服务。通过召开公社气象员和老农会议、走访老农、与公社气象哨取得联系、与邻县站共同商讨天气等方式进行预报。除运用原有资料图表工具外，1973年开始运用数理统计预报，预报工具有多因子变相关、多因子分辨法、方差分析法、阴阳历叠加等26种。

20世纪80年代，主要应用数理统计方法，以及前期气象要素变化来推断后期天气演变，同时利用无线传真机接收日本东京、北京、广州的传真图进行综合分析来制作天气预报。

20世纪90年代中期，通过计算机网络调阅日本、欧洲气象中心及上级气象台发布的预报产品信息。1999年12月，“9210”工程卫星接收站建成并正式使用，接收预报产品的信息量大增，预报准确率有较大提高，预报服务能力进一步增强。

2010年后随着计算机网络的高速发展，各类数值预报产品、实况产品、卫星产品均可在省气象局业务网调阅，预报资料高度集合。另外，随着风云气象卫星的更迭发展、各类天气雷达数量的增多、乡镇区域自动站密度的增加，可查看的实况信息资料丰富，短期天气预报和短时、临近天气预报水平得以提升。

2. 气象服务

气象服务主要有公众气象服务、决策气象服务、专业气象服务。

（1）公众气象服务

20世纪90年代前，以电话咨询和县人民广播电台广播开展服务。1999年4月，通过县电视转播台以电视字幕发布天气预报或警报。2005年9月，建立并开通气象网页，并连接到广宁县政府网发布广宁县天气预报。2008年10月，县气象台进行气象影视制作，由县电视台以专题节目形式播放天气预报。2011年6月，增加“广宁天气”微博渠道，发布预报预警信息、天气实况及气象科普知识。2015年，增加“广宁天气”微信渠道，发布预报预警信息、天气实况及气象科普知识。2017年1月，通过广宁电视频道图标悬挂和滚动字幕，实时发布各类气象灾害预警信号。

（2）决策气象服务

20世纪60—80年代，主要通过电话口述、书面报告的方式向党政领导提供决策气象服务。

20世纪90年代，主要通过电话或传真等方式向县委、县政府、县三防指挥部、农业、林业、水利等部门和各乡镇政府机关提供气象服务。

2005年起，以《重大气象信息快报》《重大气象信息专报》《天气报告》形式，通过电话传真或电子邮件、中国移动短信群发平台等方式向党政领导和气象应急负责人及时发布气象预报信息，提醒落实防灾措施，做好决策气象服务。2013年10月，通过广东省突发事件预警信号发布管理系统向县委、县政府、三防指挥部成员单位发布《重大气象信息快报》《重大气象信息专报》《天气报告》等决策服务材料，并向县领导、三防指挥部成员单位负责人、乡镇负责人、中小学校负责人、村支书等发布预警信息。

（3）专业气象服务

1987 年 3 月 15 日，广宁县人民政府办公室批准县气象局《关于开展有偿专业气象服务的报告》(宁府办〔1987〕9 号)，县气象局开始开展有偿专业气象服务。

1988 年 3 月 23 日，建立气象专业广播电台，凡装有气象警报接收机的单位，均能够收听到每天 2 次定时天气预报广播和灾害性天气期间的临时增播。

1990 年 11 月 28 日，经广宁县编制委员会批准，成立广宁县防雷设施检测所，开展防雷减灾服务工作。

2001 年 2 月，经有关部门批准，成立广宁县云海防雷工程有限公司，开展防雷工程安装服务。

2012 年 6 月，经有关部门批准，成立肇庆市华云信息科技工程有限公司广宁分公司，开展防雷工程安装服务。

2016 年 3 月，经有关部门批准，广宁县云海防雷工程有限公司核准注销。

三、法规建设与管理

1. 法规建设

2000 年，受肇庆市气象局授权委托，经培训核准县气象局配置有 3 名持有广东省行政执法证人员，主要配合肇庆市气象局法规科开展行政执法。2004 年，县人民政府发出关于贯彻实施《中华人民共和国行政许可法》的通知，明确规定县气象局具有行政审批权限。2007 年，县人民政府下发《关于加快广宁县气象事业发展的意见》(宁府〔2007〕6 号)，明确规定县气象局是实施《中华人民共和国气象法》的职能部门。2012 年 12 月，由广宁县人民政府印发《广宁县气象灾害应急预案》，并分别于 2018 年 5 月、2022 年 8 月再次修订印发《广宁县气象灾害应急预案》。2013 年 5 月，广宁县人民政府印发了《广宁县气象灾害防御规划（2011—2020）》。

2. 社会管理

1999 年 4 月，县人民政府转发《广东省防御雷电灾害管理规定》，明确气象局对县内防御雷电灾害管理职能和规范了管理行为及社会行为。

2002 年 6 月 18 日，县人民政府发出《关于增补县气象局为县安全生产委员会成员单位的通知》(宁府办〔2002〕19 号)，进一步明确县气象局负责全县的防雷安全管理。

从 20 世纪 90 年代后期开始，对气象行政审批办事程序、气象服务内容、服务承诺、气象行政执法依据、服务收费依据及标准等，采取通过电视广告、发放宣传单、气象网页和办事大厅公示栏公示等方式向社会公开。

四、党建与气象文化建设

1. 党建工作

（1）支部组织建设情况

1971 年 7 月，有中共党员 5 人，经中共广宁县人民武装部党委批准成立中共广宁县气象站支部委员会，受武装部党委管理。1981 年，有中共党员 8 人，党务工作由县农业系统党委管理。2021 年，有中共党员 17 人，苏崇升任党支部书记。

2000 年、2002 年、2003 年、2005 年、2007 年被上级党委评为“先进党支部”，2006 年、2011 年被广宁县委授予“广宁县先进基层党组织”荣誉称号，2021 年被肇庆市委授予“肇庆市先进基层党组织”荣誉称号。

（2）党风廉政建设情况

县气象局把党风廉政建设摆在重要议事日程，认真落实党风廉政建设责任制，坚持一把手负总责，经常开展廉政教育和廉政文化建设活动，进行年度述职述廉，完善单位党务、局务公开制度，并配有兼职纪检员和党风廉政监督员。按照要求实行单位财务年度审计、领导离任审计、项目建设专项审计制度。

2013 年 10 月，成立中共广宁县气象局党组及纪检组，履行全面从严治党主体责任。大力开展党风廉政宣传教育和纪律教育学习活动，持之以恒贯彻落实中央八项规定及其实施细则精神。加强党员干部理想信念教育，加强重要时间节点纪律教育，强化监督执纪问责。

2. 气象文化建设

广宁县气象局成立精神文明建设领导小组，自 2001 年以来，定期开展政治理论、法律法规、专业技术知识的学习、讨论活动，引导青年、团员树立正确的人生观，对思想上、学习上要求进步的，进行重点培养，先后共有 10 人加入了中国共产党，有 12 人被分批选送到南京气象学院、成都信息工程学院等高校进行相关专业函授学习。

积极组织职工开展文化娱乐活动，丰富职工的业余生活。20 世纪 70 年代，添置了乒乓球台、球拍，还专门腾出一块空地，经过平整建成半边篮球场，竖起木制篮球架，进行健身活动。购置有收音机、摄影器材，建有专门的冲印室，支持职工培养业余爱好。20 世纪 70 年代中期，购置了一台 14 寸黑白电视机，配备专用电视室。21 世纪初期，新建了标准篮球场、羽毛球场，经常开展篮球、羽毛球友谊赛。2013—2017 年连续 5 年组队参加肇庆市气象部门“华云杯”篮球联赛，均获冠军。

2016 年整体搬迁后，加大对全局站容站貌、环境绿化、文化体育等硬件项目建设的投入，整治了包括职工食堂、大院绿化、围墙护栏、篮球场等设施，2018 年 1 月被评为广东省气象局气象现代化新型台站。

第四节　怀集县气象局

怀集县位于广东省的西北部，北江支流绥江上游（北纬 23°28′—24°23′，东经 111°51′—112°30′）。全县总面积 3573 平方千米，山地丘陵约占总面积的 88.4%，平原约占 11.6%。受地理地貌影响，具有四季分明、季风明显、气候温和、阳光充足、雨量充沛、无霜期长等特点。

一、历史沿革

1. 始建情况

1956年8月，筹建怀集县气候站，站址坐落在怀城镇城北郊上郭乡一个名为“关帝顶”的小荒岗上。

2007年1月1日投入气象观测业务使用的新建气象局观测场，坐落在怀城镇城北一个名为“人头岭”的小山岗上。

怀集国家气象观测站于2019年1月1日起正式在新址开展业务工作，地址为怀集县怀城镇天湖公园的一个山顶。

2. 建制情况

（1）管理体制

新中国成立前，怀集县没有专门的气象机构。新中国成立后，领导体制与机构设置进行过多次调整。

1956年10月，始建广东省怀集县气候站，并于同年12月1日正式开始观测业务。建制单位是广东省农业厅，业务领导为广东省气象局。1958年8月8日，据广东省气象局（58）粤气字第1241号文规定，怀集县气候站建制到怀集县人民委员会属下气象科，业务领导为高要专署肇庆气象台。1959年7月8日，据广东省气象局（59）粤气站字第34号文规定，设立怀集县中心气象站，属怀集县人民委员会领导。

1960年2月15日，据怀集县人民委员会（60）怀人办字第7号文规定，设立怀集县人民委员会气象科，属下中心气象站与怀建县气象站由气象科领导管理。1961年6月，怀集县委组织部（61）干字第5号文撤销气象科和怀建县气象站，同年7月怀集县中心气象站改称怀集县气象服务站。1962年6月15日，据广东省气象局气人字〔1962〕332号文转发《广东省人民委员会关于改革全省气象工作管理体制的通知》，气象服务站恢复为广东省气象局直接领导的事业单位。1962年8月1日，气象服务站建制在广东省气象局，业务领导为肇庆专区气象局。1969年5月，体制下放，合并到怀集县水利局，称水文、水电、气象服务站。1972年7月，气象服务站改称怀集县气象站，建制在怀集县革命委员会（其中1970—1973年，由怀集县人民武装部直接领导），业务领导为广东省气象局。

1980年12月，据粤府〔1980〕71号、粤革发〔1979〕79号文和广东省编字〔1980〕213号、粤气政字〔1980〕86号文规定，为适应全国气象部门管理体制改革，实行省气象局与当地政府双重领导，以省气象局领导为主的管理体制，设置广东省怀集县气象局。局内机构设置办公室、地面观测股、天气预报服务股。

1997年3月，根据肇庆市机构编制委员会肇编办〔1996〕44号文件精神，怀机编〔1997〕6号文件批准，怀集县气象局与县气象站实行局、站合一，为正科级事业单位，内设办公室、业务服务股、防雷设施检测所。

2002年9月17日，根据怀府办〔2002〕93号《关于印发广东省怀集县国家气象系统机构改革方案的通知》，广东省怀集县气象局（站）改称广东省怀集县气象局（台），实行局、台合一，机构规格为正科级事业单位，内设机构有办公室、业务服务股，直属机构有防雷设施检测所，地方气象机构有气象预警信号发布中心、人工影响天气办公室。

2012 年 7 月 6 日，怀集县机构编制委员会办公室印发《关于成立县防雷减灾管理办公室的批复》（怀机编办〔2012〕24 号），同意成立怀集县防雷减灾管理办公室，为公益二类事业单位，正股级，核定事业编制 3 名。

2012 年 12 月 26 日，县机构编制委员会办公室印发《关于印发〈广东省怀集县气象局所属事业单位分类改革方案〉的通知》（怀机编办〔2012〕45 号），同意成立怀集县人工影响天气办公室和怀集县突发气象灾害预警信息发布中心，两个机构均为公益二类事业单位，正股级，核定事业编制共 4 名。

2013 年 5 月 22 日，根据《中共肇庆市气象局党组关于印发肇庆市基层气象机构综合改革方案的通知》（肇气党组〔2013〕22 号）文件精神，怀集县气象局设置 6 个内设机构，分别为气象灾害防御管理办公室（重大气象灾害应急指挥部办公室，简称防灾办）、办公室、站网管理股、预报股、发展改革与财务管理股、人力资源股；设置 3 个直属事业单位，分别为专业气象台、防雷中心（防雷设施检测所）、机关服务中心。

2013 年 10 月 22 日，怀集县机构编制委员会印发《关于设立怀集县突发事件预警信息发布中心问题的批复》（怀机编办〔2013〕18 号），将怀集县突发气象灾害预警信息发布中心、怀集县人工影响天气办公室、怀集县防雷减灾管理办公室进行整合，重新设立怀集县突发事件预警信息发布中心，同时加挂怀集县人工影响天气中心、怀集县防雷减灾管理中心牌子，定为公益一类事业单位，机构级别为副科级，隶属怀集县气象局管理，核定事业编制 20 名，配备主任 1 名，副主任 2 名，人员经费按财政补助一类拨付。

2015 年 6 月 12 日，肇庆市气象局印发《肇庆市气象局关于印发广东省怀集县国家气象系统全面深化气象改革机构优化调整实施方案的通知》。优化调整后，广东省怀集县气象局（台）正股级内设机构 5 个，分别为气象灾害防御管理办公室（重大气象灾害应急指挥部办公室，简称防灾办）、办公室（人力资源股）、站网管理股、预报股、发展改革与财务股；直属正股级事业单位 3 个，分别为怀集县气象公共服务中心、怀集县防雷设施检测所、怀集县气象局机关服务中心。

2016 年 4 月 25 日，根据《关于怀集县防雷设施检测所更名等问题的批复》（怀机编办〔2016〕14 号），怀集县防雷设施检测所更名为怀集县气象公共安全技术支持中心。

（2）人员状况

县气象局（台）的人员编制随着气象事业的发展和机构改革方案的实施在不断调整。

1956 年开始筹建气候站时只有 2 人；1978 年有 11 人；20 世纪 80 年代国家事业编制 8 名，实有人数 8 ～ 11 人；2002 年机构改革核定国家事业编制 8 名，直属机构事业编制 4 名（防雷设施检测所），地方事业编制 4 名。

2008 年在职职工 11 人（其中女职工 4 人）；平均年龄为 35.6 岁；本科 2 人，大专 7 人，高中 2 人；藏族、壮族职工各 1 人；工程师 1 人、助理工程师 7 人；中共党员 9 人、共青团员 1 人。另有编外工勤人员 4 人，退休职工 5 人。

2021 年共有气象职工 24 人，大学本科以上学历 23 人，中级职称以上 9 人，其中高级工程师 1 人；中共党员 16 人。怀集县气象局有 8 名国家编制，在编人员 7 人，其中国家参公编制人员 4 人，国家事业编制人员 3 人。怀集县突发事件预警信息发布中心共有地方编制 19 名，在编人员 15 人，其中高级工程师 1 人，工程师 6 人。另有编外工勤人员 2 人，退休职工 8 人。

（3）主要领导更替情况

怀集县气象局（台）领导职数以及任免管理，随着建制的变更而变动，实行谁主管谁任免谁管理。从 20 世纪 80 年代始，主要领导是上级气象部门与地方组织部门协商后，由肇庆市气象局任命。历任负责人见表 2-6-4-1。

表 2-6-4-1　怀集县气象局历任负责人

姓名	单位名称	职务	任职时间
黄赋友	怀集县气候站	负责人	1956 年 10 月—1960 年 4 月
	怀集县中心气象站	副科长（主持工作）	1960 年 4 月—1961 年 6 月
		负责人	1961 年 6 月—1963 年 5 月
谢　省	怀集县气象服务站	站长	1963 年 5 月—1968 年 7 月
何锡炼	怀集县气象站	负责人	1968 年 7 月—1970 年
林饶海	怀集县气象站	军代表	1971 年—1972 年 7 月
萧其清	怀集县气象站	站长	1972 年 7 月—1975 年 2 月
何仲平	怀集县气象站	站长	1975 年 2 月—1979 年 11 月
梁　稳	怀集县气象站	站长	1979 年 12 月—1980 年 12 月
	怀集县气象局（站）	局（站）长	1980 年 12 月—1986 年 3 月
何锡炼	怀集县气象局（站）	局（站）长	1986 年 3 月—1987 年 8 月
黄伦生	怀集县气象局（站）	副局（站）长（主持工作）	1987 年 8 月—1991 年 10 月
	怀集县气象局（站）	局（站）长	1991 年 10 月—2002 年 9 月
	怀集县气象局（台）	局（台）长	2002 年 9 月—2006 年 9 月
王文波	怀集县气象局（台）	副局（台）长（主持工作）	2006 年 9 月—2009 年 12 月
史　成	怀集县气象局（台）	副局（台）长（主持工作）	2009 年 12 月—2011 年 3 月
邬洪养	怀集县气象局（台）	副局（台）长（主持工作）	2011 年 3 月—2012 年 11 月
	怀集县气象局（台）	局（台）长	2012 年 11 月起

二、气象业务与服务

1. 气象业务

（1）气象观测

1956 年 12 月 1 日，开始地面 01 时、07 时、13 时、19 时 4 次观测；1959 年 5 月至 1993 年 5 月 1 日担负编发 MH、AV 广州 05—22 时预约航危报。1997 年 5 月 1 日，开始将观测实时资料通过计算机网络传给广东省气象数据中心和肇庆市气象台。1997 年 6 月 1 日，观测报表实行计算机自动编排打印的程序化处理。2002 年 9 月，在 6 个镇各安装区域自动站；2007 年 11 月，在 8 个镇 5 个中型水库（水电站）安装 13 个区域自动站，进行多要素气象观测并无线联网传送情报。2007 年 3 月，启用雷电定位仪设备，同年 7 月 18 日安装启用 DZZ1-2 型自动气象站设施。2007 年 1 月 1 日开始自动观测，实现了温度、气压、湿度、风向风速、降雨量、草温以及各层（0～320厘米）地温的自动观测。2011年4月1日起，撤销地面观测站气温、气压和湿度的自记仪器。2012年1月，停用地面观测站虹吸式雨量计的观测。2012年4月1日起，取消加密天气报的编发和报文上传，用新格式的地面气象要素数据文件代替。2013年7月1日起，取消地面20时自动与人工对比观测任务。2013年10月16日，新增能见度自动观测项目，取消了小型蒸发观测。2014年1月1日起，取消08时、20时定时降水量的人工观测。2015年1月1日起，人工能见度和日照保留现用人工观测方法，取消温度（干球、湿球、最高、最低温度表和浅层地温）、风向风速、水银气压表等人工观测任务。2015年7月10日起，全国实时—历史地面气象资料一体化业务正式运行。2015年7月24日起，地面观测站升级改造，安装新型自动站观测设备。2016年1月1日起，取消能见度与视程障碍类天气现象人工观测，能见度观测以自动能见度观测为准，视程障碍类天气现象由软件自动判别，扬尘、浮尘、轻雾、霾的能见度判别阈值为7.5千米，沙尘暴、雾的能见度判别阈值为0.75千米。2016年1月1日起，DZZ1-2N型自动气象站正式投入使用。2016年8月5日起，按《地面气象观测业务无人值守改革试点工作方案》相关规定执行。2017年9月1日起，开展数据格式标准化业务试运行和降水现象平行观测业务。2018年9月1日起，转入降水现象平行观测第二年，即日起降水类天气现象采用降水现象仪观测。2018年11月，新建全固态X波段雷达双线偏振天气雷达。2019年1月1日起，正式在天湖水库新址观测场开展观测工作，并开展第一阶段日照平行观测业务，以人工日照观测记录为正式记录。2019年5月1日起，停止编发重要天气报，但台站保留最大冰雹的最大直径和平均重量的录入、上传功能，日照平行观测第二阶段开始，以自动观测日照数据为正式记录。2020年4月1日，地面气象观测自动化改革正式业务运行，取消每天的人工定时观测、人工连续观测天气现象、日常守班、重要天气报编发、地面观测记录簿记录、值班日记填写、人工数据质量控制（含质控疑误信息反馈）等工作任务，保留人工应急观测能力。

（2）气象信息网络

建站以来，相继装备桌式磁石电话机、转盘拨号电话机、按键式智能电话机作为气象信息传输工具。1983年10月，配置无线气象传真收片机，接收北京、日本东京气象中心和长沙、广州气象分中心发出的天气图表和卫星云图及雷达回波图信息。1985年3月，配置了无线单边带对讲机；1992年2月，采用甚高频对讲机代替单边带对讲机，进行天气预报会商和重要天气联防。1994年12月，利用地方政府专项资金购置计算机，建立气象业务内部网，于1995年3月与肇庆市气象台的计算机实行无线联网；1996年3月1日，改用程控电话实行有线联网。1999年12月8日，安装调试单向卫星接收系统，投入气象业务运行。2000年7月27日，开通X.25计算机通信接入县电信局数据交换网。2005年1月20日，据粤气业〔2005〕2号文，通信方式由X.25切换到SDH宽带网。怀集气象信息资料都是实时规范上传给上级气象部门，原始数据等纸质资料按规定定时整编归档存放到专门档案室。基于全国综合气象信息共享平台（CIMISS）数据源的分布式数据已在省级部署共享，可通过MICAPS4客户端访问。2021年7月，正式停用中国气象局卫星广播系统（CMACast）接收站。

（3）农业气象

1956年12月气候站初建时，与基本气象观测同步开始农业气象观测业务。为适应农业气象服务需要，1958年相继建立泰来、岗坪、汶朗、中洲、洽水、桥头、诗洞、坳仔、永固、冷坑、大岗等人民公社气象哨，到20世纪60年代后期，由于体制、编制、经费等方面的原因相继停办。至2005年，其中泰来气象哨人员并入水利部门，仍兼职从事泰来气象哨业务工作。1962年8月，停止农业气象观测。1980年10月至1981年5月，进行农业气候资源调查、分析、区划。

（4）天气预报业务

1956年12月1日，从气候站投入业务运行开始，就逐步开展天气预报业务。预报内容有晴、阴、雨（小雨、中雨、大雨、暴雨等量级）、气温、风向风速、霜冰冻、雷暴、冰雹等；预报时段划分有长期天气预报（季度）、中期天气预报（月报、旬报）、短期天气预报（24小时、48小时），近年来还开展短时天气预报（3小时内）。预报手段有：初期以抄收广东省气象台经广东省人民广播电台播报的天气预报意见，观测本地天气变化，观察专门育养的一些鱼类活动特点；20世纪70年代增加抄收08时气象资料数据，填绘小天气图，点绘本站天气要素曲线综合时间剖面图，采用多因子点聚图为主的综合分析方法；80年代增加利用气象传真收片机接收北京、广州、长沙、日本东京天气实况图、天气分析预告图、天气要素和各种大气物理量资料图表，接收卫星云图、雷达回波综合图等资料，采用数理统计和经验性分析制作天气预报；90年代中期后通过计算机网络直接调阅上级气象台和日本及欧洲气象中心发布的气象产品信息，调看卫星云图、雷达回波、地面和高空天气分析图、各种气象物理量图表资料，结合本站天气及要素变化情况进行综合分析。2012年开始通过广东省气象局业务网直接调阅上级气象台和日本、欧洲及美国发布的数值预报产品，调看卫星云图、雷达回波、地面和高空天气分析图、天气实况，结合本站气象要素变化情况进行综合分析。2016年7月开始实行未来24小时分镇预报。

2. 气象服务

气象服务主要是社会公益性服务，内容有气象资料服务、气象情报服务、气候评价服务、天气预报（警报）服务、森林火险气象预报（警报）服务、地质灾害气象预报（警报）服务、高（中）考天气服务、春运气象保障服务、关键农事季节气象服务。根据《广东省气象灾害预警信号发布规定》适时发布台风、暴雨、高温、寒冷、大雾、灰霾、雷雨大风、道路结冰、冰雹、森林火险预警信号。2021年7月开始发布精细到乡（镇、街道）的暴雨预警信号。

（1）公众气象服务

20世纪90年代前，以电话咨询和县人民广播电台广播开展服务；1958—1962年，油印《怀集气象》小报，每月一期，刊载长期天气预报、气象科普、气象工作动态等内容，分发县直各单位、各公社和气象哨。1992年3月，利用气象警报系统（气象专业广播电台）和县广播电台播报天气预报或警报；1999年4月开始，通过县电视转播台以电视字幕发布天气预报或警报；2005年5月开始，通过怀集县政府计算机网络设置气象网页、利用中国移动手机短信平台和通过中国电信设置“12121”天气信息窗口发布天气预报或警报；2007年10月开始，通过县电视台气象服务使者发布天气预报或警报；2008年10月开始，县气象台进行气象影视制作，经县电视台专题节目播报天气预报开展公众气象服务。2011年6月开始，增加“怀集天气”微博渠道发布预报预警信息、天气实况及气象科普知识；2014年4月开始，增加“怀集天气”微信渠道发布预报预警信息、天气实况及气象科普知识；2017年3月开始，在怀集电视台实时发布各类气象灾害预警信号。

（2）决策气象服务

决策气象服务主要通过书面报告、电话报告或电话传真等方式向县委、县政府，以及县三防指挥部、农业、林业、水利等部门和各乡镇政府机关提供服务。也为民用航空、军事部门和近邻气象台站提供气象情报信息服务。

2005 年起，以《重大气象信息快报》《重大气象信息专报》《天气报告》形式通过电话传真或电子邮件等方式向县领导和指挥机构进行决策气象服务；利用中国移动建立气象短信群发平台，向县领导、乡镇领导，向中小学校长和各管理区主任适时发布重大气象信息。2013 年 10 月开始，通过广东省突发事件预警信号发布管理系统的决策短信、121 传真、电子邮件等决策渠道向县委、县政府、三防指挥部成员单位、相关单位及其负责人发布《重大气象信息快报》《重大气象信息专报》《天气报告》等决策材料，向县领导、三防指挥部成员单位负责人、乡镇负责人、中小学负责人、村支书发布预报预警信息。

（3）专业气象服务

1985—1988 年，3 次派出专务组，安全顺利完成“绿化怀集”飞机播种造林的机场和作业区的航空气象保障服务。1990 年 9 月，配合县三防指挥部实施“三七”高炮人工增雨作业气象服务。

1990 年 10 月，经县政府同意（怀府办函〔1990〕2 号），成立怀集县防雷设施检测所，按规范开展气象科技和防雷减灾服务工作。

2002 年 9 月，根据怀府办〔2002〕93 号文精神，在地方气象机构中设立人工影响天气办公室，从 2004 年 11 月开始，进行多次火箭人工增雨作业，取得良好的增雨抗旱效果。

三、法规建设与管理

1. 法规建设

1986 年 3 月 15 日，怀集县人民政府批准县气象局《关于开展有偿专业气象服务的报告》（怀府办〔1986〕15 号）。1998 年 5 月 7 日，县人民政府发出《关于贯彻执行〈广东省气象管理规定〉的意见的通知》（怀府办〔1998〕29 号），规范怀集县气象管理工作。2000 年，受肇庆市气象局授权委托，经培训核准配置有 2 名持有广东省行政执法证人员，主要配合肇庆市气象局法规科开展行政执法。2015 年，有 4 名持有行政执法证人员；截至 2021 年底，共有 11 名持有行政执法证人员，主要是在辖区内开展气象安全行政执法监管工作。

2. 社会管理

1999 年 4 月 10 日，怀集县人民政府转发《广东省防御雷电灾害管理规定》（怀府办〔1999〕30 号），明确县气象局对县内防御雷电灾害管理职能和规范了管理行为以及社会行为。2005 年 4 月 21 日，怀集县气象局函请县城乡建设规划局落实新址气象探测环境保护事项，29 日获复函“按照相关要求和规定进行实施”。

四、党建与气象文化建设

1. 党建工作

（1）支部组织建设情况

1962—1967 年、1970—1975 年，有中共党员 1 人，参与县直机关或主管部门的党组织生活。1979 年 4 月，有中共党员 4 人，经上级党委批准建立中共怀集县气象局党支部，受县农业委员会领导；2001 年 12 月开始，依怀集县怀发〔2001〕23 号文件规定，党支部受县委、县政府机关党委管辖（挂县直工委）。2008 年党支部有正式党员 14 人，2021 年有正式党员 22 人。2005 年、2007 年分别被上级党委评为“先进党组织”和“先进党支部”；2018 年被中共怀集县委评为“2017—2018 年度先进党支部”；2020 年、2021 年连续两年获“怀集县两强三好模范党支部”；2021 年 6 月被广东省气象局党组评为“先进基层党组织”。

（2）党风廉政建设情况

按要求经常开展加强党风廉政建设方面的政策学习思想教育，明确领导廉政责任制，并进行年度述职述廉，健全单位党务、局务公开制度；配有兼职纪检员和党风廉政监督员；实行单位财务年度审计、领导离任审计、项目建设专项审计制度。在党风廉政建设方面取得良好效果。

2. 气象文化建设

1998 年，成立精神文明建设领导小组。2003 年开始，对照广东省气象系统创建“新型台站”标准要求积极开展创建活动。20 世纪 80 年代前，职工文化生活单调，80 年代后，职工自己动手，用木材制作乒乓球台和篮球架，并平整出半个泥土篮球场。1992 年起，先后购置收录机、录放像机、乒乓球台、彩色电视机、彩色照相机等文化娱乐设施。2007 年 9 月，建成图书阅览室、室内乒乓球室，开通互联网网络。2018 年，建成气象文化墙、党员之家、党员活动室、初心堂。

第五节　封开县气象局

封开县位于广东省西北部，居西江上游，毗邻广西梧州、贺州市，是“西江走廊”经济区域的重要组成部分，又是珠三角与大西南的交汇点，还是粤港澳大湾区面向大西南的桥头堡。封开县历史悠久，历史上曾是岭南与中原地区经济、文化交流要地，是岭南文化的发祥地。封开在汉初取名广信，至宋代将广信以东划为广东，广信以西划为广西，广东广西得名由此而来。

一、历史沿革

1. 局（台）地址

1958 年 9 月筹建县气象站，站址在封川县江口镇封川纸厂东南方约 300 米处的小山上。1963 年 10 月 1 日，迁到江口镇北郊大龙山东南方约 200 米处一个名为“城头山”的岗地上。2000 年，站址改名为封开县江口镇红卫路 64 号。2010 年 1 月 1 日，观测场迁到江口镇封州路封川村委会背后山上。2012 年 12 月 28 日，办公楼迁到封开县江口街道封州一路（原封川收费站旁）。

2. 建制情况

（1）管理体制与机构设置演变

新中国成立前，封开县没有专门的气象机构。新中国成立后，领导体制与机构设置进行过多次调整。

自 1958 年建站至 1961 年 4 月，管理体制以地方政府领导为主。1961 年 5 月，调整气象管理体制，县气象站实行上级气象部门和当地党委、政府双重领导，以上级气象部门领导为主。1970 年 12 月至 1973 年 8 月，县气象站实行由县武装部和县革命委员会双重领导，以县武装部领导为主，归封开县人民武装部领导。1973 年 9 月，调整气象管理体制，县气象站由县革命委员会和上级气象部门双重领导，以当地政府为主，归属县农林水办公室。1979 年 7 月，调整气象体制，县气象站属县局级单位。1980 年 3 月，体制改革，成立封开县气象局（正科级），实行当地党委、政府和上级气象部门双重管理的领导体制，由部门领导为主，即垂直管理，这种管理体制一直延续至今。

1996 年，根据封机编字〔1996〕29 号文，县政府同意建立南丰、渔涝气象自动观测站，为县气象局下属股级单位，由县气象局和有关乡镇双重管理，各站定编 3 名，人员经费由县财政局按镇广播员待遇拨给，属地方气象事业编制。

2002 年机构改革，根据封府办〔2002〕101 号文，核定国家气象事业编制 9 名，地方气象事业编制 6 名。

2013 年 8 月 20 日，根据《关于设置封开县突发事件预警信息发布中心的复函》（封机编办〔2013〕20 号），组建封开县突发事件预警信息发布中心，不再挂封开县南丰气象观测站牌子，单列设置封开县南丰气象观测站（编制 3 名）。封开县突发事件预警信息发布中心核定事业编制 20 名，设主任 1 名，副主任 2 名，人员经费由县财政按公益一类拨付。

2013 年 12 月 5 日，根据《关于封开县突发事件预警信息发布中心机构规格问题的批复》（肇机编办〔2013〕223 号），同意封开县突发事件预警信息发布中心机构规格定为副科级。

2013 年 12 月 31 日，根据《关于设立封开县防雷减灾管理办公室的批复》（封机编办〔2013〕58 号），同意设立封开县防雷减灾管理办公室，加挂封开县南丰气象观测站牌子，为气象局所属公益一类事业单位，正股级，人员内部调剂解决，不增加编制，设主任 1 名。

2014 年 3 月 6 日，根据《关于核定封开县部分事业单位岗位设置的批复》（肇人社函〔2014〕118 号），同意封开县突发事件预警信息发布中心岗位设置总量共 20 个，具体岗位等级设置核准如下：管理岗位 3 个，其中八级 1 个、九级 2 个；专业技术岗位 17 个，其中七级 2 个、八级 2 个、九级 2 个、十级 2 个、十一级 4 个、十二级 5 个。

2015 年 6 月 12 日，根据《肇庆市气象局印发广东省封开县国家气象系统全面深化气象改革机构优化调整实施方案的通知》（肇气〔2015〕69 号），广东省封开县气象局加挂广东省封开县气象台牌子，实行局、台合一。

广东省封开县气象局（台）的机构规格为正科级，其设置如下：正股级内设机构 5 个，分别为气象灾害防御管理办公室（重大气象灾害应急指挥部办公室，简称防灾办）、办公室（人力资源股）、站网管理股、预报股、发展改革与财务股；正股级事业单位 3 个，分别为封开县气象公共服务中心、封开县防雷设施检测所、封开县气象局机关服务中心。

核定广东省封开县国家气象系统财政补助事业编制 9 名，其中机关财政补助事业编制 4 名，业务系统财政补助事业编制 5 名。

（2）人员情况

县气象局（台）的人员编制随着气象事业的发展和机构改革方案的实施过程不断调整。1958 年，开始筹建气象站时只有 2 人；1978 年，在职职工 10 人，其中本科 2 人、大专 1 人、中专 4 人，中共党员 2 人、共青团员 3 人。20 世纪 80 年代有国家事业编制 11 名，实有人数 10 ～ 11 人。

2008 年，在职职工 15 人（其中国家事业编制人员 10 人，地方事业编制人员 5 人），退休职工 1 人，中共党员 9 人。

2021 年，有编制 36 名，其中国家编制 9 名（国家参公编制 4 名，国家事业编制 5 名），地方事业编制 27 名。在职职工 21 人（其中国家事业编制人员 7 人，地方事业编制人员 13 人），退休职工 3 人。中共党员 11 人，其中在职党员 10 人，退休党员 1 人。在职研究生学历 2 人，本科以上学历 14 人，取得工程师职称 8 人。

（3）主要领导更替情况

封开县气象局（台）领导职数以及任免管理，随着建制的变更而变动，实行谁主管谁任免谁管理。从 20 世纪 80 年代始，主要领导是上级气象部门与地方组织部门协商后，由肇庆市气象局任命。历任负责人见表 2-6-5-1。

表 2-6-5-1　封开县气象局历任负责人

姓名	单位名称	职务	任职时间
史习文	封川县气象站	负责人	1958 年 9 月—1959 年 1 月
符气环	德封县人民委员会气象科	科长	1960 年 4 月—1961 年 4 月
张之克	封开县气象服务站	负责人	1961 年 5 月—1963 年 1 月
詹润泽	封开县气象服务站	站长	1963 年 2 月—1963 年 4 月
黄赋友	封开县气象站	负责人	1963 年 5 月—1979 年 7 月
	封开县气象站	副站长（主持工作）	1979 年 7 月—1980 年 3 月
陈　木	封开县气象局（站）	局（站）长	1980 年 3 月—1984 年 11 月
植文基	封开县气象局（站）	副局（站）长（主持工作）	1984 年 11 月—1985 年 8 月
朱杰文	封开县气象局（站）	副局（站）长（主持工作）	1985 年 8 月—1990 年 10 月
林炳坤	封开县气象局（站）	副局（台）长（主持工作）	1990 年 11 月—1994 年 2 月
李明汉	封开县气象局（台）	局（台）长	1994 年 2 月—1997 年 2 月
梁　域	封开县气象局（台）	局（台）长	1997 年 2 月—1998 年 8 月
梁洪初	封开县气象局（台）	负责人	1998 年 8 月—2001 年 12 月
	封开县气象局（台）	局（台）长	2002 年 1 月—2003 年 12 月
吴振强	封开县气象局（台）	局（台）长	2003 年 12 月—2007 年 12 月
孔树剑	封开县气象局（台）	副局（台）长（主持工作）	2007 年 12 月—2012 年 3 月
孙云智	封开县气象局（台）	局（台）长	2012 年 3 月—2019 年 2 月
赵　鑫	封开县气象局（台）	副局（台）长（主持工作）	2019 年 2 月—2021 年 8 月
	封开县气象局（台）	局（台）长	2021 年 8 月起

二、气象业务与服务

1. 气象服务

封开县地处广东省的西北部，属亚热带季风气候区，全年气候温暖，光照充足，雨量充沛，灾害性天气频发，尤以暴雨、“龙舟水”、干旱、低温阴雨、低温霜冻、寒露风、大风、冰雹、雷电为甚。此外，“龙舟水”期间强盛的降雨常常会带来洪涝、山体滑坡等次生灾害。

1984 年初，气象站开始天气图传真接收工作，主要接收北京、广州的气象传真和日本东京的传真图表，利用传真图表独立地分析判断天气变化。此外，还开通甚高频无线对讲通信电话，实现与地区气象局直接业务会商。20 世纪 90 年代后，正式使用预警系统对外开展服务，服务单位通过预警接收机定时接收气象服务。进入 21 世纪，气象台直接通过网络获取国家天气图。计算机技术替代了以往的人工绘图方式，通过气象信息综合处理系统（MICAPS），计算机可以自动下载天气图，极大地提高了预报的时效和准确率。

对外服务方面，20 世纪 80 年代起，县气象局与县广播电视局协商同意在电视台播放封开天气预报，天气预报信息由气象局提供，电视天气节目由电视台制作，预报信息通过电话传输至广播局。2004 年，通过移动通信网络开通了气象短信平台，以手机短信方式向全县镇村各级领导发送气象信息，利用全县各镇电子显示屏开展气象灾害信息发布工作。2005 年起，编辑《重大气象信息快报》《重大气象信息专报》《天气报告》等材料，向县领导和三防指挥机构进行决策气象服务。2007 年 12 月，县气象局建成多媒体电视天气预报制作系统，每天将自制节目送电视台播放。2015 年，利用多媒体发布天气预报视频。

在做好公益服务的同时，1988 年开始推行气象有偿专业服务。1988 年 6 月，封开县人民政府办公室转发《县气象局关于开展气象有偿专业服务报告的通知》，对封开县气象有偿专业服务的对象、范围、收费原则和标准等内容进行规范。气象有偿专业服务主要是为全县各乡镇（场）或相关企事业单位提供中期、长期天气预报和气象资料，一般以旬、月、季天气预报为主。随着气象改革的深入，气象专业服务逐渐走向公益化。县气象局提供的各类预报材料（包括每日 24 小时预报、中期和长期预报等）均直接通过邮箱送达，并无偿向公众提供气象证明。

20 世纪七八十年代，多次为飞机森林播种和飞机森林灭虫（松毛虫）提供气象保障服务。1990 年 9—10 月，在杏花、罗董、渔涝、白垢等乡镇开展“三七”高炮人工增雨作业，先后发射增雨弹 215 发，缓解旱情。在抗击“1994·6”“1998·6”“2005·6”西江特大洪水气象服务工作中，县气象局主动、及时、准确、高效提供洪灾期间的雨情、水情和天气预报信息，为县委、县政府指挥抗洪救灾提供科学的决策依据。封开县气象局先后被中国气象局，广东省气象局，封开县委、县政府评为“抗洪救灾先进单位”。

2. 气象预报预测

自 1961 年起，逐步开展天气预报业务，从晴、雨、风的预报发展到多要素多量级的预报。预报内容有晴、阴、雨（小雨、中雨、大雨、暴雨等量级）、气温、风向风速、霜冰冻、雷暴、冰雹等；预报时段划分有长期天气预报（季度），中期天气预报（月报、旬报），短期天气预报（24 小时、48 小时），近年来还新增了短时天气预报（3 小时内）。雷达技术、卫星云图的普及与应用，为短临天气预报的提前量提供了充分的保障。气象台值班人员能够根据雷达回波及对流云识别，及时、准确地判断灾害性天气并提前发出预警。

20 世纪 80 年代初，通过传真接收上级气象台的旬、月天气预报，再结合分析本地气象资料、短期天气形势、天气过程的周期变化等制作旬、月天气过程趋势预报。

制作长期天气预报在 20 世纪 70 年代中期开始起步。早期，县气象站主要运用数理统计方法和常规气象资料图表及天气谚语、韵律关系等方法，分别作出具有本地特点的补充订正预报。20 世纪 80 年代，为适应预报工作发展的需要，进一步贯彻执行中央气象局提出的“大中小、图资群、长中短相结合”技术原则，组织力量，多次会战，建立一整套长期预报的特征指标和方法，这套预报方法至今仍作为参考使用。近年来，随着计算机技术的普及发展，数值预报模式（包括 CMA、ECMWF、NCEP 等）被越来越多地应用于长期预报上。通过数值预报模式提供的参考，再结合本地实际气候特点，作出比以往更加准确的长期天气预报。

长期预报主要有春播预报、汛期（5—9 月）预报、年度预报、秋季预报、气候预测公报。从 1965 年开始，封开县便与上游梧州气象台、梧州水文站、苍梧县气象站加强联防协作，与郁南、德庆县气象站成立西江防汛协作片，在省气象台指导下作好每年的汛期趋势预报。

3. 气象综合观测

20 世纪六七十年代，封开县先后在全县建立了 24 个气象哨。“文化大革命”期间，由于经费缺乏、人才流失、管理工作减弱等原因，先后解散和撤销了县内大部分气象哨，只保留了南丰镇气象哨。

1962 年 1 月 1 日，开始地面观测，按照上级部门预约编发 MH 广州航空天气报。1985 年地面气象测报配备 PC-1500 袖珍电子计算机，电算化逐步取代手工操作。1990 年建立市—县无线电短波通信网，1993 年改用甚高频通信网，1994 年开通省—市—县计算机网络，1995 年地面气象测报升级为 386 型计算机，并用计算机进行气象资料查算、统计和编制报表，1996 年气象电报的传输改为用计算机网络直接向省气象局发送，从此改变了气象电报经电信局传送的方式。1997 年 6 月 1 日，观测报表实行计算机自动编排打印的程序化处理。2000 年 7 月，开通 X.25 计算机通信接入县电信局数据交换网。2005 年 1 月 20 日，通信方式由 X.25 切换到 SDH 宽带网业务化。2005 年安装地面气象资料自动采集系统，初步实现了气象观测资料的自动化采集处理。2011 年建成并使用新型国家气象观测站，观测逐渐趋于自动化、精细化。

1961 年 1 月 1 日至 2006 年 12 月 31 日，每天 08 时、11 时、14 时、17 时、20 时 5 次观测；2007 年 1 月 1 日起，每天 08 时、14 时、20 时 3 次观测。观测项目有云、能见度、天气现象、气压、气温、湿度、风向风速、降水、日照、蒸发、地温等。还担负向上级气象部门发报气象实况电报和编制月、年报表的任务。

天气报的内容有云、能见度、天气现象、气压、气温、风向风速、降水、地温等；重要天气报的内容有暴雨、大风、冰雹、龙卷、雾、雷暴等。

1999 年，封开县气象局建立了南丰、渔涝两个中尺度自动气象观测站（温度、雨量、风向、风速四要素自动采集），至 2006 年，全县有中尺度自动气象站 15 个。2005 年 8 月，建成 DZZ1-2 型自动气象站，2008 年 1 月 1 日开始单轨运行。自动气象站观测项目有气压、气温、湿度、风向风速、降水、地温等，观测项目全部实现自动采集、记录，替代了人工观测。“十三五”期间，封开县综合气象监测系统不断完善，完成了 7 个区域自动气象站和 20 套农村气象预警大喇叭的升级改造；完成了 2 个农田小气候站建设和 1 个生物舒适度观测站建设；封开国家基本气象站增添了1套能见度自动观测仪、1套降水类天气现象仪、1套光电式数字日照计；完成了1套天气现象视频智能仪的安装并投入运行。

4. 农业气象服务

封开县的农业气象工作始于1976年，主要进行农业气象预报服务。1980年起，进行农业气象观测。1982年起，向广东省气候中心编发作物发育期观测数据文件和制作观测记录年报表。农业气象观测的作物主要有水稻和甘蔗，自然物候观测有木棉和白玉兰。2013年起，停止自然物候观测。2001年起，取消甘蔗的农业气象观测，每旬开展农情调查分析，将农情调查分析资料和照片上传广东省气候中心。农情调查包括作物生长状况和主要农事活动、天气概况与农业气象条件分析、未来天气预报和农业生产建议等。

三、法规建设与管理

1. 法规建设

1985年4月18日，广东省人民政府办公厅转发《国务院办公厅转发国家气象局关于气象部门开展有偿专业气象服务和综合经营的报告的通知》（粤府办〔1985〕56号），对气象部门有偿专业服务的对象、范围、收费原则和标准等内容进行规范，县气象局开始开展有偿专业气象服务。1998年5月，封开县人民政府发出《关于贯彻执行〈广东省气象管理规定的意见的通知〉》，规范封开县气象管理工作。1990年12月，封开县人民政府法制办批复（封府办函〔1990〕45号），县气象局下属单位成立防雷设施检测所，并确认其具有独立的行政执法主体资格。1998年，经培训核准配置4名持有广东省行政执法证人员，开展气象行政执法。

2. 社会管理

1996年3月13日，封开县人民政府转发《县气象局关于进一步落实防雷安全工作的通知》（封府〔1996〕30号），规范防御雷电灾害工作。1996年，封开县气象局加入县安全生产委员会，加强气象、防雷安全管理。2006年12月3日，封开县气象局函请县规划局落实新址气象探测环境保护事项，4日获复函（封城规函〔2006〕09号），“按照相关要求和规定进行实施”。

四、党建与气象文化建设

1. 党建工作

（1）支部组织建设情况

1962—1976年，有中共党员1人；1977—1978年，有中共党员2人，参与县农委或县武装部的党组织生活。1979年3月2日，经上级党委批准建立中共封开县气象站党支部，受县农业委员会管辖，黄赋友任支部书记，有中共党员3人；2004年12月，由中共封开县水利局机关委员会领导。2008年，党支部党员增加至8人。2021年党支部有党员12人，其中在职党员10人，退休党员2人。1992—2004年，多次被上级党委评为“先进党支部”。2005年，被肇庆市委评为“先进基层党组织”。2008年被评为“先进基层党组织”。2018年6月，封开县气象局党支部获得西江党旗红“先进基层党组织”称号。

（2）党风廉政建设情况

建立健全单位党务、局务公开制度，明确局领导班子党风廉政建设岗位职责，并进行年度述职述廉、实行单位财务年度审计、领导离任审计、项目建设专项审计制度。每年定期开展纪律教育学习月活动和党风廉政宣传教育月活动。

2. 气象文化建设

1985 年 4 月，建成羽毛球场。2004 年 11 月，封开县科学技术协会批准县气象局为县科普教育基地。2005 年开始，对照广东省气象系统创建“新型台站”标准要求积极开展创建活动。2018—2019 年，封开县气象局篮球队获得肇庆市气象部门第六届、第七届“华云杯”男子职工篮球赛冠军。

精神文明建设成效显著，1994 年被县委、县政府评为“文明单位”；1998 年度获县“两个文明建设先进单位”。1997 年、1998 年、1999 年、2001 年被上级党委评为“两个文明建设先进单位”。1996 年被省气象局评为“全省气象系统文明单位”；1997 年被评为“全省气象系统先进集体”；1998 年被中国气象局评为“全国气象部门防汛抗洪气象服务先进集体”；2006 年、2015 年，被肇庆市精神文明建设委员会评为“文明单位”。2018 年 6 月 21 日，被评为“2016—2017 年度肇庆市精神文明建设先进单位”。

第六节　德庆县气象局

德庆县位于广东省中部偏西西江中游北岸，属肇庆市管辖。德庆是岭南古县，历史悠久，自汉武帝元鼎六年（公元前 111 年）建立端溪县（德庆县前称）至今已 2100 多年。晋代以后，现在县城多为郡、州、府行政长官驻地，是西江中游的政治、经济、文化中心。

一、历史沿革

1. 局（台）地址

1956 年 11 月，在德庆县九市镇三洲农场建立广东省德庆县气候站，开始地面观测。1958 年 9 月 24 日，迁站到新圩镇的斑鸠地。1960 年 1 月 1 日，再次迁站到德城镇头槎。2011 年 1 月 1 日，迁站到新圩镇九江村双鱼山。2021 年 1 月 1 日，气象观测场迁移到新圩镇上咀村与官车村交界处第二冲顶山头。

2. 建制情况

（1）领导体制与机构设置演变

新中国成立前，德庆县没有专门的气象机构。新中国成立后，领导体制与机构设置进行过多次调整。

1956 年 11 月 1 日，在德庆县九市镇三洲农场建立了广东省德庆县气候站，为正股级，管理体制以上级气象部门领导为主。1958 年 9 月迁站到新圩镇的斑鸠地，改称德庆县气象站，10 月开始气象观测和补充天气预报服务，开展“气象化运动”（社社有哨，队队有看天小组、气象员)，并在德城镇头槎新址筹备建站。1958年8月，改为当地政府建制，实行由上级气象部门和当地党委、政府双重领导，以上级气象部门领导为主。1959年3月，改名为德封县气象站。1960年1月，改名为德庆县人民委员会气象科。1961年4月，改名为德庆县气象服务站。1970年12月，改由县武装部与县革命委员会双重领导，以县武装部领导为主。1973年9月，调整气象管理体制，县气象站由县革命委员会和上级气象部门双重领导，以当地政府为主，归属县农林水办公室。1979年12月，调整气象管理体制，德庆县气象服务站升格为广东省德庆县气象局（站），实行局、站合一，为正科级事业单位，实行省气象局和地方政府双重领导的管理体制。

1996年12月25日，恢复实行上级气象部门与县人民政府双重领导体制，局、站合一，机构规格为正科级，内设办公室、业务服务股、防雷设施检测所3个股级机构。2002年6月25日，根据《关于印发广东省德庆县国家气象系统机构改革方案的通知》(德机编〔2002〕43号)，广东省德庆县气象局（站）改称广东省德庆县气象局（台），实行局、台合一，加挂德庆县气象预警信号发布中心牌子，实行省气象局与当地人民政府双重领导，以省气象局为主的管理体制，机构规格为正科级事业单位，内设机构有办公室、业务服务股，直属机构有德庆县防雷设施检测所。

2004年5月，经德庆县工商管理局审批注册登记，成立德庆县气象科技综合开发服务部，2017年12月注销。

2013年，根据《广东省德庆县气象局（台）机构综合改革方案》，广东省德庆县气象局（台）机构规格为正科级，内设气象灾害防御管理办公室（重大气象灾害应急指挥部办公室）、办公室、站网管理股、预报股、计划财务股、人力资源股6个股级机构，人员参照公务员法管理；设置德庆县专业气象台、德庆县防雷中心（德庆县防雷设施检测所）、德庆县气象局机关服务中心3个正股级直属事业单位，按公益一类事业单位管理。经德庆县机构编制委员会批准，2012年8月成立德庆县人工影响天气办公室（正股级），2013年1月成立德庆县防雷减灾管理中心（正股级），10月成立德庆县突发事件预警信息发布中心（副科级），3个均为公益一类事业单位机构，人员经费由县财政拨付，由广东省德庆县气象局统一管理。

2015年6月，根据《肇庆市气象局关于印发广东省德庆县国家气象系统全面深化气象改革机构优化调整实施方案的通知》(肇气〔2015〕68号)，广东省德庆县气象局加挂广东省德庆县气象台牌子，实行局、台合一，机构规格为正科级。原气象灾害防御管理办公室（重大气象灾害应急指挥部办公室）、办公室、站网管理股、预报股、计划财务股、人力资源股6个股级内设机构优化调整为气象灾害防御管理办公室（重大气象灾害应急指挥部办公室，简称防灾办）、办公室（人力资源股）、站网管理股、预报股、发展改革与财务股5个正股级内设机构。原德庆县专业气象台、德庆县防雷中心（防雷设施检测所）、德庆县气象局机关服务中心3个直属事业单位优化调整为德庆县气象公共服务中心、德庆县防雷设施检测所、德庆县气象局机关服务中心3个直属单位。

（2）人员状况

县气象局（台）的人员编制随着气象事业的发展和机构改革方案的实施在不断调整。

1956年气候站只有2位观测员，初中学历。1960年干部职工8人；1980年在职干部职工13人，其中干部9人，职工4人；2008年在职干部职工11人，其中自招人员3人，编外人员2人。

2021年底，有编制23名，其中国家编制8名（国家参公编制4名，国家事业编制4名）、地方编制15名。在职职工15人，其中国家编制人员7人（国家参公编制人员4人，国家事业编制人员3人），地方编制人员6人，编外人员2人；研究生1人，本科14人；工程师4人、助理工程师5人。中共党员9人，共青团员4人。有退休干部职工7人。

（3）主要领导更替情况

县气象局（台）领导职数以及任免管理，随着建制的变更而变动，实行谁主管谁任免谁管理。从20世纪80年代始，主要领导是上级气象部门与地方组织部门协商后，由肇庆市气象局任命。历任负责人见表2-6-6-1。

表2-6-6-1 德庆县气象局历任负责人

姓名	单位名称	职务	任职时间
符气环	德封县人民委员会气象科	科长	1960年4月—1961年4月
王兰池	德庆县气象服务站	站长	1961年4月—1961年12月
张庆元	德庆县气象服务站	副站长（主持工作）	1963年4月—1973年5月
雷　金	德庆县气象服务站	副站长（主持工作）	1973年5月—1976年10月
	德庆县气象服务站	站长	1976年10月—1979年12月
张庆元	德庆县气象局（站）	副局（站）长（主持工作）	1979年12月—1986年3月
陈锦惠	德庆县气象局（站）	局（站）长	1986年3月—1990年10月
徐咏泉	德庆县气象局（站）	副局（站）长（主持工作）	1990年10月—1995年2月
	德庆县气象局（站）	局（站）长	1995年2月—1997年9月
何雪勇	德庆县气象局（站）	副局（站）长（主持工作）	1997年9月—1999年12月
	德庆县气象局（站）	局（站）长	1999年12月—2002年6月
	德庆县气象局（台）	局（台）长	2002年6月—2009年1月
王文波	德庆县气象局（台）	副局（台）长（主持工作）	2009年1月—2010年3月
林展新	德庆县气象局（台）	副局（台）长（主持工作）	2010年3月—2012年3月
	德庆县气象局（台）	局（台）长	2012年3月—2017年12月
周力群	德庆县气象局（台）	副局（台）长（主持工作）	2017年12月—2019年10月
	德庆县气象局（台）	局（台）长	2019年10月起

注：1956年11月—1960年3月，上级气象部门只派气象观测人员，没有配备气象站负责人；1961年12月—1963年3月，上级气象部门没有任命气象服务站负责人。

二、气象业务与服务

1. 气象业务

（1）气象观测

1956年11月1日，开始地面观测。1959年5月至1993年5月1日，担负编发MH广州航空天气报和AV预约报（广州空军）。1997年5月1日，开始将观测实时资料通过计算机网络传送至广东省气象数据中心和肇庆市气象台。1997 年 6 月 1 日，观测报表实行计算机自动编排打印的程序化处理。2002 年 10 月，在各镇安装自动气象站。2005 年 12 月，安装 DZZ1-2 型自动气象站，2006 年 1 月 1 日，人工观测与自动观测同步进行。2011 年 1 月 1 日，观测场搬迁至新圩镇双鱼山开展气象观测业务。2013 年 10 月，对地面气象观测业务进行改革调整，取消云量、云状、云高、雨量的人工观测项目，观测记录的天气现象由 34 种减至 21 种，新增能见度自动观测设备，实现地面气象观测数据实时采集。至 2013 年，全县已安装自动气象站 23 个、气象信息显示屏 70 台，按照标准新建农村气象信息服务站 13 个，气象大喇叭覆盖 175 个行政村，覆盖率达到 100%。2014 年，取消定时降水量的人工观测，保留日照、天气现象项目的人工观测，基本实现地面气象观测自动化。2017 年，安装香山林火监控和冲源水库、金林水库、罗洪石场码头、康洲港码头和大埔码头视频监测设施，实现定点气象灾害远程实时监测。2018 年，安装光电式日照计、天气现象仪和生物舒适度仪，2019 年上半年实现地面气象观测全自动化。2018 年 5 月，位于新圩双鱼山新建的 X 波段双线偏振多普勒天气雷达完成安装调试，10 月投入使用。2018 年 6 月，莫村和金林水库两个区域站升级改造为国家地面天气站。2019 年 4 月，完成全县 25 个区域自动气象站通信系统升级改造。2020 年 12 月，新增凤村镇叵村村、官圩镇贡柑园 2 个区域自动站和官圩、九市、高良、悦城、凤村、莫村 6 个大气电场仪等观测设备；完成天气现象智能观测仪安装和试运行。随着地方经济的快速发展和城市扩容提质，特别是位于新圩镇双鱼山的气象观测场北边区域房地产项目建设，严重影响了气象观测环境。为切实解决好探测环境保护与城市发展规划之间的矛盾，2020 年 5 月，县政府启动地面气象观测场迁建工作。新观测场位于新圩镇上咀村与官车村交界处第二冲顶山头，2021 年 1 月 1 日开始对比观测，一年后开始正式业务运行。德庆县生态气象综合探测基地由德庆县人民政府全额出资建设，探测环境保护纳入城市专项规划，旧观测站保留作城市观测站用，办公场所不变。

（2）气象信息网络

建站初始，相继装备桌式磁石电话机、转盘拨号电话机、按键式智能电话机作为气象信息传输工具。1983 年 10 月，配置无线气象传真收片机，接收北京、日本东京气象中心和长沙、广州气象分中心发出的天气图表和卫星云图及雷达回波图信息。1985 年 3 月，配置无线单边带对讲机；1992 年 2 月，采用甚高频对讲机代替单边带对讲机进行天气预报会商和重要天气联防。1994 年 12 月，利用地方政府专项资金，购置计算机并建立气象业务内部网；1995 年 3 月，与肇庆市气象台的计算机实行无线联网；1996 年 3 月 1 日，改用程控电话实行有线联网。1999 年 12 月 8 日，安装调试单向卫星接收系统，投入气象业务运行。2000 年 7 月 27 日，开通 X.25 计算机通信接入县电信局数据交换网。2005 年 1 月 20 日，通信方式由 X.25 切换到 SDH 宽带网。气象信息资料实时上传给上级气象部门，原始数据定时整编归档存放到专门档案室。2017 年，县—市气象局的网络连接带宽从 20M 升级到 50M。

2015 年 9 月，德庆县突发事件预警信息中心业务平台在原有基础上补充新建和租用部分线路，与上级预警信息发布平台建立了有效畅通的连接，接收上级预警信息发布平台及本级政府发布的预警信息，整合了电话传真和其他已有的各种技术手段向公众发布预警信息，初步实现了信息“横向到边、纵向到底”的预警信息网布局，实现省、市、县三级高清视频会商。2016 年，显示屏、大喇叭、微博、微信、短信、语音等发布渠道顺利接入省、市突发预警信息发布平台，实现一网式录入、一键式发布。

（3）农业气象

1956 年 12 月气象站初建期，与基本气象观测同时，开始了农业气象观测业务。为适应农业气象服务需要，1958 年相继建立莫村、马圩等 13 个人民公社气象哨，后由于体制、编制、经费和应用等方面的原因，从 1981 年 1 月起相继停办。

（4）天气预报业务

1956 年 12 月 1 日，自气候站投入业务运行起，就逐步开展天气预报业务，从晴、雨、风的预报发展到多要素多量级的预报。预报内容有晴、阴、雨（小雨、中雨、大雨、暴雨等量级）、气温、风向风速、霜冰冻、雷暴、冰雹等。1991 年起，开展未来 24 小时森林火险等级预报服务。预报时段划分有长期天气预报（季度）、中期天气预报（月报、旬报）和短期天气预报（24 小时、48 小时），近年来还开展短时天气预报（3 小时内）。预报手段有：初期以抄收广东省气象台经广东省人民广播电台播报的天气预报意见，观测本地天气变化，观察专门育养的一些动植物活动特点；20 世纪 70 年代，抄收广东省气象台通过广东省人民广播电台播报的天气预报意见，抄收 08 时气象资料数据，填绘小天气图，点绘本站天气要素曲线综合时间剖面图，观测本地天气变化情况，采用多因子点聚图为主的综合分析方法；20 世纪 80 年代，抄收广东省中心气象台通过广东省人民广播电台播报的天气预报意见和 08 时气象资料数据，填绘小天气图、点绘本站天气要素曲线综合时间剖面图，利用气象传真收片机接收北京、广州、长沙、日本东京天气实况图、天气分析预告图、天气要素和各种大气物理量资料图表，接收卫星云图、雷达回波综合图等资料，观测本站天气变化和有关天气要素的量变状况，采用数理统计方式与经验性分析相结合的方法；20 世纪 90 年代中期后，通过计算机网络直接调阅上级气象台和日本及欧洲气象中心发布的气象产品信息，调看卫星云图、雷达回波、地面和高空天气分析图、各种气象物理量图表资料，结合本站天气及要素变化情况进行综合分析。2012 年后，通过省气象局建成的业务网查看实时气象数据，欧洲中心、NECP 模式集合数值预报资料，调阅卫星云图、雷达回波图等资料，综合分析作出天气预报；2015 年后，随着计算机网络的高速发展，省气象局业务网的业务平台得到不断完善，可快速调阅各类指导预报产品、数值预报产品、实况产品、卫星产品、雷达产品等丰富的气象信息资料，短期天气预报和短临天气预报水平得到显著提升。

根据《广东省气象灾害预警信号发布规定》，2014 年 1 月开始，开展台风、暴雨、高温等10类气象灾害预警信号发布业务。2016年开始，除每天定时开展未来24小时天气预报外，每天定时开展 08 时、11 时、14 时、17 时共 4 次短时（未来 6 小时）天气预报，以及开展 24 小时高速公路天气预报、乡镇天气预报、生活指数预报、旅游天气预报，不定时开展短时临近天气预报。2016 年 6 月开始发布分镇天气预报。2021 年开始开展气象灾害分镇预警业务。

2. 气象服务

气象服务主要是社会公益性服务，内容有气象资料服务、气象情报服务、气候评价服务、天气预报（警报）服务、森林火险气象预报（警报）服务、地质灾害气象预报（警报）服务、传统节假日及中、高考等各类重大活动气象保障服务。

（1）气象服务方式

20 世纪 90 年代前，气象预报以电话咨询和县人民广播电台广播开展服务；1992 年 3 月，利用气象警报系统（气象专业广播电台）和县广播电台播报天气预报或警报；1999 年 4 月开始，通过县电视转播台以电视字幕发布天气预报或警报；2005 年 5 月开始，利用中国移动手机短信平台和通过中国电信设置“12121”天气信息窗口发布天气预报或警报；2008 年 11 月开始，县气象台进行气象影视制作，经县电视台专题节目播报天气预报开展公众气象服务。2008 年 12 月 12 日，由县气象局自主制作的覆盖全县各乡镇的天气预报电视节目在本地电视台播出。2009—2010 年，按照“五有”和“六个一”标准建成回龙、大垌气象灾害防御示范村；2011 年 11 月，完成全县 13 个乡镇和县城 3 个人员密集场所共 16 个气象信息电子显示屏的安装调试工作并投入使用；2012 年在重点场所、重点单位新增 22 台 LED 气象信息显示屏，新建气象信息服务站 6 个，为全县 85 个行政村安装气象大喇叭，及时将本地气象灾害预警信号和气象预报服务信息发送至村委一级，有效解决气象预警信息的“最后一公里”问题。

2011 年，德庆县被省气象局列为首批“三农”气象服务专项试点县之一。2012—2014 年，按照“三农”建设任务要求和“八有”标准，将回龙、九市、悦城、凤村、武垄和莫村 6 个乡镇定为防灾减灾示范镇，先后建设水稻田示范园和贡柑示范园，进行局地小气候观测。2013 年，按照“四有”标准创建德庆县孔子中学作为防雷示范点。2014 年 12 月，将县四套班子领导、各部门领导、各镇主要领导成员、村委会支书、主任纳入气象决策服务对象，将种植大户、养殖大户、农资专业合作社等 2500 多名对象纳入气象信息库，开通“直通式”气象服务方式，拥有农村气象信息员 200 余名。

2015 年，回龙、九市两个乡镇被中国气象局认定为第三批标准化气象灾害防御乡镇。同年，与县农业部门和中国人寿保险公司发挥部门信息共享和技术合作优势，签订德庆县农业气象保险合作协议，共同加强农业气象灾害防御体系和保险理赔体系建设，为广大农民提供农业防灾减灾理赔服务。

2018 年，“十三五”规划项目“气象科普场馆”被纳入县“百团会战”项目，“德庆安全气象社区（气象灾害防御服务站）”被纳入 10 件惠民实事项目。2018 年，建成“气象科普场馆”和德城镇城南、香山、大桥、城西 4 个德庆安全气象社区（气象灾害防御服务站），有效提升了公众对气象科学的认知水平，进一步提高了社区基层防灾减灾意识。

（2）决策气象服务

决策气象服务主要通过书面报告、电话或传真等方式向县委、县政府及相关部门领导，以及县三防指挥部、农业、林业、水利等部门和各乡镇政府机关提供服务，同时也为民用航空、军事部门和近邻气象台站提供气象情报信息服务。

2005 年起，以《重大气象信息快报》《重大气象信息专报》《天气报告》形式，通过电话传真或电子邮件等方式向县领导和三防指挥机构开展决策气象服务；利用中国移动建立气象短信群发平台，向县领导、乡镇领导、中小学校长和各管理区主任及时发布重大气象灾害预警信息。

（3）专业气象服务

1990年12月24日，德庆县人民政府批准成立德庆县防雷设施检测所（德府办函〔1990〕1 号），隶属于德庆县气象局，1991 年 3 月 23 日正式挂牌运作，开展气象科技和防雷减灾服务工作。1991—1993 年，德庆县松毛虫严重危害林业生产发展，为有效扑灭病虫害，充分运用有利气象条件保证防治松毛虫飞播作业效果，德庆县气象局提供了良好的气象预报服务。1996—1999 年，在德庆西江大桥建设工程的可行性认证和建设阶段，提供气候评估和气象保障服务。2004 年 11 月起，成功进行多次火箭人工增雨作业，取得良好的增雨抗旱效果。2011 年起，开展不同农时专题气象服务（春耕春种、夏收夏种、秋收秋种），并发布了包括《地质灾害气象风险专题预报》等各类专业专题报告。2012 年开始，免费提供非商业性气象资料证明。2019 年 7 月 14 日，召开专家评审会，《华海能源德庆工业园天然气热电联产项目及其配套设施气候可行性论证技术报告》通过专家评审。2019 年起，根据《德庆供电局 2019—2020 年气象专业信息服务合同》协议内容，为德庆县供电局提供气象专业信息服务。

三、法规建设与管理

1. 法规建设

2007 年 11 月 29 日，德庆县人民政府发文《关于加快我县气象事业发展的实施意见》（德府办〔2007〕32 号）。2007 年 12 月 4 日，德庆县人民政府发文《关于印发〈德庆县气象灾害应急预案〉的通知》（德府办〔2007〕147 号）。2000 年，受肇庆市气象局授权委托，经培训核准配置有 3 名持有广东省行政执法证人员，主要配合肇庆市气象局法规科开展气象行政执法工作，至 2021 年底共有 6 名持证执法人员。

2. 社会管理

1999 年 2 月 26 日，德庆县人民政府转发《肇庆市建筑物防雷管理办法的通知》（德府〔1999〕12 号），规定建筑物必须办理防雷项目报审和验收才能准予开工及投入使用，并于 2005 年 4 月进一步明确报审程序。1999 年 3 月 2 日，德庆县人民政府转发《广东省防御雷电灾害管理规定》（德府〔1999〕36 号），明确气象局对县内防御雷电灾害管理职能和规范了管理行为及社会行为。2005 年 11 月，设立德庆县气象行政服务中心，作为气象服务窗口对外开展气象行政业务服务。2013 年起，由德庆县气象局实施的气象行政审批事项在县行政服务中心气象办事窗口（以下简称“窗口”）统一受理，窗口为气象行政审批事项统一受理的责任机构；实行一个窗口对外的“一站式”服务，简化审批流程。每年修订完善部门权责清单，强化对防雷减灾工作权力运行的监督。

2012 年，县人民政府、各镇政府分别成立由分管领导担任组长，气象、农业、林业、水务、国土等 10 多个职能部门为成员单位的德庆县气象灾害防御领导小组。德庆县人民政府先后印发《关于印发德庆县气象灾害应急准备工作认证实施细则（试行）的通知》（德府办〔2011〕46 号）、《关于加强农村气象灾害防御工作的通知》（德府办〔2012〕31 号）、《德庆县人民政府关于印发德庆县气象灾害防御规划（2011—2020）的通知》（德府〔2012〕44 号）、《德庆县气象灾害应急预案（修订稿）（德府函〔2012〕17 号）》等相关政策性文件，明确将气象灾害防御工作纳入政府工作考核，为“三农”气象专项服务工作提供了坚强的政策支撑。此外，加强与相关部门协调联动，分别与林业、农业、国土、水务、民政等部门签订了合作框架协议，进一步完善和健全气象灾害防御机制。

2013 年 9 月，县府办牵头相关职能部门组成气象灾害应急准备工作认证专家组，对本县笋草水库、冲源水库、金林水库、碧桂园、回龙镇、九市镇、悦城镇、凤村镇、武垄镇和莫村镇 10 个单位进行气象灾害应急准备认证评审。

2017年起，气象工作纳入德庆县镇（街道）党政领导班子工作综合考评评价指标体系。将防雷减灾安全工作纳入地方党委、政府安全生产考核评价体系，细化落实防雷减灾安全政府领导责任、部门监管责任和企业主体责任。

2018年5月，地方政府及时修订印发《德庆县气象灾害应急预案》，进一步健全气象灾害应急体系和运行机制，提高气象灾害防范和处置能力。

2018年6月1日，《广东省气象灾害防御重点单位气象安全管理办法》正式实施后，积极组织申报德庆县气象灾害防御重点单位。2018年11月，经专家评审，确定中国石化销售有限公司广东肇庆德庆城区加油站、德庆县香山中学、广东天龙精细化工有限公司等首批8个德庆县气象灾害防御重点单位，经人民政府同意并予以公布；2020年11月，经专家评审，确定中国石化销售有限公司广东肇庆德庆城区加油站、德庆人民医院、德庆县孔子中学等10个德庆县气象灾害防御重点单位（第二批），经人民政府同意并予以公布，进一步提高各气象灾害防御重点单位的气象灾害处置能力。

四、党建与气象文化建设

1. 党建工作

（1）支部组织建设情况

气象站建设初期没有中共党员。1960年发展党员2人。1987年5月20日，经县委直属机关委员会批准成立德庆县气象局党支部，受县委直属机关党委领导。2006年5月25日，依德庆县委德委〔2006〕28号文件规定，党支部改由县农林水系统党委管辖。2008年，有中共党员5人，其中在职党员3人。2020年，党支部改由县委组织部管辖。2020年12月，有中共党员16人，其中在职党员13人。截至2021年底，有中共党员12人，其中在职党员9人，退休党员3人。2021年6月，德庆县气象局党支部被中共德庆县委组织部评为“德庆县先进基层党组织”。

（2）党风廉政建设情况

按要求经常开展加强党风廉政建设方面的政策学习思想教育，明确领导廉政责任制，并进行年度述职述廉，健全单位党务、局务公开制度；实行单位财务年度审计、领导离任审计、项目建设专项审计制度，在党风廉政建设方面取得良好效果。2009年2月，局班子成员调整，兼职纪检监察员列入局决策领导班子。2013年10月，成立中共德庆县气象局（台）党组和党组纪检组。局党组和党组纪检组落实全面从严治党主体责任和监督责任，把党建工作纳入全局工作中心，坚定不移推动全面从严治党向纵深发展。

2. 气象文化建设

20世纪70年代前，气象站没有电视机，职工文化生活只局限于到电影院看电影、用收音机收听电台广播，以及学习阅读《人民日报》《南方日报》等报刊。1977年，购置一台14寸黑白电视机，丰富了干部职工的文化生活。20世纪80年代后，建成了露天的简易乒乓球台和篮球场。2002年9月，将办公楼第三层改造成乒乓球室，购置了乒乓球台。2014年1月，将办公楼前的水泥地开辟成篮球场。

第七章 党群社团组织

肇庆市气象局党群组织主要有肇庆市气象局党总支部及其各党支部、肇庆市气象学会、肇庆市气象局工会等组织机构。

第一节 中国共产党组织

一、肇庆市气象局党组

1965 年 4 月，肇庆地委组织部决定，成立中共肇庆专区气象局分党组。1968 年 9 月，经肇庆专区革命委员会批准成立肇庆专区气象局革命领导小组。1973 年 12 月，肇庆地委决定恢复成立肇庆地区气象局党组。

二、肇庆市气象局党组纪检组

1987 年，经广东省气象局党组批准成立中共肇庆地区气象局党组纪检组，由一名党组成员分管纪检组工作，另设一名科级纪检组副组长。2003 年 3 月，经广东省气象局党组批准设立专职纪检组长。

三、肇庆市气象局党总支部

1971 年以前，肇庆地区气象台没有单独设立党支部。1971 年 3 月 29 日，广东省肇庆军分区委员会批准成立肇庆地区气象台党支部。2006 年 8 月，经中共肇庆市直属机关工作委员会批准成立中共肇庆市气象局总支部委员会，下辖肇庆市气象局机关党支部、肇庆市气象局业务党支部、肇庆市气象局科技信息服务党支部、肇庆市气象局离退休党支部。2020 年 5 月，经中共肇庆市直属机关工作委员会批准，肇庆市气象局党总支下辖党支部由 4 个整合调整为 3 个，分别是肇庆市气象局机关党支部、肇庆市气象局业务党支部、肇庆市气象局离退休党支部。至 2021 年，肇庆市气象局党总支部共有中共党员 70 人，其中在职党员 45 人，离退休党员 25 人。肇庆市气象局党支部自成立以来，认真做好党建工作，多次受到上级党组织的表彰。

2017 年 11 月，肇庆市气象局业务党支部被肇庆市委授予首批“肇庆市直机关基层党建示范点”。2018 年 6 月，肇庆市气象局党总支部被肇庆市委授予“肇庆市西江党旗红先进基层党组织”。2021 年 6 月，肇庆市气象局业务党支部被肇庆市委授予“肇庆市先进基层党组织”。历任负责人见表 2-7-1-1。

表 2-7-1-1 中共肇庆市气象局党总支及其下属党支部历任负责人

<table>
<tr><th>单位名称</th><th>姓名</th><th>职务</th><th>任职时间</th></tr>
<tr><td>肇庆地区气象台党支部</td><td>裴玉祥</td><td>党支部书记</td><td>1971 年 3 月 29 日—</td></tr>
<tr><td rowspan="17">肇庆地区气象局党支部</td><td>谢政林</td><td>党支部副书记</td><td>1971 年 3 月 29 日—</td></tr>
<tr><td>林炳球</td><td>党支部委员</td><td>1971 年 3 月 29 日—</td></tr>
<tr><td>黄春明</td><td>党支部副书记</td><td>1979 年 5 月 3 日—1980 年 2 月 8 日</td></tr>
<tr><td>黄春明</td><td>党支部书记</td><td>1980 年 2 月 8 日—</td></tr>
<tr><td>易汉屏</td><td>党支部副书记</td><td>1980 年 2 月 8 日—</td></tr>
<tr><td>张锦宗</td><td>党支部副书记</td><td>1980 年 2 月 8 日—</td></tr>
<tr><td>柳以虎</td><td>党支部委员</td><td>1980 年 2 月 8 日—</td></tr>
<tr><td>陈金芳</td><td>党支部委员</td><td>1980 年 2 月 8 日—</td></tr>
<tr><td>何桂祥</td><td>党支部委员</td><td>1980 年 2 月 8 日—</td></tr>
<tr><td>雷子沛</td><td>党支部委员</td><td>1980 年 2 月 8 日—</td></tr>
<tr><td>柳以虎</td><td>党支部书记</td><td>1986 年 5 月 12 日—1989 年 12 月 16 日</td></tr>
<tr><td>詹润泽</td><td>党支部副书记</td><td>1986 年 5 月 12 日—1989 年 12 月 16 日</td></tr>
<tr><td>叶佐金</td><td>党支部委员</td><td>1986 年 5 月 12 日—1989 年 12 月 16 日</td></tr>
<tr><td>黄赋友</td><td>党支部委员</td><td>1986 年 5 月 12 日—1989 年 12 月 16 日</td></tr>
<tr><td>陈金芳</td><td>党支部委员</td><td>1986 年 5 月 12 日—1989 年 12 月 16 日</td></tr>
<tr><td>黄良元</td><td>党支部委员</td><td>1986 年 5 月 12 日—1989 年 12 月 16 日</td></tr>
<tr><td>陈肇才</td><td>党支部委员</td><td>1986 年 5 月 12 日—1989 年 12 月 16 日</td></tr>
<tr><td rowspan="10">肇庆市气象局党支部</td><td>郭德铿</td><td>党支部书记</td><td>1989 年 12 月 16 日—1992 年 4 月 25 日</td></tr>
<tr><td>柳以虎</td><td>党支部副书记</td><td>1989 年 12 月 16 日—1992 年 4 月 25 日</td></tr>
<tr><td>张沛林</td><td>党支部委员</td><td>1989 年 12 月 16 日—1992 年 4 月 25 日</td></tr>
<tr><td>黄赋友</td><td>党支部委员</td><td>1989 年 12 月 16 日—1992 年 4 月 25 日</td></tr>
<tr><td>吴桂强</td><td>党支部委员</td><td>1989 年 12 月 16 日—1992 年 4 月 25 日</td></tr>
<tr><td>柳以虎</td><td>党支部书记</td><td>1992 年 4 月 25 日—</td></tr>
<tr><td>吴桂强</td><td>党支部委员</td><td>1992 年 4 月 25 日—</td></tr>
<tr><td>张沛林</td><td>党支部委员</td><td>1992 年 4 月 25 日—</td></tr>
<tr><td>李伟荣</td><td>党支部委员</td><td>1992 年 4 月 25 日—</td></tr>
<tr><td>叶海萍</td><td>党支部委员</td><td>1992 年 4 月 25 日—</td></tr>
</table>

续表

单位名称	姓名	职务	任职时间
肇庆市气象局党总支部	吴桂强	党总支书记	2006年8月11日—2010年11月22日
	刘　谦	党总支委员	2006年8月11日—2010年11月22日
	陈辛动	党总支委员	2006年8月11日—2010年11月22日
	赵　玲	党总支委员	2006年8月11日—2010年11月22日
	郭媚媚	党总支委员	2006年8月11日—2010年11月22日
	温坚培	党总支书记	2010年11月2日—2014年4月11日
	邹志强	党总支委员	2010年11月2日—2014年4月11日
	陈辛动	党总支委员	2010年11月2日—2014年4月11日
	郭媚媚	党总支委员	2010年11月2日—2014年4月11日
	曾昭盛	党总支委员	2010年11月2日—2014年4月11日
	李明汉	党总支书记	2014年4月11日—2017年4月7日
	钟诗豫	党总支委员	2014年4月11日—2017年4月7日
	郭媚媚	党总支委员	2014年4月11日—2017年4月7日
	梁绍强	党总支委员	2014年4月11日—2017年4月7日
	彭　端	党总支委员	2014年4月11日—2017年4月7日
	温坚培	党总支书记	2017年4月7日—2020年5月22日
	邹志强	党总支委员	2017年4月7日—2020年5月22日
	梁绍强	党总支委员	2017年4月7日—2020年5月22日
	彭　端	党总支委员	2017年4月7日—2020年5月22日
	何伟芬	党总支委员	2017年4月7日—2020年5月22日
	陈辛动	党总支书记	2020年5月22日—
	卢中清	党总支副书记	2020年5月22日—2022年3月29日
	孔树剑	党总支副书记	2022年3月29日—
	邓　龙	党总支委员	2020年5月22日—
	孙云智	党总支委员	2020年5月22日—
	何伟芬	党总支委员	2020年5月22日—
	邹志强	党总支委员	2020年5月22日—
肇庆市气象局机关党支部	陈辛动	党支部书记	2010年11月2日—2014年4月11日
	何程东	党支部委员	2010年11月2日—2014年4月11日
	邹志强	党支部委员	2010年11月2日—2014年4月11日
	梁绍强	党支部书记	2014年4月11日—2017年3月16日
	周庆生	党支部委员	2014年4月11日—2017年3月16日
	钟诗豫	党支部委员	2014年4月11日—2017年3月16日

续表

单位名称	姓名	职务	任职时间
肇庆市气象局机关党支部	麦冠华	党支部书记	2017 年 3 月 16 日—2020 年 5 月 19 日
	周庆生	党支部委员	2017 年 3 月 16 日—2020 年 5 月 19 日
	温燕梦	党支部委员	2017 年 3 月 16 日—2020 年 5 月 19 日
	曾昭盛	党支部书记	2020 年 5 月 19 日—
	陈国贞	党支部委员	2020 年 5 月 19 日—
	袁　微	党支部委员	2020 年 5 月 19 日—
肇庆市气象局业务党支部	郭媚媚	党支部书记	2006 年 8 月 11 日—2010 年 11 月 22 日
	黄天文	党支部委员	2006 年 8 月 11 日—2010 年 11 月 22 日
	彭　端	党支部委员	2006 年 8 月 11 日—2010 年 11 月 22 日
	彭　端	党支部书记	2010 年 11 月 22 日—2014 年 4 月 8 日
	郭媚媚	党支部委员	2010 年 11 月 22 日—2014 年 4 月 8 日
	何伟芬	党支部委员	2010 年 11 月 22 日—2014 年 4 月 8 日
	彭　端	党支部书记	2014 年 4 月 8 日—2017 年 3 月 21 日
	王文波	党支部委员	2014 年 4 月 8 日—2017 年 3 月 21 日
	何伟芬	党支部委员	2014 年 4 月 8 日—2017 年 3 月 21 日
	赵　玲	党支部书记	2017 年 3 月 21 日—2020 年 5 月 19 日
	陈国贞	党支部委员	2017 年 3 月 21 日—2020 年 5 月 19 日
	李文辉	党支部委员	2017 年 3 月 21 日—2020 年 5 月 19 日
	郭媚媚	党支部书记	2020 年 5 月 19 日—
	李文辉	党支部委员	2020 年 5 月 19 日—
	温燕梦	党支部委员	2020 年 5 月 19 日—
肇庆市气象局科技信息服务党支部	刘　谦	党支部书记	2006 年 8 月 11 日—2010 年 11 月 22 日
	李　友	党支部委员	2006 年 8 月 11 日—2010 年 11 月 22 日
	曾昭盛	党支部委员	2006 年 8 月 11 日—2010 年 11 月 22 日
	李明汉	党支部书记	2010 年 11 月 22 日—2014 年 4 月 10 日
	曾昭盛	党支部委员	2010 年 11 月 22 日—2014 年 4 月 10 日
	林志辉	党支部委员	2010 年 11 月 22 日—2014 年 4 月 10 日
	曾昭盛	党支部书记	2014 年 4 月 10 日—2017 年 3 月 20 日
	林志辉	党支部委员	2014 年 4 月 10 日—2017 年 3 月 20 日
	赵　玲	党支部委员	2014 年 4 月 10 日—2017 年 3 月 20 日
	林志辉	党支部书记	2017 年 3 月 20 日—2018 年 3 月 27 日

续表

单位名称	姓名	职务	任职时间
肇庆市气象局科技信息服务党支部	赵　鑫	党支部委员	2017 年 3 月 20 日—2019 年 4 月 4 日
	李巧华	党支部委员	2017 年 3 月 2 日—2018 年 3 月 27 日
	李巧华	党支部书记	2018 年 3 月 27 日—2020 年 5 月 19 日
	丁志平	党支部委员	2018 年 3 月 27 日—2020 年 5 月 19 日
	曾昭盛	党支部委员	2019 年 4 月 4 日—2020 年 5 月 19 日
肇庆市气象局离退休党支部	朱杰文	党支部书记	2006 年 8 月 11 日—2010 年 11 月 22 日
	何振图	党支部委员	2006 年 8 月 11 日—2010 年 11 月 22 日
	陈肇才	党支部委员	2006 年 8 月 11 日—2010 年 11 月 22 日
	何振图	党支部书记	2010 年 11 月 22 日—2014 年 4 月 10 日
	朱杰文	党支部委员	2010 年 11 月 22 日—2014 年 4 月 10 日
	陈肇才	党支部委员	2010 年 11 月 22 日—2014 年 4 月 10 日
	何振图	党支部书记	2014 年 4 月 10 日—2017 年 3 月 3 日
	朱杰文	党支部委员	2014 年 4 月 10 日—2017 年 3 月 3 日
	吴桂强	党支部委员	2014 年 4 月 10 日—2017 年 3 月 3 日
	何振图	党支部书记	2017 年 3 月 3 日—2020 年 5 月 19 日
	何程东	党支部委员	2017 年 3 月 3 日—2020 年 5 月 19 日
	陈肇才	党支部委员	2017 年 3 月 3 日—2020 年 5 月 19 日
	何程东	党支部书记	2020 年 5 月 20 日—
	陈肇才	党支部委员	2020 年 5 月 20 日—
	柳以虎	党支部委员	2020 年 5 月 20 日—

第二节　肇庆市气象学会

一、组织机构和会员概况

（一）组织机构情况

肇庆市气象学会前身是广东省肇庆地区气象学会，成立于 1960 年，以组织开展气象学术交流和气象科普等活动为主，“文化大革命”期间停止学会活动。1979 年 4 月，经肇庆地区科委（科协）批准，恢复肇庆地区气象学会活动。1988 年，肇庆地区升格为地级市，肇庆地区气象学会也随之改名为肇庆市气象学会。

1979 年 4 月恢复活动后，肇庆市气象学会历任领导和组织机构情况见表 2-7-2-1。

表 2-7-2-1　肇庆市气象学会历任领导和组织机构

任职时间	任职情况		设置工作组情况
	职务	姓名	
1979—1981 年	理事长	冯燮标	学术组 科普工作组 秘书组
	副理事长	易汉屏 郭世浩	
	学术组组长	冯玉卿	
	科普工作组组长	柳以虎	
	秘书组组长	谭兆熊	
1981—1987 年	理事长	方壮乐	学术组 科普组 秘书组
	副理事长	黄金河 郭世浩	
	学术组组长	冯玉卿	
	科普组组长	柳以虎	
	秘书组组长	谭兆熊	
	秘书长（1982 年后）	黄赋友	
1987—1994 年	理事长	梅建伟	学术组 科普组
	副理事长	邓健明 何华庆	
	秘书长	黄赋友	
	学术组组长	何华庆	
	科普组组长	柳以虎	
1994—1997 年	理事长	柳以虎	学术组 科普组
	副理事长	邓健明 何华庆	
	秘书长	黄赋友	
1997—1999 年	理事长	吴桂强	学术组 科普组
	副理事长	何华庆	
	秘书长	何华庆（兼）	
	学术组组长	蔡礼其	
	科普组组长	陈肇才	
1999—2009 年	理事长	何华庆	学术组 科普组
	秘书长	梁绍强	
	学术组组长	吴桂强	
	科普组组长	蔡礼其	

续表

<table>
<tr><th rowspan="2">任职时间</th><th colspan="2">任职情况</th><th rowspan="2">设置工作组情况</th></tr>
<tr><th>职务</th><th>姓名</th></tr>
<tr><td rowspan="6">2009—2011 年</td><td>理事长（2009—2010 年）</td><td>何华庆</td><td rowspan="6">学术组
科普组</td></tr>
<tr><td>理事长（2010—2011 年）</td><td>彭端</td></tr>
<tr><td>秘书长</td><td>周静</td></tr>
<tr><td>副秘书长</td><td>何伟芬</td></tr>
<tr><td>学术组组长</td><td>温坚培</td></tr>
<tr><td>科普组组长</td><td>孙云智</td></tr>
<tr><td rowspan="8">2011—2015 年</td><td>理事长</td><td>周静</td><td rowspan="8">学术组
科普组
服务组（2014—2015 年）
宣传组（2014—2015 年）</td></tr>
<tr><td>秘书长</td><td>何伟芬</td></tr>
<tr><td>副秘书长</td><td>李厚伟</td></tr>
<tr><td>学术组组长</td><td>温坚培</td></tr>
<tr><td>科普组组长
（2011—2014 年）</td><td>孙云智</td></tr>
<tr><td>科普组组长
（2014—2015 年）</td><td>郭媚媚</td></tr>
<tr><td>服务组组长
（2014—2015 年）</td><td>陈明丽</td></tr>
<tr><td>宣传组组长
（2014—2015 年）</td><td>高俊杰</td></tr>
<tr><td rowspan="8">2015—2017 年</td><td>理事长</td><td>周静</td><td rowspan="8">学术科普部
社会事务部
后勤保障部
财务管理部</td></tr>
<tr><td>副理事长</td><td>郭媚媚</td></tr>
<tr><td>秘书长</td><td>郭媚媚（兼）</td></tr>
<tr><td>副秘书长</td><td>黄成南、温燕梦、
李文羡、罗玉</td></tr>
<tr><td>学术科普部部长</td><td>陈国贞</td></tr>
<tr><td>社会事务部部长</td><td>卫雅妍</td></tr>
<tr><td>后勤保障部部长</td><td>陈妍</td></tr>
<tr><td>财务管理部部长</td><td>陈明丽</td></tr>
<tr><td rowspan="7">2017—2018 年</td><td>理事长</td><td>周静</td><td rowspan="7">学术科普部
社会事务部
后勤保障部
财务管理部</td></tr>
<tr><td>秘书长</td><td>高俊杰</td></tr>
<tr><td>副秘书长</td><td>翁佳烽、陈妍、
章文鑫、周庆生</td></tr>
<tr><td>学术科普部部长</td><td>周义昌</td></tr>
<tr><td>社会事务部部长</td><td>林伊文</td></tr>
<tr><td>后勤保障部部长</td><td>梁嘉雯</td></tr>
<tr><td>财务管理部部长</td><td>陈明丽</td></tr>
</table>

续表

<table>
<tr><th rowspan="2">任职时间</th><th colspan="2">任职情况</th><th rowspan="2">设置工作组情况</th></tr>
<tr><th>职务</th><th>姓名</th></tr>
<tr><td rowspan="8">2018—2019 年</td><td>理事长</td><td>周静</td><td rowspan="8">学术科普部
社会事务部
后勤保障部
财务管理部</td></tr>
<tr><td>副理事长</td><td>唐洁</td></tr>
<tr><td>秘书长</td><td>王迁</td></tr>
<tr><td>副秘书长</td><td>王宇欣、翁佳烽、陈妍、章文鑫</td></tr>
<tr><td>学术科普部部长</td><td>周义昌</td></tr>
<tr><td>社会事务部部长</td><td>陈明丽</td></tr>
<tr><td>后勤保障部部长</td><td>李丹丹</td></tr>
<tr><td>财务管理部部长</td><td>陈少朗</td></tr>
<tr><td rowspan="8">2019 年至今</td><td>理事长</td><td>周静</td><td rowspan="8">学术科普部
社会事务部
后勤保障部
财务管理部</td></tr>
<tr><td>副理事长</td><td>唐洁</td></tr>
<tr><td>秘书长</td><td>王宇欣</td></tr>
<tr><td>副秘书长</td><td>陈妍、曾昭盛、周义昌、章文鑫</td></tr>
<tr><td>学术科普部部长</td><td>李文辉</td></tr>
<tr><td>社会事务部部长</td><td>陈明丽</td></tr>
<tr><td>后勤保障部部长</td><td>李丹丹</td></tr>
<tr><td>财务管理部部长</td><td>陈少朗</td></tr>
</table>

（二）会员情况

1979 年学会共有个人会员 59 人。40 多年来，不断健全学会组织机构和发展会员，截至 2021 年底，共有个人会员 137 人，单位会员 22 个。

二、主要工作和活动

1. 2000 年以前

肇庆市气象学会恢复活动后，1979—2000 年主要工作和开展的活动如下：

① 组织或组织参加与天气或气象相关的各种学术交流会、学术研讨会、专题培训班、经验总结会等。

② 邀请气象专家开展与气象业务相关的学术报告或专题讲座。

③ 从 1983 年起基本每年都围绕世界气象日的主题组织开展纪念世界气象日活动。

④ 组织青少年气象夏令营活动。

⑤ 开展气象科普宣传活动。

⑥ 编写《学会简报》(1979 年、1982 年、1983 年各 3 期)、《气象学会简报》(1985 年 5 期、1986 年 2 期),与肇庆市气象局一起编写《肇庆气象》刊物(1988 年 6 期、1989 年 5 期、1990 年 6 期)。

⑦ 组织、指导会员积极撰写学术论文,参加各种学术会议。

⑧ 1987 年 10 月,对从事气象工作 25 年以上的 54 位会员进行了表彰,并颁发了荣誉证书和纪念品。

⑨ 1995 年,分别接待国际和国内参加亚洲季风及其变异国际学术研讨会以及 1994 年华南特大暴雨洪涝学术研讨会代表来肇庆参观。

2. 2000 年以后

2000 年后,肇庆市气象学会工作重点主要包括 4 个方面:第一,加强气象科普宣传,提高全民气象灾害防御意识和能力;第二,提升专业气象技术人员能力;第三,加强科普人员培养,壮大科普队伍;第四,制作具有本地特色的科普资料。

开展的活动如下:

① 每年 3 月围绕世界气象日主题组织或协助开展多种形式的系列纪念世界气象日活动。

② 利用气象台(突发事件预警信息发布中心)、气象影视中心、气象文化教育展厅、气象观测场、气象廉政教育文化园等场所和资源不定期开展气象科普活动,参加人员除了中小学生外,还有社区居民、社会团体、企事业单位等。

③ 利用“5 · 12”防灾减灾日、科技活动周、安全生产月等大型科普宣传活动开展气象科普知识宣传活动,除了免费向市民派发气象科普宣传资料外,还有现场咨询、气象科普图片展览、气象科普知识有奖问答等。

④ 到中小学校、社区、企事业单位、气象灾害防御重点单位等开展气象科普宣传活动和气象灾害防御讲座;到市图书馆、繁华街道、旅游景区等公共场所开展气象科普宣传活动。

⑤ 利用“公共安全空中课堂”平台做好线上气象科普宣传工作。2020 年举办“气象灾害知识专题讲座”,观看人数达 9.9 万人;2021 年举办“强对流天气防御专题讲座”,观看人数达 10 万人。

⑥ 邀请省级气象专家来肇庆开展气象科普讲座或与气象相关的专题技术讲座、报告等。

⑦ 不定期接受电视台、电台或报社采访,向公众普及气象灾害防御知识或解答公众关心的与天气相关的热点问题。

⑧ 举办或协办各种气象学术交流会议。

⑨ 组织编印《强对流天气防御篇》《台风、高温、寒冷天气防御篇》《农业气象灾害防御篇》等气象科普宣传材料。

⑩ 2015 年 12 月—2016 年 3 月,肇庆市气象学会与市科协、省气象学会联合举办“你的冷暖,在我心中,你若安好,便是晴天”首届肇庆市气象科普有奖知识竞赛活动。2016 年 3 月 23 日(世界气象日),肇庆电视台的综合频道和公共频道在当晚的黄金时段分别播出决赛的实况录像,时长约 1 个小时。

⑪ 指导气象科普影视宣传和竞赛。李丹丹荣获 2017 年广东省气象科普讲解大赛二等奖和 2017 年“华风杯”全国气象科普讲解大赛优秀奖。

⑫ 参与市科协举办的“科普大篷车进校园”活动,派专家开展气象科普知识讲座;协

助广东省气象学会出版《广东气象》增刊，在肇庆举办省气象学会年会。

⑬ 申报“肇庆市科普教育基地”和“肇庆市流动图书服务点”工作。2016 年 12 月 27 日，在肇庆市气象局举行“肇庆市科普教育基地”授牌仪式，2017 年 4 月 25 日，肇庆市图书馆流动图书服务点及全国文化信息资源共享工程基层服务点在肇庆市气象局挂牌成立。

三、获奖情况

1979 年恢复活动以来，肇庆市（地区）气象学会获得了以下荣誉和奖励：1983 年、1986 年、1992 年、2007 年、2012 年 5 次荣获肇庆市（地区）科协先进集体奖；2008 年荣获肇庆市科协授予的肇庆市科普惠农“百会扶百村”先进集体奖；2015 年荣获肇庆市科协授予的第十三届学术活动周优秀组织奖；2018 年荣获广东省气象学会授予的 2013—2017 年度市级学会先进集体奖。

1995 年，黄赋友被评为肇庆市科协先进个人；2007—2020 年，周静被评为肇庆市科协先进工作者、肇庆市科普惠农“百会扶百村”行动先进个人、省气象学会先进工作者等；2008 年，彭端获肇庆市科普惠农“百会扶百村”行动先进个人；2012 年，何伟芬被评为肇庆市科协先进工作者。

第三节　肇庆市气象局工会

一、概况

中国工会是中国共产党领导的职工自愿结合的工人阶级群众组织，是党联系职工群众的桥梁和纽带，是国家政权的重要支柱，是会员和职工利益的代表。中国工会以宪法为根本活动准则，按照《中华人民共和国工会法》和《中国工会章程》独立自主地开展工作，依法行使权利和履行义务。

1991 年 4 月，肇庆市气象局工会委员会成立，并召开第一次会员大会，以无记名投票的方式选举产生了市气象局工会第一届委员会和经费审查委员会。朱杰文当选肇庆市气象局工会主席。

2014 年 12 月，召开肇庆市气象局第二届工会第一次会员大会。大会以不记名投票选举的方式产生了第二届工会委员会。李明汉当选肇庆市气象局工会主席。

2017 年 4 月，召开肇庆市气象局第三届工会第一次会员大会。大会以不记名投票选举的方式产生了第三届工会委员会、经费审查委员会和女职工委员会。温坚培当选肇庆市气象局工会主席，梁绍强当选工会副主席，陈妍、朱文生、陈慧、高俊杰、李丹丹当选工会委员。朱文生当选经费审查委员会主任，陈妍当选经费审查委员会副主任，陈慧当选经费审查委员会委员。陈妍当选女职工委员会主任，陈慧当选女职工委员会副主任，李丹丹当选女职工委员会委员。

2019 年 9 月 27 日，召开肇庆市气象局第四届工会第一次会员大会。大会以不记名投票选举的方式产生了第四届工会委员会、经费审查委员会和女职工委员会。温坚培当选肇庆市气象局工会主席，卢中清当选工会副主席，梁钊扬、陈国贞、李丹丹、陈妍、李维华当选工会委员。李维华当选经费审查委员会主任，陈妍、陈国贞当选经费审查委员会委员。陈妍当选女职工委员会主任，陈国贞、李丹丹当选女职工委员会委员。

二、主要工作

工会成立以来，在市气象局和市总工会的领导下，积极开展各项工作。2015 年，制定了《肇庆市气象局工会委员会管理办法》，实现工会工作的民主化、制度化，每年组织开展一次职工趣味运动会、“华云杯”男子篮球赛、“三八”妇女节活动、“六一”亲子活动、退休职工座谈会，每年春节、端午节、中秋节期间开展职工节日慰问，开展生病、生育职工慰问活动，每年春节前组织一次对困难职工慰问送温暖活动等。历年举办的活动见表 2-7-3-1。历任负责人见表 2-7-3-2。

表 2-7-3-1　肇庆市气象局工会历年举办活动一览表

年份	活动名称
1991	肇庆市气象局工会委员会成立
1993	妇女节女职工游览星湖游乐园活动
1995	肇庆市气象夏令营
1997	妇女节女职工篮球赛
1998	妇女节女职工番禺野生动物世界春游活动
2001	梧州市、云浮市、肇庆市气象局男子羽毛球团体友谊赛，肇庆市气象系统“华云杯”羽毛球、乒乓球赛
2002	妇女节女职工韶关春游活动、全体职工长江三峡旅游、重阳节星湖登高活动、两省三市气象系统西江杯羽毛球赛
2003	新春游园活动、第二届两广六市气象系统“西江杯”羽毛球男子女子团体赛
2004	元宵节游园活动、庆祝“六一”国际儿童节活动、肇庆市直青年趣味运动联谊会、西江流域气象系统第三届“西江杯”羽毛球团体赛
2005	新春游园会、妇女节女职工广宁春游活动、西江流域气象系统第四届“西江杯”羽毛球团体赛
2006	元宵节游园活动、三人篮球赛、西江流域气象系统第五届“西江杯”羽毛球赛、肇庆市气象系统第二届“华云杯”羽毛球赛
2007	中秋晚会、西江流域气象系统第六届“西江杯”羽毛球赛
2008	迎新春团拜会、妇女节女职工广州番禺春游活动、庆祝“六一”国际儿童节晚会、西江流域气象系统第七届“西江杯”羽毛球赛
2009	新春团拜会、迎元宵游园活动、西江流域气象系统第八届“西江杯”羽毛球赛
2010	“快乐童年，童心飞扬”庆“六一”活动、西江流域气象系统第九届“西江杯”羽毛球赛
2011	迎新春团拜联欢晚会、西江流域气象系统第十届“西江杯”羽毛球赛

续表

年份	活动名称
2012	肇庆市“三八”国际劳动妇女节 102 周年纪念大会暨“绘绣幸福肇庆”电视文艺晚会、西江流域气象系统第十一届“西江杯”羽毛球团体赛
2013	妇女节女职工惠州春游活动、“七彩童年、快乐六一”儿童节文艺演出、第一届“华云杯”男子篮球赛、西江流域气象系统第十二届“西江杯”羽毛球团体赛
2014	第二届工会委员会改选、“六一”儿童节活动、第二届“华云杯”男子篮球赛
2015	妇女节女职工德庆盘龙峡春游活动、“亲子同乐、多彩六一”儿童节活动、第三届“华云杯”男子篮球赛、肇庆市直机关“百歌颂中华”合唱比赛
2016	青年职工新春座谈会、妇女节女职工鼎湖天湖春游活动、“六一”儿童节活动、北岭山森林公园重阳登高健身活动、第四届“华云杯”男子篮球赛
2017	第三届工会委员会改选、妇女节女职工顺德长鹿农庄春游活动、“五四”青年节国防基地教育活动、“传承文明、放飞梦想”儿童节联欢会、第五届“华云杯”男子篮球赛、趣味运动会
2018	妇女节女职工清远春游活动、迎六一“不忘初心、牢记使命、童心向党”联欢会、肇庆市直单位迎省运健身操大赛、第六届“华云杯”男子篮球赛、趣味运动会
2019	第四届工会委员会改选、“六一”亲子活动、第七届“华云杯”男子篮球赛、趣味运动会、肇庆市直机关“百歌颂中华”合唱比赛、职工徒步活动、新中国成立 70 周年快闪活动
2020	“六一”亲子活动、趣味运动会、广东省西江流域气象系统羽毛球混合团体邀请赛、肇庆市第二届职工运动会、“迎中秋、贺国庆”游园活动
2021	元宵节包饺子活动、职工厨艺大比拼、妇女节女职工花艺课、“六一”亲子活动、趣味运动会、广东省气象部门庆祝中国共产党成立 100 周年文艺演出

表 2-7-3-2　肇庆市气象局工会历任负责人

任职时间	主席
1991 年 4 月—2005 年 9 月（第一届）	朱杰文
2005 年 10 月—2011 年 11 月无人任职	
2011 年 12 月—2014 年 12 月无换届选举，期间工会法定代表人为李明汉	
2014 年 12 月—2017 年 3 月（第二届）	李明汉
2017 年 4 月—2019 年 8 月（第三届）	温坚培
2019 年 9 月起（第四届）	温坚培

第八章 精神文明建设

精神文明建设既是气象事业的重要组成部分，又是发展气象事业的重要保障。肇庆市气象部门自成立以来，一直坚持在抓好物质文明建设的同时，认真抓好精神文明建设，始终坚持“两手抓、两手硬”。

第一节 思想道德教育

肇庆市气象局围绕气象事业发展实际，在本单位开展“道德讲堂”、线上“最美家庭风采展示，致敬最可爱的人”等活动，引导干部职工向往和追求讲道德、尊道德、守道德的生活，紧紧围绕“推动科学发展、促进社会和谐、服务人民群众、加强基层组织”的目标任务，推出一批立得住、树得起、叫得响、有影响的先进典型，形成学习先进、崇尚先进、争当先进的良好风气。以提升全局干部职工思想道德修养和文明素质为核心，倡导“爱国守法、明礼诚信、团结友善、勤俭自强、敬业奉献”的基本道德规范，推动思想道德建设和气象文化建设，搭建思想道德建设新平台，取得了很好的效果，产生了积极的影响，营造了“讲道德、尊道德、守道德、崇德向善”的浓厚氛围。在办公场所及职工住宿小区制作和张贴“尊老爱幼”“邻里团结”“关注下一代”“建和谐家庭，展职工风采”等家庭文明建设宣传栏和海报等，并积极倡导注重家庭、注重家教、注重家风，自觉践行“敬老爱幼、勤俭持家”的优良传统，致力于让全体干部职工在日常生活中养成尊老爱幼的良好习惯，从自身做起、从点滴做起，形成“尊老爱幼、孝敬父母、邻里互助、勤俭持家”“健康、节俭、文明”的良好家庭新风尚。

近年来，肇庆市气象局先后开展了中国共产党成立 93 周年知识竞赛、肇庆市气象科普有奖知识竞赛、“两学一做”党建知识竞赛、党史学习教育知识竞赛、庆祝新中国成立 70 周年 PPT 演讲大赛、“不忘初心、牢记使命”主题演讲活动、中国共产党成立 100 周年知识竞赛、党的二十大精神知识竞赛等形式多样的精神文明创建活动。肇庆市气象局还挖掘各种重要节日、纪念日蕴涵的丰富文化内涵，利用“五四”“七一”“八一”“十一”等关键时间点举办庄严庄重的庆祝和纪念活动，因势利导地开展参观阅江楼、包公祠、博物馆等红色教育基地、观看红色主题电影等活动。

肇庆市气象局坚持贯穿结合融入、落细落小落实，积极培育和践行社会主义核心价值观，2018 年制定了《肇庆市气象局干部职工诚信考核评价制度》，2019 年制定了《肇庆市气象局员工文明有礼考核办法》，将社会主义核心价值观要求融入单位规章制度，积极开展民主评议党员、“爱岗敬业 奉献社会”道德讲堂、和谐家庭风采展示活动，引导干部职工严格执行肇庆市气象局文明守则、依法开展行政执法，推进气象法治建设，将社会主义核心价值观要求融入干部职工生产生活，不断培育践行社会主义核心价值，引导干部职工构筑起中国精神、中国价值、中国力量，为肇庆气象事业发展贡献力量。

第二节　文体活动

肇庆市气象局不仅重视专业素质的培养，也一直致力于把干部职工培养成为素质综合全面的现代化气象人才，在重要传统节日、重大节庆和纪念日等开展演讲比赛、文艺演出、篮球赛等形式多样、健康有益的文体活动。在气象部门营造出浓厚的学习氛围，积极组织干部职工参与“全民阅读”活动，并于2017年与肇庆市图书馆合作，在肇庆市气象局成立流动图书服务站，配备了涵盖气象、文学、经济、自然、历史、生活及人物传记等方面的2000余册图书，深受干部职工的欢迎，丰富了干部职工的文化生活，引导干部职工培养爱读书、读好书的习惯，在推动学习型单位建设方面发挥了重要作用。肇庆市气象局先后建设了室内羽毛球馆、乒乓球馆，室外篮球场等设施，体育器械丰富齐全，为干部职工开展业余休闲娱乐活动提供了场地设备保障。

肇庆市气象局每年都组队参加西江流域气象系统“西江杯”羽毛球赛，2002年获首届团体赛冠军，2007年获得女子团体赛亚军，2008年获团体第二名，2010年获团体第一名，2012年获特别贡献奖，2020年获团体冠军。同时，肇庆市气象局连续数年组织举办肇庆市气象系统“华云杯”篮球赛，得到了全市气象系统干部职工的积极响应，已形成了具有一定特色的篮球赛事。此外，肇庆市气象局还积极举办了“趣味运动会”“职工运动会”“徒步活动”等形式多样的集体活动。

通过营造积极健康、劳逸结合的工作环境，使广大干部职工思想稳定、工作热情高涨、工作质量提高，形成了人人心里想工作、手上干工作、脚下跑工作的良好氛围。

第三节　志愿者服务

微光可成炬，大爱映苍穹。志愿服务是社会文明进步的重要标志，肇庆市气象局扎实推进职工志愿服务工作，努力营造浓厚的志愿服务氛围，引导职工积极投身志愿行动，做好社会文明进步的实践者、美丽中国的建设者。肇庆市气象局先后组织开展了志愿服务讲堂、志愿服务交流等一系列志愿精神宣传活动，健全完善志愿者注册、服务记录等工作机制，不断加强志愿服务工作专业化、制度化。

暖流伴归途，为让春节返乡的外来务工人员“摩托车大军”能够顺利安全回家，自2003年起，肇庆市便组织开展“暖流行动”，免费为他们提供沿途预警、食品饮水等安全保障服务，现已成为肇庆志愿服务的一张特色名片。肇庆市气象局积极参与“暖流行动”，连续多年派出志愿者在各服务站点为返乡人员提供回乡天气查询和后勤保障等服务，讲解道路行驶中遇到雾、霾、风雨天气时的应对措施，并在现场派发气象服务专报和气象科普宣传册，积极协助送上热姜粥、热茶、开水、干粮等物资，为身处寒意和困倦交织旅途上的返乡人开辟出一条爱心之路。

在市委、市政府的领导下，肇庆市气象局实行“一把手”责任制，全面推动肇庆市文明城市创建工作，形成了一支全局上下总动员的常态化志愿者队伍，冲锋在前，勇于拼搏。2018—2020年，肇庆市气象局先后与鼎湖区广利街道朝南社区、高要区南岸街道山口社区形成结对社区进行文明创建活动，定期派出志愿者队伍深入社区开展爱国卫生运动、垃圾分类活动，并引导居民群众了解文明常识、践行文明行为、知晓和支持创文工作，向社区居民发放创文宣传资料，宣传创建全国文明城市的意义，讲解社会主义核心价值观等知识，认真回答居民咨询的问题并收集居民反映的意见建议，倡导居民共同遵守居民公约、文明守则，支持和配合创建工作。肇庆市气象局还根据市文明办统一安排，在上下班高峰期派出志愿者在路口开展文明劝导服务；组建创文先锋队，协助端州区双东北社区、双东南社区开展卫生清洁、文明劝导活动；定期在社区、公园、学校等开展气象防灾减灾科普讲座，举办气象开放日活动，宣传气象科普知识。

2020年初，一场突如其来的新冠肺炎疫情，打乱了人们迎接新春的脚步。肇庆市气象局按照市委、市政府的统一部署，召回春节度假的全体干部职工，第一时间投入到属地疫情防控工作，协助单位所在的黄岗社区居委会开展入户排查和卡点值守工作，并先后派出唐宇、曾昭盛、周庆生3人分批次参加肇庆市“西江党旗红”党员突击队，日夜值守在关键节点。2021年6月8—9日，正值疫情防控的关键期，肇庆市开展全员大规模核酸检测，肇庆市气象局闻令而动，紧急抽调10余名“西江党旗红”党员突击队队员，奔赴疫情防控一线，全力支援端州区全员大规模核酸筛查工作。

第四节　扶贫济困和乡村振兴

为加快肇庆市山区、贫困地区脱贫致富奔小康和尽快融入珠三角的步伐，按照肇庆市委、市政府的统一部署，肇庆市气象局从2005年开始，以贫困村、贫困户和贫困人口为帮扶对象，以加快贫困村经济发展和贫困人口稳定增收为目标，调动各方力量，开展扶贫济困工作。肇庆市气象局的扶贫历程主要分为3个阶段：第一阶段（2005—2008年），是“十百千万”干部下基层驻农村阶段；第二阶段（2009—2015年），是扶贫开发“规划到户责任到人”的“双到”扶贫阶段；第三阶段（2016年—2021年3月），是“精准扶贫精准脱贫”阶段。

第一阶段，市气象局分4批次选派干部参加肇庆市“十百千万”干部下基层驻农村工作，先后到封开县江川镇新兴村、界首村定点驻村，主要任务是改变农村面貌，全面提高和发展农村生产力水平，发展农村经济，解决困扰农村经济发展的矛盾和问题，促进农村生产发展和提高农民生活水平。参加驻村工作的人员有裴苏华、史成、裴苏清、钟亮等。

第二阶段，市气象局分两轮选派干部参加肇庆市扶贫开发“规划到户责任到人”定点帮扶工作，先后到怀集县凤岗镇下坑村、岗坪镇地灵村定点驻村，主要任务是指导驻点村抓好基层组织建设，立足当地实际，理清发展思路，增加农户收入，壮大集体经济，如期实现脱贫目标；协助当地排查历史积案和矛盾纠纷，积极维护农村社会的和谐稳定。截至 2015 年底，怀集县凤岗镇下坑村 17 户贫困户、岗坪镇地灵村 23 户贫困户基本实现稳定脱贫。参加定点帮扶的人员有裴苏清、何程东等。2013 年 3 月，何程东被中共广东省委办公厅、省政府办公厅授予“优秀驻村干部”称号。

第三阶段，市气象局分两轮选派干部到肇庆市德庆县永丰镇郡市村、南田村、荔枝村、文罗村和河村等行政村，开展精准扶贫精准脱贫工作，主要任务是以贫困户的精准脱贫为工作重点，着力提高贫困人口收入，改变贫困地区落后面貌，衔接实现全面建成小康社会奋斗目标的时间节点，确保到 2020 年底全市贫困人口全部脱贫。2016 年开始，市气象局先后在德庆县永丰镇郡市村、南田村、荔枝村、文罗村办了一系列实事好事，完成 91 户贫困户危房改造工作；相继建立紫淮山、蔬果和南瓜种植基地；开展水牛养殖项目；入股光伏发电、小水电发电和扶贫车间改建等十年分红项目；为 12 名有劳力贫困户申请设立公益性保障岗位；帮助贫困户家庭培养出了 5 名全日制本科生和 4 名专科生。截至 2020 年底，市气象局帮扶的 131 户贫困户 256 人全部实现了精准脱贫，交出了脱贫攻坚的胜利答卷。市气象局参加精准扶贫精准脱贫工作的人员有裴苏清、曾昭盛、刘刚、高俊杰、王迁等。2019 年 2 月，刘刚被广东省扶贫开发领导小组授予“广东省 2016—2018 年脱贫攻坚工作突出贡献个人”称号；2019 年 10 月，高俊杰被中国气象局授予“全国气象部门优秀共产党员”称号。

为进一步做好巩固拓展脱贫攻坚成果同乡村振兴有效衔接工作，推进“三农”工作和乡村振兴战略，根据肇庆市委、市政府的统一组织安排，2021 年 6 月，市气象局选派干部到四会市罗源镇参加乡村振兴驻镇帮镇扶村工作，并联合市统计局、四会市公安局、住建局、城管局组建乡村振兴驻镇帮镇扶村工作队。市气象局参加工作队的人员有高俊杰，期间在四会市罗源镇洞心村担任第一书记。

第五节 文明建设成果

21 世纪初开始，肇庆市气象部门进一步加快了文明创建工作的步伐，在软、硬两个环境的建设上下功夫，加强基础设施建设，绿化美化环境，着力改善台站面貌。肇庆市气象局及各县（市、区）气象局均建设了新的业务楼，各县（市、区）气象局国家观测场均完成了标准化改造，气象台站面貌焕然一新。2015 年 10 月，肇庆市、县两级气象台站全部被评为“广东省气象现代化新型台站”。

肇庆市气象部门的文明创建工作有序推进。2004 年，高要市气象局获“肇庆市文明单位”称号。2010 年，肇庆市气象局获“肇庆市文明单位”称号。2014 年，怀集县气象局获“肇庆市文明单位”称号。2015 年，四会市气象局、广宁县气象局、封开县气象局、德庆县气象局均获得“肇庆市文明单位”称号。2017 年，肇庆市气象局获“广东省文明单位”称号，并于 2020 年通过复查确认继续保留“广东省文明单位”称号。至此，肇庆市气象部门开展文明创建活动的 7 个单位均已建成省、市文明单位，其中省级文明单位 1 个，市级文明单位 6 个。

肇庆市气象局在创建文明单位过程中成果颇丰。2015 年 10 月 8 日，肇庆市气象局文化教育展厅揭幕。文化教育展厅是肇庆市气象局创建文明单位的重点项目，也是展示现代化新型台站深厚文化内涵的主要窗口。全局干部职工包括离退休老干部主动参与建设，历时一个多月落成，该展厅以“铭记历史，承前启后”为主题，集中陈列展览了 1958 年肇庆市气象部门成立以来气象事业沧桑变迁，展现了前杰先贤们艰苦奋斗、心怀苍生的精神，激励当代气象人为建设过硬的、经得起检验的气象现代化甘于奉献、奋勇争先。同年，还对图书阅览室和廉政教育园完成改造。

第六节 气象优良传统的传承

20 世纪 50 年代，一群年轻的气象人，响应国家号召，从五湖四海来到肇庆，在各个县先后建起了气象站。他们披荆斩棘，白手起家，在艰难中砥砺前行，是一群名副其实的开荒牛，留下了艰苦奋斗的优良传统。这些人员有雷其顺、谢忠、陈水林、黄赋友、史习文、张祥治、何日群、李锦标、邹典祥等。其中，梅州大埔县青年黄赋友，1956 年 4 月参加气象工作，在广东省气象干部学校培训半年后，服从组织安排，背井离乡来到怀集县，主持怀集县气候站的筹建工作。他克服语言不通、物资匮乏、环境恶劣等困难，一边建设气象站，一边做好气象业务工作，主动开展气象预报服务，为当地的农业生产挽回了不少损失，随后又建立了南丰气象站。他迎难而上，因地制宜，卓有成效的工作受到当地党政领导的充分肯定，多次被评为肇庆专区和广东省的先进气象工作者。1958 年，黄赋友先后代表怀集县气候站参加了全国气象工作会议、代表怀集县参加了广东省农业先进单位代表会议，并作为广东省的代表参加了全国农业先进单位代表会议，受到毛泽东、刘少奇、朱德等党和国家领导人的接见。

20 世纪 70 年代开始，肇庆地区气象局按照中央气象局和广东省气象局的要求，派出一批批气象业务人员奔赴祖国的最南端——西沙群岛，支援海岛的气象建设和业务工作，每一批人都要在岛上工作两到三年甚至更长时间。陈旧的仪器、简陋的房舍、滔天的海浪和呼啸的狂风，条件相当艰苦。他们在远离本土、缺少淡水和蔬菜、技术设施和手段落后的情况下，肩负祖国南海气象观测和气象服务的重任，长期忍受孤独和寂寞，坚守岗位，恪尽职守，彰显了无私奉献的精神。这些支援西沙气象工作的人员有张沛林、孔维斌、麦其永、李明汉、莫洁、莫伟元、陈达炎、苏燕广、黎镜森、周满荣、黄良元、欧耀桓、谭国华、孔胜池、陈梓泉、钟少游、黄辉进、罗三华、黄河等。其中，怀集县气象局的观测员孔维斌，1986 年服从安排援助西沙群岛，1992 年主动要求再次到西沙群岛工作，先后获得“广东省先进气象工作者”“海南省气象系统先进工作者”，以及中国气象局“质量优秀测报员”等荣誉称号。

1994 年 6 月，西江发生特大洪涝灾害，据记录，这是自 1915 年以来西江最大的一次洪涝灾害。肇庆市气象部门发扬连续作战、不怕疲劳的精神，通宵达旦进行天气监测预报，全力以赴做好抗洪救灾气象服务工作，提前作出准确的预报，为各级党政领导指挥抗洪救灾提供科学的决策依据。气象部门的努力，为减少灾害损失做出了重要贡献。全市气象系统（含云浮市）共有16人被广东省气象局评为“抗洪救灾先进个人”，朱杰文获肇庆市委、市政府颁发的“在抗洪抢险中做出突出贡献记功奖励”。特别是时任封开县气象局局长李明汉，在郁南县白木大堤决堤，郁南县气象局受淹被困、业务中断的情况下，不顾生命危险，驾驶机帆小艇，带着干粮、矿泉水、蓄电池等物品，冒着汹涌的浪涛到郁南县气象局救灾，使该局恢复通信和业务。李明汉被中国气象局授予“1994年度汛期气象服务先进个人”称号，他的感人事迹曾被刊登在《中国气象报》的头版。

2003年，高要市气象局的孙云智被选为我国第二十次南极考察队员，赴南极中山站工作一年，这是广东省气象部门第一人。在南极工作期间，他坚持每天凌晨4时起床，从5时（北京时间8时）开始观测，连续工作12小时，一年下来从不间断。困乏、寒冷、孤独再加上暴风雪，条件极其恶劣，但孙云智硬是凭着坚强的意志毅力、良好的身体素质，自始至终都没有缺测或迟测过一次，获得了宝贵、准确的第一手资料。完成了南极中山站电脑系统、地面气象观测软件的更新，共进行定时观测1250次、补充观测1250次、编制气象电报1250份。使用甚高频电话，通过澳大利亚戴维斯站将气象电报传入世界天气监视网1250次。累积了11个月的云、能见度、天气现象、风向、风速、气温、湿度、气压、日照和日射等原始气象资料。详细统计了2001—2003年中山站地区风力及日照的资料，共计书面材料6份，为进行中山站风力发电可行性研究调研工作提供了准确可靠的依据。编制了《中山站能见度目标物分布图》和《云状分类和高度表》等。孙云智克服重重困难，勇赴南极，胜利完成了任务，为广东气象工作者争了荣誉，为肇庆人民添了光彩，真正体现了有理想、有责任、有能力的新一代气象人的风貌。

2008年，肇庆市气象局预报科科长、高级工程师彭端被全国妇联评为“全国三八红旗手”。自1995年8月参加工作以来，彭端在组织实施肇庆市决策和公共气象服务、重大灾害性天气应急保障服务等工作中起到骨干带头作用，连续四届被肇庆市政府聘为市突发公共事件应急管理专家组成员，2007年起连续12年被选为肇庆市防汛防旱防风技术专家库成员。彭端注重做好“传帮带”，加强年轻业务人员的培养指导，发挥团队作用，带领年轻人开展科研攻关，先后作为主要人员参与2项省部级科研项目、主持6项厅局级科研课题，在核心或省级以上刊物发表近30篇论文，培养人才11人。获得部级奖励2项、厅级奖励16项，多次被广东省气象局评为“重大气象服务先进个人”。由彭端带领的肇庆市气象台先后获重大气象服务先进集体9次，获“全国优秀值班预报员”5人次。在第三届、第四届广东省公共气象服务技能竞赛中，肇庆市气象局代表队均荣获团体第一名的好成绩。2021年3月，由彭端领衔的业务科研工作室被命名为首批“广东省三八红旗手工作室”，也是肇庆市首个“广东省三八红旗手工作室”。2021年12月，彭端获评正高级工程师，这也是肇庆市气象部门第一人。

在肇庆市气象部门，这样的先进人物还有很多。正是因为他们的努力付出，他们的榜样作用，使“敬业爱岗、艰苦奋斗、勇于创新、无私奉献”的气象优良传统得以一代代传承。

第三篇　气象业务

肇庆市气象业务主要有气象观测、气象通信、天气预报预警、气象服务、科技服务等。

第九章 气象观测

气象观测是气象工作的基础。根据观测的范围和内容，气象观测可分为地面气象观测、高空气象观测、专业气象观测。肇庆市 6 个县（市、区）只有地面气象观测和专业气象观测。

第一节 地面气象观测

地面气象观测是气象观测的重要组成部分，它是对地球表面一定范围内的气象状况及其变化过程，进行系统的、连续的观察和测定，为天气预报、气象信息、气候分析、科学研究和气象服务提供重要的依据。地面气象观测站按承担的观测任务和作用分为国家基准气候站、国家基本气象站、国家一般气象站三类。肇庆市境内有 6 个地面气象观测站，高要、广宁为国家基本气象站，德庆、封开、怀集和四会为国家一般气象站。根据站网调整的要求，2007 年 1 月 1 日开始，高要、广宁更改为国家气象观测站一级站，德庆、封开、怀集和四会也更改为国家气象观测站一级站，2009 年恢复为原来的国家基本气象站和国家一般气象站。2018 年 5 月 8 日开始，根据《中国气象局关于印发气象观测站分类及命名规则的通知》（气发〔2018〕35 号），德庆、封开、怀集和四会更改为国家气象观测站。

一、观测场地

气象观测场是获取具有比较性、代表性、准确性气象要素的重要场所，它有一定的技术要求。中国气象局修订后的 2004 年版《地面气象观测规范》规定，观测场一般为 25 米 ×25 米的平整场地。肇庆市除高要区气象站观测场面积为 25 米 ×30 米外，其余 5 个县（市）气象站观测场均为 25 米 ×25 米。

在建站初期，气象观测环境都比较好，随着城市建设的发展和气象台站自身建设的需要，气象观测环境保护的问题越来越突出，6 个县（市、区）气象站观测场都进行过搬迁。

高要区国家基本气象站观测场 4 次搬迁，分别是 1953 年 12 月、1954 年 12 月、1998 年 8 月、2016 年 1 月。广宁国家基本气象站观测场 2 次搬迁，分别是 1995 年 1 月、2016 年 1 月。德庆国家一般气象站观测场 4 次搬迁，分别是 1958 年 9 月、1960 年 1 月、2011 年 1 月、2022 年 1 月。封开国家一般气象站观测场 2 次搬迁，分别是 1963 年 10 月、2010 年 1 月。怀集国家一般气象站观测场 2 次搬迁，分别是 2007 年 1 月、2019 年 1 月。四会国家一般气象站观测场 2 次搬迁，分别是 1991 年 1 月、2009 年 1 月。

二、观测业务

（一）观测

肇庆市境内，高要最早建站，最早开展观测任务。从1953年6月起进行正式观测，按照《气象观测简要》，采用中原时区（东经120°），每天03时、06时、09时、12时、15时、18时、21时、24时，观测8次。1954年1月1日—1960年6月，按照《气象观测暂行规范——地面部分》，采用地方平均太阳时，每天01时、04时、07时、10时、13时、16时、19时、22时（地方时），观测8次。1960年7月起，按照《地面气象观测规范》，采用北京时，昼夜值班，每天02时、05时、08时、11时、14时、17时、20时、23时，观测8次。观测项目有云、能见度、天气现象、风向风速、气温、湿度、气压、降水量、蒸发、日照、地温等。1968年11月开始，使用EL型电接风向风速计。1974年，所观测的资料参与亚洲气象资料交换。1980年，按新的《地面气象观测规范》观测。1993年7月1日，电接风向风速计改为测风数据处理仪（EN型）。1996年，增加大型蒸发观测。2001年12月31日，停止小型蒸发观测。2004年1月1日，按新的《地面气象观测规范》观测。2004年起，人工站和遥测站双轨运行（2004年以人工站记录为主，2005年以遥测站记录为主）。2006年起，遥测站单轨运行，取消人工观测站（每天20时进行人工对比观测），实现了温度、气压、湿度、风向风速、降雨量、草温以及各层（0～320厘米）地温的自动观测。2012年3月31日20时起，夜间不守班，改为白天守班，每天在08时、11时、14时、17时、20时进行观测。

广宁建站后，观测内容与高要站大致相同。怀集、德庆、四会、封开建站后，1960年7月前，按照《气象观测暂行规范——地面部分》，采用地方平均太阳时，每天07时、13时、19时（地方时），观测3次。1960年7月起，按照《地面气象观测规范》，采用北京时，昼夜值班，每天08时、14时、20时，观测3次。观测项目有云、能见度、天气现象、风向风速、气温、湿度、气压、降水量、蒸发、日照、地温等。1980年，按新的《地面气象观测规范》观测。2004年1月1日，再按新的《地面气象观测规范》观测。2005年起，人工站和遥测站双轨运行（2005年以人工站记录为主，2006年以遥测站记录为主）。2007年起，遥测站单轨运行，取消人工观测站（每天20时进行人工对比观测），实现温度、气压、湿度、风向风速、降雨量、草温以及各层（0～320厘米）地温的自动观测。

2010年以后，肇庆市气象台站观测内容的变化基本相同。2011年4月1日起，撤去地面观测站气温、气压和湿度的自记仪器。2013年7月1日起，取消地面20时自动与人工对比观测。2013年10月16日起，新增能见度自动观测。2014年1月1日起，取消08时、20时定时降水量的人工观测。2015年1月1日起，除能见度和日照保留人工观测外，取消温度（干球、湿球、最高、最低温度表和浅层地温）、风向风速、水银气压表等人工观测。2015年7月10日起，全国实时—历史地面气象资料一体化正式运行。2016年1月1日起，取消能见度与视程障碍类的天气现象人工观测；能见度以自动能见度观测为准；视程障碍类天气现象由软件自动判别，扬尘、浮尘、轻雾、霾的能见度判别阈值为7.5千米，沙尘暴、雾的能见度判别阈值为0.75千米。2016年8月5日起，按《地面气象观测业务无人值守改革试点工作方案》相关规定执行。2017年9月1日起，开展数据格式标准化业务试运行和降水现象平行观测业务。2018年9月1日起，转入降水现象平行观测第二年，即日起，降水类天气现象采用降水现象仪观测。2019年1月1日起，开展第一阶段日照平行观测业务，以人工日照观测记录为正式记录。2019年5月1日起，停止编发重要天气报，但保留最大冰雹的最大直径和平均重量录入、上传功能；日照平行观测第二阶段开始，以自动观测日照数据为正式记录。2020年4月1日，地面气象观测自动化改革正式业务运行，每天人工定时观测、人工连续观测天气现象、日常守班、重要天气报编发、地面观测记录簿记录、值班日记填写、人工数据质量控制（含质控疑误信息反馈）等被取消，只保留人工应急观测能力。地面气象观测项目，分为中国气象局统一布局观测和省气象局自定观测。中国气象局统一布局观测项目有气温、气压、湿度、风向、风速、降水、能见度、地面温度（含草温）、浅层地温、深层地温、大型蒸发、日照、辐射、总云量、云高、毛毛雨、雨、雪、雨夹雪、冰雹、大风、露、霜、雾、轻雾、霾、浮尘、扬沙、沙尘暴、结冰、雷暴31项。省气象局自定观测项目有最大冰雹的最大直径和平均重量2项。观测方式：气温、气压、湿度、风向、风速、降水、能见度、地面温度（含草温）、浅层地温、深层地温、大型蒸发、日照、辐射、大风、毛毛雨、雨、雪、雨夹雪、冰雹19项，采用仪器自动观测；雾、轻雾、霾、浮尘、扬沙、沙尘暴6项，采用台站地面观测业务软件自动判识；总云量、云高、露、霜、结冰、雷暴6项，由国家级业务单位采用自动综合判识进行观测。省气象局自定的最大冰雹的最大直径和平均重量，目前仍采用人工观测，且所有国家级台站均须观测。2020年10月28日安装天气现象智能观测仪。

（二）发报

天气电报主要有3种，即地面天气报（绘图天气观测电报）、航空天气报和危险天气通报（简称航危报）以及重要天气报。肇庆市所属的气象站，在建站初期均担负天气观测、拍发天气电报、航危报及重要天气报任务。2012年4月1日，取消天气报编发和报文上传，改用新格式地面气象要素的数据文件上传。

1. 地面天气报（绘图天气观测电报）

绘图天气观测电报（简称绘图报），是按照天气预报的需要，由气象观测站定时测定天气变化要素，所编发的实时天气实况电报。按中国气象局的要求，据有关规范、规定，每天在02时、08时、14时、20时观测、编发基本定时绘图天气观测报告，在05时、11时、17时和23时编发补充定时绘图天气观测报告，供气象部门天气预报使用。1985年开始，按照国家气象局发布的《地面气象测报程序》，肇庆市气象台站编发绘图天气观测电报，逐步统一使用PC-1500计算机处理观测记录数据和编发电报。此后，都采用PC-1500计算机自动编码。1990年后，由微型计算机（386、486、586等机型）取代PC-1500袖珍计算机计算、编报。2012年4月1日起，取消天气报的编发和报文上传，改用新格式地面气象要素的数据文件上传。2022年4月1日起，所有国家站实现地面分钟观测数据中的降水、风等要素的极值、累计值上传。

2. 航危报

航危报由广东省气象局指定，按规定的时次、种类和电码，观测、编发。高要站自1959年5月起，担负预约PK北京、AV南宁和固定AV广州、MH广州的航空报任务。德庆站1959年5月—1993年5月1日，担负AV广州、预约MH广州航空报任务。怀集站1959年

5 月—1993 年 5 月 1 日，担负 AV 广州、预约 MH 广州航空报任务。

3. 重要天气报

肇庆市所属气象站在遇有大风、龙卷、冰雹、暴雨等重要灾害性天气时，都要迅速、准确地以电报、电话等方式向广东省、肇庆市气象台报告，同时还要及时向当地政府和有关单位传递信息。按照《广东省地面气象应急观测管理办法》要求，当龙卷、冰雹等天气现象出现时，按照《地面气象观测规范》和相关技术规定进行观测，并编发重要天气报。

（三）编制报表（观测资料的整理、汇总和上报）

每月（年）对当月（年）地面气象观测资料进行整理审核后，形成月报表（气表—1）和年报表（气表—21），向省（国家）气象局上报。2017 年 7 月起，利用气象资料业务系统（MDOS）制作地面气象记录报表（A|J|Y 文件）。

第二节　农业气象观测

农业气象观测属于专业气象观测的一种。肇庆市有 3 个农业气象观测站（简称农气站），高要站属一级农气站，广宁站和封开站属二级农气站。3 个站的观测内容除水稻相同外，其余略有差异。

高要站自 20 世纪 50 年代起就开展农业气象业务。1959 年建立农业气象实验站，进行田间小气候观测研究，1962 年 3 月 15 日起撤销。1980 年起，按 1979 年出版的《农业气象观测方法》进行农业气象观测。1993 年起，按 1993 年 2 月出版的《农业气象观测规范》进行农业气象观测。自 20 世纪 50 年代至今，主要观测项目有水稻、甘蔗、冬小麦、玉米、花生及物候观测，此外还开展农业气候分析、农情调查，指导农业生产。

广宁站和封开站的农业气象工作始于 1976 年，主要进行农业气象预报服务。1980 年起，按 1979 年出版的《农业气象观测方法》进行农业气象观测。1982 年起，向广东省气候中心，编发作物发育期观测数据文件和制作观测记录年报表。农业气象观测的作物主要有水稻、甘蔗和花生（广宁为水稻和花生，封开为水稻和甘蔗），自然物候观测有木棉、白玉兰和楝树（广宁为楝树，封开为木棉和白玉兰）。1993 年起，按 1993 年 2 月出版的《农业气象观测规范》进行农业气象观测。2001 年，封开站和广宁站取消原定点作物观测，改由定期进行大田调查和向农业部门咨询获取资料，形成材料，按时上报广东省农业气象中心。

2004 年起，对 3 个农气站的观测任务作了调整，时间基本一致。2004 年，根据《关于调整和加强上报农情调查材料的通知》（粤气业〔2004〕24 号）要求，高要站除完成原定作物的定点观测任务外，增加每旬一次的农情调查和上报，调查的作物为水稻和玉米，取消原每月一次的农情调查材料上报。广宁站和封开站的农情调查仍按每旬一次，但对指定调查的作物种类作了调整，广宁站为水稻和花生，封开站为水稻和玉米。

2010 年 1 月 1 日起，根据《关于印发农业气象观测站网和观测任务调整实施方案的通知》（气发〔2009〕300 号）和《关于调整农业气象观测站网和观测任务的通知》（粤气业函〔2009〕92 号）要求，广东省的农气站及观测任务进行了调整。3 个站的中国气象局管理项目均为双季早稻和双季晚稻。省（区、市）管理项目中，高要站的作物（畜牧）观测为春花生和甘薯，物候观测为楝树和木棉，特色观测为柑橘；广宁站的作物（畜牧）观测为蔬菜，物候观测为楝树，特色观测为砂糖橘；封开站的作物（畜牧）观测为蔬菜，物候观测为木棉和玉兰，特色观测为柑橘。

2012 年，3 个农气站在本观测站内完成自动土壤水分观测站安装，开始人工观测与自动观测作对比观测。2013 年 5 月 1 日完成仪器标定，停止对比观测，正式投入使用。

2013 年 10 月 1 日起，根据《观测处关于调整部分农业气象观测任务的通知》（粤气测函〔2013〕33 号）要求，所有农气观测数据只通过农业气象测报业务软件（AgMODOS）传输，3 个站均取消人工土壤任务，观测数据统一由业务软件的土壤水分测报传输，停发农业气象测报业务软件中的基本气象段。除高要站仍保留原有自然物候观测外，广宁站和封开站停止自然物候观测。

第三节　特色观测

一、酸雨观测

肇庆市仅广宁站开展酸雨观测。根据中国气象局安排，2005 年完成酸雨观测设备安装、实验室改造和人员培训，于 2006 年开始酸雨观测业务。根据《关于深圳、梅县、广宁气象局开展酸雨观测有关事宜的通知》（粤气业字〔2006〕19 号）文件要求，2006 年 7 月 1 日，酸雨观测进入业务试运行，从 2007 年 1 月 1 日起，正式开始业务运行。广东省气象局配发酸雨观测设备及配套软件，设置酸雨观测实验室，配置的器具主要有酸碱计（pH 计）、电导率仪、复合电极、电导率偶极、温度电极、采样桶等设备及瓶、杯等器皿。

酸雨观测是降水采样、降水酸度 pH 值和电导率的测量分析。酸雨观测和分析测量等工作，按 2005 年中国气象局制定的《酸雨观测业务规范》执行。按要求进行降水观测记载，按规定向中国气象科学研究院和广东省气象局报送观测记录报表和有关资料。2019 年 12 月 3 日 20 时，地面、酸雨气象数据标准格式完成切换，停止原格式数据文件生成和上报。

2019 年 10 月，完成 TCYII-1 型酸雨自动观测系统的安装、调试。2021 年 2 月 1 日，根据《观测司关于做好酸雨自动观测系统平行观测工作的通知》（气测函〔2020〕157 号）的要求，通过了酸雨自动观测设备盲样测试，正式开展酸雨平行观测。2021 年 7 月 1 日—2022 年 1 月 31 日，根据气测函〔2020〕157 号相关规定，进入酸雨平行观测第二阶段，上传数据以酸雨自动观测数据为准。2022 年 6 月 1 日起，酸雨自动观测正式业务运行，同时取消台站的酸雨人工观测任务。

二、其他专业观测

肇庆市于 2008 年建成 3 个 GNSS/Met 水汽观测站，为广宁站、德庆站和封开站。2012 年 8 月，广宁站安装了闪电定位仪器，开始观测业务。2012—2016 年，全市建成 6 套生物舒适度监测仪（高要区2012年3月建成，其余2016年建成）。2013年，建成2套回南天观测仪（高要市和四会市）。2015年4月，建成大气成分观测站（高要市）。2018年，在怀集县和封开县各安装了一部全固态X波段雷达双线偏振天气雷达。2021年2月，建成温室气体观测站（高要区）。2021年1—3月，建成40套大气电场仪。2021年12月，建成2部X波段双极化相控阵天气雷达，位于高要区南岸象山和四会市贞山电视发射塔旁最高山头。

为做好“三农”气象服务，2018—2019年，在广宁县潭布镇拆石村、广宁县宾亨镇中村、封开县平凤镇红庄村、封开县江口街道新进村建设了4个农田小气候观测站，观测要素包括空气温度、空气湿度、风、辐射、降水量、地温等。

第四节　天气雷达探测

天气雷达是利用雨滴、云滴、冰晶、雪花等对电磁波的散射作用，探测大气中的降水分布、移动和演变，了解天气系统的结构和特征。多普勒天气雷达除能起到常规天气雷达的作用外，还可以利用物理学上的多普勒效应来测定降水粒子的径向运动速度，并通过这种速度信息来推断降水云体的风速分布、风场结构特征、垂直气流速度等，对跟踪探测台风、暴雨、冰雹、龙卷等灾害性天气发挥重要作用。

1976年，在广东省气象局雷达专家的指导下，肇庆711型天气雷达开始安装调试，天线设在位于端州区文明一巷的肇庆地区气象局办公楼楼顶，最大探测直径约为200千米。1977年4月1日，该雷达正式投入业务使用，开展强对流、台风、暴雨等重要天气的监测预警，为保障西江航运、防洪以及周边地区工农业生产发挥了重要作用。2000年底，肇庆711型天气雷达停止使用。

肇庆地区气象局于1976年组建雷达组。最初由钟献忠、何振图、麦其永、张志军、郭幸民等人员组成，钟献忠任组长。而后，吴新隆、黄良元、周满荣、吴桂强、黎镜森、莫伟元、吴振强、刘谦等先后参加过雷达探测业务工作。每年4月1日—10月31日，24小时值班，正常情况下每小时开机一次，发现较强天气回波时，连续开机跟踪，并及时通过电话向有关单位（如肇庆航运局、云浮硫铁矿等）通报情况，进行气象预报预警服务。其余非汛期时段，每天开机一次，保持机器正常，性能稳定。

2009年4月，中国气象局《关于广东肇庆新一代天气雷达站址的复函》（气测函〔2009〕53号）同意广东省气象局意见，将高要金龙水库作为肇庆新一代天气雷达站址。同年，肇庆新一代天气雷达站开工建设，占地17297平方米，建筑面积2600平方米，主要建设项目有雷达塔楼、业务楼、水电道路、绿化带等。

肇庆雷达信息处理中心位于肇庆市端州区信安大道12号，占地14149平方米，四层框架结构，建筑面积为5324.4平方米。2008年8月动工，2010年7月投入使用。

2012年11月8日，肇庆新一代天气雷达基地竣工验收。2013年6月1日，雷达投入业务使用。

2020年11月25日，肇庆新一代天气雷达进行技术升级及技术标准统一项目建设。将原有雷达伺服系统进行技术升级，并在此基础上对雷达进行了全面维修、维护、更换，对发射、接收、信号处理、配电等系统实施了技术状态统一。通过技术状态统一，提升了肇庆雷达设备整体质量，使雷达性能参数指标达到功能需求书要求，统一在线标定体系、增加在线监测点、统一关键适配参数、提升关键器件性能、完善终端软件、增加远程控制及统一信号处理、增加径向数据流传输功能。新增雷达标准输出控制器，实现雷达关键技术参数、运行环境参数、附属设备运行状态参数及适配参数变更痕迹等信息采集、在线监测、分析和传输以及远程控制雷达与附属设备等功能，提高雷达观测数据质量、雷达定量估测降水准确率，提升降水相态探测能力，满足雷达对天气监测预警预报精细化的要求。

2021 年 5 月 25 日，肇庆新一代天气雷达完成升级后再次投入业务使用，有效提高了肇庆及周边地区的灾害性天气监测预警能力。

在雷达信息处理中心内建有综合业务信息系统，主要包括“雷达拼图及多种探测信息集成开发”“大范围降水面累积量实时测估”“强对流天气监测预警预报服务”“人工影响天气指挥服务”“多普勒天气雷达应用产品二次开发”“专项预报产品开发”等工作平台。

新一代天气雷达每天 24 小时连续运转，每 6 分钟生成一组资料，自动传输到广东省气象局、中国气象局，实现资料共享、组网拼图。肇庆市气象台可应用雷达回波资料，及时对外发布台风、暴雨、强对流天气等气象灾害预警。

肇庆新一代天气雷达是中国气象局增补的 58 部新一代天气雷达之一。它的有效探测直径可达 460 千米，能完整监测肇庆境内及其周边地区的中小尺度天气系统的发生发展，大幅度提高探测区域内气象灾害监测预报预警能力。

为提高雷达观测分辨率，有效监测强对流天气的发生发展，提高临近预警的时效，2017 年，建成德庆、怀集全固态 X 波段双偏振天气雷达，2021 年，建成高要、四会 X 波段相控阵天气雷达，广宁、怀集、封开、德庆 4 部 X 波段相控阵天气雷达建设也已全面铺开。

第五节　气象哨和自动气象站

1958 年 8 月，中共广东省委批转《广东省气象局分党组关于全党全民办气象，实现全省气象化的报告》。按照“专专有台、县县有站、社社有哨、队队有组”的目标要求，全省掀起大办人民公社气象哨热潮。20 世纪六七十年代，根据地理环境和气候特点，肇庆各地组建了近百个公社气象哨，形成群众性的观测天气网，收集到大量数据资料。至 20 世纪 80 年代，公社气象哨基本停止工作。

20 世纪末，开始自动气象站建设。1999—2021 年，全市共建成 196 个自动气象站。观测要素有温度、风向、风速、雨量，部分站还有水位观测，形成了覆盖全市所有镇（乡、街道）的自动气象观测网。依托“平安西江”项目，部分自动气象站增加了能见度和地表温度观测。2017 年 6 月，按照《国家地面天气站布局方案》（中气函〔2017〕134 号），肇庆市共有 18 个自动气象站并入国家地面天气站。

自动气象站运行后，温度、湿度、降水量、风向、风速、气压等观测数据的采集、传输全部实现了自动化，每分钟采集记录一次，每 5 分钟传输一次，为及时、有效地做好灾害性天气的监测、预报、灾情收集和预警服务提供了强有力的支持。

第十章 气象通信

肇庆市气象局气象通信系统的主要任务是传输、发布各类气象信息，分发各种天气分析、预报产品和数据资料，传输高度集中，信息量大，质量、时效要求高。随着国家通信和气象事业的发展，肇庆市气象通信网络经历了人工传递、邮政发报、甚高频通信发布、收音机收听、有线无线电传、电话通信、图文传真、卫星通信、移动通信基站无线传输和计算机网络通信等阶段。

第一节 台站气象数据传输

一、气象电报编辑

肇庆市气象台站地面气象观测数据用电报形式传输。气象电报编辑经历了 3 个发展阶段：第一阶段是完全人工操作阶段（从建站起至 20 世纪 80 年代中期），即由气象观测员从观测仪器上采集气象要素数据，按照气象电报编码规则编辑完成；第二阶段是半自动操作阶段（20 世纪 80 年代中期至 2002 年），即采集气象要素数据仍为人工操作，而编辑气象电报则由计算机程序完成；第三阶段是全自动阶段（2002 年各站逐步建立自动气象站后），即采集、编辑全由采集器和计算机程序完成。

二、电信电报和电台口语传输

20 世纪 80 年代末以前，肇庆市各台站气象电报的发送都是通过电信部门报房，用电报方式向用报单位传送。1990 年，全市气象部门建立了单边带电台辅助通信网，从 1991 年 4 月起，县级气象站均通过单边带电台将各类气象电报或气象数据（重要天气电报除外），传到市气象台使用。

三、气象数据自动传输

1993 年建立省级模拟专线。从 1995 年开始，肇庆市所属县级气象台站所有气象数据，都通过专线电路或远程拨号直接传输到市气象台和省气象台，即开始了计算机信息网络的数据传输。1998 年，“9210” 工程建立开通 9.6 kbps 速率的 X.25 电路，还用于 6 个县级气象台站观测数据的传输。1999 年，市级卫星通信系统投入业务运行后，模拟专线电路取消。县级气象台站的数据通过程控拨号方式传输到市气象台（市气象局值班室），市气象台再直接传输到省气象台，再由省气象台打包处理后通过卫星传输到中国气象局。

1998 年 10 月，肇庆市建立了首个自动气象站，自动站由市气象局计算机控制采集器定时拨号采集气象要素数据，数据在市气象局中心站进行数据库保存。2002 年，广东省气象局利用运营商 GPRS 网络建设自动站无线传输网络，各自动站数据通过 GPRS 方式直接传输到省气象局大气探测中心，再由大气探测中心通过有线网络下发到市气象局。2019 年 4 月，全省自动气象站无线传输网络升级为 4G 网络，各观测台站逐步取消 GPRS 网络而采用 4G 网络传输。

2000 年，中国气象局开始增加每天下午 1 次的城镇电视天气预报传输业务，由市级气象台负责本地区各县（市）的天气预报制作，按照城镇电视天气预报传输编码规则编辑成报文，通过本地区“9210”通信系统传输到省气象局，再由省气象局统一打包传输到中国气象局。2005 年，省—市 10M 宽带电路开通后，所有天气预报信息通过宽带线路传输到省气象台。2004 年，为满足本省气象信息自动答询系统（“12121”）和手机气象短信所需，又自行增加了早间城镇电视天气预报，传输方式同上。

第二节　气象信息接收

一、气象电报接收方式演变

20 世纪 70 年代中期至 80 年代后期，肇庆市气象台用收信机加移频附加器或单边带收信电台，无线接收电传电报。20 世纪 80 年代末，市气象台的电传收报改用单板机（z80）加打印机。20 世纪 90 年代初期，肇庆市气象台计算机网络系统建立以后，个别信息资料的收集、处理开始由计算机网络系统及相关软件自动运行完成，气象信息资料通过省气象电信台或省气象台传送。1999 年，“9210”系统网络建成后，所有业务应用的气象信息资料都通过“9210”网络直接从上级气象部门接收。同年，各县（市）气象局也由原来远程工作站（90 年代中建成）接收信息，改用气象卫星通信单向接收站 + X.25 电路网络接收气象信息。2003 年，全省建立 SDH 气象专网，大部分数据通过 SDH 气象专网接收。

二、传真收图

1983 年，肇庆市气象部门配置无线气象传真收片机，接收北京、日本东京气象中心和广州气象分中心发出的天气图表和卫星云图及雷达回波图信息。传真收图的应用改变了肇庆市气象局过去仅靠收音机、电话接收气象信息的落后面貌。传真收图一直延续到 1993 年实时业务系统的建立。各县（市）气象局的传真收图一直延续到 1995 年远程工作站（终端）的建立。

三、气象填图

气象电报收集后，需要将各气象台站同一时刻的气象观测数据，用各种规定的符号和数字填绘在一张空白的天气图底图上，供预报员作分析之用。20 世纪 80 年代末之前，气象台是手工填绘 500 百帕、700 百帕、850 百帕欧亚高空天气图、东亚地面天气图等图纸。1990 年底，肇庆市气象台实现了计算机自动填图，取消了手工填图。1995 年后，通过“9210”单收站，运用 MICAPS 预报工作平台，可以生成各种时次、层次的实况天气图、预报天气图、物理量图等大量气象图表，供预报员随时调用，因而取消了计算机自动填图，实现了无纸化预报。

第三节　气象通信网络系统

一、气象辅助通信网

国家气象局在“七五”计划期间建成省以下气象通信网，补充完善了气象通信体系。1992 年，肇庆市气象局开始进行甚高频气象辅助通信网建设试验，1993 年肇庆市气象系统甚高频通信网建成并投入使用。1995 年 4 月，全市市—县甚高频远程计算机网络系统开通并投入使用，在全市各县（市）进行气象警报服务。

20 世纪 80 年代末，建设单边带电台，组成了市气象局与各县（市）气象局的气象辅助通信网。辅助通信网担负着市、县之间天气预报会商、人工影响天气信息、气象灾情报告、定时天气电报、旬月天气电报等气象业务信息的传递任务。同时，还可以利用辅助通信网召开电话会议和行政通话，特别是在发生重大灾情电信部门有线通信中断的情况下，还担负党政、防汛等有关部门的抗灾救灾应急通信任务。21 世纪初，随着网络通信、卫星通信、移动通信的发展，市气象辅助通信网逐步停用。

二、省—市—县专线气象通信网

1995 年 4 月和 1998 年 8 月，相继开通市—县气象信息远程网络系统和“9210”气象通信系统。1998 年 8 月，开通 Win95 拨号网络；11 月，开通 X.25 计算机数据通信，接入电信部门数据交换网，连接广东省气象局。1999 年，肇庆市气象台站统一安装 PC-VSAT 气象卫星单向接收站，经过一年的试运行，自 2000 年 1 月 1 日起，各县（市）气象台站全部利用单收站接收上级气象部门的预报产品。2003 年，建成省—市—县三级气象专用通信网络系统 SDH 气象专网（其中省—市 10M，市—县 2M），气象信息业务自动化建设迈上新台阶。2005 年，开通省、市视频天气会商系统。2008 年后，全市气象系统建成以气象通信专网、气象卫星，移动运营商 3G、4G 网络为主，传真、电话、电报等多种通信手段为辅的数据通信传输网络，上行气象观测数据、分析报告，下行接收气象资料、图表、天气分析，所有资料实现计算机自动化处理。2010 年，肇庆市气象专网建成双链路的通信网络，网络带宽增加到省—市 50M，市—县 20M，进一步提高了网络的可用性和稳定性。2016 年，建成能接上级气象部门连线的市—县高清视频会商会议系统，实现了省、市、县三级高清视频会商。2016 年，市、县突发事件预警信息发布中心完成建设并投入使用，实现了信息“横向到边、纵向到底”的预警信息网布局；建立建成使用移动运管商3G技术组成的105个乡镇气象服务站、1864个农村气象大喇叭、690个农村气象电子显示屏发布网络；建设西江流域（肇庆段）天气实时视频监控网络，为及时发布全市各类自然灾害、事故灾难、公共卫生事件和社会安全事件等突发公共事件预警信息提供一体化的指挥和发布平台。2021年底，肇庆市气象专用高速网络的骨干网达带宽1G，省—市200M，市—县50M，同时配备VPN和无线APN连接等应急网络通信手段。

第十一章 天气预报预警

天气预报预警是气象台站的一项基本业务，是做好气象服务、防灾减灾工作的关键一环。

自 1958 年肇庆市气象台成立以来，天气预报大致经历了 4 个阶段：单站补充天气预报、应用气象传真图制作天气预报、人机交互制作天气预报和主客观精细化智能网格预报。

初期的预报内容有晴、雨（多量级）、气温、湿度、风向风速等要素和高温、低温、暴雨、霜冻、冰冻、雷暴、冰雹等灾害性天气。

预报时段：临近预报、短时预报、短期预报和中期、长期预报。

预报的基本资料：20 世纪 50—70 年代，抄收气象电报和广播电台播报的气象信息，绘制 05 时、08 时、14 时地面天气图和 08 时 500 百帕、850 百帕高空天气图，结合本地天气变化和群众看天经验，作出订正预报。20 世纪 70 年代末至 80 年代，除上述资料外，增加了接收国内外气象中心的数值天气预报图、大气物理量图表、卫星云图、雷达回波图和肇庆实时雷达回波图像的观测和分析。20 世纪 90 年代以后，随着气象探测技术和数值天气预报模式的不断发展，运用计算机网络系统，预报员能通过计算机直接调阅高空、地面气象探测资料、实时雷达图像、高密度实时自动气象站信息和国内外数值天气预报图，结合本地天气变化，综合分析作出天气预报。1990 年停止人工绘制地面、高空天气图，1995 年停止接收气象传真图，1996 年实现天气预报无纸化。

2000 年 11 月，实行台风、暴雨、寒冷等灾害性天气预警信号发布制度。2006 年 6 月 1 日起，《广东省突发气象灾害预警信号发布规定》实施，公布了台风、暴雨、寒冷、雷雨大风、高温、灰霾、大雾、冰雹、森林火险、道路结冰 10 种气象灾害预警信号。自此，广东省自然灾害的预防有了清晰的标志。2019 年 1 月 1 日起，《广东省气象灾害预警信号发布规定》实施。2020 年 7 月 1 日起，开展分区（镇、街）预警业务。

第一节 单站补充天气预报

单站补充天气预报，一般是对县级气象站而言，是一种大、中、小结合的预报方法。20 世纪 50 年代，肇庆地区的高要、怀集、封开、罗定等县相继建立气象站。起初，这些县级气象站只担负气象观测任务，不进行天气预报，仅收转中央、省、地级气象台发布的区域天气预报。但随着当地经济社会尤其是农业生产的发展，县级气象站仅进行气象观测已无法满足当地人们生产、生活的需要。同时，省、地级气象台作出的天气预报，对于大范围的天气形势和天气系统的预报准确率比较高，但对于小范围的县、镇，天气预报准确率就会低一些。为了解决这个问题，县级气象站通过广播收听上级气象台当时天气形势的预报和天气实况，就能了解目前控制本地以及将要控制本地的天气系统和它的影响，再细致地观测当地的天象和物象，分析简易天气图和资料图表，运用天气谚语，考虑地形特点对天气的影响，经过内部讨论和与有看天经验的群众会商，特别是要与灾害性天气移来方向的台站讨论会商，然后确定作出补充天气预报。这种预报，既应用近、现代大气科学理论，又考虑群众的丰富经验，因此，预报所用的资料比较全面丰富、及时有效，预报准确率也相应提高。

如遇有灾害性天气时，气象预报还要根据工农业生产需要，提出有针对性的防御措施和建议。必要时，采用流动台站的方式到生产现场直接服务。

20 世纪 50—70 年代，在肇庆地区单站补充天气预报的常用工具有简易天气图和资料图表两种。

1. 简易天气图

每天 08 时、14 时两次定时收听和抄录本省、邻省气象台发布的天气预报、天气形势编码及指标站实况广播。用规定的线条及符号（与天气图同）填绘在一张小范围的空白地图上，有高低中心、锋面、槽线、切变线、降水区、大风区等。

2. 资料图表

肇庆地区各县气象站利用单站气象资料制作的预报工具，主要有时间剖面图、点聚图和曲线图 3 种。

（1）时间剖面图

时间剖面图是应用单站气象要素综合分析天气过程、制作天气预报的一种工具。以日期为横坐标，以一日中的各次观测时间（02 时、08 时、14 时、20 时）为纵坐标。把各时次观测到的气象要素数值，用规定的符号及数字（与天气图填图符号相同）填在图上，包括气压、温度、湿度、风向风速、总云量、天气现象等。

分析剖面图，标注高低压中心、冷暖中心，勾画出降水、大风、大雾等天气区；分析等压线、等温线、锋线等；从大量的历史剖面图中寻找规律，作出天气预报。

（2）点聚图

点聚图是气象站应用较广的一种预报工具。它是根据预报员的实际经验，选出与某种天气现象（预报量）相关性好的几个气象要素，在坐标图上点聚的方法。如果点聚图上点子的分布很有规律，就表示所预报的天气现象与所选取的气象要素相关性好，可以用来预报天气。

（3）曲线图

气象站观测得到的诸气象要素与天气现象有着非常紧密的关系，实际上它们就是天气现象的表征。例如风向风速、温度、气压、湿度，这些气象要素的变化与天气变化的相关性就很高。曲线图就是分析上述气象要素的变化规律与天气变化之间关系的一种工具。

取横坐标表示时间，纵坐标表示气象要素，如气压、温度、湿度等，将逐日或逐时的要素值点绘在坐标图上，把同一要素的点子连成曲线，这就是曲线图。根据需要，可将风向风速、降水量等重要天气现象填在图下边。亦可将逐日 02 时、08 时、14 时、20 时观测到的气压、温度、湿度值点绘在图上，连成曲线。把风向风速、降水量等重要天气现象，按照填图符号或数值填在图下边，这就是综合要素曲线图。曲线图的优点是制作简单，既包括多种要素，还可以直接反映出日较差、日变化，如 6 小时、12 小时变差。此外，在曲线图上还可以加上气压月平均值线、温度月平均值线、湿度月平均值线，以供查距平之用。

应用曲线图的一个基本原则就是从大量的历史曲线图中寻找规律。

单站补充天气预报并不是单单使用上面所述的某一种方法或工具，而是综合分析，并结合气象预报员自身的实际经验作出的。20 世纪 60 年代末到 70 年代，在全国县级气象站推广广西武鸣县气象站的三曲线图和剖面图制作天气预报。具体方法：用标准计算纸（方格纸）点绘单站每天 14 时的气压、温度和绝对湿度值，分别连成 3 条曲线，在其下方填上本站 02 时、05 时、08 时、11 时、14 时、17 时、20 时、23 时的单站气压、气温、湿度、云量、风向、风速等气象要素组成剖面图。

在 20 世纪 80 年代前，肇庆地区所属的县气象站还没有计算机，甚至连简单的计算器也没有，那时所有气象资料的统计分析都是靠算盘或手工计算完成。为集中人力，经常采用“会战”形式，即每个县气象站派出 1 ～ 2 人到某个县气象站集中，住在一起，短则几天，长则半个月或更长。很多常用的预报因子或指标都是这样找出来的。

1974—1977 年，肇庆地区气象局的 10 个县气象局（站）开展单站预报技术会战：全地区分成三片，北部片包括广宁、四会、怀集；中部片包括高要、郁南、德庆、封开；南部片包括罗定、云浮、新兴；技术方向是逐步建立各站的春季低温阴雨、汛期暴雨和台风影响的单站预报方法；每站派一名预报业务人员参加，集中力量逐县收集资料、整理分析。每站工作时间为 1~2 个月不等。

1974 年 3 月开始，高要县气象站吴新隆、德庆县气象站郭佐仁、郁南县气象站陈广祥和封开县气象站朱杰文，先集中在高要县气象站工作，用近两个月时间，建立起一套春季低温阴雨、汛期暴雨和台风影响的单站预报方法，然后是在德庆、郁南和封开县气象站。此项工作持续到 1978 年完成。总的来说，预报准确率是逐步提高的。

第二节　应用气象传真图制作天气预报

20 世纪 80 年代初，国内兴起了应用气象传真图制作天气预报的方法。气象传真图实际上就是数值天气预报图。利用大尺度数值预报产品作局地天气预报，称之为“天气解释”。

一般来说，有两种方法把大尺度数值预报的结果解释为具体的天气。一种是完全预报法，简称 PPM 法。先根据历史资料选择预报因子和预报量，建立统计预报关系式，使用时将数值预报的输出结果来代替历史资料，用所建立的统计关系求得所要预报的气象要素。这个方法要求要有较长的历史观测资料用以建立预报关系式，同时要求数值预报结果必须准确。另外一种方法为模式输出统计预报法，简称 MOS 法。它是用历史上数值预报得到的某时段的各种变量及局地观测资料与预报量之间建立统计关系式。使用时，将数值预报的输出结果及局地观测资料代入方程，就可以求得预报量。

1982 年，按照国家气象局的统一部署，由吉林、江苏、陕西和广东四省气象部门联合组成地方 MOS 预报研究组，对 MOS 预报和完全预报方法进行研究和试验。肇庆地区气象台是该地方 MOS 预报研究组最早的成员单位之一，率先在广东省内进行了 MOS 预报和完全预报方法的研究及试验。

1. 完全预报方法（PPM 法）的研究试验

肇庆地区气象台所进行的完全预报方法试验主要有单站降水预报、生成于盛夏（7—8月）台风的移向预报。从预报员经验出发，着重考虑物理意义，选择符合天气学原理的预报因子，建立判别函数或预报方程，使用数值预报传真图，制作本地 24 小时降水预报、盛夏台风移向的预报。

2. 数值预报模式输出统计预报方法（MOS 方法）的研究试验

MOS 方法是一种将数值模式预报结果转化为地方具体天气预报的统计—动力预报方法。与完全预报方法不同，MOS 方法是根据数值模式输出的资料和当地的气象观测资料，用统计方法来推导预报方程。按照这种方法所建立的预报系统，可以自动考虑数值模式的偏差和不确定性，以及地方性的特点，而且该方法能够引入许多完全预报方法所不容易取得的预报因子，如垂直速度、散度、涡度及边界层的风等。

从 1983 年开始，肇庆地区气象台就试用完全预报方法作降水预报，且取得了很好的效果。气象台预报员何华庆工程师参加了当年 11 月由国家气象局在西安召开的数值预报应用情报交流会，会上宣读了论文和应用体会。而后，进行了大量的 MOS 方法的研究试验，特别是随着微型计算机技术的发展，1984—1986 年，数值模式输出产品的统计解释已从试验阶段逐步走向系统化、业务化。

肇庆地区气象台在广东省地方数值模式输出统计预报课题研究试验中做了大量工作，提出了许多有建设性的见解，发表 10 多篇论文。其中何华庆由于成绩突出，荣获 1986 年国家气象局科技进步三等奖。

第三节　人机交互制作天气预报

1997 年，按照广东省气象局的部署，肇庆市气象局开始“9210”工程（气象卫星通信综合应用业务系统）肇庆 VAST 站的建设，12 月完成设备安装、调试。1998 年 8 月，肇庆市气象台“9210”工程技术二次开发取得新进展，MICAPS 业务平台投入试运行。“9210”工程业务化，标志着肇庆市气象台的天气预报已由传统的天气图方法转变为以人机交互系统为主的数值预报方法。该系统提供大量的气象信息和数值预报产品，使预报员有了一个融合天气形势、单点气象要素分析、多种观测资料和数值预报叠加的平台，可以快捷处理和显示各种气象信息，生成各种形式的预报产品，基本实现了资料获取—加工处理—分析预报—产品输入输出的准自动化。

第四节　综合临近预报系统

由广州中心气象台、广州热带海洋气象研究所和中国气象科学研究院共同开发的，基于

GRAPES 的综合临近预报系统（雨燕 GRAPES-SWIFT）自 2008 年起应用于业务。该系统将高时空密度资料同化、精细数值预报与以雷达探测信息为主的临近预报技术相结合，实现了综合临近预报系统之集成。

该系统在广东灾害性天气临近预报业务、北京奥运气象服务演练、广州亚运会气象服务中得到较好的应用。2008 年起，肇庆市气象台将该系统用于雷雨大风、暴雨、冰雹的短时临近预报及其预警信号的发布，使得该气象台的雷雨大风、暴雨预警信号发布的命中率、准确率、提前量逐年提升。2020 年公众暴雨预报准确率达 62.2%；强对流天气预报准确率达 98%；暴雨、雷雨大风等强对流预警平均提前量稳定在 45 分钟以上。

第五节　精细化网格预报系统

随着经济社会的发展，公众对天气预报、气象信息的需求也在不断增加。2008 年起，肇庆市气象台每天发布 3 次中短期城镇天气预报、3 次短时临近天气预报，5：30、10：00 发布未来 3 天天气预报，15：40 发布未来 7 天天气预报。08 时、11 时、17 时、20 时发布未来 6 小时短时天气预报。

2008 年 6 月 15 日，启用新的城镇天气预报业务流程，制作未来 7 天精细化城镇天气预报，包括逐时（12 小时）的温度、湿度、风向风速、降水量、云量、天气现象、能见度等气象要素。

2012 年开始，广东省、市两级气象台开展精细化网格要素预报业务。广东省气象台每天两次（早上、下午）制作、下发精细化网格预报指导产品。各市气象台根据省台下发的网格指导预报，在规定时间内补充订正后反馈。以最终的网格预报结果制作城镇预报报文。格点为 0.05°×0.05° 经纬度，每天 06 时和 15 时发布，后改为每天 06 时、10 时和 16 时发布。

2014 年，广东省气象台开发的主客观精细化智能网格预报系统（GIFT）正式应用。省、市气象台预报员都在统一的 GIFT 系统上进行网格预报要素制作和订正，省气象台可在线实时指导市气象台的订正过程，达到协同订正。预报范围实现从点到面，预报要素精确到任意经纬度和逐小时。

广东省智能网格预报系统基于全省统一的数据中心，实现省、市、县以扁平方式直连数据中心，数值预报释用模块利用气候分区、地形因子、最临近点等条件，把广东省稠密站点和近两万个网格点联系起来，构建了网格释用技术体系；“按需定制”的预报产品智能制作引擎，可结合政府防灾减灾和水文、水利等行业的需要，自动生成有针对性的产品。该系统基于统一的数据环境，调用数值模式产品进行网格释用，采用人机交互图形化方式，编辑制作网格预报产品，通过逻辑引擎，从网格预报自动生成文字预报产品，实现预报产品一键式分发，可实时在线检验，是一个精细化网格预报业务全过程的闭合系统。

肇庆市气象台运用精细化网格预报产品拓展了“缤纷微天气”手机服务产品。该产品可提供任意地点的气温、地温、体感温度、降雨、风、气压、能见度、空气质量的精细实况，与上一小时的气温对比情况，以及逐小时天气预报和未来一周的天气预测，空间上可提供周边 10 千米左右范围的精准降雨情况。此外，还可以提供任意旅游景点的精细天气预报。

第六节 天气预报视频会商系统

视频天气会商不同于传统的天气会商形式（如电话语音交互），它是利用气象业务通信网络实现多点间或点对点实时、声音、图像、图形、文档和程序共享等功能的天气会商形式，不同地方的预报员如同置身于同一会商室，能够面对面进行对话、讨论、分析天气形势，特别是重要天气临近演变过程。该系统快速、高效，能够满足国家—省—市—县级气象会商、视频会议、远程培训的需求。它由多媒体大屏幕显示、音视频信号源、会议系统、信号切换和中央智能集成几大部分组成。

2003 年 10 月，中国气象局建成全国天气预报电视会商的广东视频系统。广东省气象台每天能通过该系统参加全国天气预报视频会商。

2005 年 3 月，广东省气象局为了加强与地市级气象部门的技术交流，利用气象宽带 IP-VPN 网络，组建了广东省天气预报视频会商系统，为异地的预报员提供图文并茂的会商环境。该系统有一个会议控制中心和 25 个分会商室，控制中心设在广东省气象信息中心，主会商室设在省气象台，其他分会商室包括广州的省气象新闻发布中心、广州气象雷达站学术厅及各市气象局，共 26 个。肇庆市的分会商室设在市气象台。

2015 年建成新型的智能化管理的视频会商系统，充分实现了国家—省—市—县级四级天气会商和视频会议，智能化管理。通过 Wi-Fi（无线网络）与 iPad（平板电脑）进行一键功能操作，此系统的总体功能有视频信号切换、音频调节管理和拼接屏模式功能，一直沿用至今。

通过气象会商系统，中央气象台、省气象台能对地市、基层气象台站的预报分析和预报服务进行决策和指导，提高这些气象台站预报人员的分析和预报水平，对提高气象部门的防灾减灾能力、公共气象服务水平和预报水平有重要的作用。

第七节 中长期天气预报

中长期天气预报一般是指 7 天以上的天气预报，如一周天气预报、旬报、月报、汛期（4—9 月）天气预报、今冬明春天气展望等。中长期预报的内容主要有天气形势特点，天气过程出现时段、强度及影响范围，降水量，平均气温，4—10 月增加发布极端最高气温，11 月至次年 3 月增加发布最低气温。

20 世纪 50 年代的中长期天气预报，是以自然天气区域、自然天气周期、自然天气季节、韵律、位相等基本概念和经验规律，来制作年度、季度、月的天气预报。所谓“韵律”的本意，是指诗歌中同韵尾字重复出现的规律，大气中也存在相同（相似）天气过程，隔一定时段重复出现的规律。韵律可以看成是相距一定时间两个天气现象或天气过程之间的联系。长期天气过程中确实存在间隔数月的韵律现象，其中 6 个月左右的韵律较为普遍，并且其空间分布有一定的规律。在汛期预报中，应用最多的是间隔 5 ～ 7 个月的相关关系，即 6 个月左右的韵律。韵律现象在中、高纬度比较明显，在低纬度并不明显。20 世纪 90 年代开始，肇庆市气象台的中长期预报是运用前一年度的逐月雨量或气温、逐季度雨量或气温与历年同期偏离值的分布来找相似年份，再以环流形势的相似、气候背景的相似，综合相似年份的平均值来作出年度气候预测，并以统计学为基础，统计推断出有用的指标。时任肇庆市气象局预报科副科长的郭浩森工程师，建立起系列的肇庆市中长期预报的指标群，统计出指标的历史概率，应用在历年的中长期预报业务中，取得较好的预报和服务效果。

2003 年以来，肇庆市气象台运用广东省气象台的中长期预报成果，即应用平均环流法作中长期天气预报。通过分析大气环流指数，如副热带高指数、东亚槽指数、南支槽指数、季风强度指数等的变化，找出相似大气环流的年份。根据相似年份的降水和气温实况时空分布和演变规律，预报月或季度平均天气的分布和变化趋势。2004—2006 年，肇庆市气象台预报员彭端据郭浩森多年积累的中长期预报经验、预报指标群，计算气候序列的相关系数，并对其进行功率谱、主分量、多项式回归分析找出各县雨量的年际变化特征，建立起“肇庆市短期气候诊断分析系统”，为肇庆市短期气候诊断分析提供多功能的人机交互平台，取得较好的应用效果。该系统于 2007 年获得广东省气象局科技成果应用三等奖。

第八节　本地预报服务系统、工具和方法

一、晴雨、中、大雨分级降水预报系统

1985 年前后，肇庆地区气象台参加了由广东省气象局业务处组织的“MOS 方法试验会战”，建立了可供全省各台站共用的北京数值 B 模式、日本数值模式的格点资料库和一套通用软件。利用计算机技术，将预报因子选取、预报方程的建立和样本拟合融为一体，构建人机交互平台。

每天从数值模式产品获取所需的格点值和各气象站所观测到的实况资料，建成数据文件，用聚类方法进行天气分型，对预报因子、组合预报因子作主分量分析或相关分析，用逐步回归或逐步判别方法，建立预报方程作晴雨预报或中雨、大雨的分级降水预报。

二、暴雨短期预报专家系统

专家系统可以将人的分析、判断、推理、联想能力与计算机的快速运算、查找、比较、大量存储和记忆能力结合起来。肇庆市气象台总结了肇庆地区（包括现云浮市）多年来对前汛期（4—6 月）暴雨研究的主要成果及预报经验，同时在系统中也应用热带有限区域数值模式产品，制作了“暴雨短期预报专家系统”。

专家系统由 4 部分组成：①知识库，主要存放众多的专家经验；②数据库，存放历史资料、当前的初始资料，以及在推理过程中的各种中间结果；③推理机，根据数据库中的信息，由机器自动确定下一步用哪条经验和所需的初始信息，逐步推出结果；④解释部分，能回答各种问题及解释出现各种结论的原因。

20世纪80年代中期至90年代，此系统一直在业务中使用，效果良好。以此项工作为基础形成的“天气图与数值预报产品结合的暴雨预报技术”项目，获得了1990年度肇庆市科学技术进步奖二等奖。

三、西江流域致洪暴雨的相似预报

西江是珠江流域的主要水系，流域年平均雨量达1600毫米，年降雨量的80%集中在汛期（4—9月），而6—8月为汛期之最。西江流域是暴雨洪涝多发地区之一，由大范围连续性暴雨所致。因此，肇庆气象台对这种致洪暴雨非常重视，经过多年的研究，找到一种相似的预报方法，可以在微机上实现。

这种预报方法运用多维多元相似预报方法的基本原理，在天气形势、三维空间、多元变量等方面进行相似度对比分析，计算相似系数。在作预报时，相似个例可显示或打印出来，降水预报值打印在地图上，符合洪水标准的个例，存入历史资料库中，以增加样本。

四、低温阴雨天气的预报

低温阴雨是广东春播期的主要灾害性天气，其对农业生产影响很大。肇庆气象台作低温阴雨天气预报，既有传统的天气图预报方法，也有与数值预报图相结合的中期预报方法。

1. 天气图预报方法

肇庆地区低温阴雨天气的出现，首先要有强冷空气的入侵，使我国各地出现一次寒潮过程。在西伯利亚、蒙古国有强冷空气堆积是寒潮爆发的先决条件。

在500百帕等压面上，在亚洲西部或乌拉尔地区有明显的经向环流发展，有阻塞高压，在其东部为一宽广的低槽区；孟加拉湾有低槽，副高脊伸到南海中部，高空北支急流向南输送冷空气，南支急流中的孟加拉湾小槽向华南输送暖湿空气，在华南地面上形成静止锋，肇庆地区就会出现低温阴雨天气。

在低温阴雨持续期间，若亚洲上空中纬度的西风带转经向环流，巴尔喀什湖一带西风槽东移到高原东部仍比较明显时，则肇庆地区可出现冷性转好，若亚洲东部有暖脊发展，则冷空气势力减弱，肇庆地区暖性转好。

在850百帕等压面上，若冷空气推动切变线到南岭附近，并静止下来，肇庆地区的低温阴雨天气将开始；若切变线和锋区维持，则低温阴雨天气也将持续；若切变线移到华南沿海，或从高原有西路冷空气补充，则低温阴雨过程结束。

2. 与数值预报图结合的中期预报方法

从20世纪80年代中期开始，肇庆地区气象处组织了气象科技人员数次“会战”，总结出一套低温阴雨的中期预报方法，该方法一直应用于预报业务。

将日本500百帕中期数值预报图进行经验分型，归纳出可能有低温阴雨天气过程的3个模型。在入型的基础上，对与入型同一时次的850百帕温度预报场进行主成分分析，并取500百帕、850百帕实况天气图关键区的温度指标，用逻辑判别作出预报，再用单站指标订正。全过程可在微机上实现。

多种方法相结合，形成了肇庆地区长、中、短期的低温阴雨天气预报技术。以此为基础形成的“春播期冷害天气预报和防御技术的推广应用”项目，获得 1992 年肇庆市农业技术推广奖三等奖。

五、西江防洪决策服务系统

2008 年开始，肇庆市气象局开发了西江防洪决策服务系统，目的就是对西江流域水、雨情进行实时监测、预警、数据管理和共享，为西江暴雨洪涝监测预警系统的建设提供数据基础与分析平台，更好地为西江流域的防汛减灾服务。

2012 年，该系统成功申报为广东省气象局课题《珠江流域洪涝监测预报业务服务平台》，2014 年完成研究并结题。该平台运用体积降水量的概念，对西江洪水的气象水文特征进行分析和预测。在 2008—2019 年西江防洪中，平台提供的水文气象信息，提前通过手机短信、“12121”天气电话服务系统发送给用户，并逐时滚动更新西江沿岸各站的最新水情、西江上游及本地雨情和天气展望，为政府作出正确的防洪决策部署提供科学依据。

该系统获 2012 年广东省气象局科技成果应用奖三等奖。

六、西江流域强对流天气预报预警平台

该平台由历史资料库、预报工具箱、日常工作站、学习交流区 4 部分组成，具有对强对流天气实况、灾情等资料进行查询、统计、输入、输出、打印等功能；可判断强对流天气发生的可能性；收集了多年联防总结和月报表、广东省气象局下发的总结，给预报员提供编辑、汇总、上报的平台；收录多年来肇庆市气象台预报员撰写的有关强对流天气过程分析和预报方法的技术论文、各种有关教材、资料图片等，供预报员学习交流。

该平台获得 2013 年广东省气象局科技成果应用奖三等奖。

七、肇庆市气象局综合业务服务管理平台

该平台有八大功能模块：气象发布、实况监测、突发预警、气象服务、任务及值班、公文系统、数据管理、系统管理，能将气象局的日常预报服务业务工作任务流程化，实现预报员值班留痕、视频监控管理、决策服务产品显示、影视制作等功能。自 2017 年起，该平台一直应用于日常预报服务工作中。

八、基于 GIS 的自动气象站监测显示系统

该系统将 GIS 与 Surfer 绘图技术融合一起，具有自动站气象要素（如雨量、大风等）的统计查询、显示、输出、监控、预警、绘图等功能，方便预报员作好预警预报、灾害决策等服务工作。自 2013 年起，该系统一直应用于日常预报服务工作中。

九、突发事件预警信息发布系统

该系统于2014年建成并投入业务运行。国家、省、市、县四级贯通衔接，实现了预警信息录入、确认、审核、发布的快速处理，便于各级预警机构发布自然灾害、灾难事故、公共卫生等突发事件的预警，其中以发布气象预警信息居多。该系统可一键式快捷、多渠道发布预警短信，如大喇叭、电子显示屏、网站、App、微信、传真、语音外呼、邮件等，能使预警信息广泛、快速传播，为政府部门和人民群众应对突发公共事件、防御各类灾害提供重要支持。

十、广东省灾害天气历史个例库

该系统于2015年建成，2016年和2017年进一步优化，是基于地理信息系统（GIS），用VC++6.0及SQL2005数据库开发的广东省灾害天气历史个例库，应用于全省天气预报业务和历年的预报竞赛中。其可实现：①灾害类型天气个例及相关气象资料（如MICAPS资料、雷达、卫星云图、NCEP、ERA40年等）的收集整理，并分类入库，方便查询检索；②在具有GIS功能的平台上，快速浏览MICAPS数据、图片格式数据、数据库资料以及NetCDF、GRIB格式数据和转换的二进制数据；③根据业务需求，台站可定制个性化的灾害性天气历史个例库；④集成“肇庆市台风历史资料查询系统”“广东省天气形势相似预报系统”，把广东省气象信息中心的数据融合到广东省灾害天气历史个例库里，实现多要素、多方法的查询检索，用现有或者自创的数学模型，根据当前天气形势找出历史相似天气形势，并可调阅。该系统为预报员作出准确预报与灾情评估提供强大的技术支撑。

十一、肇庆市突发事件预警信息发布决策辅助系统

该系统基于Google Earth三维地理信息系统（3D GIS），于2016年建成，可应用于突发事件预警信息发布业务中。其可实现：①接入应急单位的数据与视频信息，统观全局，能快速合理地调配资源；②接入各种灾害预警及逃生模型，可科学决策、合理划定撤离区域，规划逃生路线；③靶向圈选或选择预警灾害区域，多渠道一键式发布预警。

十二、肇庆市强对流天气分区预警系统

该系统于2014年建成，对多普勒天气雷达资料与自动气象站网资料进行处理，在肇庆区域的地图上实现短时强对流天气分镇监测和分区预警，为短时强对流天气监测预警提供决策服务平台。该系统增强了气象台监测预警能力，提高了工作效率。成文为《浅析强对流天气分区预警系统在数字城市的应用》，在第八届粤西、北部湾区域气象合作会议暨气象灾害防御研讨会上交流。

第十二章 气象服务

气象服务是气象工作的出发点和归宿，特别是灾害性天气的预报服务，更是气象服务的重中之重，是气象工作的生命线。按气象服务对象划分，就肇庆市气象部门而言，气象服务可分为决策气象服务、公众气象服务、西江航运和防汛气象服务、专项气象服务四大类。

气象服务是伴随气象台站的建立而产生的。初期，预报服务较为简单，气象台站只对外发布简单的天气预报。1990 年起，肇庆市气象局（台）开始发布早晚天气预报，08 时发布 24 小时天气预报，17 时发布 48 小时天气预报，并通过电视台、广播电台播出天气预报。1993 年 10 月，发布森林火险天气预报。2006 年起，非汛期时，17 时发布肇庆市森林火险等级预报。同年，汛期时，17 时与肇庆市国土资源局联合发布肇庆市地质灾害气象风险等级预警，后增改为不定期发布。2012 年开始，制作和发布灰霾天气预报预警。

第一节 决策气象服务

决策气象服务是专门为党政领导和有关部门合理利用气候资源、科学安排生产和防灾减灾提供的气象信息和天气预报服务。

一、决策气象服务的形式

20 世纪 70 年代前，肇庆地（专）区所属气象台、站主要以口头汇报或电话方式向地方主管部门领导提供决策气象服务。20 世纪 80—90 年代，决策气象服务主要通过传统的书面报告、电话报告或传真等方式向肇庆市委、市政府及三防指挥部、农业、林业、航运、海事、教育等部门提供服务。遇有重大灾害性天气时，由台、站领导当面向地方党政领导汇报。对预计可能遭受严重影响的单位，尽可能电话通知，有针对性地提供气象服务。

2004 年起，每年编写《决策气象服务方案》，以《重大气象信息快报》《重大气象信息专报》《天气报告》等形式，通过书面传真发布台风、暴雨、干旱、低温寒潮、西江流域面雨量监测与致洪暴雨预报（警报），为肇庆市党、政、军领导和市三防指挥部、应急办等决策部门提供决策依据。通过“企信通”短信发布平台，发送重大灾害性天气、短时临近强对流天气、雷电预警等决策服务短信。2006 年，肇庆市气象局与国土资源局合作，联合发布地质灾害气象风险等级预警，并逐步把发布范围扩大到村一级防治地质灾害的服务群，确保预警信息覆盖到县、镇和乡村，为各级政府部门及时启动地质灾害防治应急预案提供决策依据。

专题天气预报是决策气象服务的一个重要手段。气象台根据生产需要，发布各种专题书面天气预报，如汛期天气趋势展望、今冬明春气候预测、春运天气趋势预测、盛夏高温天气趋势预测、寒露风天气预报、低温霜冻天气预报、旬月天气预报、季度气象灾害风险评估等，供有关部门决策时参考使用。

2002 年以来，肇庆市举办一年一度的“肇庆金秋经贸洽谈会”“龙舟赛”“旅游文化节”等大型活动时，肇庆市气象台都会通过《专题天气预报》《天气报告》和《重大气象信息快报》向市政府、活动组委会、应急办等提供未来 10 天天气情况；临近 5 天时，则提供未来 3 天具体的天气情况。遇有大型文娱表演、体育比赛、应急演练等活动时，亦提供具体天气预报信息，必要时到现场开展气象服务。

二、决策气象服务的内容

决策气象服务的内容有重大气象信息快报、重大气象信息专报、天气报告、灾害性天气预报预警、重要活动气象保障等。

重大气象信息快报：包含重大天气过程、重大灾害性天气、极端天气、政府重大活动气象保障、重大群体性事件气象保障、突发危险天气等一系列特殊气象服务产品，服务对象为地方党政领导机关、社会各行业。

重大气象信息专报：包含重大气候过程服务总结、重大气象信息服务报告、人工增雨简报等一系列对过去天气总结性服务文件。服务对象主要为地方党政领导机关、社会各行业。

天气报告：包含一周天气展望等常规气象信息报告，主要服务对象为地方党政领导机关、农、林、水利等部门，以及对中期预报有特殊需求的单位、行业。

决策服务短信：服务对象有地方党政主要负责领导，各职能部门主要负责领导，农、林、水、畜牧、水产相关领导，乡镇领导，水库直接责任人，地质灾害直接责任人，教育部门相关安全责任人等。

重大活动专题预报：包括春运天气、高考天气、中考天气、省运会天气、森林火险气象等级专报、两会天气专报以及旅游文化节、龙舟赛、经贸洽谈会等重大活动专题预报。

气候资料的分析也是决策气象服务工作的重要内容。其包含长、中期天气预报在内的月报、旬报、延伸期预报等常规气象信息，以及气候预测公报、气候评价。综合本地气候资料的统计和极值的对比分析，提出阶段性天气气候的特点和气候资源合理利用等建议，为地方党政领导机关和有关单位合理利用气候资源、科学安排生产和组织防灾抗灾提供科学依据。

第二节　公众气象服务

公众气象服务是为了满足人民群众对气象信息和天气预报的需求而提供的一种通用的气象服务，它有别于决策气象服务和专项气象服务。公众气象服务的主要内容包括天气实况、天气形势、天气预报和灾害性天气预警信号等。

肇庆市气象台建台初期，公众气象服务局限于电话和广播电台的广播。随着气象事业的发展，公众气象服务的种类、渠道、覆盖面不断增加和拓宽，服务形式有广播电台、电视台、《西江日报》、气象信息网、“12121”自动答询电话、手机短信、微博、微信、电子显示屏、农村大喇叭、安全气象社区服务体系等。2015 年开始，为方便公众获取优质气象服务，肇庆市气象局每年组织编写《肇庆市气象公共服务白皮书》，对现有的公共服务渠道进行详细介绍，总结回顾前一年公共气象服务工作，介绍未来一年公共气象服务计划。

一、公共媒体传播天气预报

1988 年以前的公众气象服务，传递手段主要靠有线广播站广播。每天下午，气象台站将未来 2 ～ 3 天的天气预报通过电话传送到广播站，在晚上播出，第 2 天早上再重播一次。1989 年，肇庆市气象台改为早上、下午各发布一次天气预报，电台也改为每天多次播出。广播站或电台播送的天气预报成为群众每天必听的节目。

1999 年 6 月 1 日，肇庆市电视台正式开播电视天气预报节目，公众天气预报多了一个新的传播手段。肇庆市气象台制作出天气预报，用电话或传真传送到电视台，由其播音员播出。2009 年 12 月，肇庆市气象局利用多媒体技术，自行制作电视天气预报节目，由气象先生或气象小姐现场播报，从此，新版的《天气预报》节目正式在肇庆市电视台播出。电视天气预报节目增加了卫星云图、台风路径等动画画面，内容丰富、生动活泼，深受群众喜爱。

除发布日常天气预报外，遇有灾害性天气或转折性天气，肇庆市气象台还会接受媒体记者的采访，将最新的气象信息告知广大群众。由于电视收视率高、覆盖面广，起到了其他媒体所不能替代的作用。

1993 年开始，每天在《西江日报》刊登天气预报。

广播电台、电视台、报纸等公共媒体传播天气预报信息量大，是公共气象服务的主要渠道，但传播时效稍慢。

二、气象警报系统

1987 年，肇庆市气象台气象警报系统正式开始广播，每天定时广播 2 次，遇有灾害性天气随时增播。由于气象警报接收机使用简单，接收及时，深受用户好评。1999 年，“121”（后升级为“12121”）天气热线气象服务电话开通后，气象警报系统停止广播。

三、“12121”气象服务电话

1999 年 3 月，开通“121”气象服务电话。2005 年 1 月 1 日起，气象咨询电话号码由原来的“121”升级为“12121”，内容有 24 小时天气预报、未来 3 天天气预报、生活与气象、上下班天气预报和天气实况、旅游天气预报、气象科普及气象法规与业务知识。遇有灾害性天气，日拨打量超万人次。2012 年，“12121”应急气象电话新增“巨灾报平安”服务功能，发生巨灾时，公众可拨打“12121”向亲朋留言报平安。

四、手机短信服务

2004年，肇庆气象移动短信业务开通；同年，向电信小灵通用户发送气象短信；2005年，开通联通短信业务。至2008年底，气象短信手机定制用户大幅度增加。2015年，手机应用“停课铃”，主动向用户推送停课预警信息，服务内容有停课预警信号、停课通知、逐小时预报等，最大限度地减轻灾害性天气给中小学生造成的影响。

五、多媒体多途径气象预报服务

2009年12月，肇庆气象公众网初步建成。2011年，广东省气象局开通了广东应急气象频道，在国内尚属首次。2011年，肇庆市气象局扩充天气预报传播途径，在肇庆天气微博、天气微信、农村大喇叭、电子显示屏等媒体上发布天气预报。2012年4月1日，广东气象应急频道正式在肇庆播出。2016年，向社区提供气象信息服务载体，建立安全气象社区。2017年3月24日，肇庆市气象局与肇庆市广播电视台签订了《天气预报和气象灾害预警信息发布协议》。肇庆市广播电视台在公共频道和综合频道每天3次播放制作好的电视天气预报节目。当有严重影响本地的天气系统时，肇庆市气象局发布预警信号后，电视台及时以图标和字幕形式播发，电台同时播出。2021年起，运用短视频和动画制作天气预报服务产品，在肇庆天气微信公众号、市融媒体中心等主流新媒体上多渠道播出。

六、“31631”预报预警服务模式

“31631”预报预警服务模式，是应对台风、暴雨等极端天气的“灾前、临灾、灾中、灾后”关键点的普遍做法，是广东省气象局首创。该模式被深圳实践、深化，得到深圳市应急局的认可，被纳入深圳创新举措47条之一。2021年，国家发改委发文在全国推广。

该模式的做法是：提前3天预测风雨过程、研判综合风险；提前1天预报风雨落区、重点影响时段；提前6小时进入临灾精细状态、触发三级防线；提前3小时进入临灾精细服务、部门联动响应；提前1小时预报精细到镇街、服务精准到面点。该模式既是“递进式”滚动提供精密监测、精准预报、精细服务的预报预警服务模式，也是气象和应急防灾部门联防联动的模式，让防灾部门的领导及一线工作人员对气象服务做到心中有数，实现预警与防御的“零时差”，使精准的预报技术最大限度地转化为守护城市安全的能力。

2021年开始，肇庆市气象台在日常预报预警和重大社会活动气象服务中，运用“31631”预报预警服务模式，在2021年的端州国庆欢乐节“焰遇・肇耀千年”、粤港澳大湾区青年自行车联赛（肇庆站）、高考、中考等天气保障中均取得很好的服务效果。肇庆市防汛总指挥部对肇庆市气象局近年来的气象服务工作给予充分肯定和赞扬，予以“精密监测、精准预报、精细服务、及时预警”的高度评价，并赠送了锦旗和表扬信。

第三节　西江航运和防汛气象服务

20 世纪 70—80 年代，西江流域客、货运输繁忙，河中船只遭受雷雨大风袭击，翻沉事故时有发生。20 世纪 80 年代初，肇庆市气象部门加强与航运部门的协作沟通，开展西江航运短时预报气象服务。1983 年 9 月，国家气象局在肇庆市波海楼召开两广珠江水系强对流天气联防研讨会。会后，沿江天气雷达站开展了珠江流域强对流天气联防。1985 年 3 月 27 日 10 时 04 分，江门至广州红星 283 客轮在顺德县均安河段遭遇雷雨大风袭击翻沉，造成 83 人遇难。当时，肇庆市气象局雷达站将雷雨大风警报信息提前通报给有关部门，但因通信条件限制，有关部门未能及时通知客轮避险而翻沉，令人痛惜。有鉴于此，肇庆市气象局于 1987 年上半年开通了气象警报系统，通过北岭山和德庆县气象局两个无线中转，船上安装警报接收机，就可以随时接收到天气预报（警报），为预防雷雨大风袭击赢得时间。1990 年 5 月 20 日下午，肇庆市气象雷达发现两广附近西江河段上空雷雨云团突然加强；16 时，肇庆航运公司收到雷达站的“梧州至德庆河段 2 小时内将有 8 级以上雷雨大风”的通报，随即通知载着 400 多名乘客和船员的梧州至广州富华轮客船；16 时 30 分，富华轮客船航行至郁南县都城西江河面，遭遇 10 级以上雷雨大风袭击，由于事前得到雷雨大风信息，及时采取了正确的避险措施，避免了翻沉事故的发生。此后，西江河段再未发生因雷雨大风等强对流天气影响的沉船事故。

西江防汛气象服务历来是肇庆市气象局服务的重点。每年 3—10 月都通过电话向港航集团、海事局等有关单位和责任人，及时发布西江流域雷雨大风预报预警信息。1983 年 10 月，肇庆、广西梧州、玉林三地区气象局签订《西江防洪联防协作议定书》，在历次抗击西江洪水中发挥重要作用。1992 年，建立肇庆市内河航运防灾、抗灾气象警报服务网。1994 年、1998 年和 2005 年的 6 月，西江出现自 1915 年以来的 3 次罕见特大洪水，给沿江城乡造成严重灾害。肇庆市气象局组织全市气象部门全力以赴投入抗洪救灾工作，做好气象服务，多次获得肇庆市委、市政府的表彰奖励。

2021 年开始，在粤政易系统建立强对流天气预报服务群，通过粤政易系统和微信工作群，及时发布西江流域未来 1~3 小时的雷雨大风等强对流天气的预报预警信息。

第四节　专项气象服务

气象专项服务是指各级气象部门根据国民经济各行业、各部门和社会团体、个人对气象服务的特殊需求而提供的专门服务，其特点是针对性强。

专项气象服务的应用十分广泛，农业、林业、水利、水产、航运、交通、旅游、运输、进出口贸易、重大活动和工程施工等均与气象密切相关。专项气象服务所提供的内容很多，或是某个气象要素的气候分析，或是某种天气不同时效的预报和警报，或是中短期天气预报，或是一个月甚至更长时效的天气趋势分析和预测，甚至需要气象部门进行现场服务和保障等。

一、农业气象服务

农业与气象关系十分密切，为农服务是专项气象服务的重要内容。气象为农业生产和农村经济服务是全方位、多层次的，气象情报、气象预报、气候应用、农业气象、人工影响天气、气象实用技术等，都可以服务于农业生产和农村经济发展。

肇庆市农业气象业务的开展最早始于20世纪50年代。1958年4月，当时中央气象局提出“以服务为纲、以农业生产服务为重点”的气象方针，同年6月，在桂林召开的全国气象会议提出，气象服务以农业为重点，每个专区设立气象台，每个县设立气象站，组成气象服务网。

1958年12月，由于在气象为农业生产服务中做出显著成绩，怀集县气候站的黄赋友代表怀集县参加了全国农业先进单位代表大会，受到毛泽东、刘少奇、朱德等党和国家领导人的接见。

1978年，肇庆地区气象局有专人负责农业气象管理工作，指导高要、广宁、罗定、封开县气象站开展农业气象观测和水稻、玉米、肉桂、花生、罗非鱼等种植、养殖试验研究。1985年，完成肇庆地区农业气候区划工作。

肇庆各级气象部门在农业方面进行了大量科学研究。1984年，对高要市的气候影响进行评价、研究；1991—1994年，进行冬种杂交玉米试验；1994—1996年，对开发利用气候资源，发展肉桂生产进行研究。1994年，《开发利用山区气候资源发展反季节蔬菜生产》获肇庆市农业气象技术推广奖二等奖；2013年8月，《农业气象产量预报模式与业务系统的推广应用》获广东省农业技术推广奖二等奖；2017年4月，《低温阴雨的预报及气象为农服务产品设计与建议》获肇庆市农业技术推广奖三等奖；2017年10月，《自然物候历的建设在农业生产及气象防灾减灾中的应用》获广东省农业技术推广奖二等奖。另外，《高温及强对流天气对杏花鸡养殖的影响研究》被评为广东省气象局优秀科研项目，相关研究还有《德庆县丘陵山区农业气候资源及其合理开发利用》《肉桂幼苗期的栽植护理与气象灾害防御策略》《封开白马茶气候适宜度模型构建研究》《封开县油栗种植气候分析与防灾增产研究》等。

20世纪70年代，根据高要县地理环境和气候特点，建成十多个公社气象哨，形成群众性的观测天气网，收集到大量数据资料，通过分析绘制了自然气候区域图，其中包括地形、地貌、温度、雨量、霜冻等，编写了《高要县气候志》。20世纪80年代初，完成《高要县农业气候调查区划》。

1. 农业气象观测

肇庆市有3个农业气象观测站（简称农气站），分别为高要站、广宁站、封开站。其中，高要站属于一级农气站，广宁站和封开站属于二级农气站。3个站的观测内容除水稻相同外，其余略有差异。2019年9月，在广宁县宾亨镇中村砂糖橘种植基地建成了肇庆市首个岭南特色农业气象观测站。

高要县（现为高要区）的农业气象始于20世纪50年代。1959年，建立农业气象实验站，进行田间小气候观测研究，1962年3月15日起撤销。20世纪50年代至今，主要观测项目有水稻、甘蔗、冬小麦、玉米、花生、甘薯及物候观测，2019年起取消甘薯观测。广宁县的农业气象观测始于1978年，观测、调查作物有水稻常规种和杂交稻，1989年增加柑橘观测。现观测、调查作物有水稻、花生、冬季马铃薯，并定期向广东省气象局编发农业气象旬、月报，上报农情调查材料。封开县的农业气象工作始于1976年，主要进行农业气象观测和农业气象预报服务。1982年起，向广东省气象局编发农业气象旬报和制作报表。农业气象观测的作物主要有水稻和甘蔗，自然物候观测有木棉和白玉兰，有针对性地提出各种作物的适宜播植期的建议。2001年起，取消水稻和甘蔗的定期定点观测，改为每旬开展大田调查，将调查资料和照片上传广东省气象局。

截至2021年，肇庆农业气象开展的观测调查作物有水稻、花生、冬季马铃薯、柑橘、蔬菜等。农气站每旬开展农情调查分析，包括作物生长状况和主要农事活动、天气概况与农业气象条件分析、未来天气预报和农业生产建议等。

2. 农业气象服务

肇庆是农业大市，农业资源丰富，在全省有着很重的分量，市委、市政府历来高度重视农业农村发展。农业在肇庆社会经济中占据重要位置，而气象是影响农业发展重要因素之一，农作物质量和产量均会受到恶劣气候环境的影响。肇庆市各级气象部门一直高度重视农业气象服务工作，围绕关键农时季节、农事活动开展农用天气预报，如春耕春播、夏收夏种、秋收秋种的专项天气预报等，与农民专业合作社、种植养殖大户等建立直接联系，通过多种渠道，开展面向新型农业经营主体的有针对性的“直通式”农业气象服务；服务农业生产，积极开展人工影响天气作业。此外，不定期开展多种形式的乡村防灾减灾科普宣传活动。

高要市气象局针对肉桂、水稻及罗非鱼等开展专项气象服务，制作《肉桂病虫害气象等级预报》《肉桂收获期气象服务专报》《水稻病虫害气象等级预报》《罗非鱼高温气象服务专报》《特色水产气象服务专报》《农用天气服务专报（寒露风）》《农业气象灾害监测预警》等农业气象服务产品，为农业生产提供气象保障服务。2015年，开发了高要市气象为农服务平台，新增罗非鱼养殖户服务对象，并编制《高要罗非鱼养殖气候适宜性区划》和《高要罗非鱼养殖低温阴雨风险区划》。

2012年6月12日，中央电视台CCTV-7频道《聚焦三农》栏目组到高要市摄制有关农业与气候关系的题材片。2014年，高要市被中国气象局评定为“现代农业气象服务示范县”，2015年11月，高要区被中国气象局评为“标准化现代农业气象服务县（市、区）”，是肇庆市唯一获此殊荣的县（市、区）。

1990年严重秋旱气象服务。1990年9月，肇庆市遭遇近30年来最严重的秋旱，全市受旱面积182万亩，不少水库、山塘库容下降到死水位，小河断流，农田龟裂。肇庆市气象局按照市委、市政府的部署，711天气雷达连续观测，派出气象人员赴高要、四会、怀集、封开、罗定、鼎湖等10县区33个炮点，配合三防指挥部实施“三七”高炮人工增雨，发射增雨弹1234发，各地普降中到大雨、局部暴雨，缓解了旱情。

2020年严重干旱气象服务。2020年气象干旱阶段性严重。1月1—24日，全市平均降水量仅2.1毫米，较历史同期（42.2毫米）偏少95%。至1月23日，全市均达到特旱级别气象干旱；7月，降水较历史同期偏少81%，全市再有4个县（市、区）出现重旱以上级别气象干旱；11月起，肇庆以晴朗天气为主，大部分无明显降水，降水严重偏少，各地出现不同程度的气象干旱。截至12月底，肇庆市大部分地区气象干旱达到重旱，端州区和高要区达到特旱。肇庆市气象局高度关注旱情发展，加强对天气的监测、研判，抓住有利时机，按照肇庆市委、市政府部署，分别于3月和12月在怀集县汶朗镇、广宁县洲仔镇、封开县等地进行了2次人工增雨作业，有效缓解了旱情。

3. 农业气象服务体系及农村气象灾害防御体系的建设

2010 年以来，肇庆市气象部门强化农业气象服务体系及农村气象灾害防御体系的建设，提升农村气象灾害防御能力和农业气象服务能力。开展农村气象预警喇叭和乡镇电子显示屏的安装，至 2021 年，肇庆全市建成乡镇气象服务站 107 个、气象电子显示屏 690 个、乡村应急预警大喇叭 1864 个。实现县、乡两级政府有分管领导，每个乡镇有气象信息服务站、气象协理员，每个村有气象信息员。各县（市、区）每年定期更新气象信息员名单，不定期举办气象信息员培训班，给信息员发放气象资料。2021 年，全市备案登记的气象信息员共有 1705 人。每年定期更新气象防灾责任人名单，登记在册，不定期进行培训。乡镇、村气象灾害防御应急体系不断健全。

二、林业气象服务

气象为林业服务的种类主要有发布森林火险气象等级预报预警；发生森林火灾时，提供该地区的气象信息；在森林火险气象级别高时，根据当地政府的要求，适时开展人工增雨作业；为飞机播种育林和飞机喷药杀虫提供气象保障。

20 世纪 90 年代以前，林业气象服务主要是为飞机播种造林、飞机灭虫提供气象保障。1993 年开始，服务的内容主要是开展森林火险天气预报服务。

1. 飞机播种育林和飞机喷药杀虫气象保障服务

1967—1988 年，四会市气象局 6 次派出专业服务组，为飞机播种造林提供气象保障服务。20 世纪七八十年代，封开县气象局多次为飞机森林播种和飞机森林灭虫（松毛虫）提供气象保障服务。1985—1988 年，怀集县气象局 3 次派出专业服务组，完成“绿化怀集”飞机播种造林气象保障服务。1991—1993 年，松毛虫严重危害德庆县林业生产，德庆县气象局派出专业服务组，为防治松毛虫飞播作业提供气象保障服务。

2. 森林火险气象服务

肇庆市的森林火险气象预报及服务始于 1993 年 10 月。2006 年起，非汛期时，17 时对外发布肇庆市森林火险气象等级预报。目前现行的《广东省气象灾害预警信号发布规定》，按照森林火险天气条件、林内可燃物易燃程度及林火蔓延成灾的危险程度，森林火险预警信号分为三级，以黄色、橙色、红色表示，同时以中英文标识，分别代表三级森林火险（中度危险）、四级森林火险（高度危险）、五级森林火险（极度危险）。森林火险等级小于三级，不再符合发布森林火险预警信号条件时，则解除森林火险预警信号。肇庆市各级气象部门按规定和要求做好森林火险气象预报预警工作。森林火险预警信息的发布渠道有手机短信、“12121” 固定电话、肇庆气象政务微博和微信等。

三、水利气象服务

20 世纪 80 年代以来，气象部门提供天气预报、气象情报和开展人工增雨等，为防汛抗旱、水库调度和安全度汛进行水利气象服务。

人工增雨为水库蓄水，也是水利气象服务的一个重要方面。2009 年 3 月、11 月，肇庆市干旱严重，肇庆市气象局按照市委、市政府的部署，实施两次大规模人工增雨作业，共12站次，发射增雨炮弹104发，普降甘霖，水库蓄水，使全市旱情缓解。

四、电力气象服务

20世纪90年代起，电力气象服务主要是为电力部门的电力调度、电力安全和稳定运行，提供气象保障和服务。2017年以来，先后增加水电站、热电行业的气象服务和气象保障。

肇庆市各级气象台站对电力的优化调度和电力设施的安全、稳定运行开展专业气象服务，服务内容主要有长期、中期天气趋势预报、重大灾害性天气预报、短时或临近天气预报服务等。近30年来，电力气象服务对肇庆电力的稳定运行和发展做出了贡献。

五、旅游和重大社会活动气象服务

肇庆山川秀丽，景点众多，旅游资源丰富。景点的天气，不仅旅游业关注，游客更关注。2010年起，肇庆市气象台开展旅游景点天气预报服务，每天发布肇庆七星岩、鼎湖山景区、德庆县龙母祖庙、学宫景区、盘龙峡生态旅游景区、广宁县宝锭山等景区的未来3天天气预报。游客可通过“12121”应急气象电话或肇庆气象政务微博获取旅游天气信息。

肇庆推进“旅游+”活动。肇庆市气象部门精心做好各项气象保障服务。2010—2021年，重点做好肇庆国际龙舟邀请赛、肇庆国际半程马拉松、全国击剑赛、“贺岁杯”狮王争霸赛、第十五届广东省运动会、鼎湖山音乐节、“肇庆金秋”经贸洽谈会、2021端州国庆欢乐节、广佛肇梧“三八”巡游暨万人牵手星湖行动、请到肇庆过大年、肇庆光影艺术节、端州国庆欢乐节“焰遇·肇耀千年”、粤港澳大湾区青年自行车联赛（肇庆站）等重大活动的气象保障。

2018年8月8—31日，广东省第十五届运动会和第八届残疾人运动会在肇庆市先后举行，肇庆市气象局全力以赴做好开、闭幕式和比赛期间的气象保障服务工作。赛事6月开始，8月结束。肇庆市气象局成立“临时省运会气象台”，为赛事及开、闭幕式提供定点、定时、定量的精细化预报服务。省运会期间正值肇庆汛期，天气复杂，灾害性天气多发，强降水或强对流天气过程有11次。8月6日晚，开幕式预演在肇庆新区体育中心举行，17时40分至19时30分，新区有雷雨大风，气象台于17时发布强雷雨预警，及时、主动、准确的精细化服务，为省运会赛事和活动的顺利进行提供了有效保障。

六、交通气象服务

铁路、公路、航运、航空是经济建设和社会发展的一个重要产业。交通安全与气象密切相关。交通气象的预报、预警是交通畅通、减少交通事故的重要保障。20世纪80年代以来，肇庆市气象部门与航运、铁路、公路等部门建立了紧密联系，主动、及时提供气象服务，保障了交通运输的安全。

1. 航空气象观测服务

肇庆市有高要、广宁2个国家基本气象观测站和封开、德庆、四会、怀集4个国家一般气象观测站，它们都承担广州民航、军航固定或预约的航空报任务，对气象要素、天气现象进行定时、准确、连续的观测，为广州民航和军航等航空安全飞行提供气象保障。

2. 铁路气象服务

20 世纪 90 年代起，肇庆市气象台为广东三茂铁路股份有限公司提供肇庆段的气象保障服务，服务内容有长期、中期天气趋势预报，重大灾害性天气预报，短时或临近天气预报服务。在该公司工程施工、铁路维护和列车安全运行中发挥了重要作用。

3. 公路气象服务

2021 年以来，肇庆市专业气象台为肇庆境内的广佛肇高速、广贺高速、广云云梧高速公路提供气象保障服务，服务内容有未来 3 天天气、重大天气过程和灾害性天气预报预警等，为保障高速公路的安全运行做出了积极贡献。

除交通气象服务外，每年春运期间，肇庆气象部门通过重大气象信息专报，向市政府、三防办、应急办、春运办、交通局、公路局发布春运天气预报，内容有冷空气活动、雨雪、霜冻、冰冻等天气过程。同时，通过影视节目、“12121”应急气象电话和肇庆天气官方微博向公众发布春运天气信息。

肇庆地处珠三角和大西南的交通要道，每年春节前夕，在珠三角务工人员中，有 10 多万人的长途摩托车大军，必经肇庆市境内的 321 国道。自 2011 年以来，肇庆市气象部门响应政府的“暖流行动”号召，开设气象服务点，热情为返乡过节的“铁骑大军”提供沿途、家乡的天气信息及便民服务。

七、重大建设工程气象服务

2014 年以来，肇庆市气象部门为广佛肇高速公路、贵广铁路、肇庆市端州区排水（雨水）防涝专项工程、肇庆小鹏汽车有限公司的雨水排水系统、肇庆高新区麒麟湖片区项目等重大、重点工程建设提供气象资料及天气预报保障服务，为推动肇庆经济社会发展做出了贡献。

2014 年 9 月 1 日至 2016 年 12 月 31 日，在广佛肇高速公路建设过程中，每天通过电子邮件和手机短信向施工单位提供其沿线的端州区、高要区、德庆县 24 小时天气预报、一周天气预报、月天气预报、重大天气快报和 1 ～ 3 天的天气资料分析等气象服务。

第五节　重大天气过程气象服务

一、1994 年 6 月西江特大洪涝灾害气象服务

1994 年 6 月 8—19 日，华南地区出现连续 12 天的暴雨，雨区主要在粤西、桂北、桂中地区，暴雨区各地累计雨量在 400 ～ 600 毫米。12—17 日，广西全区有 50 个县（市）过程总雨量超 100 毫米，其中 17 个县（市）超 300 毫米，5 个县（市）超 500 毫米，有 4 个大暴雨中心，以柳州地区北部的融安雨量最大，达 559.3 毫米。这次暴雨由 9403 号强热带风暴（RUSS）登陆开始，因弱冷空气、西风槽和强低空急流的活动而使暴雨持续和增

大。当冷空气到达沿海、低空急流消失、西风槽东移减弱和副热带高压加强北抬时，暴雨过程结束。

持续性大范围暴雨引起西江水位急剧上涨。同时，肇庆、云浮等市先后出现了暴雨或大暴雨，降雨量较大的新兴县共城镇 3 天降水量达 695 毫米，肇庆市区日降水量也达 168 毫米。6 月 19 日 08 时，封开江口出现了 25.23 米的洪峰水位，超警戒水位 8.23 米；6 月 20 日 01 时，高要出现洪峰水位 13.62 米（比历史上最高的 1949 年水位 12.91 米还高出 0.71 米）。西江最大流量为 48700 米^3/ 秒，重现期为 50 年一遇。

这场洪水来势猛、范围广，灾情十分严重。封开县直接经济损失 6.985 亿元。德庆县 43 条沿江堤围中有 39 条出现决口或浸顶，受淹房屋 27800 间，其中损坏 16100 间，倒塌房屋 5260 间，受灾人口 8.865 万人，无家可归 1 万多人，直接经济损失 5.36 亿元。高要笋围小湘河段决堤，6.13 万人受灾，2.46 万人被洪水围困，3.8 万人无家可归，直接经济损失 3.9 亿元。

肇庆市各级气象台站于 5 月底发布了 6 月上旬末到中旬初有大雨到暴雨的预报。从 6 月 12 日起，加强了对天气形势的分析、卫星云图的接收，收集了解上游各地雨情水情。肇庆市气象局在做好“龙舟水”气象服务的同时，及时向市政府和三防指挥部、农委等部门汇报西江汛情和防汛建议，在警报系统增加上游沿江雨情、水情的广播。肇庆市政府有关领导接到气象部门提供的信息后，及时召开三防会议，研判汛情，部署防洪抗灾工作。全市气象部门从 3 号热带风暴登陆前便开始坚持 24 小时值守班，做到甚高频通信、程控电话随叫随到，随时掌握了解雨情、水情、灾情，并及时主动做好汇报。沿江各级气象台站加强联防协作，每小时进行会商，提供各自雨情、水情实况，使大部县区、乡、镇能在洪涝到来之前做到人员安全转移、大部分低水物资及时搬迁，取得较好的服务效果，减少了经济损失，多次受到市、县领导的表彰。

6 月 18 日 20 时 20 分，云浮市郁南县的白木大堤决堤，县城顿时一片汪洋，供水、供电、通信全部中断，县城 6 万多人受洪水围困。街道三层楼以下均受水淹，地势稍高的县气象局宿舍低层也被洪水淹至门窗顶端，附近 500 多名受灾群众挤拥在县气象局所在的小山岗。郁南县气象局与外界联系断绝，与市气象局的无线电通信中断 42 小时。郁南县决堤的第二天上午，封开县气象局局长李明汉不顾个人安危，驾驶租来的机帆船，带上蓄电池、饼干、矿泉水等物品，赶到郁南县气象局救灾，使该局的业务工作恢复正常。

二、2004 年肇庆市严重秋旱气象服务

2004 年 1—10 月，肇庆市总雨量 1055.6 ～ 1458.5 毫米，总体偏少 2 成，其中，广宁县仅 1210.1 毫米，是 1956 年以来的第二个旱年。而 2003 年也是肇庆市近 50 年来第四个最少降水年，年平均降水量为 1231 毫米，比历年平均值偏少 430 毫米（少 26%）。

据肇庆市三防办公室统计，至 11 月 10 日止，全市受旱面积 56601 公顷，其中轻旱面积 21323 公顷，严重受旱面积 28666 公顷，绝收面积 6582 公顷；水田缺水面积 3610 公顷，旱地缺墒面积 5150 公顷。全市受旱灾影响人口 54.7 万人，其中有 7.53 万人及 9 万头大牲畜饮水困难；122 宗水库已经干涸，250 眼深水灌溉井出水不足，对生产生活用水造成严重影响。

肇庆市气象局按照广东省气象局《关于做好抗旱促生产和森林防火预报服务工作的紧急通知》的要求，全力以赴做好这次秋旱的预报服务工作，及时向当地领导及有关部门报告最新旱情和未来发展趋势，为防旱抗旱提供科学依据。

随着旱情的发展，肇庆市政府多次召开抗旱紧急会议，决定开展人工增雨作业。肇庆市气象局迅速行动，15日凌晨3时起，在怀集冷坑机场作业点率先实施人工增雨作业，并继续于15日10时、17时和16日15时分别在广宁县洲仔镇双降乡和封开县杏花镇作业点实施人工增雨作业，其中封开县杏花镇作业点及附近地区普降中到大雨，封开县城过程雨量达28.5毫米，封开县七星镇雨量达29.1毫米，其余各县（市）有小到中雨，作业效果十分显著，旱情得到一定缓解。

三、2005年6月西江流域特大致洪暴雨服务

2005年6月18—23日，受强盛的西南暖湿气流和弱冷空气的共同影响，广西出现持续强降水。大暴雨中心位于桂北、桂中、桂东，有11个县（市）降雨量超过250毫米，37个县（市）超过100毫米，19个县（市）50.0～99.9毫米，14个县（市）25.0～49.9毫米，最大象州县累计降雨量达609毫米，其次金秀303毫米。由于西江上游广西壮族自治区的桂林、柳州、梧州、贺州等地出现持续性大到暴雨，导致西江水位急剧上涨。6月23日中午至24日早晨，封开、德庆、高要的最高水位分别为25.92米、21.58米、12.68米，分别超警戒水位8.92米、6.58米、2.68米。封开县西江沿岸6个镇出现不同程度的洪涝灾害，江口镇沿江街道已成泽国。据不完全统计，至22日，封开、德庆已漫顶或溃决百亩堤围58条，千亩堤围3条，约10万人受洪水影响，受浸房屋1.1万间，受灾作物5.3万亩，总经济损失1亿多元，幸无人员伤亡。

6月21—23日，受东移的高空槽和西南季风影响，肇庆市各地出现大到暴雨，局部大暴雨的降水过程，最大四会站，22日20时—23日20时，降雨量102.4毫米。23日20时后，各地雨势明显减弱，大部仅微量降水，降水过程结束。

6月19日起，肇庆市气象台加强与西江上游的广西壮族自治区气象台、梧州气象台、贺州气象台、柳州气象台进行天气会商。20日16时，向市委、市政府、市三防等部门报送《重大气象信息快报》，提出“未来3天广西桂林、柳州等地区和肇庆市继续有大雨到暴雨降水过程”。

6月20日下午，肇庆市气象局要求全市气象台站紧急行动起来，全力做好西江抗洪工作。

6月21日上午，《关于加强西江抗洪气象服务的紧急通知》提出，要加强领导，严格执行“一把手”负总责的汛期气象服务制度，一把手要亲临预报服务第一线，坐镇指挥，组织服务，主动及时地向当地党政领导和三防等有关部门报告天气情况，提供抗洪决策依据；严格执行汛期值守班制度，取消业务人员休假，24小时值守班；即日起，每天编发两期决策服务产品（专报、快报或天气报告），提供西江流域雨情和未来天气预测，提出防汛建议，要主动及时地通过手机短信、书面传真、电话等方式，向当地党政领导和三防等有关部门提供气象服务；加强联防协作，提高防汛气象服务质量；加强气象灾害收集上报，加强技术保障，确保设备正常运转和网络畅通。

6月21—23日，肇庆市气象台每天07时、13时增加两次与上游广西壮族自治区等气象台的会商，及时收集、分析雨情及未来的降雨趋势，以《天气报告》的形式向市委、市政府、市三防等有关部门和领导汇报。

21日14时许，肇庆市气象台通过对广州、香港、阳江等地的雷达资料分析，发现梧州附近有强回波发展，将袭击肇庆市大部地区。该台以最快的速度，用手机短信群发平台，发送"未来1～2小时我市各地将有强降水和短时雷雨大风，请注意防御强降水诱发的局部山洪、泥石流等地质灾害"的信息。同时，16时10分，迅速通过三防办、市教育局、市电视台、市广播电台、"12121"电话等向公众和中小学生发布黄色暴雨预警信号，17时53分升级为红色暴雨预警信号。由于提前做好防御措施，确保了人民生命和财产的安全。

6月20日，西江沿岸的梧州、封开江口、德庆、高要西江水位急剧上涨，梧州超过警戒水位后，以每小时12厘米的稳定速度上涨。21日开始，涨速加快，17—18时，涨幅达每小时20厘米。3天内洪水陡涨8.4米。20日，高要水位稳定以约每小时10厘米的涨速上涨，至21日18时，涨幅达每小时15厘米。22日16时高要水位达11.72米，直逼12米！21—22日，肇庆市委、市政府连续两天召开紧急会议，全市抗洪进入高度戒备状态。肇庆市气象局主要领导亲临预报服务第一线，每天及时向当地党政领导报告最新天气情况和关键转折天气形势。22日在全市防洪救灾紧急会议上，向市委书记林雄、市长杨浩明汇报时，提出：未来2～3天，西江上游和肇庆市雨势将逐日减弱，有利于西江洪水的回落。24日09时，向政府报送《重大气象信息专报》，提出"未来两天广西地区和我市将无明显降水，大部以阵雨为主"。

肇庆市气象局急群众之所需，利用"12121"固定电话语音、群发短信应急平台、手机短信发送系统，为广大群众提供防洪抗灾气象信息。20日，"12121"电话增设了防洪气象和学生安全信箱，迅速在全市6县（市）的所有主要街道出入口、中小学校门口安装了3000多块"12121"电话紧急气象信息宣传牌。6月22—23日，肇庆市气象局的"12121"电话拨打量增加到23000多次，居全省首位。

四、2008年1月中旬至2月中旬异常寒冷阴雨过程服务

2008年1月13日—2月17日，受北方强冷空气持续南下影响，肇庆市各地出现了长达25～36天的日平均气温≤12℃的低温阴雨天气过程，是有气象记录以来的最长低温阴雨过程，北部怀集、广宁、封开日平均气温≤10℃天数达27～34天，比该3站历年的最长纪录多10～13天；南部高要、德庆、四会15～17天，比历年最长纪录多3～10天。1月24—26日，受强冷空气与南方暖湿气流的共同影响，该市各地普降中雨局部大雨，1月25日—2月3日，各地日平均气温持续偏低，大部分地区在5℃或以下，高要和肇庆城区6～7℃。怀集、封开出现长达10天连续日平均气温≤6℃的异常寒冷阴雨天气，持续时间和低温，都创出该两站有气象记录以来的最长和最低极值。1月27日，怀集、封开日平均气温低至3.8℃和3.5℃，比1980年2月1日该两站出现的3.9℃和3.8℃还偏低0.1℃和0.3℃；1月27日，怀集、封开日最高气温也仅有4.9℃和4.4℃，比1980年2月1日的5.2℃和4.9℃还偏低0.3℃和0.5℃。其他县（市）的日平均气温和日最高气温也接近或创出建站以来的低温阴雨过程的历史新低。除2月3日出现短暂的晴好外，2月4—12日冷

空气继续补充，虽部分时间有阳光，但气温持续偏低，日平均气温维持在 6 ～ 8 ℃。

据历史资料分析，此次寒冷阴雨天气过程，是肇庆市有气象记录以来最寒冷、时间最长、降雨最显著的一次低温阴雨天气过程。其对春运交通安全、供电、供水和农业都造成严重影响。且具有范围广、强度大、持续时间长、灾害影响重的特点，为 50 年一遇，属历史罕见。

据肇庆市农业局的统计数据和《西江日报》的报道，截至 2 月 13 日，全市农业受灾直接经济损失达 58886.98 万元。农作物（粮食、蔬菜、其他作物）受灾面积 12.27 万亩，成灾面积 4.14 万亩，绝收 1.21 万亩；果树受灾面积 23.76 万亩，成灾面积 9.72 万亩，绝收面积 7.56 万亩，经济损失 38286.8 万元；渔业受灾面积 14.66 万亩，损失产量 24561.2 吨，经济损失 15807.7 万元；被冻死的家禽有 104.75 万只、猪 19871 头、牛 846 头、羊 2946 头，经济损失 4792.48 万元。

早在 1 月 20 日，肇庆市气象局就高度重视，积极做好此次低温阴雨过程的监测与预报服务。28 日启动肇庆市重大气象灾害Ⅲ级气象应急预案，作出如下部署：

① 各县（市）气象局实行局领导领班制度，做好实时监测、了解需求、滚动预报、准确预警、信息发送、业务监控、跟踪服务、影响评估等工作。

② 确保业务系统稳定运行。按照“及时、准确、可靠、安全”的要求，加强业务值班，密切监测天气动态，及时掌握天气变化，保证值班人员饮食、取暖等生活条件；加强对遥测站、中尺度自动站、计算机、通信网络等设备的检修、维护，保证耗材、备件供应充足，确保业务技术装备的正常运行。重大装备出现故障时，立即组织人力排查，及时上报。

③ 加强灾害性天气预警信号发布工作。值班预报员应密切关注省气象局内部网是否显示本台的预警信号、有关媒体是否按照规定发布信号；记录媒体违规发布的情况，及时提出纠正意见。

④ 切实加强与当地春运办、应急办和有关部门的联系，提供有针对性的服务和决策建议。

⑤ 加强舆论引导，做好如何防范低温、冻害等气象科普知识的宣传工作。

2 月 2 日上午，肇庆市气象局再次部署春运及春节期间的天气预报服务，要求做到：逐条自检应急三级预案措施的落实情况，查漏补缺；严守值班制度，继续加强监测、预报、预警及其可能引发的灾害的应急服务，市气象台要对这次天气过程的转折及春节天气进行深入会商，做好春运和春节期间天气预报服务；做好设备的维护、检查，保持良好的运行状态。

市气象台经过综合分析，并与省气象台、周边气象台会商，认为 3 日起天气将逐渐转好，但寒冷依然，春节期间无明显降水。肇庆市气象局以重大气象信息快报的形式，向市委、市政府领导及应急办、民政局、交通局等单位报告：在此期间，全市各地气温偏低，日平均气温 10 ℃以下，最低气温 2 ℃左右。

此次寒冷阴雨过程，肇庆市气象局共发布《重大气象信息快报》15 期、《重大气象信息专报》2 期、《天气报告》5 期，及时通过手机短信群发平台，发布寒害、春运及春节天气的趋势信息。

五、2008 年严重“龙舟水”预报服务

每年 5 月 21 日—6 月 20 日是肇庆市降雨集中期，也称“龙舟水”。2008 年肇庆各地“龙

舟水”较常年异常偏多7成到1倍多。广宁县达628毫米，比常年同期偏多118%，为历史同期最大值；高要市、端州区531毫米，同比偏多81%，大雨日数8天，比常年同期超1倍。各地“龙舟水”异常偏多为历史罕见。暴雨频繁导致肇庆市各地6月平均总雨量为554.6毫米，比常年同期偏多超1倍，广宁县达707毫米，比常年多出近2倍，各地6月雨量均超历史纪录。

5月28日—6月18日，北方冷空气异常活跃，西南季风爆发早且强，致使西江上游及肇庆市出现持续的大范围强降水，西江水位急剧上涨，6月14—15日，高要水文站水位两天暴涨5米，16日07时，该站出现11.39米的洪峰，流量47200米^3/秒，为超20年一遇的大洪水。这次西江洪水使该市直接经济损失达4.1亿元。

面对异常的天气气候年景，肇庆市气象局认真贯彻落实肇庆市委、市政府“防大汛、抢大险、抗大灾”工作部署，全力以赴做好各种极端灾害天气的气象服务工作。

在6月初，肇庆市气象局提前部署西江致洪暴雨过程预报服务工作，对各业务科室、全市气象台站提出要求：严格执行“一把手”负总责制度，加强决策服务，当好防汛抗灾参谋，对致洪暴雨过程进行滚动预报服务，及时向政府和公众发布准确实况和预报信息。

肇庆市三防指挥部于6月13日下午启动防汛Ⅳ级应急响应，面对迅猛发展的西江汛情，肇庆市气象部门沉着应对，于13日21时召开了市气象局防汛领导小组紧急会议，迅速传达市委书记和市长的重要指示以及市三防会议精神，要求全市气象部门严格按照肇庆市三防指挥部防汛Ⅳ级应急响应与广东省气象局暴雨Ⅲ级应急响应命令，做好相关工作。

肇庆市三防指挥部于14日上午启动防汛Ⅲ级应急响应，肇庆市气象局马上召开第二次紧急防洪工作会议，要求市气象局和各县（市）气象局严格按照市三防指挥部防汛Ⅲ级应急响应要求，加强监测与24小时值班，将西江汛情的收集与分析精确到每小时，气象预报精确到6小时，按照“以人为本、无微不至、无所不在”的气象服务宗旨，严谨、细致、主动、到位地做好这次致洪暴雨过程的预报服务工作。

6月1日下午，肇庆市气象台通过对大气环流形势与西南季风爆发的准确分析，在报送给市委、市政府、市三防办的重大气象信息快报中，明确指出：“未来一段时期西江上游仍将维持持续强降水，水位继续上涨，请有关部门注意。”6月10日提前48小时对6月12日西江上游致洪暴雨的范围与强度进行了准确预报，并利用群发短信及时向市领导汇报最新的汛情以及趋势预测。6月11日再次预测“明后两天柳江、桂江、贺江三江流域将有大到暴雨、局部大暴雨，13日前后肇庆市有较强降水，请密切关注西江水位的变化”，强调“未来几天西江水位仍将继续上涨”；6月14日发现西江上游主要降雨系统已明显东移，明确指出“昨天白天起柳江、桂江流域降雨已明显减弱，从今天起上述地区及贺江流域将出现2～3天的弱降雨期，利于西江出现洪峰水位”，6月15日通过对大气环流的转折准确判断，果断预报“18日起西江上游降雨减弱，持续20多天的大范围强降水过程基本结束”，并指出：“本次西江洪水对全市威胁的重点时段为今明两天，因此可集中力量进行科学防御。”预报结论与雨情、水情实况完全吻合。6月16日08时，高要水文站出现11.39米的洪峰水位，随后水位开始逐渐回落，全市防汛形势趋于平稳。

从6月1日开始，肇庆市气象局密切跟踪西江上游天气系统的变化，及时作出滚动订正预报，每天发布2～3期决策服务产品，报送给市委、市政府、市人大、市政协、军分区、市三防办、海事局、安监局、国土资源局等部门。据统计，全市各气象台共发布重大信息快报58份，地质灾害专题预报4份，天气报告16份，群发手机短信服务近6000条次。

6月16日，黄华华省长来肇庆检查防汛工作，肇庆市委书记覃卫东、市长杨浩明在汇报防汛工作时，充分肯定了气象部门的监测预报能力，对肇庆市气象局准确、到位的预报服务工作给予高度评价。

六、2011年肇庆市“4·17”强对流天气气象服务

2011年4月17日，肇庆市自西向东遭遇雷雨大风天气，给德庆县等地造成严重影响和较大的人员财产损失。这次雷雨大风天气于17日09时30分从广西进入肇庆封开，以每小时50千米左右的速度向东偏南方向移动，横穿德庆、高要、肇庆城区、鼎湖等县市（区），影响约4个小时。根据全市气象站网监测，4月17日08时—18日08时，共22个测站录得超过17.2米/秒（8级）的大风，其中高要区回龙镇录得了全市最大阵风39.3米/秒（13级）；全市44个自动观测站出现超过25毫米的雨量，其中最大降雨出现在封开县莲都镇62.5毫米。另外，17日中午前后，德庆县出现冰雹。

14日上午，肇庆市气象台对外发布“16—18日将有一次明显降水过程，并伴有雷雨大风等强对流天气”。15日下午，再次对外发布“16日傍晚至18日将有一次明显降水过程，并伴有雷雨大风等强对流天气”。17日09—11时，先后有4个市县（区）发布雷雨大风预警信号4站次，发布雷雨大风预警信号平均提前时间为35分钟左右。

对这次强对流天气过程，肇庆市气象局向当地党政部门发送决策服务短信近7000条次，报送有关决策气象服务材料14期。对50万手机用户发送强降水预警和雷雨大风预警短信约150万条。13—17日，逾1万用户访问广东气象网和肇庆气象网相关网页，超6000用户拨打收听“12121”热线电话。

七、2013年强台风“尤特”引发的暴雨洪涝气象服务

2013年8月13—19日，受强台风“尤特”环流和西南季风的共同影响，肇庆市普降暴雨到大暴雨，局部特大暴雨，连续的大暴雨致使怀集县出现了50年一遇的特大洪水。强台风“尤特”引发的暴雨洪涝和地质灾害造成了较严重的经济损失和人员伤亡。

强台风“尤特”具有“发展急、移速快、强度强、范围广”的特点，造成历史罕见的强降水，一举刷新全省多地降水纪录。过程雨量超过100毫米的有111站，超过200毫米的有59站，超过300毫米的有16站，全市平均雨量为220毫米，最大雨量为怀集三坑水库607.2毫米（2007年有自动气象站记录以来的最大值）。

据统计，强降雨过程造成肇庆市5个县（市）的75个乡镇受灾，农作物受灾面积11911.6公顷，受灾人口173498人，转移人口30789人，倒塌房屋543间，造成直接经济损失5.6711亿元。全市共发生17宗地质灾害，因山体滑坡死亡2人。

在这次台风暴雨预报服务过程中，肇庆市各级气象部门严阵以待，全力以赴做好气象服务工作，严密监测、科学预警、全面服务，充分发挥“天眼”作用，为各级党委、政府和三防指挥部门正确决策、及早部署、精心组织防汛救灾抢险工作提供了科学依据，为保障人民

群众的生命财产安全、减轻暴雨灾害损失发挥了重要的作用。

强台风“尤特”影响期间，气象部门通过气象卫星、多普勒天气雷达、自动气象站等气象现代化设备“全天候、全方位、全覆盖”地密切监视强降水云团的动向和变化，通过珠江流域洪涝监测预报业务平台严密监测西江、绥江、贺江水位动态，联合国土部门利用市地质气象灾害预警信息系统对全市1114个灾害隐患点进行跟进盯防，“天眼”结合“地眼”，从而大大提高了气象部门天气预报和地质灾害气象风险评估的准确性。

肇庆市各级气象局（台）共发布《重大气象信息快报》8期、《天气报告》2期，与国土部门联合发布《地质灾害气象风险专题预报》5期，涉及重大决策的气象服务资料都在第一时间报送到各级党委、政府和三防指挥部门，作为指挥部署防洪抗灾的科学决策依据。第一时间通过肇庆天气微博、短信、电子显示屏（含大喇叭）、“12121”应急气象电话、肇庆市气象局公众网、肇庆市气象局决策服务网等方式向社会公众发出天气预警。从8月11日下午开始，共向公众发出预报预警短信65条共560万人次，发布台风预警信号19站次、暴雨预警信号18站次、雷雨大风预警信号18站次；电话、电台采访4次，提供新闻稿件5篇。

八、2015年第22号强台风“彩虹”过程气象服务

原位于菲律宾附近的热带低压于2015年10月2日凌晨2时加强热带风暴“彩虹”，2日20时加强为强热带风暴，3日14时加强为台风，3日23时加强为强台风，并于4日14时10分在湛江市坡头区沿海登陆，登陆时中心附近最大风力50米/秒（15级），中心最低气压940百帕。

“彩虹”是1949年以来在10月登陆广东的台风中强度最强的台风，具有强度异常强、近海发展快、风雨影响大的特点。

10月3—6日，肇庆市各地普降暴雨到大暴雨局部特大暴雨，3日08时到7日08时，过程累积雨量超过100毫米的有106站，超过200毫米的有41站，超过300毫米的有18站，最大雨量为大旺区443.4毫米。平均雨量为172.6毫米。主要强降水集中在鼎湖区、大旺区、高要区、四会市、广宁县、怀集县一带。3日夜间到4日各地先后出现阵风7～9级，超过7级的有48站，超过8级的有17站，超过9级的有3站，最大风速为高要金渡镇23.5米/秒（9级）。

10月2日16时，肇庆市气象局向市委、市政府、市三防办、军分区、市人大、市政协、市三防、安监局、海事局、交通局、旅游局、民政局等单位发布了《重大气象信息快报》，预报“彩虹”将以20千米左右的时速向西北方向移动，强度逐渐加强，可能于4日白天以强热带风暴或台风级（11～12级，30～35米/秒）强度在粤西到海南东部沿海登陆。

10月3—6日，先后发布《重大气象信息快报》4期，预报“彩虹”于4日下午在徐闻到电白沿海地区登陆并严重影响肇庆市，4—5日肇庆各地有明显风雨过程，风力加大到7～9级。

肇庆市气象台于3日20时32分发布台风蓝色预警信号，10月4日12时23分发布暴雨黄色预警信号，23时05分发布暴雨橙色预警信号。

台风“彩虹”影响期间，肇庆市气象部门全体预报员取消休假，坚守值班岗位，严格执行有关规定，加强天气会商，及时发送各种决策和公共气象服务材料，做好公众气象服务和

决策气象服务。市气象台业务人员在认真编写每日天气短信的基础上，还通过“12121”应急电话、肇庆气象网页、固定电话语音系统、微博、微信、应急频道等渠道提前作出天气展望和滚动预报，及时、准确发布各类气象灾害预警信息，共发布各类预警信号3次，发布决策短信21次，共计1501554人次。

九、2018年严重影响高考的台风暴雨过程气象服务

2018年6月，南海南部海面的热带扰动于2日14时加强为热带低压，5日08时，南海热带低压加强为该年第4号台风“艾云尼”(热带风暴级)，5日21时，“艾云尼”(热带风暴级)擦过海南文昌，于6日06时25分在湛江徐闻新寮镇沿海地区登陆，登陆时中心附近最大风力8级(20米/秒)，中心最低气压995百帕。6日14时50分在海南海口市沿海再次登陆，6日夜间在琼州海峡附近回旋，7日20时30分在阳江海陵岛登陆(登陆时中心附近最大风力8级，20米/秒)。“艾云尼”登陆阳江海陵岛后向东偏北方向移动，经过云浮，8日14时左右以热带风暴级进入肇庆市，8日17时于肇庆市广宁县排沙镇境内减弱为热带低压，8日22时左右移出肇庆市，向偏东方向继续移动，强度继续减弱。

台风“艾云尼”具有典型的南海台风特点，路径多变、移速缓慢、降水范围大、持续时间长、累积雨量大。

受台风“艾云尼”环流影响，6月6日08时至9日08时，肇庆市普降暴雨到大暴雨，局部特大暴雨。超过50毫米的有132站，超过100毫米的有97站，超过250毫米的有28站，最大雨量为四会市石狗镇377.0毫米。8级大风有6站，最大风速出现在高要区蚬岗镇神坑水库20.5米/秒。

根据《肇庆市气象灾害应急预案》规定，肇庆市重大气象灾害应急指挥部办公室于2018年6月6日10时08分启动气象灾害台风Ⅳ级应急响应，8日01时23分启动气象灾害暴雨Ⅲ级应急响应，8日04时33分升级为暴雨Ⅱ级应急响应，提醒有关部门按照应急预案规定的各自职责，做好防御工作。

从6月3日起，肇庆市气象局主动及时地通过手机短信、传真、电话报告等方式向市委、市政府、市应急办、市三防办、市交通局、市教育局等各相关单位发布《重大气象信息快报》7期，《高考期间天气专题预报》4期。6月5日召开“肇庆2018年高考天气”和“广东省气象灾害防御重点单位气象安全管理办法”新闻发布会，为《西江日报》和“肇庆发布”官方微博提供稿件；台风影响肇庆恰逢高考期间，提醒有关部门须提早防御雷暴、强对流、暴雨洪涝等灾害天气对试卷运送和高考的影响，提前做好防御准备，确保高考顺利进行。

肇庆市气象局从6日开始，每天发布至少3次高考天气动态，教育局授权移动“校讯通”对接转发到各位考生和家长手中。肇庆市突发事件预警信息发布中心联合市政府应急办，通过移动、联通、电信三大运营商全网发布和针对高考及考生家长的防御台风“艾云尼”服务信息约500万条次。

肇庆市气象台于6月8日03时26分发布了本年度第一次暴雨红色预警信号，并提前通过电话通知教育局，随后又通过短信、传真、微博、微信、停课铃等多种渠道将停课预警信号发给市委、市政府相关领导、教育局和高考相关负责人员，提前提醒相关部门、家长和

学生做好防御。高要区、四会市气象台也相继发布了暴雨红色预警信号，所在辖区内的幼儿园、托儿所、中小学校 8 日全部停课。

台风影响期间，肇庆市气象业务人员坚守值班岗位，严格执行有关规定，加强天气会商，及时发送各种决策和公共气象服务材料，做好公众气象服务和决策气象服务。市气象台发布决策短信 40 条，共 3.3 万余人次，决策材料 17 份，提供稿件 2 份，微信推送信息 3 条。

十、2018 年超强台风“山竹”气象服务

“山竹”是 2018 年登陆我国的最强台风，具有“台风块头大强度强、大风范围广持续长、特大暴雨点多面广”等特点。“山竹”从 9 月 11 日 08 时至 15 日 08 时维持超强台风级别达 96 小时，中心附近最大风力达 65 米 / 秒（17 级以上），主体云系直径超过 1200 千米，8 级大风风圈直径约 900 千米，12 级风圈覆盖粤港澳大湾区。“山竹”9 月 16 日 17 时以强台风级（45 米 / 秒）在广东江门台山海宴镇登陆，登陆时中心最低气压 945 百帕。受台风“山竹”影响，16—17 日肇庆市大部地区出现明显风雨过程。高要区气象观测站录得过程最大风速 40.7 米 / 秒（13 级），是肇庆市有气象记录以来台风影响下的最大风速记录。肇庆市大部地区出现暴雨到大暴雨，17 日白天鼎湖永安镇、四会大沙镇出现龙卷。

根据《肇庆市气象灾害应急预案》规定，肇庆市重大气象灾害应急指挥部办公室于 2018 年 9 月 12 日 11 时 18 分启动气象灾害台风Ⅳ级应急响应，15 日 10 时 58 分升为Ⅲ级，16 日 08 时 55 分升为Ⅱ级，16 日 10 时 32 分升为Ⅰ级。16 日 10 时，肇庆市三防指挥部启动防风Ⅰ级应急响应，这是肇庆市三防指挥部历史上第一次启动该级别应急响应。

肇庆市气象台于 9 月 14 日 14 时 51 分发布台风白色预警信号，15 日 10 时 20 分升级为台风蓝色预警信号，15 日 14 时 53 分升级为台风黄色预警信号，16 日 08 时 26 分升级为台风橙色预警信号。16—17 日，肇庆、高要和四会市气象台先后发布暴雨红色预警信号，德庆、封开、广宁县气象台发布暴雨橙色预警信号，怀集县气象台发布了暴雨黄色预警信号。

肇庆市气象台于 17 日 12 时 20 分提前 30 分钟发布了肇庆龙卷天气预警，东南部地区（高要区、四会市、鼎湖区、大旺高新区）可能出现龙卷天气，提请有关部门做好防御准备；四会市、高要区气象局也相继发出龙卷天气警报。市三防总指挥部随后发布紧急公告，提醒公众避风避险。17 日 15 时，肇庆市气象台再次发布龙卷天气预警，提醒公众，东南部地区（高要区金利、回龙、蛟塘镇，鼎湖区沙浦、永安、莲花镇，四会市大沙镇，大旺区以及下游）仍有可能会出现龙卷天气。

肇庆市气象局密切监测台风动向，及时发布台风最新消息，为市委、市政府部署防台抗灾提供决策依据，为市民提供及时准确的气象服务。肇庆市突发事件预警信息发布中心联合市政府应急办，通过移动、联通、电信三大运营商全网发布防御台风“山竹”服务信息约 860 万条次。台风影响期间，气象业务人员坚守值班岗位，严格执行有关规定，加强天气会商，做好公众气象服务和决策气象服务。通过“12121”应急电话、肇庆气象网页、固定电话语音系统、微博、微信、应急频道等渠道发布台风最新消息。肇庆市气象台召开新闻发布会 2 次，发布决策短信 91 条，共 328.15 万余人次。

第十三章　科技服务

气象科技服务是为专门用户提供的特殊需要的气象服务。20 世纪 80 年代开始，肇庆市所属气象台站有针对性地开展专业有偿服务，随后，防雷减灾和人工影响天气也成为气象科技服务的重要内容。

第一节　专业有偿服务

《中华人民共和国气象法》第三条规定，气象台站在确保公益性气象无偿服务的前提下，可以依法开展气象有偿服务。气象专业有偿服务是社会主义市场经济发展的必然产物，是指气象部门为农业、工矿、城建、交通运输、海洋开发、水利、电力、环境保护、财贸、旅游、保险以及文化体育等行业的企事业单位和个人提供的各种专业专项气象服务，本着自愿互利原则，适当收取费用，用于额外的设备、材料、人工等项目的支出。服务项目包括用户生产、经营、流通中所需的专业气象预报、情报，气候资料分析，大气环境评价，现场气象保障，专项科研课题，仪器安装、检定、维修，专业人员培训，技术咨询等多种形式的技术服务。

有偿服务的发展背景。党的十一届三中全会后，由于经济社会的快速发展，原有的气象公益服务模式、服务方式、服务产品，已经不能满足各行业生产发展的需要。生产发展的需要迫使各级气象部门转变观念，开展新的探索，于是气象专业有偿服务就在改革开放的形势下应运而生。1985 年 3 月 29 日，国务院批准国家气象局《关于气象部门开展有偿服务和综合经营的报告》。1985 年 8 月 16 日，财政部和国家气象局联合下发《关于气象部门开展专业服务收费及其财务管理的几项规定》。1990 年 12 月 4 日，财政部和国家气象局联合下发《关于气象部门专业服务收费及其财务管理的补充规定》。至此，开展有偿服务的政策日臻完善，进入有法可依、全面快速发展时期。

依据国务院办公厅 1985 年颁布的《关于气象部门开展有偿服务和综合经营的报告的通知》，肇庆气象部门从该年开始开展气象专业有偿服务，服务领域从最初的内河航运拓展到铁路、公路、农业、林业、水利、电力等行业；服务对象从城区发展到乡镇，服务内容从单一的长期预报“一张纸”服务转变为长、中、短期，短时的预报服务相结合，从一般的服务转变为有针对性的专项预报服务；服务方式从最初的邮寄，到后来的电话、传真、电子邮件、手机短信、微信和网络服务平台，信息接收的速度由最初的几天收到发展到现在的几分钟，气象信息的时效和覆盖面得到了快速提升、扩展。专业用户利用气象信息合理安排和指挥生产，取得较好的社会效益和经济效益。

第二节　防雷减灾技术服务

肇庆市雷暴活动十分频繁，据统计，1953—2020 年，年平均雷暴日达 80 天。每年都有因雷电造成的通信、供电线路中断以及电气设备、建筑物损毁等事故发生，带来经济损失和人畜伤亡等。随着经济的发展和人民群众生活水平的提高，各种建筑物、各种各样的电子设备如雨后春笋般出现，特别是随着高新技术发展而来的电子计算机等装有弱电元件设备的大量出现，因遭雷电造成的破坏相当严重，损失很大。气象部门根据社会需求，把雷电灾害监测和预防服务及时推向社会，取得良好的社会效益和经济效益。

一、防雷检测服务

为加强雷电灾害的防御，确保国家财产和人民生命的安全，1989 年 8 月，成立肇庆市防雷设施检测所，开始在肇庆市内从事防雷减灾工作。2016 年 5 月，肇庆市防雷设施检测所更名为肇庆市气象公共安全技术支持中心。2019 年 7 月，重新改为原名。

1998 年 12 月 28 日，肇庆市人民政府（肇府〔1998〕51 号）颁布《肇庆市建筑物防雷设施管理办法》（以下简称《办法》)。《办法》规定：防雷设施安装和施工的全过程接受技术检测；气象主管机构参与竣工验收；凡属一类防雷的，每隔半年检测一次；二类防雷的，每隔一年检测一次；三类防雷的，每隔两年检测一次。《办法》下发后，进一步推进全市防雷减灾工作向科学化、规范化管理方向发展。

1998 年 6 月，按照肇庆市政府《肇庆市向外商投资企业提供“三个一服务”业务承办单位及其联络员工作规则》（肇府办〔1998〕40 号）要求，肇庆市气象局作为成员单位之一，正式将防雷工作和专业服务参与市外商投资中心对外服务系统工程。2002 年 6 月 28 日，肇庆市气象局进入市政府行政服务中心开展行政审批服务。2012 年，在市行政服务中心设立气象窗口，审批事项集中办理，实现一个窗口对外服务。

1999 年 3 月 12 日，市公安局、市气象局联合下发《关于切实做好计算机场所防雷安全工作的通知》（肇公通〔1999〕6 号），加强了计算机场所防雷安全管理。

1999 年 4 月 12 日，肇庆市人民政府转发《省人民政府颁发〈广东省防御雷电灾害管理规定〉的通知》（肇府〔1999〕14 号），要求认真贯彻执行《广东省防御雷电灾害管理规定》（粤府〔1999〕21 号），进一步加强了肇庆市防御雷电灾害管理工作。

2006 年，肇庆市政府印发《肇庆市雷电灾害应急救援预案》（肇府办〔2006〕142 号）和《市安委办关于进一步加强我市防雷减灾工作的意见》（肇府办〔2006〕143 号）。

2005 年 11 月 22 日，市安监局、教育局、气象局联合印发《关于联合开展中小学校防雷安全专项整治工作的通知》（肇安监管〔2005〕110 号），对全市范围内各中小学校（含幼儿园）防雷安全进行排查整治。

2014 年 7 月 9 日，肇庆市气象局、住建局、安监局印发《肇庆市气象局等三部门关于加强商品房住宅小区防雷安全工作的通知》，要求商品房住宅小区物业进一步落实防雷安全责任制，开展防雷设施检测和整改。

二、防雷综合管理

肇庆市气象局依照防御雷电灾害相关法律、法规和规范性文件，大力加强防雷综合管理。

1. 建立单位、个人防雷设施基本情况档案

将肇庆市各行业各单位、个人防雷设施申报检测情况与普查情况相结合，优化电脑储存防雷信息资料档案，原始档案登记入册，存放档案室；在局内网建立对外防雷减灾信息平台；在肇庆市行政服务中心设置防雷行政审批服务窗口，受理防雷工程各项业务；档案管理做到便于检索、规范、安全。

2. 建立和完善各项工作制度

1989—2020 年，肇庆市防雷设施检测所建立和完善各项工作制度，主要是设计审核、风险评估、资质管理、施工监督检查、竣工验收、定期检测、服务承诺、廉政自律、档案管理和安全工作制度；在内部网设置交流平台；在行政服务窗口设置服务指南及工作评价，虚心接受社会各界群众监督，着力提高防雷减灾综合管理水平。

3. 开展防雷法规与防雷科普宣传

每年“3·23”世界气象日、科技下乡活动日、安全生产月，肇庆市气象局都重视防雷法规与防雷科普宣传，组织政策法规科（执法办）、市防雷设施检测所、市气象学会工作人员到广场、街道、学校、乡镇等地大力开展宣传活动，印发防雷法规、防雷知识画册；悬挂防雷减灾标语、现场解答防雷咨询，让群众了解防雷减灾的重要性；经常在《西江日报》、肇庆电视台、肇庆电台宣传防雷减灾知识，提高全民防雷减灾意识。

4. 重视防雷安全执法检查

为做好防雷减灾工作，肇庆市气象局定期联合肇庆市政府办公室、安监局、建设局、规划局、公安局、公安消防局等有关部门，组成防雷安全执法检查组或督查组，重点对全市石油化工等易燃易爆场所、重点工程、高层建筑、电力设施、通信设施、计算机信息系统、旅游景点、医院、学校、商场、宾馆、体育场等人口密集场所，以及其他易遭雷击的建（构）筑物防雷设施，开展防雷安全执法大检查。其次，市气象局组织政策法规科（执法办）、市（县、区）防雷设施检测所，抽查有关单位、个人的工程项目，是否经过防雷机构的设计审核、分段验收和竣工验收；抽查从事防雷工程设计、施工和防雷设施安全检测的单位和个人，是否持有防雷工程专业设计、施工的资质证、防雷设施检测监理资质证和上岗证；抽查有关部门和单位，是否建立健全防御雷电灾害管理制度，是否及时、准确上报雷电灾情；检查各类高层建筑、计算机设备（通信网络系统）、低压配电系统、易燃易爆物仓储场所是否安装符合国家有关规定的综合防雷设施；检查前期不合格的防雷设施是否按要求进行整改。

5. 加强防雷减灾队伍建设

肇庆市气象局及时贯彻落实国家、省、市有关防雷减灾工作部署，组织在职人员学习国家、省颁布施行的防御雷电灾害的法律、法规，组织学习防雷技术规范和综合管理，选派业务技术骨干参加广东省气象局的防雷业务技术、法规学习和行政诉讼、执法培训，提高在职人员的思想素质、业务技术、服务水平和综合管理能力。每年召开一次全市防雷工作会议，总结和表彰先进单位和个人。

三、雷击风险评估

肇庆市气象局从 2005 年开始开展雷击风险评估，为建设工程项目减轻雷击风险提供技术支撑。2004 年 12 月 16 日，中国气象局修订发布《防雷减灾管理办法》，规定各级气象主管机构应当组织对本行政区域内的大型建设工程、重点工程、爆炸危险环境等建设项目进行雷击风险评估，以确保公共安全。2005 年 1 月 28 日，中国气象局令第 11 号公布《防雷装置设计审核和竣工验收规定》，把雷击风险评估报告纳入防雷装置设计审核提交材料清单，雷击风险评估业务开始全面铺开。2015 年 5 月 26 日，中国气象局办公室下发《关于取消第一批行政审批中介服务事项的通知》，提出在开展防雷装置设计审核行政审批时，不要求申请人提供雷电灾害风险评估报告。该通知在肇庆市气象部门得到有效执行，雷击风险评估改为事中、事后监管，继续为建设工程等提供服务。

第三节　人工影响天气

人工影响天气是指为避免或者减轻气象灾害，合理利用气候资源，在适当条件下通过科技手段对局部大气的物理、化学过程进行人工影响，实现增雨（雪）、防雹、消雨、消雾、防霜等目的的活动。

肇庆市人工影响天气工作始于 1977 年，是年，为了缓解旱情，利用“三七”高炮实施了一次人工增雨作业。

1990 年 8 月，在怀集、德庆、郁南、高要、鼎湖、封开、四会、新兴、云浮、罗定 10 县（区）开展高炮人工增雨作业，历时 30 多天。1991 年清明期间，进行飞机人工增雨作业 2 次，撒干冰 620 千克。1991 年 6 月，市政府决定在郁南、罗定、云浮、新兴、四会、高要等县实施高炮催雨作业。历时半个月，发射炮弹 1196 发，取得较好效果。上述几年的高炮人工增雨作业，都是在肇庆市政府的统一领导下，由三防指挥部组织实施，气象部门作为三防指挥部的成员单位，主要任务是派出业务骨干到作业现场做好气象保障服务，提供准确及时的气象观测和天气预报信息，为人工增雨创造有利条件。

2004 年，肇庆市出现夏秋连旱，农业生产和农民生活受到严重影响。在肇庆市气象局的建议下，肇庆市政府投入 100 余万元人工增雨经费购置了 1 辆作业指挥车、3 辆火箭发射车、4 套火箭发射架及其他配套设备。11 月 15—16 日，肇庆市气象局抓住一次冷空气南下影响的有利时机，在广宁、怀集、封开县 3 个作业点实施火箭人工增雨作业，共发射人工增雨火箭弹 20 枚，作业影响区普降小到中雨，局部大雨，效果明显。

此后，按照市政府的分工，肇庆市人工影响天气工作在市政府统一组织协调下，由肇庆市气象局具体组织实施。

2005 年 2 月 26—27 日，在怀集、德庆、封开县实施人工增雨作业，共发射人工增雨火箭弹 6 枚，作业影响区普降中到大雨，效果明显。3 月 12 日、22 日、27 日，分别组织实施了该年的第二、三、四次人工增雨作业，其中第三次作业效果最为显著。

2007 年 8 月 8—10 日，在怀集县冷坑镇、汶朗镇以及高要市金龙水库 3 个作业点进行火箭人工增雨作业，增雨效果明显；11—14 日，再次在怀集县冷坑镇作业点进行人工增雨作业。12 月 20—22 日，分别在怀集县汶朗、冷坑镇以及德庆县花世界乐园进行人工增雨作业，两县普降大雨到暴雨，作业点附近降雨明显增大，效果明显，大大缓解了连续 111 天无透雨的旱情。

2009 年 3 月 5 日 03—08 时，肇庆市气象局抓住冷空气南下的有利时机，在怀集县冷坑镇、封开县南丰镇、德庆县花世界乐园、广宁县洲仔镇各发射人工增雨火箭弹 8 枚，增雨效果明显，有 26 个自动气象站点达到透雨标准，最大为封开县都平镇 75.5 毫米，各地旱情得到缓解。11 月 12—13 日、15—16 日，分别在四会、广宁、怀集、封开、德庆等县（市）进行了两次人工增雨作业，共发射人工增雨火箭弹 80 枚，取得明显效果。

2010 年 11 月 27 日，按照全省统一部署，进行广州亚运会闭幕式人工消雨作业，肇庆市共 8 个点作业，发射火箭弹 31 枚。12 月 11—12 日、18—19 日，河源市气象局派出技术人员，协助肇庆市气象局先后在广宁、怀集、德庆、封开、高要县（市）作业点进行亚残运会开、闭幕式人工消雨作业。

2011 年 4 月 17 日，肇庆市气象局抓住冷空气正在南下的有利时机，在怀集县汶朗镇、德庆县花世界乐园等地实施人工增雨作业，共发射人工增雨火箭弹 18 枚。

肇庆市气象部门根据地方政府需求，适时组织开展人工增雨作业，在缓解农村农业旱情、增加城乡生产用水、降低森林火险等级、加强生态环境保护、提高环境空气质量等方面发挥了重要作用。市、县两级政府重视人工影响天气工作，根据实际需要增加经费投入，完善设备的更新换代。至 2012 年，肇庆市和各县（市）相继成立了名为“人工影响天气中心（办公室）”的地方气象机构，落实编制人员。

2018 年 11 月 12—14 日、12 月 26—27 日，在怀集、广宁县开展人工增雨作业，共发射人工增雨火箭弹 68 枚。

2019 年，肇庆市人工影响天气中心开展标准化作业点建设。完成作业点选址，在怀集县冷坑镇三坑水库建设一个标准化作业点。12 月 23 日，在广宁县和怀集县作业点共发射人工增雨火箭弹 8 枚，增雨效果明显。

2020 年，肇庆市人工影响天气中心多次开展人工影响天气作业。3 月 3 日，在怀集县汶朗镇汶塘村和广宁县洲仔镇务水村实施人工增雨作业，发射人工增雨火箭弹 16 枚。7 月 30—31 日，协助江门市气象局开展人工影响天气作业。12 月 14 日，在封开县使用燃气炮试验作业两次。12 月 27 日，与环保部门应急联动开展燃气炮作业。

2021 年，肇庆市为推动人工影响天气工作高质量发展，印发《关于推进人工影响天气工作高质量发展的实施方案》《肇庆市 2021 年人工增雨工作计划》，更新《肇庆市人工影响天气工作领导小组成员名单》，编印《肇庆市县级人工影响天气安全责任清单（细化）》《肇庆市人工影响天气作业实施方案及业务流程》。年内，肇庆市气象局与云浮、梧州市气象局签订《人工影响天气工作合作框架协议》，推进人工影响天气工作高质量协同发展，完善作业点的配套设施，提升现有作业点安全等级，完成广宁县毕陇水库、怀集县三坑水库地面火箭人工影响天气作业点的安全等级评定工作，2 个火箭移动作业点结果评定均为 I 级，获得南部战区批复。与佛山空管签订《人工增雨作业协议》和《人工增雨作业与空管保障安全责任书》。适时开展人工影响天气作业，在广宁县毕陇水库、怀集县三坑水库开展 10 次人工增雨作业，发射人工增雨火箭弹 60 枚；在高要、封开、四会开展燃气炮增雨试验，进行 9 轮 21 次作业。

第四篇　气象管理

本篇主要内容包括：教育与科研、人事管理、气象法规建设、计划财务与基本建设、气象现代化建设与考评。

第十四章　教育与科研

第一节　人才结构

20 世纪 70 年代以前，肇庆市气象部门基本上是以中专毕业生、短训班培训和部队专业人员为主，担负着气象观测、天气预报、农气服务等业务技术工作。1970 年，首次接收朱杰文、吕醒佳等 4 名大学毕业生到基层台站工作。1981 年开始陆续招收大专班学员。

2005 年以后，本科生、研究生不断增多，人才结构发生了根本性变化，到 2021 年底，肇庆市气象系统有国编人员 89 人，其中研究生学历 3 人，本科学历 77 人，正高级工程师 1 人，高级工程师 16 人，工程师 36 人，本科以上学历占总人数的 90%；地编总人数 123 人，其中研究生学历 4 人，本科学历 113 人，大专及以下学历 6 人，高级工程师 7 人，工程师 51 人，本科以上学历占地编总人数的 92%。

第二节　在职教育

截至 2021 年底，肇庆市气象局国编在职人员通过电大或函授方式完成大专学历学习 2 人，完成本科学历学习 4 人，参加研究生课程班学习 1 人，参加研究生学位学习 11 人，参加研究生学历学习 1 人；县（市、区）气象局国编人员完成大专学历学习 6 人，完成本科学历学习 14 人，参加研究生课程班学习 1 人，参加研究生学位学习 4 人；市气象局地编在职人员通过电大或函授方式完成大专学历学习 4 人，完成本科学历学习 12 人，参加研究生学位学习 4 人，参加研究生学历学习 2 人。

第三节　气象科研

一、科研课题与学术论文

改革开放之前，肇庆市气象部门的气象科研工作主要是进行一些农业气象和天气预报方法的经验总结，开展农业气候资源区划，制作肇庆地区暴雨、冷害天气等预报方法。1980 年以后，科研工作有较大提高，每年都会选取一些课题作为科研项目，其成果应用于实际业务，部分论文在公开刊物发表。共获得厅局级以上立项科研项目 32 项（表 4-14-3-1），在核心刊物发表论文 11 篇（表 4-14-3-2）。

表 4-14-3-1 肇庆市气象局厅局级以上立项课题一览表

课题名称	级别	主要完成人	项目起止时间
暴雨与大尺度环境相互作用关系	广东省“九五”科技攻关资助项目	贺海宴、何华庆等	1999 年 1 月—2001 年 1 月
西江致洪暴雨的研究	广西壮族自治区科学研究与技术开发计划项目	何进球、何华庆等	1998 年 3 月—2001 年 12 月
肇庆市短期气候诊断分析系统	省气象局课题	彭端等	2003 年 7 月—2005 年 8 月
利用 Ipsec 在 Internet 上建立市、县业务宽带网络通信备份系统	省气象局课题	温坚培等	2004 年 8 月—2006 年 3 月
诱发肇庆市地质灾害的暴雨预报技术研究	省气象局课题	彭端等	2005 年 7 月—2007 年 12 月
西江流域强对流灾害性天气短时预报方法研究	省气象局课题	郭媚媚等	2006 年—2008 年 7 月
西江防汛河面监测系统	省气象局课题	凌汉强等	2007 年 8 月—2010 年 12 月
西江气象水文特征分析和预测研究	省气象局课题	彭端等	2007 年 8 月—2009 年 6 月
肇庆柑橘气象灾害监测系统	省气象局课题	郭媚媚等	2010 年 10 月—2012 年 5 月
肇庆市大雾天气的特征、成因及预报	省气象局课题	唐洁等	2011 年 10 月—2014 年 6 月
四会市灾害性天气统计特征分析及防御对策	省气象局课题	吴振强等	2011 年 10 月—2013 年 5 月
珠江流域洪涝监测预报业务平台的建设	省气象局课题	彭端等	2012 年 9 月—2015 年 6 月
广东省天气形势相似预报系统的设计与实现	省气象局课题	黄成南等	2012 年 10 月—2014 年 9 月
肇庆气候和地理环境对空气污染物扩散的影响	省气象局课题	王文波等	2012 年 10 月—2015 年 5 月
肇庆市新型农村公共气象服务体系的研究	市科技局课题	彭端等	2012 年 12 月—2014 年 10 月
肉桂幼苗期的栽植护理与气象灾害防御策略	省气象局课题	陈达炎等	2013 年 10 月—2015 年 6 月
铂电阻温度传感器与红外线测温仪的测温差异研究	省气象局课题	李文斌等	2014 年 1 月—2019 年 6 月
肇庆新一代天气雷达径向遮挡订正方法的研究	省气象局课题	郭春辉等	2015 年 2 月—2015 年 10 月
市县强对流天气预警发布平台研究	省气象局课题	黄天文等	2016 年 10 月—2018 年 5 月
客观天气分型方法的比较及应用	省气象局课题	翁佳烽等	2017 年 12 月—2020 年 6 月

续表

课题名称	级别	主要完成人	项目起止时间
智能网格预报中降水与气温变化的要素协调研究	省气象局课题	黄天文等	2019 年 1 月—2021 年 6 月
防雷检测服务移动终端研发	省气象局课题	肖文娟	2019 年 1 月—2020 年 6 月
高温及强对流天气对杏花鸡养殖的影响研究	省气象局课题	周海龙等	2019 年 10 月—2022 年 5 月
基于保序回归的 X 波段雷达衰减订正算法研究及应用	省气象局课题	郭春辉等	2019 年 10 月—2022 年 5 月
基于深度学习的短时强降水智能订正技术研究	省气象局课题	黄天文等	2021 年 5 月 20 日起
西江流域极端强降水形成机理和预报概念模型研究	省气象局课题	彭端等	2021 年 5 月 20 日起
乡村低等级道路气象灾害风险隐患特征分析	省气象局课题	赵顺怡等	2021 年 12 月 15 日起
TCYII 1 型酸雨自动观测系统数据可用性分析	省气象局课题	许献麟等	2021 年 12 月 15 日起
封开白马茶气候适宜度模型构建研究	省气象局课题	卢小玛等	2021 年 12 月 15 日起
新型增雨防雹燃气炮的增雨效益分析	省气象局课题	陈晓维等	2021 年 12 月 15 日起
高要区山洪灾害临界面雨量预警指标分析	省气象局课题	袁业溶等	2021 年 12 月 15 日起
肇庆市暴雨雨滴谱特征分析	省气象局课题	李辰俊等	2021 年 12 月 15 日起

表 4-14-3-2　肇庆市气象局科研人员在核心刊物发表论文一览表

论文名称	作者	期刊名称	发表年份及卷期号
《试用完全预报方法作单站降水预报》	何华庆、冯玉卿等	气象	1984（3）
《估算灾区最大风速的一种方法》	林务荣、何华庆等	气象	1996，22（11）
《西江流域致洪暴雨的相似预报》	何华庆、黄天文、刘谦等	中山大学学报（自然科学版）	2001，40（4）
《肇庆市一次超级单体的多普勒雷达资料分析》	郭媚媚、麦冠华、胡胜等	气象	2006，32（6）
《基于 .NET 的培训课件设计与制作》	黄天文、焦飞等	计算机系统应用	2008（7）
《2011 年 4 月 17 日广东强冰雹天气过程的成因及特征分析》	郭媚媚、赖天文、罗炽坤等	热带气象学报	2012，28（3）

续表

论文名称	作者	期刊名称	发表年份及卷期号
《不同气象条件小区通风与污染物扩散模拟》	翁佳烽等	中山大学学报（自然科学版）	2019，58（1）
《基于聚类分析法的肇庆市 $PM_{2.5}$ 客观天气分型研究》	翁佳烽、梁晓媛、谭浩波等	环境科学学报	2020，40（2）
《不同季节肇庆市 $PM_{2.5}$ 和 O_3 污染特征及潜在源区分析》	翁佳烽等	环境科学研究	2021，34（6）
《基于 ARIMA 和 Holt-Winters 的消费行为预测》	黄天文等	计算机系统应用	2021（8）
《珠三角一次严重雾霾混合污染数值模拟分析》	彭端、杜尧东、樊琦等	气象与环境科学	2021，44（5）

二、气象科研创新团队

肇庆市气象局于 2010 年成立了首批气象科技创新团队，即以彭端为首席的“肇庆市重要气象灾害预报技术研究”团队和以黄天文为首席的“预警信息发布平台应用研究”团队（表 4-14-3-3）。

表 4-14-3-3 肇庆市气象局首批创新团队情况一览表

团队名称	团队首席	团队成员
肇庆市重要气象灾害预报技术研究	彭端	周静、黄天文、郭媚媚、唐洁、李厚伟、何伟芬、苏秋霞
预警信息发布平台应用研究	黄天文	彭端、周静、郭媚媚、唐洁、李厚伟、何伟芬

2017 年组建了“重大灾害和高影响天气预报技术研究”等 7 个气象科研创新团队，主要研究内容包括台风和强对流天气预报研究、环境气象预报技术研究、气象大数据挖掘和应用研究、气候分析和预测研究、气象信息系统研究，每个科技创新团队每年会获得肇庆市气象局经费支持 5000 元（表 4-14-3-4）。

表 4-14-3-4 肇庆市气象局 2017 年创新团队情况一览表

研究方向	团队首席	团队成员
重大灾害和高影响天气预报技术研究	彭端	翁佳烽、黄成南、李文辉、陈荣泉、曹明会
台风和强对流天气预报研究	周静	翁佳烽、梁倩敏、李厚伟、郭春辉、沈碧辉
环境气象预报技术研究	郭媚媚	袁微、宋晓君、梁倩敏、赖燕冰、张凯涛
气象大数据挖掘和应用研究	黄天文	周义昌、黄成南、郑仕友、陈妍、赖鹏宇

续表

研究方向	团队首席	团队成员
气候分析和预测研究	唐洁	李文辉、宋晓君、周华娣、陈荣泉、赖燕冰
雷电灾害和防御技术研究	赵鑫	陈慧、王宇欣、刘刚、丁志平
气象信息系统研究	吴国锐	梁钊扬、郭春辉、赖鹏宇、周义昌、邓振强

加入省气象局创新团队情况：2015 年，郭媚媚加入省气象局以伍志方为首席的“中小尺度天气临近预报创新团队”；2017 年，黄天文加入省气象局“智能网格预报技术创新团队”；2020 年，黄天文、翁佳烽加入省气象局“智能网格预报技术创新团队”；2021 年，郭春辉加入省气象局以周钦强为首席的“协同观测和多源实况数据融合分析技术创新团队”。

三、团队科研成果

（1）“重大灾害和高影响天气预报技术研究”团队发表相关论文 5 篇：《基于 Logistic 回归的肇庆市区雾天气的预报模型》《华南两次强台风暴雨过程的水汽与湿位涡对比分析》《肇庆持续低温天气的气候背景与前期海气异常特征》《肇庆城区空气污染 EOF 分解及与气象要素的相关性分析》《基于 K-means 聚类分析法的肇庆市干季 $PM_{2.5}$ 污染天气分型研究》。通过团队的培养，团队中有 3 人晋升工程师，2 人晋升高级工程师，1 人晋升正高级工程师。

（2）“台风和强对流天气预报研究”团队发表相关论文 3 篇：《近 15 年来影响肇庆地区的热带气旋统计分析》《一次罕见的冬季暴雨过程分析》《肇庆市切变线暴雨精细化时空分布及其环流型特征》。通过团队的培养，团队中有 4 人晋升工程师。

（3）“环境气象预报技术研究”团队发表相关论文 4 篇：《三种方法统计肇庆灰霾日数的结果比较和特征分析》《肇庆市不同强度灰霾天气特征及气象因子分析》《肇庆市旅游气候舒适度评价》《1981—2010 年肇庆市二十四节气气温与降水分析》。通过团队的培养，团队中有 3 人晋升工程师。

（4）“气象大数据挖掘和应用研究”团队发表相关论文 5 篇：*Research on Development and Application of Remote Control System for Multimedia Classroom based on Cloud Computing*、*Study on Data Transfer in Meteorological Forecast of Small and Medium-Sized Cities and Its Application in Zhaoqing City*、*Application of Graphic and Image Technology in Strong Convective Weather Monitoring and Early-Warning System*、《肇庆市精细化网格气温背景场的构建研究》《2009—2019 年肇庆城市热岛效应变化特征》。通过团队的培养，团队中有 2 人晋升工程师，1 人晋升高级工程师。

（5）“气候分析和预测研究”团队发表相关论文 4 篇：《肇庆持续低温天气的气候背景与前期海气异常特征》《肇庆市强对流天气的时空分布特征》《台风“天鸽”和“山竹”对肇庆风雨影响的对比分析》《气候变化背景下肇庆市农业气候资源特征》。通过团队的培养，团队中有 2 人晋升工程师。

（6）“雷电灾害和防御技术研究”团队发表相关论文 4 篇：《肇庆高新区雷暴的频次特征及危化场所防雷策略》《如何构建企业防雷安全管理体系》《浅析消防系统的防雷措施》《肇

庆市雷电活动的规律》。通过团队的培养，团队中有 1 人晋升工程师，1 人晋升高级工程师。

（7）“气象信息系统研究”团队发表相关论文 4 篇：《粤中西部 2016 年初强寒潮影响评估及应急气象服务思考》《肇庆天气雷达径向遮挡订正系统设计》《CINRAD 雷达运行状态监控系统的设计与应用》《广东省第十五届运动会气象服务系统设计与应用》。通过团队的培养，团队中有 3 人晋升工程师，1 人晋升高级工程师。

第十五章　人事管理

第一节　职工队伍

1959 年，肇庆专区气象局在职人员 41 人。1988 年，肇庆市气象局在职人员 62 人，县（市）气象局为 109 人。1997 年 1 月，肇庆、云浮两市气象部门正式分开运作，肇庆市气象局在职人员 48 人，县（市）气象局为 78 人。2012 年，肇庆市气象局新增 3 个地方气象事业机构，在职人员增至 60 人，县（市）气象局为 80 人。

至 2021 年底，肇庆市气象局在职人员 77 人，县（市、区）气象局为 135 人。具体构成如下：

市气象局国编人员 37 人。其中研究生学历 2 人，研究生学位 12 人，研究生课程进修班毕业 1 人，本科学历 32 人，大专学历 3 人；正高级工程师 1 人，高级工程师 11 人，工程师 16 人；本科以上学历占总人数的 97%。

市气象局地编人员 40 人。其中高级工程师 5 人，工程师 21 人；本科以上学历占地编总人数的 95%。

6 个县（市、区）气象局国编人员 52 人。其中研究生学历 1 人，研究生学位 4 人，本科学历 45 人，大专及以下学历 6 人；高级工程师 4 人，工程师 20 人；本科以上学历占县气象局国编总人数的 87%。

6 个县（市、区）气象局地编人员 83 人。其中研究生学历 1 人，研究生学位 2 人，本科学历 78 人，大专学历 4 人；高级工程师 3 人，工程师 30 人。

第二节　劳动工资与社会保障

一、工资、津补贴与奖金

肇庆市气象部门按照国家统一规定，在 1993 年、2006 年、2014 年、2016 年、2018 年和 2020 年，进行了 6 次工资改革和多次调资晋级工作。同时，根据中央、气象部门和地方有关文件精神，实施了津补贴等政策。

（一）工资改革与岗位津补贴、年终奖

1993 年，肇庆市气象部门按照国家规定进行工资改革，机关工作人员执行职务级别工

资制，工资标准根据个人职务不同而不同，工资结构由职务工资、级别工资、基础工资和工龄工资 4 部分构成。事业单位工作人员也执行职级工资制，工资标准根据技术职务等级而定，工资构成由职级工资（70%）和津贴（30%）两部分构成。2006 年，肇庆市气象部门按照国家规定进行工资改革。机关工作人员的工资构成由职务工资和级别工资两部分构成，其工资根据职务、任职年限确定的级别而定，事业单位工作人员的工资则根据技术职务、工作年限确定的薪级而定。机关工作人员每两年、事业单位工作人员每年进行调资晋级（档）。2014 年 10 月 1 日、2016 年 7 月 1 日、2018 年 7 月 1 日和 2021 年 10 月 1 日，肇庆气象部门按照国家规定 4 次调整事业单位工作人员基本工资标准。

（二）艰苦台站津贴

根据《中国气象局关于下达调整艰苦气象台站执行范围和津贴类别经费的通知》（中气函〔2015〕185 号）和《中国气象局人事司关于同意部分气象台站列入艰苦台站津贴执行范围及调整部分艰苦气象台站津贴类别的函》（气人函〔2014〕524 号）精神，肇庆新一代天气雷达站为五类艰苦气象台站，补贴标准 12 元 / 人 · 天。根据《广东省气象局关于印发〈广东省气象局长期扎根基层气象工作者激励暂行办法〉的通知》（粤气〔2014〕45 号），在广东省贫困县连续工作 10 年以上的气象工作人员，每连续满 10 年且年度考核均为合格（称职）及以上者，给予当年年收入 10% 的一次性奖励。肇庆怀集、广宁、封开 3 个县属于广东省贫困县。

二、社会保障

（一）医疗保险

自 2001 年起，肇庆市气象局干部职工和离退休人员参加基本医疗保险。

（二）计划生育保险

自 2005 年起，肇庆市气象局按照政策执行计划生育保险。2020 年 1 月开始，将生育保险和职工基本医疗保险合并实施。

（三）养老保险和职业年金

自 1995 年 2 月起，肇庆市气象局开始为干部职工购买养老保险。2014 年 10 月，根据《广东省人民政府关于贯彻落实〈国务院关于机关事业单位工作人员养老保险制度改革的决定〉的通知》（粤府〔2015〕129 号）要求，开始执行新的养老保险制度，单位缴纳基本养老保险费的比例为参加机关事业单位养老保险工作人员的个人缴费工资基数之和的 20%，个人缴纳基本养老保险费的比例为本人缴费工资基数的 8%。在参加基本养老保险的基础上，为职工建立职业年金，单位缴纳职业年金费用比例为参加机关事业单位养老保险工作人员的个人缴费工资基数之和的 8%，个人缴费比例为本人缴费工资基数的 4%。

第三节 专业技术职务评聘

一、基本情况

1980 年，按照中央气象局和国务院科技干部局有关文件要求，气象部门恢复科技人员技术职称评定工作。该年 11 月，肇庆地区行政公署气象局根据《工程技术干部职称评定委员会组织办法》的规定，成立了技术职称评定委员会。1981 年 2 月，全区气象部门全面铺开技术职称评定、晋升工作。

1993 年，肇庆市气象部门评审晋升第一个高级职称，至 2021 年底，共有 1 人获得正高级工程师任职资格（表 4-15-3-1），30 人获得高级工程师任职资格（表 4-15-3-2）。其中国编在职人员中获得正高级工程师 1 人，高级工程师 17 人，工程师 33 人；地编在职人员获得高级职称 8 人，中级职称 61 人。

表 4-15-3-1 肇庆市气象局获得正高级工程师任职资格名单

姓名	工作单位	获取时间
彭 端	肇庆市气象局	2021 年 12 月

表 4-15-3-2 肇庆市气象局获得高级工程师任职资格名单

姓名	工作单位	获取时间	备注
何华庆	肇庆市气象局	1993 年 7 月	已退休
朱杰文	肇庆市气象局	1995 年 11 月	已退休
彭 端	肇庆市气象局	2006 年 9 月	
黄天文	肇庆市气象局	2006 年 9 月	
李 年	高要区气象局	2009 年 10 月	已退休
陈达炎	高要区气象局	2009 年 10 月	已退休
何伟芬	肇庆市气象局	2011 年 9 月	
周 静	肇庆市气象局	2011 年 9 月	
郭媚媚	肇庆市气象局	2012 年 9 月	
温坚培	肇庆市气象局	2012 年 9 月	
吴振强	肇庆市气象局	2014 年 9 月	
唐 洁	肇庆市气象局	2014 年 9 月	
曹明会	高要区气象局	2015 年 9 月	
钟志成	广宁县气象局	2015 年 9 月	
戴瀚涛	肇庆市气象局	2016 年 11 月	
刘 谦	肇庆市气象局	2017 年 9 月	

续表

姓名	工作单位	获取时间	备注
罗天福	广宁县气象局	2017 年 9 月	
梁洪初	封开县气象局	2017 年 9 月	已退休
丁志平	肇庆市气象局	2018 年 7 月	
史　成	肇庆市气象局	2018 年 7 月	
麦冠华	四会市气象局	2018 年 7 月	
吴国锐	肇庆市气象局	2018 年 11 月	
黄成南	肇庆市气象局	2019 年 12 月	
钟震美	肇庆市气象局	2019 年 12 月	
陈晓维	高要区气象局	2019 年 12 月	
梁钊扬	四会市气象局	2019 年 12 月	
陈启坚	高要区气象局	2019 年 12 月	
赵　玲	肇庆市气象局	2020 年 11 月	
李辰俊	怀集县气象局	2020 年 11 月	
赵永云	肇庆市气象局	2021 年 10 月	

二、专业技术职务的评审、聘任

（一）专业技术职务评审

气象部门专业技术职称评审组织有三级，即初级、中级、高级专业技术职称资格评审委员会。肇庆市气象部门为处级事业单位，只有初级专业技术职称评审委员会，主要负责初级专业技术职务任职资格的评审、中级和高级专业技术职务任职资格人员申报材料的审核、向省气象局中高级专业技术任职资格评审委员会推荐申报中级和高级专业技术职务任职资格的人选。专业技术人员的技术职务任职资格，经评审委员会通过后，按照广东省气象局要求，各单位要在一定范围内将评审结果予以公告。中级和高级专业技术职务任职资格的申报人选报广东省气象局审查确认，由广东省气象局正式行文通知。初级专业技术职务任职资格的人选报肇庆市气象局党组确认，由肇庆市气象局正式行文通知。

（二）专业技术职务聘任

肇庆市气象部门 1987 年首次开展专业技术职务聘任工作。按照规定，根据聘期（一般为 3 年）、职数和技术人员履行职责情况进行续聘工作，对新晋升职称人员进行初聘工作。2008 年，按照广东省气象局统一部署，肇庆市气象部门完成专业技术岗位设置工作。截至 2021 年底，肇庆市气象部门受聘技术人员中，高级职务 16 人，中级职务 57 人，初级职务 73 人。

第四节 离退休人员管理

自20世纪80年代初废除干部职务终身制以后，肇庆市气象部门按有关规定，男性60周岁、女性55周岁（工人50周岁）即办理离退休手续。截至2021年底，肇庆市气象部门共有健在离休人员2人，健在退休人员84人。详见表4-15-4-1。

肇庆市气象局于2002年经批准由事业单位改为依照国家公务员制度进行管理的事业单位，肇庆市气象局一直按照肇庆市直机关单位离退休人员生活补贴标准发放离退休人员的生活补贴，直到2018年9月移交社保局发放。2020年，社保局根据有关文件规定精神，同意肇庆市气象局2002年之前退休的人员统一按照市直机关单位离退休人员生活补贴标准发放生活补贴。

表4-15-4-1 肇庆市气象部门离退休人员名单（截至2021年底）

姓名	性别	出生年月	离退休时间	参加工作时间	退休时单位名称
谭兆熊	男	1928年10月	1987年7月（离休）	1949年5月	肇庆市气象局
黄春明	男	1929年12月	1989年12月（离休）	1949年1月	肇庆市气象局
冯玉卿	女	1939年5月	1990年4月	1961年8月	肇庆市气象局
徐秀琼	女	1937年6月	1988年6月	1956年8月	肇庆市气象局
戴祥光	男	1935年10月	1995年10月	1953年10月	肇庆市气象局
陈金芳	男	1935年10月	1995年10月	1953年10月	肇庆市气象局
邓健明	男	1936年1月	1995年12月	1951年7月	肇庆市气象局
杨佩英	女	1940年11月	1995年11月	1959年5月	肇庆市气象局
钟信南	男	1934年9月	1996年9月	1958年8月	肇庆市气象局
柳以虎	男	1937年1月	1997年1月	1954年10月	肇庆市气象局
辛瑞兴	男	1937年7月	1997年7月	1961年7月	肇庆市气象局
高惠贞	女	1942年11月	1997年11月	1960年7月	肇庆市气象局
张锦宗	男	1938年2月	1998年2月	1956年2月	肇庆市气象局
麦其永	男	1949年7月	2001年12月	1968年10月	肇庆市气象局
黄赋友	男	1939年1月	1999年1月	1956年4月	肇庆市气象局
吴新隆	男	1939年11月	1999年11月	1959年3月	肇庆市气象局
李伟荣	男	1940年12月	2000年12月	1957年8月	肇庆市气象局
谭太和	男	1941年6月	2001年6月	1960年11月	肇庆市气象局
陈肇才	男	1941年10月	2001年10月	1961年7月	肇庆市气象局
胡仕振	男	1948年6月	2002年1月	1969年9月	肇庆市气象局
梁甜女	女	1950年7月	2001年12月	1969年11月	肇庆市气象局

续表

姓名	性别	出生年月	离退休时间	参加工作时间	退休时单位名称
冼伟岩	男	1948 年 9 月	2002 年 1 月	1968 年 2 月	肇庆市气象局
钟献忠	男	1948 年 1 月	2001 年 12 月	1969 年 11 月	肇庆市气象局
陈广祥	男	1947 年 8 月	2001 年 12 月	1969 年 9 月	肇庆市气象局
李玉莲	女	1953 年 6 月	2003 年 6 月	1985 年 7 月	肇庆市气象局
叶海平	女	1948 年 10 月	2003 年 10 月	1969 年 7 月	肇庆市气象局
阮伙容	女	1954 年 8 月	2004 年 8 月	1974 年 4 月	肇庆市气象局
朱杰文	男	1945 年 9 月	2005 年 11 月	1969 年 8 月	肇庆市气象局
林桂云	女	1957 年 9 月	2007 年 9 月	1975 年 8 月	肇庆市气象局
蔡礼其	男	1949 年 6 月	2009 年 6 月	1969 年 9 月	肇庆市气象局
何华庆	男	1950 年 11 月	2010 年 11 月	1968 年 11 月	肇庆市气象局
吴桂强	男	1951 年 8 月	2011 年 8 月	1969 年 2 月	肇庆市气象局
李光萍	女	1957 年 5 月	2012 年 5 月	1975 年 12 月	肇庆市气象局
陈海燕	女	1958 年 1 月	2013 年 1 月	1973 年 10 月	肇庆市气象局
刘惠珍	女	1958 年 10 月	2013 年 10 月	1976 年 5 月	肇庆市气象局
黎镜森	男	1955 年 3 月	2015 年 3 月	1971 年 7 月	肇庆市气象局
何程东	男	1955 年 7 月	2015 年 7 月	1974 年 12 月	肇庆市气象局
何立伦	男	1956 年 12 月	2016 年 12 月	1972 年 7 月	肇庆市气象局
李明汉	男	1957 年 10 月	2017 年 10 月	1974 年 9 月	肇庆市气象局
莫伟元	男	1957 年 10 月	2017 年 10 月	1980 年 9 月	肇庆市气象局
萧健雄	男	1957 年 10 月	2017 年 10 月	1976 年 12 月	肇庆市气象局
赖天文	男	1958 年 9 月	2018 年 9 月	1977 年 7 月	肇庆市气象局
杨建明	男	1959 年 11 月	2019 年 11 月	1977 年 8 月	肇庆市气象局
梁　域	男	1960 年 8 月	2020 年 9 月	1981 年 8 月	肇庆市气象局
裴苏华	女	1965 年 9 月	2020 年 9 月	1984 年 12 月	肇庆市气象局
彭国强	男	1961 年 1 月	2021 年 1 月	1979 年 11 月	肇庆市气象局
梁绍强	男	1961 年 5 月	2021 年 5 月	1981 年 8 月	肇庆市气象局
黎凤娇	女	1971 年 5 月	2021 年 5 月	1992 年 3 月	肇庆市气象局
裴苏清	男	1961 年 8 月	2021 年 8 月	1981 年 8 月	肇庆市气象局
刘贵扬	男	1943 年 10 月	2002 年 10 月	1963 年 8 月	四会市气象局
宁新水	男	1950 年 3 月	2001 年 12 月	1969 年 12 月	四会市气象局
杨锦玲	女	1962 年 11 月	2013 年 11 月	1980 年 7 月	四会市气象局
杨森槐	男	1956 年 8 月	2016 年 8 月	1978 年 6 月	四会市气象局
陈其飞	男	1961 年 10 月	2021 年 11 月	1984 年 8 月	四会市气象局

续表

姓名	性别	出生年月	离退休时间	参加工作时间	退休时单位名称
张庆元	男	1934 年 8 月	1994 年 8 月	1954 年 2 月	德庆县气象局
李衍梧	男	1945 年 4 月	2001 年 12 月	1966 年 9 月	德庆县气象局
林瑞标	男	1946 年 12 月	2001 年 12 月	1965 年 12 月	德庆县气象局
徐咏泉	男	1947 年 7 月	2001 年 12 月	1964 年 8 月	德庆县气象局
雷建新	男	1958 年 1 月	2018 年 1 月	1980 年 5 月	德庆县气象局
何雪勇	男	1956 年 3 月	2016 年 4 月	1973 年 12 月	德庆县气象局
徐树清	女	1962 年 8 月	2017 年 8 月	1981 年 8 月	德庆县气象局
吴燕凤	女	1963 年 11 月	2013 年 11 月	1979 年 7 月	封开县气象局
梁洪初	男	1956 年 12 月	2018 年 12 月	1981 年 7 月	封开县气象局
梁榴珠	女	1937 年 12 月	1992 年 12 月	1957 年 7 月	高要县气象局
黄卓飞	女	1942 年 10 月	1997 年 10 月	1964 年 8 月	高要市气象局
蔡杰庭	男	1939 年 12 月	1999 年 12 月	1961 年 7 月	高要市气象局
严燊祥	男	1940 年 3 月	2000 年 3 月	1961 年 7 月	高要市气象局
罗惠兰	女	1947 年 10 月	2000 年 10 月	1969 年 9 月	高要市气象局
谭永康	男	1942 年 1 月	2000 年 12 月	1969 年 9 月	高要市气象局
李泽林	男	1942 年 9 月	2001 年 12 月	1964 年 8 月	高要市气象局
林务荣	男	1948 年 4 月	2001 年 12 月	1969 年 9 月	高要市气象局
苏燕广	男	1955 年 6 月	2015 年 6 月	1980 年 5 月	高要市气象局
黄伍娣	男	1954 年 8 月	2015 年 8 月	1977 年 12 月	高要市气象局
李　年	女	1961 年 1 月	2016 年 3 月	1976 年 8 月	高要区气象局
陈达炎	男	1956 年 12 月	2016 年 12 月	1974 年 11 月	高要区气象局
曾昭华	男	1938 年 9 月	1998 年 9 月	1963 年 8 月	广宁县气象局
朱昌流	男	1944 年 3 月	2001 年 12 月	1964 年 8 月	广宁县气象局
林作伍	男	1952 年 7 月	2001 年 12 月	1971 年 7 月	广宁县气象局
梁　稳	男	1932 年 4 月	1992 年 6 月	1951 年 4 月	怀集县气象局
孔维斌	男	1947 年 11 月	2001 年 12 月	1969 年 9 月	怀集县气象局
莫卓希	男	1948 年 10 月	2001 年 12 月	1969 年 9 月	怀集县气象局
周海平	女	1952 年 12 月	2007 年 12 月	1972 年 12 月	怀集县气象局
黄伦生	男	1950 年 2 月	2010 年 2 月	1968 年 4 月	怀集县气象局
施素波	男	1950 年 7 月	2001 年 12 月	1969 年 3 月	怀集县气象局
莫　洁	男	1954 年 6 月	2014 年 6 月	1975 年 11 月	怀集县气象局
邓　琳	女	1964 年 7 月	2019 年 2 月	1984 年 12 月	怀集县气象局

第五节 人员变动情况

截至2021年12月，肇庆市气象部门有90人调出或者离开，有43人逝世，详见表4-15-5-1、表4-15-5-2。

表4-15-5-1 调出或者离开肇庆市气象部门人员名单（截至2021年底）

姓名	原工作单位	姓名	原工作单位	姓名	原工作单位
冯燮标	肇庆地区气象局	刘瑞华	肇庆市气象局	熊绍元	四会市气象局
张辅成	肇庆地区气象局	赵俊朋	肇庆市气象局	黄旭红	四会市气象局
易汉屏	肇庆地区气象局	罗　玉	肇庆市气象局	卢其新	广宁县气象局
朱伟雄	肇庆地区气象局	侯　开	肇庆市气象局	宁家灿	广宁县气象局
谢行石	肇庆地区气象局	李文羡	肇庆市气象局	吕醒佳	广宁县气象局
莫友棠	肇庆地区气象局	周　彦	肇庆市气象局	连毅英	广宁县气象局
林炳球	肇庆地区气象局	钟　亮	肇庆市气象局	黄沛华	广宁县气象局
陈耀东	肇庆地区气象局	陈日辉	高要县气象局	欧添达	广宁县气象局
黄良元	肇庆地区气象局	姚尔才	高要县气象局	梁荫河	广宁县气象局
王　伟	肇庆地区气象局	游小青	高要县气象局	梁家联	广宁县气象局
何桂祥	肇庆地区气象局	冼伟谦	高要县气象局	梁肇好	广宁县气象局
黄金英	肇庆地区气象局	黄丽芬	高要市气象局	曾国成	广宁县气象局
韩家吝	肇庆地区气象局	郭世浩	高要市气象局	陈其修	广宁县气象局
张爱娣	肇庆地区气象局	赵桉梆	高要市气象局	江　宁	广宁县气象局
张志军	肇庆地区气象局	曾　敏	高要市气象局	彭广云	广宁县气象局
欧耀桓	肇庆地区气象局	麦剑飞	高要区气象局	王　莉	广宁县气象局
周满荣	肇庆地区气象局	符文雄	高要区气象局	赵　欢	广宁县气象局
张天禄	肇庆市气象局	陈永芳	高要区气象局	唐仕佳	广宁县气象局
郭德铿	肇庆市气象局	邓作战	高要区气象局	叶愉君	广宁县气象局
彭瑞云	肇庆市气象局	蔡喜迎	高要区气象局	丘志华	广宁县气象局
魏　中	肇庆市气象局	熊　平	高要区气象局	何锡炼	怀集县气象局
梁碧玲	肇庆市气象局	李健荣	高要区气象局	艾红英	怀集县气象局
杨蜀鸿	肇庆市气象局	梁子韵	高要区气象局	徐　遥	怀集县气象局
陈恩光	肇庆市气象局	关　水	四会县气象局	陈纯洁	怀集县气象局
李　栩	肇庆市气象局	熊卫军	四会市气象局	周国丽	怀集县气象局
凌汉强	肇庆市气象局	杨守懋	四会市气象局	杨剑钊	怀集县气象局
黄　荣	肇庆市气象局	陈水林	四会市气象局	黎　旭	封开县气象局

续表

姓名	原工作单位	姓名	原工作单位	姓名	原工作单位
梁东方	封开县气象局	林炳坤	封开县气象局	邱逸峰	德庆县气象局
植文基	封开县气象局	杨敏玲	德庆县气象局	刘晓和	德庆县气象局
张国秀	封开县气象局	王　威	德庆县气象局	李春贵	德庆县气象局

表 4-15-5-2　肇庆市气象部门 1958—2021 年逝世人员名单

姓名	工作单位	姓名	工作单位	姓名	工作单位
杨三录	肇庆市气象局	郭浩森	肇庆市气象局	林展新	四会市气象局
冯荣沛	肇庆市气象局	何振图	肇庆市气象局	周家妹	广宁县气象局
翟启志	肇庆市气象局	林世恩	肇庆市气象局	陈世豪	广宁县气象局
雷了沛	肇庆市气象局	王进华	肇庆市气象局	梁桂盛	广宁县气象局
王国勋	肇庆市气象局	萧健伟	肇庆市气象局	曾伦章	广宁县气象局
方壮乐	肇庆市气象局	叶佐金	肇庆市气象局	高连宽	广宁县气象局
张忠民	肇庆市气象局	李永昌	高要市气象局	陈柱文	封开县气象局
梅健伟	肇庆市气象局	陈文锐	高要市气象局	陈　木	封开县气象局
张沛林	肇庆市气象局	黄慕贞	高要区气象局	梁汝南	封开县气象局
裴玉祥	肇庆市气象局	梁秀山	四会市气象局	吴金许	德庆市气象局
卢志就	肇庆市气象局	梁志强	四会市气象局	郭佐仁	德庆县气象局
戴传艳	肇庆市气象局	吴东汉	四会市气象局	雷　金	德庆县气象局
詹润泽	肇庆市气象局	吴沐良	四会市气象局	聂剑南	德庆县气象局
黄金河	肇庆市气象局	卢其璋	四会市气象局		
陈均池	肇庆市气象局	梁成球	四会市气象局		

第十六章　气象法规建设

第一节　地方气象法规

肇庆市气象局积极推动气象法治建设，出台了一批气象规范性文件。

1998 年 12 月 28 日，肇庆市人民政府颁布《肇庆市建筑物防雷设施管理办法》（肇府〔1998〕51 号）（以下简称《办法》）。《办法》规定，县级以上气象主管机构负责管理防御雷电灾害等社会生产、人民生活中与气象有关的安全设施的设计、施工和技术检测。《办法》规定凡符合《建筑物防雷涉及规范》（GB50057-94）规定的第一、二、三类防雷建筑物，须按其性质和用途分别安装防直击雷、防感应雷、防雷电波侵入等防雷装置。《办法》强调，列入建筑工程项目审批范围的，其防雷设计图纸应由建设行政主管部门会同气象主管机构进行审核；未列入报建审批范围的，由气象主管机构核准；防雷设施安装和施工的全过程接受技术检测；气象主管机构参与竣工验收；凡属一类防雷的，每隔半年检测一次；二类防雷的，每隔一年检测一次；三类防雷的，每隔两年检测一次。雷电灾害受灾单位应及时将灾害情况上报当地气象主管机构并协助开展灾情调查。

2000 年以来，肇庆市人民政府相继出台肇府办〔2001〕122 号《转发市气象局关于实施省人大议案加快气象事业建设进一步提高防灾减灾能力的意见的通知》、肇府办〔2006〕142 号《肇庆市雷电灾害应急救援预案》、肇府办〔2006〕143 号《印发市安委办关于进一步加强我市防雷减灾工作意见的通知》和肇府办函〔2007〕35 号《关于同意禁用氢气灌充施放气球的复函》、肇府〔2007〕32 号《关于加快我市气象事业发展的意见》、肇府办〔2007〕90 号《关于印发〈肇庆市气象灾害应急预案〉的通知》等气象法规。

2009 年 12 月 9 日，肇庆市人民政府印发《关于切实加强和规范防雷检测工作的通知》（肇府〔2009〕79 号），进一步规范了防雷检测工作。

2011 年 11 月 8 日，肇庆市人民政府印发《关于印发〈肇庆市气象灾害防御规定〉的通知》（肇府〔2011〕29 号）（以下简称《规定》）。《规定》共七章三十六条，对肇庆市气象灾害防御职责、防御规划和预防措施、检测预警和信息发布、人工影响天气和雷电灾害防御、应急处置、法律责任等方面进行了规定。2019 年 4 月 13 日，《肇庆市人民政府关于印发〈肇庆市气象灾害防御规定〉的通知》（肇府规〔2019〕5 号）对原《肇庆市气象灾害防御规定》进行了修订。本次修订主要针对《规定》需要与《广东省气象灾害防御条例》《广东省突发气象灾害预警信号发布规定》《国务院关于优化建设工程防雷许可的决定》等有关法律法规和改革精神相一致，并根据部门职能转变的情况对相应的条款进行修改，《规定》全文总体章节结构并无改动。

第二节　行业管理

肇庆市气象局全面贯彻实施《中华人民共和国气象法》《气象灾害防御条例》和省、市有关配套法规，依法行政，加强行业管理。气象与建设、规划等政府职能部门通力合作，对于高要、四会、封开等县（市、区）气象观测场周边环境遭到损坏的情况，及时采取有力措施，予以整治，使气象探测环境得到有效保护。规范升放气球行为，加强对广告庆典气球充灌、升放、收球等环节的管理，强化与应急、公安、市政等单位的联合监管机制，及时制止无资质证的个体户施放气球的违法行为，严防各种事故的发生。建立和完善辖区内防御雷电灾害各项工作的管理，防雷减灾工作步入正轨，健康发展。

第三节　气象执法

自 1999 年《中华人民共和国气象法》颁布以来，肇庆市气象局严格开展气象行政执法，构建市、县两级气象行政执法机构（岗位）和队伍，市气象局配备专职执法人员，各县（市）气象局配备兼职执法工作人员，并配备行政执法专用车辆和摄、照相机等执法设备。同时加强制度建设，规范完善气象依法行政。

2000 年 10 月 8 日印发《肇庆市气象局行政执法责任制》，于 2000 年 11 月 1 日开始施行，规定了气象依法行政的责任、法治宣传与教育、行政执法人员的职责、错案责任的追究、依法行政考核与奖励等内容。

2002 年 9 月印发《肇庆市行政执法办事公开制度》，明确行政执法办公室主要职责、执法依据和范围、行政处罚执法程序。

2007 年 6 月，肇庆市气象局发布《关于印发气象行政执法责任制有关制度的通知》（肇气〔2007〕27 号），明确规范了各类气象行政行为。对执法依据进行了梳理，把法律法规赋予的职责逐项分解，落实到科（室）、单位。按层次管理、分级负责原则，明确了局长、副局长、科长、气象窗口工作人员的职责，界定了各部门（个人）的责任范围，从制度上保证了不失职、不越权。

2012 年 12 月 28 日，肇庆市气象局发布《关于印发〈肇庆市气象局行政处罚自由裁量权适用规则〉的通知》，对肇庆市气象行政处罚自由裁量进行了细化规定。

2015 年 12 月 31 日，肇庆市人民政府公布市有关部门权责清单，推行政府权力清单制度，市气象局公布的各类权责事项为 118 项，其中行政处罚事项为 41 项。2018 年，市政府开展权责清单修订和动态调整工作，市气象局权责事项优化调整后为 41 项，其中行政处罚事项为 24 项。

从 2005 年开始，肇庆市气象局每年聘请律师担任法律顾问，为依法行政提供法律保障。

肇庆市气象行政执法主要包含观测环境保护、防雷安全、升放气球 3 个方面。2006—2020 年共开展 24 宗行政处罚，处罚金额 23 万余元，均执行到位，其中经法院裁定强制执行 3 宗。

第四节　气象行政服务窗口

2002 年 6 月 28 日，肇庆市政府行政服务中心正式挂牌成立，肇庆市气象局作为首批单位进驻，设立肇庆市气象局行政服务窗口，为企业和市民群众提供集中、便捷、优质、高效的行政审批服务，其中防雷装置设计审核和竣工验收、升放无人驾驶自由气球系留气球活动审批等行政审批服务事项正式由气象行政服务窗口进行办理。

2009 年 8 月开始，市行政服务中心会同市监察局联合推动驻中心窗口单位领导接办日活动，明确每月的第一个星期一为领导接办日。市气象局分管领导亲自到办事窗口现场受理、审阅业务申请资料并确定审批意见，解答服务对象的业务咨询，协调解决服务对象有关审批申请的困难和要求。

2012 年 12 月开始，推行行政审批“两集中两到位”改革，气象行政服务窗口设立审批首席代表并进驻窗口现场办公，审批业务实现 100%“一个窗口”集中受理和出证。

2014 年，气象行政服务窗口设立了重点项目审批“绿色通道”服务专柜，为企业提供优先快办、特事特办服务。

2016 年 5 月，肇庆市人民政府推行“一门一网式”政府服务模式改革，从原来实施“两集中两到位”服务模式向“一门一网式”服务模式转变，气象行政服务窗口转为后台审批。

2017 年 5 月开始，按照“一门一网式”服务模式改革要求，市行政服务中心各进驻单位分批撤离行政服务中心，撤回原单位办公，开展后台审批工作。同年 12 月 31 日，气象行政服务窗口正式撤离市行政服务中心，后台审批职能由市气象局政策法规科继续履行。

第十七章 计划财务与基本建设

第一节 气象财务体制

1980年之前，肇庆市气象局的各项经费主要来自广东省气象局拨款。1980年4月，广东省人民政府发文（粤府〔1980〕71号）同意全省各级气象局（台、站）恢复由省气象局与当地政府双重领导，以省气象局领导为主的管理体制。1981年起有地方财政支持，但数额很小且不固定。1985年3月，国办发〔1985〕25号明确提出，气象部门应当大力加强公益服务，在做好公益服务的基础上积极开展有偿专业服务，并围绕气象事业发展开展综合经营。从该年开始，肇庆市气象部门按照文件精神并根据自身实际，积极开展气象有偿服务和综合经营，所得收入用于补充事业经费不足。1992年5月，国务院下发《关于进一步加强气象工作的通知》（国发〔1992〕25号），明确提出国家气象事业与地方气象事业协调发展的要求，并提出建立健全与气象部门现行领导管理体制相适应的双重计划体制和相应的财务渠道，合理划定中央和地方财力分别承担基建投资和事业经费的气象事业项目。这是气象部门由单一的中央计划财政体制转变为由中央与地方建立双重计划体制与相应的财务渠道的一项重大改革。这项改革不仅有利于气象部门双重领导管理体制的巩固与完善，而且对地方气象事业的发展，尤其是对形成气象事业的多元化投资结构发挥了重要作用。从此，肇庆市气象部门建立起双重计划财务管理体制，拓宽了资金来源渠道，地方政府逐年加大投入，支持气象部门的基本建设和气象现代化建设。

第二节 气象财务管理

1988年，经广东省气象局批复，肇庆市气象局设立计划财务科。

一、财务核算

财务核算方式几经分合。2005年以前，肇庆市气象局和县（市）气象局独立核算，县（市）气象局配备兼职出纳和兼职会计，自行记账核算。2005年1月起，推行财务委派制，市、县两级气象部门实行集中核算，每月由县（市）气象局报账员整理凭证送至肇庆市气象局，由核算中心专职会计统一记账核算。2015年6月起，各县（市）气象局再次实行独立核算，此时大部分县（市）气象局招聘了会计专业本科生，经省、市气象局培训后上岗，且大部分从事专职会计工作，为县（市）气象局独立核算规范化提供了强有力的保障。2020年，广东省气象局再次推行县（市、区）气象局会计委派试点，此次是通过劳务派遣形式购买会计服务，德庆县气象局被广东省气象局选定为试点单位。

二、不同时期的会计制度

1998—2012年，实施《农业事业单位会计制度》；2012—2018年，实施《事业单位会计制度》；2019年开始，实施《政府会计制度》。

三、分级管理

2016年9月起，实行统一领导、分级管理的财务管理体制。“统一领导”是指在上级主管部门和单位负责人的领导下实行统一的财经方针政策、财务收支政策、财务规章制度以及资源资产资金统筹调配、财务会计等业务规范。“分级管理”是指在单位负责人的领导下，根据上级主管部门的统一规定、部署和要求，结合本部门（单位）实际情况，贯彻落实本部门（单位）的内控制度建设、预决算管理、资产管理、采购管理等措施，履行财务管理和监督的主体责任，对经济活动的风险进行防范和管控。

四、会计电算化

2000年以前是手工记账。2000年1月开始会计电算化与手工记账并行。2002年1月开始计算机替代手工记账，肇庆市气象局实行单机版会计电算化。2010年开始使用中国气象局财务账簿数据库系统（用友A++5.2），实现联网记账。

五、其他重要事项

2012年12月开始推行公务卡结算，规范预算单位支付业务，减少现金支付结算，提高资金支付透明度。

2015年4月，全面开通网上银行支付功能，支付效率大幅提升。

第三节　财务审计

肇庆市气象局的财务审计一直伴随财务工作，主要以广东省气象局监察审计和肇庆市气象局审计为主；年度审计、领导干部任中审计与离任审计相结合。基本建设项目预算、结算、决算专项审计采取选择委托财政投资审核中心或由内审机构统一组织委托社会中介机构的方式进行审计。

2002年，成立监察审计科，一直延续至今，与办公室合署办公，配备兼职审计员2名，负责对所管辖的县级气象局、直属单位及所属企业的审计监督，每年对所管辖单位定期审计覆盖面不得低于30%。

每个时期的审计重点有所不同。党的十八大以前，紧紧围绕“三重一大”经济事项、工程建设招投标、政府采购、科技服务财务管理等重点领域开展经济责任审计。党的十八大以后，突出重要领域、重大项目、重点资金的审计监督，深化领导干部经济责任审计，强化基建和重大项目审计，加强对企业的审计监督，加强对落实中央八项规定精神、部门综合预算、津贴补贴、专项资金（科研经费）、办公用房和公车改革的审计监督。

第四节　基本建设

气象基本建设是指市、县（区）气象局以扩大业务能力或新增工程效益为主要目的而实施的新建、改扩建、续建办公用房、业务用房、气象观测场地和用水用电、道路、围墙、护坡等基础设施建设。自改革开放以来，特别是双重计划财务体制建立后，肇庆市气象部门基本建设快速发展，办公环境日益改善，气象面貌焕然一新。

一、基本建设投资

20世纪60年代初至90年代末，基本建设主要是广东省气象主管部门投资和自筹资金投资。1958—1999年，肇庆市气象部门基本建设投资计划安排市（县）气象局项目共34个，其中市级7个，县级27个，主要投资在气象业务用房与生活条件改善方面，新增办公面积4972.59平方米，气象观测场面积2420平方米，住宅面积14950.25平方米，市（县）气象局水电、道路、围墙、护坡等基础设施得到较大改善。

进入21世纪后，基本建设投资包括中央财政部门投资、地方政府投资、广东省气象局投资以及自筹资金投资。根据新型气象台站规划要求，全力推进气象台站建设，成效显著。2000—2021年，肇庆市气象部门基本建设投资计划安排市（县、区）气象局项目共58个，其中市级12个，县级46个，主要投资在气象观测场标准化建设、气象业务技术用房及其配套设施建设等方面，新增办公面积21358.93平方米，观测场面积4150平方米，住宅面积2887.81平方米。

二、肇庆市气象局基建概况

1965年10月，肇庆地区气象局位于肇庆市端州区文明路一巷四幢大院，大院占地面积5342.35平方米，现存7栋楼房，分别是：

1号楼，二层宿舍楼，建于1965年，建筑面积450平方米；

2号楼，六层办公楼，1974年12月动工建设，1977年竣工，建筑面积1014.67平方米；

3号楼，三层宿舍楼，建于1977年11月，1980年10月竣工，建筑面积450平方米；

4号楼，六层宿舍楼，1982年3月动工建设，1983年8月竣工，建筑基地面积315平方米，建筑面积 1576 平方米；

5 号楼，七层宿舍楼，1988 年 7 月动工建设，1989 年 7 月竣工，建筑基地面积 504 平方米，建筑面积 4300 平方米；

6 号楼，五层宿舍楼，1989 年 4 月动工建设，1990 年 8 月竣工，建筑基地面积 170 平方米，建筑面积 850 平方米；

7 号楼，九层宿舍楼，1998 年 5 月动工建设，1999 年 12 月竣工，建筑基地面积 350 平方米，建筑面积 3172 平方米。

2014 年，为解决干部职工出行困难问题，肇庆市气象局房改房 7 号楼加装电梯工程立项，在九层宿舍楼增设两部垂直升降电梯，2020 年 7 月动工，2021 年 6 月建成并投入使用。

“十一五”期间，根据“四个一流”的目标要求，肇庆市气象部门掀起了全面建设“四个一流”新型台站的新高潮，气象台站基础设施建设迈上了新台阶。2006 年 7 月，肇庆新一代天气雷达系统项目立项，项目投资计划 4900 万元，中央和地方各投资 2450 万元，国家雷达专项资金和省财政资金投入比例约为 1∶1，主要包括雷达站、雷达信息处理中心、雨量校准自动站、雷达设备及雷达站配套基础设施建设 4 部分。其中，雷达信息处理中心建在肇庆市信安五路 78 区南侧，挂牌名为西江流域（肇庆）气象灾害监测预警中心，共四层，建筑面积 5125.06 平方米，2008 年 3 月 15 日动工，2010 年 7 月 8 日正式投入使用。西江流域（肇庆）气象灾害监测预警中心的建成使得台站基础设施得到彻底改善。雷达站基地建在高要区蛟塘镇金龙水库深坑岗，雷达塔楼共十层，建筑面积 1466.52 平方米，雷达业务楼共二层，建筑面积 1002.34 平方米，2010 年 6 月 18 日动工，2013 年 12 月全部竣工并投入使用。雷达站基地的建成填补了新一代天气雷达在广东省中部偏西地区有效探测的空白，进一步完善了广东省新一代天气雷达系统，健全了气象监测预报体系，有效提高了肇庆市防灾减灾能力，特别是提高了西江流域防洪减灾综合能力。

2015 年，根据《广东省气象部门台站基础设施规划（2013—2016）》，为加快建设“三是三有”的气象现代化，建设具备现代化气息的新型台站，广东省气象局批准肇庆市气象局台站环境综合整治立项，主要是对内部路面、路灯、篮球场、主副楼天花板等方面进行修复改造，2015 年 9 月开始施工，2017 年 5 月竣工并通过验收。2019 年 3 月，为保障肇庆新一代多普勒天气雷达站稳定供电，广东省气象局批准肇庆新一代多普勒天气雷达站供电线路改造工程立项，主要是对雷达站高压电缆线路进行埋地铺设，2020 年 7 月开始施工，2020 年 9 月竣工并通过验收。

三、高要区气象局台站建设

高要国家基本气象站始建于 1953 年 6 月，为改善地面气象观测环境，于 1998 年 8 月迁至南岸沿江一路 10 号（南亭岗顶），占地 3854.6 平方米，建有一幢建筑面积 655.12 平方米的业务办公楼，一幢建筑面积 548 平方米的值班宿舍楼，以及一个规格为 500 平方米的气象观测场，资金来源为中央资金和自筹资金。

随着高要社会经济的高速发展和城市化进程的推进，观测站周边探测环境已达不到气象探测环境的最低要求，高要国家基本气象站地面观测场重新选址建设。2014 年 3 月，经高要市人民政府、高要市国土资源局的批准，将位于莲塘镇上察村地段面积 9993.5 平方米的国有土地使用权划拨给高要市气象局作为生态气象探测基地项目用地。

2014—2019 年，高要市（2015 年后为高要区）气象局争取中央、广东省气象局资金及自筹资金，投入高要区生态气象探测基地系统建设工程，其中地面气象观测场于 2014 年 11 月动工建设，2016 年 1 月进行正式观测；业务用房于 2016 年 1 月动工，2017 年 8 月竣工并投入使用；探测基地有业务用房三幢，均为二层，总建筑面积 2588.3 平方米。项目的建成，彻底改变了高要区气象局气象探测环境和预测预警信息发布能力落后的现状，为气象灾害预测预警提供了重要的基础保障。

2016 年，高要区气象局争取广东省气象局资金，实施了台站环境综合改造工程，工程于 2016 年 4 月动工，2018 年 5 月竣工。2018 年争取中央资金用于 6 月 8 日高要基本气象站暴雨致灾应急维修项目，项目于 2018 年 8 月动工，2019 年 12 月竣工并通过验收。2018—2019 年，先后争取肇庆市气象局资金实施了高要区气象局业务楼外墙修复工程和高要区气象局回迁房装修工程。

四、四会市气象局台站建设

1958 年 9 月，四会市气象局的前身为广四县中心气象站，位于四会镇高狮管理区三棵榕（与县农科所相邻），分为办公楼、宿舍楼以及观测场 3 个区域，办公楼建筑面积 331.21 平方米，宿舍楼建筑面积 114.75 平方米，观测场用地面积 320 平方米。1991 年 1 月，搬迁至四会县城区新风路横二巷的野狸岗，建设用地面积 6490.6 平方米，建设了建筑面积 259 平方米的气象业务用房，以及建筑面积 249 平方米的行政业务用房。2010 年 8 月，搬迁至四会东城街道广场南路 17 座大院，挂牌名为四会市气象灾害监测预警中心，建设用地面积 19108 平方米。

2008 年，四会市气象局争取中央、省气象局资金及自筹资金，投入四会国家气象观测站、四会市气象灾害监测预警中心和广东省气象资料处理中心建设项目。其中四会国家气象观测站于 2008 年 4 月动工，2009 年 1 月竣工并投入使用；四会市气象灾害监测预警中心和广东省气象资料处理中心于 2008 年 10 月动工，建设了一栋三层业务办公楼（建筑面积 1645.85 平方米）、一栋四层值班宿舍楼（建筑面积 1049.4 平方米）、一栋五层广东省气象资料处理中心（广东省气象档案馆，建筑面积 2306.83 平方米），2010 年 9 月竣工并投入使用。项目建成后，四会市气象局台站容貌、环境绿化、业务水平、基础设施得到明显改善，为创建全省新型气象台站打下了良好的基础。2014 年，自筹资金实施了四会市气象局大院环境整治工程、四会市突发事件预警信息发布中心装修工程。2015 年，自筹资金实施了气象灾害预测预警中心值班宿舍楼改造工程和篮球场改造工程。2016 年，争取广东省气象局资金实施了四会市气象局台站环境综合改造工程项目。2017 年，争取中央专项资金实施了四会市气象局气象观测站（场）护坡、防水护面、排水系统修复工程，工程于 2017 年 5 月动工，同年 11 月竣工并通过验收。2017 年，肇庆市气象局下达资金实施了观测场标准化整改工程和四会市气象局大院围栏整改工程，工程于 2018 年动工并在同年竣工。2019 年，申请广东省气象局拨款资金实施了四会市气象局气象观测站（场）边坡崩塌地质灾害修复工程，2019 年 6 月开工，同年 9 月竣工并通过验收。2021 年，广东省气象局拨款实施了广东省气象局档案馆修缮工程，工程于 2021 年 4 月动工，同年 9 月竣工并通过验收。

五、广宁县气象局台站建设

广宁县气象局始建于1956年，建站时建有一间145.9平方米的砖木结构瓦房。1980年9月，建成一幢两层407平方米砖混结构的办公楼。1982年，建成一幢两层469平方米砖混结构的宿舍楼。1991年，建成一幢三层宿舍楼，建筑面积481.93平方米。1997年8月，建成一幢五层业务办公楼，建筑面积960平方米。

按照全面建设“四个一流”新型台站的目标要求，广宁县气象局于2001—2010年进行了气象环境保护及改造工程和业务用房综合改造工程，2002年10月动工，2004年12月竣工并投入使用。业务用房综合改造工程于2005年10月动工，2006年1月竣工并投入使用。通过改造气象环境及业务用房综合改造，更新了办公硬件设施，改善了工作环境和生活条件。

2011年后，在上级气象主管部门以及县委、县政府的大力支持下，广宁县气象现代化建设取得新突破。广宁县气象探测基地及气象业务技术用房项目于2013年10月动工，2017年3月竣工并投入使用，建成一幢四层高的气象业务技术用房，房屋是混凝土框架结构，建筑面积3775.20平方米；建成一幢一层高的值班室，建筑面积260平方米。项目的建成推进了广宁县气象现代化建设，加强了气象业务能力建设，广宁县气象局的气象观测环境和业务环境从此迈上了新台阶。

六、怀集县气象局台站建设

怀集县气象局于1956年8月建成了16米×20米的观测场，位于怀城镇城北郊上郭乡的小荒岗（土名为关帝顶），同时建有砖木结构的瓦面平房4间，共50.4平方米。1964年1月，建成砖木结构瓦面平房7间，面积140平方米。1972年，建成一幢二层砖混结构办公楼，建筑面积104.4平方米，一楼用于行政办公，二楼作为观测预报业务办公。1979年12月，拆旧新建成84平方米砖木结构的业务值班用房，建成总建筑面积262.5平方米砖混和砖木结构的三套职工宿舍。1987年8月，拆除原旧宿舍楼，建成建筑面积436.4平方米的两幢两层职工宿舍，并于1988年1月竣工。1993年9月，拆除原砖木结构瓦房，重新建起250平方米的两层业务办公楼，于1994年4月竣工，5月4日正式投入使用。1996年12月，观测场围栏因暴雨毁坏，争取省气象局资金修建了观测场新围栏。

2002年11月，拆除了262.5平方米瓦混结构的宿舍楼，用墙砖装修旧办公楼作为业务办公用房。随着社会环境的发展，气象观测场周边的建筑物影响观测环境，为改善地面气象观测环境，2004年4月，怀集县政府同意划拨土地22851.15平方米用作怀集县气象局搬迁用地。2005年3月，新观测场在怀城镇城北登云亭一个名为“人头岭”的小山岗上正式动工。2006年3月，25米×25米的标准气象观测场建成并通过验收，并于2007年1月正式投入使用。2006年1月，建设观测场护坡，同年5月竣工。新气象局业务综合办公楼项目于2007年8月建成并竣工验收，次月正式投入使用，建筑面积1113.94平方米。2007年，完成大门、围墙、值班室、广场等工程建设。

2015年，为进一步改善怀集县气象局整体环境，开展了台站环境综合整治工程，2016年7月竣工验收并正式投入使用。

2018 年，随着社会经济的高速发展和城市化进程的推进，观测场已达不到气象探测环境的最低要求，怀集国家气象站地面观测场重新选址建设。怀集国家气象观测站新址为怀集县怀城镇天湖公园。2018 年 2 月 25 日，新址观测场正式动工建设，6 月完成了 25 米 ×25 米的标准气象观测场和基础设施建设，并在观测场南面建设了临时测报值班室。新址观测场于 2019 年 1 月 1 日正式投入使用。2021 年 5 月 25 日，怀集县自然资源局签发县政府划拨土地 10888.06 平方米用作新气象探测基地用地。新气象探测基地四周视野开阔，无外部影响源，探测环境评分显著提高，为天气预报、气象服务提供重要基础保障，进一步提升了气象灾害防御能力。

七、封开县气象局台站建设

1963 年 10 月，封开县气象局迁至江口镇北郊城头山，建站初期建有一个 25 米 ×16 米的气象观测场，以及 500 平方米砖木结构的瓦面平房（业务办公兼生活用房）。1987 年，拆旧新建成一座三层共 950 平方米混合结构的职工宿舍。1992 年，拆旧新建成一座二层共 380 平方米混合结构的业务办公楼。1995 年，在原职工宿舍楼加建二层共 775 平方米的住宿用房。

2008 年 7 月，封开县人民政府批复同意封开县江口镇封川收费站旁的灶坐埇山头为新气象观测场用地，山下空地为气象业务中心建设用地。2009 年 1 月，封开县气象观测场建设项目立项并动工建设，同年 9 月建成并开始进行对比观测，2010 年 1 月新观测场正式投入使用。2011 年 4 月，气象业务中心办公楼动工兴建，2012 年 12 月竣工并正式投入使用。新气象观测场和气象业务中心项目的建成使封开县气象局拥有一个整洁、优美的环境，给干部职工工作生活提供了一个更为舒适、便捷的办公空间。

2015 年 6 月，为加快推进封开县气象现代化建设，进一步改善台站工作环境，封开县气象监测预警中心环境综合改造工程正式立项，同年 10 月动工建设，2016 年 4 月竣工，通过验收后投入使用，为建设气象现代化新型台站打下了良好基础。

2016 年 5 月，为彻底排除安全隐患，封开县气象局观测场上山道路滑坡隐患治理工程立项，2017 年 2 月动工建设，同年 8 月竣工并通过验收。

2018 年 5 月，为消除安全隐患，封开县气象监测预警中心外墙维修及室内墙面、天花翻新工程立项，同年 8 月动工，9 月底竣工，11 月通过竣工验收。

八、德庆县气象局台站建设

德庆县气象局于 1958 年 9 月迁站到新圩镇的斑鸠地进行地面观测。1958 年 10 月，兴建了 9 间砖木结构的瓦面平房，占地面积 167 平方米，建筑面积 192.34 平方米，作为业务办公和生活用房。1979 年，建成预制件混合结构的二层综合楼，占地面积 130.77 平方米，建筑面积 261.44 平方米，用作办公和生活用房。1986 年，建设二层职工宿舍楼，占地面积 351 平方米，建筑面积 605 平方米，1986 年底投入使用。1989 年，建成一幢二层混合结构楼，建筑面积 243.46 平方米，用作业务办公用房。1996 年，建成一幢四层钢筋混凝土结构的综合楼，德庆县气象局占有第一层东边三卡、梯间和第二层产权，权属面积 453.73 平方米。

2003 年，德庆县气象局预警中心及新观测场建设工程立项。新观测场坐落在德庆县新圩镇 321 国道南侧，建设工程于 2010 年 11 月动工，2011 年 1 月竣工并投入使用，建成了一个 25 米 ×25 米的标准气象观测场。德庆县气象局预警中心建设工程于 2012 年 11 月动工，2014 年 9 月竣工并投入使用，建成了一幢五层的业务办公楼，占地面积 542.80 平方米，建筑面积 2516.97 平方米。项目的整体落成改善了气象局办公环境和台站观测条件，为气象现代化奠定了坚实基础。2014 年，德庆县气象监测预警中心环境综合改造工程立项，2015 年 9 月动工，同年 12 月竣工并投入使用，建成了台站沥青路面、绿色护坡以及挡土墙等基础设施，改善了台站工作环境。2015 年，实施了德庆县气象监测预警中心生活配套设施建设工程，2016 年 9 月动工，2017 年 3 月竣工并投入使用。该工程建成了一幢二层钢筋混凝土结构楼职工生活用房，建筑面积为 625 平方米，主要用作值班公寓和职工食堂。2020 年，德庆县生态气象综合探测基地建设工程在德庆县发改委立项，该基地位于德庆县新圩镇官车村与上咀村交界的第二冲顶山头上。2021 年 11 月，探测基地观测场竣工并投入使用，业务办公用房正在建设中，建成后将增加业务办公面积 314.77 平方米。

肇庆市气象部门基本建设的相关工作严格按照广东省气象局的相关文件执行，如项目立项与论证、工程管理与施工、项目竣工决算等，使基建管理制度化、规范化。自 21 世纪初开始，广东省气象局印发气象台站基础能力提升规划，肇庆市、县气象部门通过合理规划并开展台站搬迁、观测场标准化、业务技术用房建设和修缮，完善与之相适应的台站基础设施和配套设施，努力打造了气象现代化新型台站，有效改善了气象台站面貌，大大提升了基本气象业务支撑能力。

第十八章　气象现代化建设与考评

第一节　气象现代化建设

2011 年 7 月 11 日，国务院办公厅印发《国务院办公厅关于加强气象灾害监测预警及信息发布工作的意见》（国办发〔2011〕33 号），要求提高气象监测预报能力，加强预警信息发布，强化预警信息传播，有效发挥预警信息作用，加强组织领导和支持保障。2011 年 10 月 28 日，广东省人民政府印发《关于进一步加强突发事件预警信息发布工作的意见》（粤府〔2011〕130 号），提出了"健全制度，不断完善预警信息发布机制；依靠科技，加快建设预警信息发布系统；整合资源，全力加强基层预警信息接收传递"的要求。肇庆市人民政府向广东省人民政府出具书面承诺函，同意在 2011—2015 年期间安排落实"珠江三角洲中小尺度气象灾害监测预警中心"项目地方配套经费 2500 万元，将全市各县（市）气象"十二五"重点项目纳入地方"十二五"规划内容，确保肇庆市气象建设任务按期完成。

2012 年 3 月 12 日，中国气象局和广东省人民政府在北京签署《中国气象局与广东省人民政府加快气象现代化试点省建设合作备忘录》（以下简称《备忘录》），双方以加快珠江三角洲中小尺度气象灾害监测预警中心建设等 5 项重点工程为契机，共同推进广东气象现代化建设，充分发挥气象工作在保障人民安全、应对气候变化、发展低碳经济等方面的作用，更好地为"加快转型升级、建设幸福广东"提供优质服务。2012 年 3 月 20 日，肇庆市气象局向分管气象工作的市委副书记、市人大常委会副主任、市政府副市长等领导汇报了《备忘录》签署相关情况，并请市委、市人大、市政府对肇庆率先基本实现气象现代化工作给予大力支持。

为贯彻落实《中国气象局与广东省人民政府加快气象现代化试点省建设合作备忘录》和《广东省人民政府办公厅关于贯彻落实中国气象局与我省合作备忘录的实施意见》（粤府办〔2012〕76 号），进一步加快肇庆市气象现代化建设步伐，2012 年 9 月 25 日，肇庆市人民政府办公室印发《肇庆市人民政府关于加快推进我市率先实现气象现代化的实施意见》（肇府办〔2012〕58 号），要求加快肇庆市中小尺度气象灾害监测预警中心、"平安山区"气象保障工程、"平安西江"气象保障工程、基层气象台站基础设施工程和肇庆气象应急频道建设。

2013 年 5 月 27 日，肇庆市政府分管副市长率各县（市）人民政府、肇庆市政府有关部门负责同志拜访广东省气象局，共商肇庆市气象现代化建设有关问题。双方商定要加强合作，共同推进肇庆气象现代化建设：广东省气象局在政策、项目、资金、技术、人才等方面给予大方支持；肇庆市政府加强组织领导，明确部门职责分工，着力创新肇庆气象事业发展体制机制，在政策、机构、编制、项目用地、配套经费等方面给予大力支持。

2013 年 10 月，广东省气象局印发《广东省气象局"三是三有"工作指引（2013—2015 年）通知》（以下简称"工作指引"）。该工作指引是推进广东气象现代化的重要文件，与广东省政府制定的率先基本实现气象现代化指标、广东省气象局制定的气象现代化新型台站建设标准以及基层气象机构综合改革指导意见等共同构成广东气象现代化考核评价体系。

该工作指引进一步明确和落实“三是三有”的总体目标、主要任务和保证措施。通过落实33条措施，到2015年，实现外部表征“看起来是”、公众认知“感觉到是”、干部职工“享受到是”、体制机制“有创新”、科学管理“有套路”、核心技术“有突破”的气象现代化。

该工作指引明确了六大主要任务，并细化为33项措施。一是打造外部表征“看起来是”的气象现代化，重点要加快实施台站基础设施规划，凸显“形神兼备”的“中轴线”，树立部门良好形象。二是推进公众认知“感觉到是”的气象现代化，重点要丰富公共气象服务内容，提供与公众工作、生活、健康、旅游、休闲等活动息息相关的气象服务产品；扩大公共气象服务覆盖面，开通服务相关部门的决策气象专网、气象频道、微博、微信等服务渠道互相补充、各有特色；规范气象预警信息发布，建设突发事件预警信息发布系统和联席会议制度，发布人员持证上岗。提高公共气象服务均衡性，强化对外来务工人员、老人和学生等弱势群体的服务；夯实公共气象服务基础；完善“预警的预警”以及停工停课机制，及时将预警信息传递到村到户。三是实现干部职工“享受到是”的气象现代化，重点要搭建比较宽阔的干事舞台，营造比较舒适的工作生活环境。四是探索体制机制“有创新”的气象现代化，重点要健全地方气象机构，完善人员分类管理和调配办法。五是建设科学管理“有套路”的气象现代化，重点要坚持统筹兼顾，做到科学决策，强化目标管理，推进管理标准化，有效服务媒体。六是发展核心技术“有突破”的气象现代化，重点要全面建成无缝隙、高效集约的省、市、县一体化数字网格天气预报业务体系，建立技术先进、方法规范、功能齐全、自动化程度高的现代农业气象和气候业务体系，以及“一平台一基地、一新站区一平台、野外雷电试验平台”建设等。

通过气象现代化建设，围绕“三是三有”现代化新型台站建设标准，肇庆市气象部门台容站貌明显改善，现代化气息彰显，7个台站全部达到新型台站标准。综合气象监测网不断完善，截至2021年底，肇庆市共建成6个国家气象观测站、196个区域自动站、4个农田小气候观测站、一部S波段多普勒天气雷达、两部全固态X波段双偏振天气雷达、两部X波段双极化相控阵天气雷达（另外四部在建），构建了种类比较齐全的现代综合气象监测网。市、县两级气象部门持续优化地方气象服务体系建设，肇庆市以及高要区、四会市、德庆县、广宁县、封开县、怀集县先后设立突发事件预警信息发布中心、防雷减灾管理中心和人工影响天气中心等地方气象公益一类事业机构共13个。2013年起，肇庆市气象部门国家气象事业在编人员地方性补贴都按60%以上标准列入地方财政预算，地方气象事业在编人员经费100%纳入地方财政预算。

第二节　气象现代化考评

2012—2015年为率先实现气象现代化阶段。2012年开始，肇庆市率先实现气象现代化工作全面铺开，肇庆市和各县（市）政府都召开了气象现代化工作专题会议，成立气象现代化建设领导小组，制定气象现代化行动方案。肇庆市政府办公室于2013年10月14日出台《肇庆市率先实现气象现代化考核评价办法》，将气象现代化纳入政府工作和经济社会整体工作，纳入政府目标考核。肇庆市人民政府办公室分别印发《关于加快推进我市率先实现气象现代化的实施意见》(肇府办〔2012〕58号)、《加快肇庆市气象现代化建设工作会议纪要》(肇粤气〔2013〕1号)、《肇庆市率先实现气象现代化考核评价办法的通知》(肇府办函〔2013〕218号)，有效推进率先实现气象现代化建设各项工作。

2012年4月20日，中国气象局华南区域气象中心工作会议在肇庆市召开。会议期间，肇庆市市长莅临肇庆市气象局，会见了参加华南区域气象中心工作会议的广东省气象局局长一行。在会谈中，双方就如何贯彻中国气象局与广东省人民政府签署的《关于加快气象现代化试点省建设合作备忘录》精神，加快推进肇庆气象现代化建设等深入交换了意见。肇庆市市长表示，肇庆市政府将积极响应省部合作《备忘录》精神和部署，进一步全面加大对气象工作的支持力度，和上级气象部门一道，共同加快推进肇庆率先基本实现气象现代化。

2012年10月11日，肇庆市政府召开气象工作会议，学习贯彻全省气象工作会议精神，部署肇庆市气象现代化建设工作。2013年2月15日，肇庆市人民政府办公室印发《关于成立肇庆市气象现代化建设工作领导小组的通知》(肇府办函〔2013〕38号)，成立了以市政府分管气象工作的副市长为组长、市政府副秘书长和肇庆市气象局主要领导担任副组长的气象现代化建设工作领导小组。

2015年4月30日，中国气象局副局长矫梅燕在广东省气象局局长许永锞的陪同下莅临肇庆检查指导气象工作。肇庆市市长会见了矫梅燕一行，双方共商推进肇庆气象现代化建设大计。2015年10月8—10日，广东省气象局长研讨会议暨业务工作会议在肇庆召开。期间，肇庆市市长会见广东省气象局局长许永锞一行，双方就进一步推进气象现代化建设进行会谈。2015年11月13日，肇庆市政府组织召开健全全市突发事件预警信息发布体系工作协调会议，肇庆市委、市政府有关领导，市应急办以及中国电信、中国移动、中国联通肇庆分公司等部门主要负责人参加会议。

2016—2020年为全面实现气象现代化阶段。2016年8月4日，广东省气象局印发《广东省全面实现气象现代化考核评价办法(2016—2020年)》，每年对各市气象现代化进行考评。考核评价内容包括6个方面：① 国民气象意识，包括气象知识普及率、气象知识认知度；② 气象基础条件，包括综合气象观测能力、气象信息处理能力、气象科技创新能力；③ 气象制度保障，包括服务体系完善水平、公共财政保障水平、气象依法行政水平；④ 气象预报水平，包括灾害天气预报准确率、日常天气预报准确率；⑤ 造福社会能力，包括公共气象服务整体能力、气象防灾减灾服务能力、工程气象服务能力；⑥ 社会经济效益，包括公共气象服务满意度、气象防灾减灾效益。

肇庆市气象现代化历年评分及排名见表4-18-2-1。

表4-18-2-1　肇庆市气象现代化历年评分及排名

年度	自评分	广东省气象局评分	全省排名	现代化程度
2012	65.3	62.2	19	初级现代化
2013	79.5	76.4	7	基本现代化
2014	86.6	84.7	7	基本现代化
2015	91.8	90.3	5	全面现代化
2016	80.9	82.5	5	全面现代化

续表

年度	自评分	广东省气象局评分	全省排名	现代化程度
2017	84.6	85.7	5	全面现代化
2018	89.0	86.9	8	全面现代化
2019	91.1	91.0	9	全面现代化
2020	93.5	92.1	10	全面现代化

2016 年 10 月 9 日，肇庆市市委书记专题听取肇庆气象现代化建设工作情况，充分肯定了肇庆气象现代化建设成绩，称赞气象部门为保障肇庆经济社会快速发展做出了突出贡献，认为巩固和深化局市合作、共建肇庆气象现代化机制是建成更高水平气象现代化的重要有效途径。2016 年 12 月 5 日，肇庆人民政府办公室印发《肇庆人民政府办公室关于全面推进我市气象现代化建设的实施意见》(肇府办〔2016〕20 号)，提出“到 2020 年，全市建成适应需求、结构完善、功能先进、保障有力的气象现代化体系，气象事业整体实力居全省前列，部分领域达到或接近国内先进水平”的总体目标。2016 年 12 月 7 日，广东省气象局和肇庆市人民政府在广州签署《广东省气象局 肇庆市人民政府全面推进气象现代化合作协议（2016—2020 年）》，肇庆市市长和广东省气象局主持工作的副局长出席签字仪式。2017 年 3 月 8 日，经肇庆市人民政府同意，肇庆市气象局印发《肇庆市全面实现气象现代化考核评价办法（2016—2020 年）》(肇气〔2017〕15 号)，联合市财政、市科技、市安监、市应急、市委编办，每年对设有县级气象局的各县（市、区）进行全面实现气象现代化考核评价工作。历年气象现代化综合指数得分见表 4-18-2-2。

表 4-18-2-2　肇庆市各县（市、区）历年气象现代化综合指数得分

县（市、区）	率先实现气象现代化阶段			全面实现气象现代化阶段				
	2013 年度	2014 年度	2015 年度	2016 年度	2017 年度	2018 年度	2019 年度	2020 年度
四会	75.1	77.9	89.2	78.6	81.6	83.2	85	90.3
高要	74.2	84.7	89.5	79.5	81.5	83.5	85.7	90.2
封开	74.1	80.7	85.9	78.5	79.4	81.8	83.7	87.8
广宁	73.6	78.3	85.4	77.8	80.7	81.6	83.4	88.4
德庆	73.2	78.4	86.2	77.6	80.0	81.9	83.2	88.3
怀集	70.9	82.2	85.6	78.3	79.7	81.3	84.0	88.8
各县（市）平均	73.5	80.4	87.0	78.4	80.5	82.2	84.2	89.0

第三节　突发事件预警信息发布中心

在肇庆市委、市政府和各县（市、区）地方党委、政府的大力支持下，2013 年肇庆市成立了7个突发事件预警信息发布中心（包括1个市级、6个县级），全部为公益一类地方事业机构。市、县级突发事件预警信息发布中心按照“五区六岗”设置人员岗位，坚持“平战结合”的原则，做到“报得早、审得快、发得出、传得畅、收得到、用得好”。

2014年，在上级气象主管部门和地方党委、政府的支持下，肇庆市建成7个突发事件预警信息发布业务平台（包括1个市级、6个县级），业务平台由硬件网络、接收终端、信息发布、决策辅助4部分组成。突发事件预警信息发布业务平台建成后，可以形成一个“横向到边、纵向到底”预警全覆盖的大系统。

在发布预警信息的过程中，一般将预警信息发布系统与预警决策辅助系统两者相结合来使用，真正做到“靶向预警”“靶向发布”。

预警信息发布系统，通过严格的业务流程，对包括自然灾害、事故灾难、公共卫生、社会安全等四大类的突发事件预警信息进行录入、审核、发布，对预警信息的效能进行监控、分析。预警信息采用“调用模板”的方式进行采编。

预警决策辅助系统，基于三维地理信息系统，集信息、通信、视频会商于一体，能够快速为领导提供各种信息、通信和指挥决策依据。一方面，与应急委成员单位的信息、资料共享。截至2021年，已经接入指挥平台的信息有：①气象部门的信息，点击地图上任何一个点，都能看到未来7天的定时定量的精细化天气预报；②三防部门的信息，包括市、县、镇的三防办、山洪沟隐患点、山洪沟预警点、全市的应急责任人等数据信息；③水利部门的信息，接入了全市所有中小型水库的详情、水文站布点、中小河流隐患点、预警点、低洼内涝区域等数据信息；④接入了国土、安检、民政、公安、环保、林业、海事、地震等相关部门的信息，为领导决策提供参考。另一方面，接入了相关部门的一些视频信号，如镇级三防办、西江航道局、水库和森林防灭火办公室的视频，为领导决策提供参考。

突发事件预警信息发布业务平台自建成以来，除了发布各类气象预警信息外，还为应急办、卫生局、农业局、地震局，以及征兵办、森林防火办、金融系统等部门发布各类信息，应用非常广泛。

第四节　气象灾害防御应急联动

2007年9月18日，全国气象防灾减灾大会成功召开，国务院副总理回良玉到会并做重要讲话。以这次大会为标志，初步确立了“政府主导、部门联动、社会参与”的气象防灾减灾工作新机制，气象灾害监测预警、信息发布、防灾抗灾科普组成的气象灾害防御体系初步形成，推动了以天气预报服务为主向灾害性天气监测预警预报服务的转变。2009年12月，《国家气象灾害应急预案》作为气象防灾减灾第一个国家级预案由国务院办公厅发布。2010年，《气象灾害防御条例》作为国务院第一个关于气象灾害防御的行政法规、《国家气象灾害防御规划（2009—2020年）》作为第一个由国务院批准的气象防灾减灾专项规划均正式施行。2011年，国务院办公厅出台《关于加强气象灾害监测预警及信息发布工作的意见》（国办发〔2011〕33号）。这几个重要法规的出台，使“政府主导、部门联动、社会参与”的气象防灾减灾工作机制以及气象灾害应急响应机制、应急管理组织体系的建设纳入法治化轨道，加大了利用社会资源强化气象防灾减灾工作力度，取得历史性的突破。

肇庆市气象局牵头制定并通过市政府印发了《肇庆市气象灾害应急预案》(肇府办〔2007〕90号)。其后根据实际情况，分别于2012年9月和2018年1月对《肇庆市气象灾害应急预案》进行修订，并通过市政府印发（肇府函〔2012〕341号、肇府函〔2018〕31号）。

2018年修订印发的《肇庆市气象灾害应急预案》，由原来的七章扩充到十二章，分别为：总则、组织体系、风险评估、情景构建、监测预警、应对任务、后期处置、信息发布、能力建设、监督管理、附则、附件，适用于本市行政区域内台风、暴雨、寒冷、干旱、高温、大雾、灰霾、道路结冰8种气象灾害事件的防范和应对。

2012年以来，肇庆市气象局与肇庆市国土资源局、农业局、林业局、水务局、交通局、海事局、生态环境局、应急管理局等12个单位（企业）签署了合作框架协议，不断建立健全应急联动机制，提升全市综合防灾减灾救灾能力水平。

2012年11月30日，肇庆市气象局与肇庆市国土资源局签订了《气象、国土合作框架协议》，约定各自建立专业的业务团队定期进行信息交流；共同建立地质灾害应急管理平台，并设立固定联系人，确保沟通顺畅，可以及时应对各种突发地质灾害；双方共同建立通信专线，完全实现双方信息共享；建立相应的会商、联动机制和信息共享系统；共同在地质灾害多发地附近建立监测站点，逐步提升灾害应急处置能力；不断提升气象部门和国土部门共同防御地质灾害的理论水平，对肇庆市地质灾害、暴雨等特点进行研究；推进建立完善的地质灾害防御联动机制和地质灾害预测预警发布平台。

2012年12月1日，肇庆市气象局与肇庆市水务局签订了《气象、水务合作框架协议》，双方约定就进一步推进水务、三防部门与气象部门间的防灾减灾联动机制，实现在信息、技术等方面的合作与共享加强合作。

2012年12月1日，肇庆市气象局与肇庆市交通运输局签订了《气象、交通合作框架协议》，双方约定各自建立专业的业务团队进行气象信息交流；共同建立气象灾害应急管理平台，设立固定联系人，保障沟通顺畅；双方共同建立通信专线，实现信息共享，建立相应的会商、互动机制和信息共享系统；共同在气象灾害复杂多发道路附近建立气象监测站点，逐步提升突发气象灾害应急处置能力；双方通过合作与共享，不断提升气象部门和交通部门的理论水平，联合双方的行业专家，对肇庆交通、气象等特点进行研究；推进建立完整的气象灾害防御联动机制和突发气象灾害预测预警发布平台。

2012年12月4日，肇庆市气象局与肇庆市林业局签订了《肇庆市林业局 肇庆市气象局合作备忘录》，双方约定建立定期沟通机制；建立健全联合会商机制；联合加强林业气象的监测、技术开发和应急联动机制；共同推动林业气象研究；加强信息共享和联合发布工作。

2012年12月7日，肇庆市气象局与肇庆市农业局签订了《肇庆市农业局 肇庆市气象局合作备忘录》，双方约定在建立联合会商机制、开展重大农业气象灾害调查评估、推进农业气象研究、建立信息共享机制、建立信息联合发布机制、加强农业气象灾害监测与服务等方面加强合作。

2015年11月13日，肇庆市气象局先后与中国移动肇庆分公司、中国联通肇庆分公司、中国电信肇庆分公司三大运营商签订了《气象、移动关于建立肇庆市突发事件预警信息发布绿色通道合作协议书》《气象、联通关于建立肇庆市突发事件预警信息发布绿色通道合作协议书》《气象、电信关于建立肇庆市突发事件预警信息发布绿色通道合作协议书》，建立预警信息发布“绿色通道”，构建高效、便捷的应急信息发布机制。

2016年7月28日，肇庆市气象局与肇庆海事局签订《肇庆市气象局 肇庆海事局关于加强水上交通安全气象合作备忘录》，双方约定建立紧密高效的合作机制，建立充分融合的资源共享机制，建立全面快捷的气象信息保障机制。

2017年3月24日，肇庆市气象局与肇庆市广播电视台签订《天气预报和气象灾害预警信息发布合作协议》，约定肇庆市广播电视台每天3次在肇庆公共频道和综合频道播放制作好的电视天气预报节目视频。当遇到严重影响本地的天气系统，肇庆市气象局发布相应的预警信号后，电视台将及时、完整、准确地以图标和字幕形式在电视频道播发相应的预警信号及防御指引，并通过电台播发重要预警信息。

2019年11月19日，肇庆市气象局与肇庆市生态环境局签订《肇庆市生态环境局 广东省肇庆市气象局关于打赢“蓝天保卫战”合作框架协议》，双方合作内容包括6个方面：一是完善预报会商机制；二是建立监测数据共享机制；三是完善两部门的联合发布机制；四是建立人工影响天气作业协调机制；五是完善部门间的应急联动机制；六是建立科学研究合作机制。进一步加强双方在环境空气质量治理、信息资源共享等方面的合作，紧紧围绕生态环境保护工作新需求，不断提升生态环境监测预报预警和科学决策支撑能力。

2019年11月21日，肇庆市气象局与肇庆市应急管理局签订《肇庆市应急管理局 广东省肇庆市气象局关于推进肇庆市安全稳定发展和粤港澳大湾区防灾减灾协同机制建设的合作协议》，双方合作内容包括7个方面：一是提升自然灾害防治能力；二是强化数据共享和信息服务；三是强化气象安全生产；四是健全完善应急响应联动机制；五是共同提升基层应急减灾能力；六是共同推进灾害治理和安全生产法治化建设；七是强化保障措施。

第五篇　人物和获奖名录

本篇对肇庆市气象局历任领导和取得高级工程师及以上职称的专家作了简要介绍，收录了肇庆市气象局历年获得的集体荣誉和个人奖项。

第十九章 人物简介

第一节 历任局（台）领导

按在肇庆市气象部门任局（台、处）领导职务先后排序。

谭兆熊（1928.10—），男，汉族，湖南长沙人，高中学历，1949年7月加入中国共产党。

1949年5月参加工作，曾任中南军政公安保卫处学员、干事。1953年12月任广东省商业厅物价处副科长，1958年9月任肇庆地区气象台办公室主任、副台长，1971年3月任西江柴油机厂政工科长、革命委员会副主任，1978年12月任肇庆地区气象台办公室副主任、预报科科长，1984年3月任肇庆地区气象处调研员，1986年11月任肇庆地区气象处党组成员、副处级干部。1987年7月离休。

杨三录（1907.9—1995.10），男，汉族，河北磁县人，高小文化，1930年9月加入中国共产党。

1930年9月参加革命，历任磁县抗日游击队情报班长、地方中心村农会主席，磁武县五区文教助理，十二区政委，鲁山县农协主席，河南省许昌县三区区政委、县委会人武部副部长、组织部副部长。1952年1月调广东省德庆县委工作，曾任组织部部长、副政委、县委书记，1956年10月任高要专署采购局局长，1956年11月任高要地区手工业联社主任，1957年1月任高要专署办公室主任，1958年3月任高要专署水电局局长，1961年7月任高要专署畜牧局局长，1962年12月任肇庆专区气象局局长，1973年4月任肇庆地区气象局副局长。1981年11月离休。

王国勋（1923.8—2006.1），男，汉族，河北景县人，高小文化，1946年5月加入中国共产党。

1945年5月参加革命工作，曾任河北景县武委会司务长、湖北枣阳县十区区长。1952年8月调广东新兴县工作，历任县委组织干事、县人民法院院长、县人民政府县长，1959年5月调任肇庆专署地区水产局副局长，1964年8月任肇庆地区气象局副局长。1984年7月离休。

裴玉祥（1921.7—1993.12），男，汉族，黑龙江宁安县人，高小文化，1945年2月加入中国共产党。

1947年5月参加革命工作，曾任镜泊区委组织委员。1949年南下到江西，任江西太和县七区区委书记，1952年7月调广东云浮县任一区区委书记，云浮县委组织部副部长、部长，县委第二副书记，1963年7月调任肇庆专区建设银行副行长、农业银行肇庆中心支行副行长、省供销社肇庆地区办事处副主任，1970年4月任肇庆地区气象局副局长，1979年

10 月任肇庆地区气象局党组书记、局长。1984 年 4 月离休。

黄春明（1929.12—），男，汉族，广东罗定人，初中文化，1949 年 3 月加入中国共产党。

1949 年 1 月参加工作，历任广东省粤中纵队第四支队十四团部战士、启明连副班长、启明连排长以及中南粤中军区训练队队长。1954 年 1 月任广东省罗定县兵役局助理员，1964 年 9 月任罗定县武装部政工科科长，1966 年 12 月任罗定县委军代表，1968 年 3 月任罗定县革命委员会政工组组长，1969 年 12 月任肇庆地区电信局副政治委员，1973 年 10 月任罗定县武装部副政治委员，1979 年 1 月任肇庆地区气象局副局长、调研员。1989 年 12 月离休。

方壮乐（1939.11—2006.5），男，汉族，广东普宁人，中专学历，1973 年 5 月加入中国共产党。

1958 年 8 月从北京气象学校毕业到肇庆地区气象局参加工作，历任预报员、预报科副科长、科长，1978 年 3 月任肇庆地区气象局党组成员，1981 年 3 月任肇庆地区气象局副局长，1984 年 1 月任肇庆地区气象处处长、党组书记。1987 年 11 月被广东省气象局免职，任工程师。1999 年 11 月退休。

梅健伟（1941.1—1992.12），男，汉族，广东台山人，大专学历，中共党员。

1961 年应召入伍，毕业于解放军气象专科学校，曾在遵化空军机场和耒阳空军机场当气象预报员。1979 年 12 月转业到高要县气象局工作，1984 年 1 月任肇庆地区气象处（台）副处（台）长。

张天禄（1937.6—），男，汉族，重庆长寿人，中专学历，1966 年 6 月加入中国共产党。

1953 年 7 月参加工作，历任西南军区气象处气象干部训练班军人学员、中央气象局广州中心气象台观测员、成都气象学校调干学员、广东省气象局测报检查员、广东省大岭"五七干校"学员、广东省气象局测报参谋、广东省气象局台站处副科长、广东省气象学校副校长、广东气象局业务处科长。1987 年 2 月任肇庆地区气象处（台）副处（台）长（主持工作），1988 年 5 月任广东省农业气象中心副主任（主持工作），1992 年任广东省气候应用研究所所长（正处）。1997 年 7 月退休。

郭德铿（1942.3—），男，汉族，广东中山人，大学本科学历，高级工程师，1974 年 9 月加入中国共产党。

1967 年 7 月毕业于中山大学地理系气象专业，同年 9 月参加工作，曾在湖北沉湖 6092 部队军垦农场劳动锻炼，1970 年 4 月分配到广东省韶关地区气象处，先后任观测员、预报员、业务管理员、办公室主任、局（处）长、党组书记等职。1987 年 11 月调任肇庆地区气象处（台）处（台）长、党组书记，1993 年 2 月调中山市气象局，历任副局长、局长、调研员等职。2002 年 3 月退休。

朱杰文（1945.9—），男，汉族，广西藤县人，大学本科学历，1985 年 12 月加入中国共产党，高级工程师。

1969 年 7 月毕业于中山大学地理系气象专业，因"文化大革命"推迟分配，于 1970 年 7 月到封开县气象站参加工作，先后任封开县气象局（站）测报员、预报员。1985 年 8 月任封开县气象局副局长（主持工作），1990 年 10 月任肇庆市气象局（台）党组成员、副局（台）长，1993 年 2 月任肇庆市气象局（台）党组书记、局（台）长，2004 年 11 月任肇庆市气象局调研员。2005 年 11 月退休。

柳以虎（1937.1—），男，汉族，湖北京山人，中专学历，1959年3月加入中国共产党。

1954年10月从成都气象学校毕业，先后到广西南宁气象台、北海气象台实习。1958年12月任湛江地区气象局副组长，1963年3月任肇庆地区气象局副组长，1965年9月任新兴县气象局副指导员，1973年5月任肇庆地区气象局科长、党组成员，1993年2月任肇庆市气象局（台）党组成员、副局（台）长。1997年1月退休。

吴桂强（1951.8—），男，汉族，广东高要人，大学普通班毕业，1969年9月加入中国共产党。

1969年2月参加工作，曾到中国人民解放军广字365部队独立一营服兵役。1974年9月到南京气象学院大气探测专业大学普通班参加学习，1978年1月起先后任肇庆地区气象局雷达站雷达员、雷达短时预报组组长，预报科副科长、科长。1993年2月任肇庆市气象局局长助理、局党组成员，1995年8月任肇庆市气象局副局长、党组成员，2003年3月兼任肇庆市气象局党组纪检组长，2004年4月任肇庆市气象局党组副书记、党组纪检组长，2011年6月任肇庆市气象局调研员。2011年8月退休。

李明汉（1957.10—），男，汉族，广东封开人，在职大专学历，1986年7月加入中国共产党。

1974年9月参加工作，曾是封开县南丰农科站下乡务农知青。1980年6月从广东省气象学校气象专业毕业后任怀集县气象站测报员、预报员，1983年11月任西沙气象台观测员，1985年4月起先后任封开县气象局测报组副组长、服务组组长，1991年5月任封开县气象局（站）副局（站）长兼预报服务股股长，1994年2月任封开县气象局局长，1997年2月任肇庆市气象局（台）党组成员、副局（台）长，2011年6月任肇庆市气象局党组成员、纪检组长，2016年8月任肇庆市气象局调研员。2017年10月退休。

温坚培（1963.8—），男，汉族，广东郁南人，大学本科学历，1986年5月加入中国共产党，高级工程师。

1984年7月从北京大学地球物理系气象专业毕业，分配到湖南省湘西自治州气象局工作，曾任湘西自治州气象局预报员。1992年5月调肇庆市气象局工作，历任气象台预报员，办公室科员、副主任、主任，纪检组副组长，2000年11月任广宁县气象局局长，2002年12月任肇庆市防雷设施检测所所长，2003年3月任肇庆市气象局党组成员、副局长，2016年8月任肇庆市气象局党组成员、纪检组长。

凌汉强（1964.11—），男，汉族，广东化州人，大学本科学历，1999年6月加入中国共产党，高级工程师。

1987年7月从中山大学大气科学系天气动力学专业毕业，分配到茂名市气象局参加工作，先后任预报员、预报科科长、副局长。2004年11月任肇庆市气象局党组书记、局长，2011年3月调省气象局任法规处处长、广东省防雷减灾管理中心主任，2014年8月任东莞市气象局党组书记、局长。

赖天文（1958.9—），男，汉族，广东高州人，在职本科学历，1993年9月加入中国共产党，高级工程师。

1977年7月参加工作，曾任高州长坡镇龙修大队小学教员，1980年6月从广东省气象学校气象专业毕业，分配到廉江县气象局任测报员。1981年7月起，历任测报员、预报员，预报科副科长、科长，1997年2月任茂名市气象局（台）党组成员、副局（台）

长（2000 年 1 月主持工作），2001 年 3 月任茂名市气象局（台）党组书记、局（台）长，2011 年 3 月任肇庆市气象局党组书记、局长。政协肇庆市第十届委员会委员。2018 年 9 月退休。

陈辛动（1964.5—），男，汉族，广东罗定人，大学本科学历，1988 年 10 月加入中国共产党。

1980 年 9 月从南京空军气象学院天气动力系气象预报专业毕业，同时入伍，曾任海军榆林基地气象台资料室资料员、预报员、预报室主任、气象台台长，1999 年 3 月任海军榆林基地司令部航海保障处副团职参谋，2000 年 10 月转业到肇庆市气象局工作，曾任预报科副科长、办公室主任、党组纪检组副组长，2011 年 9 月任肇庆市气象局党组成员、副局长，2012 年 8 月任云浮市气象局党组成员、副局长（主持工作），2014 年 9 月任云浮市气象局党组书记、局长，2020 年 3 月任肇庆市气象局党组书记、局长。

刘谦（1968.8—），男，汉族，河南西华人，大学本科学历，1998 年 3 月加入中国共产党，高级工程师。

1992 年 6 月从中山大学大气科学系天气动力学专业毕业，分配到肇庆市气象局工作，先后任业务科副科长、政策法规科副科长、业务科科长，高要市气象局局长，肇庆市气象局办公室主任、党组纪检组副组长。2012 年 11 月任肇庆市气象局党组成员、副局长。政协肇庆市第十一届委员会委员。

王文波（1980.9—），男，汉族，湖北天门人，大学本科学历，2007 年 6 月加入中国共产党。

2003 年 7 月从中山大学大气科学系天气动力学专业毕业，在肇庆市气象局参加工作。2005 年 11 月任怀集县气象局局长助理，2006 年 9 月任怀集县气象局副局长（主持工作），2009 年 1 月任德庆县气象局副局长（主持工作），2010 年 6 月任肇庆市气象局专职纪检监察员，2012 年 3 月先后任肇庆市气象科技信息服务中心主任、业务科科长、站网管理科科长，2017 年 8 月任肇庆市气象局党组成员、副局长，2021 年 2 月调任云浮市气象局党组成员、副局长。

梁域（1960.8—），男，汉族，广东罗定人，在职本科学历，1985 年 5 月加入中国共产党。

1981 年 8 月从肇庆农业学校农学专业大专毕业，分配到封开县气象局工作，曾任封开县气象局副局长、局长，1998 年 7 月任云浮市气象局（台）党组副书记、副局（台）长（主持工作），2002 年 2 月任云浮市气象局（台）党组书记、局（台）长，2012 年 8 月调任阳江市气象局党组书记、局长，2018 年 9 月任肇庆市气象局党组书记、局长，2020 年 3 月任广东省肇庆市气象局二级巡视员。2020 年 9 月退休。

吴振强（1971.8—），男，汉族，浙江龙游人，在职本科学历，1994 年 9 月加入中国共产党，高级工程师。

1990 年 9 月从湛江气象学校气象专业毕业，分配到肇庆市气象局工作，曾任肇庆市气象局预报科预报员、业务科副科长，云浮市气象局筹备组办公室负责人、人事科负责人。1999 年 3 月任高要市气象局副局长，2004 年 1 月任封开县气象局局长，2007 年 12 月任四会市气象局局长，2012 年 3 月任高要市气象局局长，2017 年 12 月任潮州市气象局党组成员、副局长，2021 年 2 月任肇庆市气象局党组成员、副局长。

孔树剑（1981.8—），男，汉族，广东广宁人，在职本科学历，2005 年 2 月加入中国共产党。

2001 年 6 月从湛江气象学校气象与防雷专业毕业，在广宁县气象局参加工作，先后任广宁县气象局办公室副主任、高要市气象局办公室副主任、高要市避雷设施检测所所长。2006 年 8 月任封开县气象局副局长（2007 年 12 月主持工作），2012 年 3 月任广宁县气象局局长，2015 年 7 月任肇庆市气象局办公室（监察审计科）主任，2017 年 10 月任云浮市气象局党组成员、副局长，2021 年 2 月任肇庆市气象局党组成员、纪检组长。

（说明：李郁军、康增安、魏景泉、郭常、冯燮标 5 人于 20 世纪六七十年代曾在肇庆地区气象局短暂任职，由于管理体制的变化，他们有的由地方任命，有的由部队派驻，随后都离开了气象部门。他们后来辗转多个部门任职，所在单位多次撤并，目前暂时无法完整地查找、掌握他们的档案信息。）

第二节　高级工程师

按获得高级工程师专业技术任职资格先后排序（前节中也获高级工程师资格的，本节不再赘述）。

何华庆（1950.11—），男，汉族，广东茂名人，大学普通班学历。

1968 年 11 月参加工作，曾任茂名市镇盛樟岭小学附设初中班民办教师。1976 年 1 月毕业于中山大学地理系气象专业，先后任广州热带海洋气象研究所研究人员、阳江六〇一站雷达操作员、肇庆市气象局预报员。1993 年 7 月获得高级工程师专业技术任职资格。1993 年 10 月任预报科（肇庆市应用气象科学技术研究所）副科（所）长，1997 年 1 月任科（所）长，2001 年 12 月任肇庆市气象台台长。获 1998 年度“全国优秀值班预报员”称号，2006 年 7 月被广东省气象局评为“广东省气象部门科技业务骨干”。政协肇庆市第七、八、九届委员会常委。肇庆市经济技术顾问团第三、四届顾问。2010 年 11 月退休。

彭端（1973.12—），女，汉族，广东罗定人，大学本科学历，在职理学硕士学位，2001 年 2 月加入中国共产党。

1995 年 8 月从南京气象学院天气动力学专业毕业，分配到肇庆市气象局工作，先后任肇庆市气象局预报员，气象台副台长、台长，预报科科长、技术总师，获 2003 年度“全国优秀值班预报员”称号。2006 年 9 月获得天气气候高级工程师任职资格。2008 年 3 月，获得中华全国妇女联合会授予的“全国三八红旗手”称号。2021 年 12 月获得正高级工程师专业技术任职资格。

黄天文（1975.4—），女，汉族，广东台山人，大学本科学历，在职理学硕士学位，1994 年 12 月加入中国共产党。

1996 年 7 月从南京气象学院计算机与信息工程系计算机及应用专业毕业，分配到肇庆市气象局工作，曾任肇庆市气象局预报员、人事科副科长、办公室副主任，2006 年 9 月获得气象电子高级工程师任职资格。获 2012 年度“全国优秀值班预报员”称号。

李年（1961.1—），女，汉族，广东罗定人，中专学历，1996 年 11 月加入中国共产党。

1976年8月于广东省罗定县国营罗平苗圃场参加工作。1980年8月从广东省气象学校气象专业毕业，分配到罗定县气象局工作，曾任技术员、助理工程师、工程师。1997年9月调高要市气象局工作，曾任测报科副科长、科长，多次被中国气象局授予“质量优秀测报员”称号，2006年7月被广东省气象局评为“广东省气象部门科技业务骨干”。2009年9月获得大气探测高级工程师任职资格。2016年1月退休。

陈达炎（1956.12—），男，汉族，广东高要人，在职大专学历，2000年9月加入中国农工民主党。

1974年11月任高要白诸湾头小学教师，1980年8月从广东省气象学校气象专业毕业，分配到怀集县气象局工作。1983年1月调高要县气象局，主要从事地面测报和农业气象业务，曾任测报组副组长（副股级）、业务股股长，多次被中国气象局授予“质量优秀测报员”称号。2009年10月获得应用气象高级工程师任职资格。2016年12月退休。

周静（1976.7—），女，汉族，江苏武进人，大学本科学历，2016年8月加入九三学社。

2001年7月从南京气象学院气象学（天气动力学方向）专业毕业，在肇庆市气象局参加工作，曾任肇庆市气象局预报员、预报服务股股长、气象台副台长、肇庆市专业气象台（肇庆市应用气象科学技术研究所）副台长、防灾办副主任、预报科副科长（2021年7月起主持工作）。获2005年度“全国优秀值班预报员”称号。2011年9月获得天气预报高级工程师任职资格。政协肇庆市第十一届委员会委员。九三学社肇庆市委员会青工委主任、科技支社副主委。

何伟芬（1977.2—），女，汉族，广东高要人，大学本科学历，在职理学硕士学位，2006年9月加入中国共产党。

2000年7月从南京气象学院气象系气象学（天气动力学）专业毕业，在高要市气象局参加工作，曾任高要市气象局测报员，肇庆市气象局助理工程师、工程师、科技信息服务中心副主任、业务科副科长、办公室副主任（主持工作）、主任、纪检组副组长。2011年9月获得气象服务与应用气象高级工程师任职资格。2014年4月调任公务员。

郭媚媚（1979.8—），女，汉族，广东德庆人，大学本科学历，在职理学硕士学位，2001年10月加入中国共产党。

2002年7月从南京气象学院气象系气象学专业毕业，在肇庆市气象局参加工作，历任肇庆市气象台预报员、预报科副科长、防灾办副主任。获2006年度“全国优秀值班预报员”称号。2012年9月获得天气预报高级工程师任职资格。中国共产党广东省第十二次代表大会代表。

唐洁（1978.6—），女，汉族，广东罗定人，全日制研究生学历，2016年11月加入九三学社。

2005年7月从中山大学大气科学系气象学专业研究生毕业，在肇庆市气象局参加工作，任肇庆市气象局预报员。2014年9月获得天气预报高级工程师任职资格。

曹明会（1978.12—），女，汉族，重庆人，大学本科学历，在职硕士学位，2016年10月加入中国共产党。

2001年8月从南京气象学院环境科学系应用气象学专业毕业，在高要市气象局参加工作，曾任业务股副股长、股长。2013年2月登记为参公人员，2015年4月任高要区气象局副局长。2015年9月获得综合气象业务高级工程师任职资格。

钟志成（1972.11—），男，汉族，广东广宁人，在职本科学历，2002 年 5 月加入中国共产党。

1992 年 7 月从南昌气象学校农业气象专业毕业，分配到广宁县气象局工作，曾任测报员、测报股副股长、业务股股长，多次被中国气象局授予“质量优秀测报员”称号。2013 年 2 月登记为参公人员，2013 年 11 月任广宁县气象局纪检组组长，2015 年 4 月任怀集县气象局纪检组组长，2016 年 10 月任广宁县气象局副局长，2019 年 1 月任广宁县气象局副局长。2015 年 9 月获得综合气象业务高级工程师任职资格。

戴瀚涛（1976.3—），男，汉族，广东惠东人，大学本科学历，2004 年 4 月加入中国共产党。

1998 年 8 月从华南农业大学土木工程系建筑工程专业毕业，分配到肇庆市建筑工程公司工作。2014 年 2 月调入高要市突发事件预警信息发布中心，任副主任（主持工作）。2017 年 10 月调入肇庆市突发事件预警信息发布中心。2016 年 11 月获得雷电防御高级工程师任职资格。

罗天福（1983.10—），男，布依族，贵州罗甸人，在职本科学历，2003 年 6 月加入中国共产党。

2003 年 7 月从湛江气象学校气象专业毕业，在广宁县气象局参加工作，曾任业务股副股长、业务股股长、办公室主任，多次被中国气象局授予“质量优秀测报员”称号，2019 年 8 月，入选“西江人才计划”肇庆市高层次人才（C 类）。2017 年 12 月获得气象服务与应用气象高级工程师任职资格。

梁洪初（1958.12—），男，汉族，广东郁南人，中专学历，1997 年 6 月加入中国共产党。

1981 年 7 月从湛江气象学校气象专业毕业，分配到封开县气象局工作，曾任业务股副股长、防雷设施检测所副所长、业务股股长。1998 年 5 月任封开县气象局副局长，2002 年 1 月任局长。2017 年 12 月获得气象服务与应用气象高级工程师任职资格。2018 年 12 月退休。

史成（1982.2—），男，汉族，河北冀州人，大学本科学历，在职理学硕士学位，2003 年 12 月加入中国共产党。

2005 年 7 月从成都信息工程学院大气科学系天气动力专业毕业，在肇庆市气象局参加工作，曾任肇庆市气象局办公室科员、法规科科员，高要市气象局局长助理、怀集县气象局副局长（主持工作）、肇庆市气象局信息中心副主任、四会市气象局局长、肇庆市气象局站网科科长、一级主任科员。2013 年 2 月登记为参公人员。2018 年 7 月获得应用气象高级工程师任职资格。

麦冠华（1976.12—），男，汉族，广东高要人，在职本科学历，2005 年 2 月加入中国共产党。

1996 年 8 月从湛江气象学校气象专业毕业，分配到高要市气象局工作，曾任技术员、副所长、副经理、办公室主任。2013 年 2 月登记为参公人员，2013 年 12 月任高要市气象局副局长，2016 年 12 月调任肇庆市气象局人力资源科副科长（主持工作），2019 年 10 月任四会市气象局副局长（主持工作），2019 年 12 月任四会市气象局局长。2018 年 8 月获得雷电防御高级工程师任职资格。

丁志平（1982.10—），男，汉族，江西临川人，在职本科学历，2002 年 4 月加入中国共产党。

2002 年 7 月从湛江气象学校气象通信专业毕业，在高要市气象局参加工作，曾任高要市气象局业务股长、德庆县气象局局长助理、广宁县气象局副局长，2018 年 5 月任肇庆市防雷减灾管理中心工程师。2018 年 8 月获得雷电防御高级工程师任职资格。

吴国锐（1979.7—），男，汉族，广东高要人，在职本科学历，在职理学硕士学位。

1999 年 8 月从湛江气象学校计算机及应用专业毕业，分配到佛山市南海区气象局工作，2005 年 2 月调入肇庆市气象科技信息服务中心，2013 年 12 月任肇庆市防雷设施检测所工程师，2016 年 6 月调入肇气市突发事件预警信息发布中心工作，历任工程师、副主任。2018 年 11 月获得信息系统项目管理师高级工程师任职资格。

黄成南（1984.10—），男，汉族，广东四会人，大学本科学历。

2008 年 6 月从中山大学环境科学与工程学院大气科学系大气科学专业毕业，在韶关市气象局参加工作，2012 年 5 月调入四会市气象局，借调到肇庆市气象台工作。2016 年 6 月任肇庆市突发事件预警信息发布中心副主任（主持工作），2019 年 11 月任肇庆市突发事件预警信息发布中心主任。2019 年 12 月获得气象服务与应用气象高级工程师任职资格。

钟震美（1980.7—），男，汉族，广东高要人，大学本科学历，在职硕士学位，2016 年 12 月加入中国共产党。

2003 年 10 月从成都信息工程学院电子信息工程专业毕业，在肇庆市气象局参加工作，曾任肇庆市气象局助理工程师、工程师。2019 年 12 月获得综合气象观测高级工程任职资格。

梁钊扬（1986.12—），男，汉族，广东罗定人，大学本科学历，在职硕士学位，2018 年 12 月加入中国共产党。

2009 年 7 月从成都信息工程学院电子工程系电子信息工程专业毕业，在高要市气象局参加工作，2011 年 2 月调肇庆市气象局工作，曾任肇庆市专业气象台（肇庆市应用气象科学技术研究所）台长助理、副台长。2021 年 11 月任四会市气象局副局长。2019 年 12 月获气象服务与应用气象高级工程师任职资格。

陈晓维（1982.11—），女，汉族，广东开平人，在职本科学历，2015 年 6 月加入中国共产党。

2004 年 7 月从湛江海洋大学气象专业毕业，在江门市新会区气象局参加工作，2011 年 1 月调入四会市气象局工作，2017 年 11 月调入高要区突发事件预警信息发布中心工作。2019 年 12 月获得气象服务与应用气象高级工程师任职资格。

陈启坚（1968.9—），男，汉族，广东三水人，在职本科学历。

1991 年 9 月从湛江气象学校气象专业毕业，分配到封开县气象局工作，任观测员，1995 年 6 月调云浮市气象局，历任观测员、防雷检测员、防雷中心主任助理、防雷中心副主任（副所长），2014 年 2 月任云浮市防雷中心（防雷所）主任（所长），2016 年 7 月任云浮市气象公共安全技术支持中心主任，2021 年 1 月调肇庆市高要区气象局工作。2019 年 12 月获得雷电防御高级工程师任职资格。

赵玲（1971.2—），女，彝族，云南大姚人，在职本科学历，1999 年 2 月加入中国共产党。

1990 年 7 月从湛江气象学校气象专业毕业，分配到云南省勐腊县气象局工作。1993 年 7 月调云浮市气象局工作，曾任预报科负责人、业务科副科长。1999 年 3 月调高要市气象局工作，曾任业务科科长、办公室主任。2004 年 11 月调肇庆市气象局工作，曾任机关服务中心副主任、防雷中心副主任、行政审批窗口负责人，专业气象台台长助理、副台长、台长。2020 年 11 月获得气象服务与应用气象高级工程师任职资格。

李辰俊（1987.4— ），女，汉族，广东乐昌人，在职本科学历，2007 年 6 月加入中国共产党。

2008 年 7 月从广东海洋大学海滨学院大气科学专业毕业，在广西壮族自治区钟山县气象局参加工作。2010 年 7 月调肇庆市怀集县气象局工作，2019 年 8 月，入选“西江人才计划”肇庆市高层次人才（C 类）。2020 年 11 月获得综合气象观测高级工程师任职资格。

赵永云（1982.9— ），女，苗族，贵州都匀人，在职本科学历。

2003 年 7 月从湛江气象学校气象与防雷专业毕业，在肇庆市防雷设施检测所参加工作，先后任技术员、助理工程师、工程师。2016 年 6 月调入肇庆市人工影响天气中心任工程师。2021 年 10 月获得雷电防御高级工程师任职资格。

第二十章　获奖名录

第一节　集体荣誉

一、肇庆市气象局集体荣誉（厅局级及以上奖项）（表 5-20-1-1）

表 5-20-1-1　肇庆市气象局集体获奖名录

获奖单位	荣誉称号	颁奖单位	颁发时间
肇庆市气象局	“94·6”重大灾害性天气预报服务先进单位	广东省气象局	1994 年 8 月
肇庆市气象局	抗洪抢险立功单位	肇庆市委、市政府	1994 年 9 月
肇庆市气象局	肇庆市文明单位	肇庆市委、市政府	1998 年 1 月
肇庆市气象局	防洪抢险先进单位	肇庆市委、市政府	1998 年 9 月
肇庆市气象局	防雷减灾工作先进集体	广东省气象局	2005 年 3 月
肇庆市气象局	“05·6”抗洪抢险救灾气象服务先进集体	广东省气象局	2005 年 7 月
肇庆市气象局	2005 年 6 月抗洪抢险先进集体	肇庆市委、市政府	2005 年 8 月
肇庆市气象台	单项预报优质奖（霜冻）	广东省气象局	2006 年 5 月
肇庆市气象台	综合预报优质奖一等奖	广东省气象局	2007 年 5 月
肇庆市气象台	单项预报二等奖（晴雨）	广东省气象局	2007 年 5 月
肇庆市气象台	科研应用成果三等奖	广东省气象局	2007 年 8 月
肇庆市气象台	地级市无主持人节目综合优秀奖	广东省气象局	2007 年 9 月
肇庆市气象局	气象行业重要天气预报技能竞赛最佳风尚奖	广东省气象局	2007 年 11 月

续表

获奖单位	荣誉称号	颁奖单位	颁发时间
肇庆市气象局	气象业务质量管理奖第三名	广东省气象局	2008 年 1 月
肇庆市气象局	晴雨单项预报优质奖三等奖	广东省气象局	2008 年 6 月
肇庆市气象局	高温单项预报优质奖三等奖	广东省气象局	2008 年 6 月
肇庆市气象局	重要天气总结优质奖	广东省气象局	2008 年 6 月
肇庆市气象局	防御 60 年一遇“龙舟水”重大气象服务先进集体	广东省气象局	2008 年 8 月
肇庆市气象离退休干部党支部	“三自”先进集体	广东省气象局	2008 年 9 月
肇庆市气象局	“财务管理年”活动先进单位	广东省气象局	2009 年 1 月
肇庆市气象台	2008 年度重大气象服务先进集体	广东省气象局	2009 年 1 月
肇庆市气象局	肇庆市 2008 年度人口与计划生育先进单位	肇庆市委、市政府	2009 年 3 月
肇庆市气象局	幻灯片制作竞赛三等奖	广东省气象局	2009 年 7 月
肇庆市气象局	第四届全省电视气象节目观摩评比地市级无主持人节目三等奖	广东省气象局	2009 年 7 月
肇庆市气象局	2009 年度重大气象服务先进集体	广东省气象局	2010 年 1 月
肇庆市气象局	预算编报工作优秀单位	广东省气象局	2010 年 8 月
肇庆市气象局	肇庆市文明单位	肇庆市委、市政府	2010 年 11 月
肇庆市气象局	亚运气象服务暨年度重大气象服务先进单位	广东省气象局	2011 年 1 月
肇庆市气象局	2010 年度广东省气象部门纪检监察审计工作先进集体	广东省气象局	2011 年 3 月
肇庆市气象局	2010 年度财务管理先进单位	广东省气象局	2011 年 3 月
肇庆市气象局	2010 年度全省气象短息采编质量活动信息安全奖	广东省气象局	2011 年 4 月
肇庆市气象台	“4·17”强降水过程广东省气象局重大气象服务先进集体	广东省气象局	2011 年 6 月

续表

获奖单位	荣誉称号	颁奖单位	颁发时间
肇庆市气象局	2006—2010 年度全省气象防雷减灾工作先进集体	广东省气象局	2011 年 7 月
肇庆市气象局	2011 年度全省气象部门创新工作入围项目奖	广东省气象局	2012 年 1 月
肇庆市气象台	广东省“巾帼文明岗”	广东省妇女联合会	2012 年 3 月
肇庆市气象局	气象行业测报技能竞赛团体第一名	广东省气象局	2012 年 9 月
肇庆市气象局	2012 年度广东省气象局综合考评特别优秀单位（第二名）	广东省气象局	2013 年 1 月
肇庆市气象公共安全技术支持中心鼎湖区分中心	2011—2012 年度全省气象防雷减灾工作先进集体	广东省气象局	2013 年 3 月
肇庆市气象台	前汛期重大气象服务先进集体	广东省气象局	2013 年 9 月
肇庆市气象局	抗洪抢险先进集体	肇庆市委、市政府	2013 年 9 月
肇庆市气象局	气象行业测报技能竞赛团体第二名	广东省气象局	2014 年 10 月
肇庆市气象局	第三届公共气象服务技能竞赛团体第一名	广东省气象局	2014 年 11 月
肇庆市气象局	综合目标管理第一名	广东省气象局	2014 年
肇庆市气象局	2016 年度全省气象部门综合考评优秀单位	广东省气象局	2016 年 1 月
肇庆市气象局	广东省气象部门首届办公综合业务技能竞赛团体二等奖	广东省气象局	2016 年 7 月
肇庆市气象局	2016 年度肇庆市新时期精准扶贫精准脱贫工作先进集体	肇庆市扶贫开发领导小组	2017 年 3 月
肇庆市气象局	广东省文明单位	广东省精神文明建设委员会办公室	2017 年 11 月
肇庆市气象局党总支	西江党旗红先进基层党组织	中共肇庆市委	2018 年 6 月
肇庆市气象局	气象行业职业技能竞赛团体第一名	广东省气象局	2018 年 8 月
肇庆市气象局	广东省第十五届运动会暨第八届残疾人运动会做出贡献单位	中共肇庆市委	2018 年 10 月

续表

获奖单位	荣誉称号	颁奖单位	颁发时间
肇庆市气象局	第五届公共气象服务技能竞赛团体奖二等奖	广东省气象局	2018年11月
肇庆市气象局	2019年度全市党委系统信息工作先进单位	中共肇庆市委办公室	2020年2月
肇庆市气象局	第六届公共气象服务技能竞赛团体奖二等奖	广东省气象局	2020年6月
肇庆市气象局	气象行业职业技能竞赛团体第二名	广东省气象局	2020年8月
肇庆市气象局	西江流域气象系统羽毛球混合团体邀请赛第一名	广东省气象局	2020年11月
肇庆市气象公共安全技术支持中心鼎湖区分中心	2020年度气象工作突出贡献奖	广东省气象局	2021年8月
肇庆市气象公共安全技术支持中心鼎湖区分中心	2020年度集体嘉奖	广东省气象局	2021年8月

二、县（市、区）气象局集体荣誉（县处级及以上奖励）（表5-20-1-2—表5-20-1-7）

表5-20-1-2　高要区气象局集体荣誉一览表

获奖单位	荣誉称号	颁奖单位	颁发时间
高要县气象局	肇庆市农业技术推广奖三等奖	肇庆市农业技术推广奖评审委员会	1992年12月
高要县气象局	高要县科学技术进步一等奖	高要县政府	1993年6月
高要市气象局	农业气象观测质量一等奖	广东省气象局	1994年
高要市气象局	高要市科学技术进步二等奖	高要市政府	1996年6月
高要市气象局	肇庆市农业技术推广奖三等奖	肇庆市农业技术推广奖评审委员会	1997年8月
高要市气象局	防雷减灾工作先进集体	广东省气象局	2000年11月
高要市气象局	2000年度目标管理达标一等奖	肇庆市气象局	2001年1月

续表

获奖单位	荣誉称号	颁奖单位	颁发时间
高要市气象局	广东省气象系统先进集体	广东省气象局	2001 年 3 月
高要市气象局	科技事业单位档案管理省级先进	广东省档案局	2002 年 12 月
高要市气象局	肇庆市气象系统 2002 年度目标管理考核第一名	肇庆市气象局	2003 年 1 月
高要市气象局	创建“四个一流”新型台站先进单位	广东省气象局	2003 年 5 月
高要市气象局	创建“四个一流”新型台站先进单位	广东省气象局	2004 年 2 月
高要市气象局	肇庆市气象系统 2003 年度目标管理考核第一名	肇庆市气象局	2004 年 3 月
高要市气象局	肇庆市文明单位	肇庆市委、市政府	2004 年 4 月
高要市气象局	“四个一流”新型台站	广东省气象局	2004 年 11 月
高要市气象局	高要市 2004 年度公开评议市机关部门优秀单位	高要市委、市政府	2004 年 12 月
高要市气象局	“05·6”抗洪抢险救灾气象服务先进集体	广东省气象局	2005 年 7 月
高要市气象局	2006 年度重大气象服务先进集体	肇庆市气象局	2007 年 2 月
高要市气象局	2008 年度高要市文明单位	高要市委、市政府	2009 年 1 月
高要市气象局	2009 年度高要市文明单位	高要市委、市政府	2010 年 2 月
高要市气象局	2010 年度高要市文明单位	高要市委、市政府	2011 年 1 月
高要市气象局	2010 年度观测与网络先进集体	广东省气象局	2011 年 4 月
高要市气象局	前汛期重大气象服务先进集体	广东省气象局	2011 年 8 月
高要市气象局	2011 年度“双到”扶贫开发工作先进单位	高要市委、市政府	2012 年 1 月
高要市气象局	落实科学发展观政绩考核“政绩优秀奖”	高要市委、市政府	2012 年 1 月
高要市气象局	2011 年度目标管理考核第一名	肇庆市气象局	2012 年 2 月
高要市气象局	落实科学发展观政绩考核“政绩优秀奖”	高要市委、市政府	2013 年 2 月

续表

获奖单位	荣誉称号	颁奖单位	颁发时间
高要市气象局	广东省农业技术推广奖二等奖	广东省农业技术推广奖评审委员会	2013 年 8 月
高要市气象局	2013 年度综合考评特别优秀单位	肇庆市气象局	2014 年 1 月
高要市气象局	2014 年度综合考评特别优秀单位	肇庆市气象局	2015 年 1 月
高要区气象局	2015 年度综合考评特别优秀单位	肇庆市气象局	2016 年 2 月
高要区气象局	2016 年度综合考评特别优秀单位	肇庆市气象局	2017 年 1 月
高要区气象局	肇庆市农业技术推广奖三等奖	肇庆市农业技术推广奖评审委员会	2017 年 4 月
高要区气象局	广东省农业技术推广奖二等奖	广东省农业技术推广奖评审委员会	2017 年 10 月
高要区气象局	2017 年度气象宣传工作先进集体	肇庆市气象局	2018 年 1 月
高要区气象局	2017 年度综合考评特别优秀奖	肇庆市气象局	2018 年 3 月
高要区气象局党支部	先进基层党组织	中共高要区委	2018 年 6 月
高要区气象局	8 月季风强降水和台风“山竹”过程气象服务先进集体	广东省气象局	2018 年 10 月
高要区气象局	2018 年度综合考评优秀奖	肇庆市气象局	2019 年 2 月
高要区气象局	2018 年度气象宣传工作先进集体	肇庆市气象局	2019 年 3 月
高要区气象局	2018 年度依法行政及防雷减灾先进集体	肇庆市气象局	2019 年 5 月
高要区气象台	2018 年度集体嘉奖	广东省气象局	2019 年 9 月
高要区气象局	重大气象服务先进集体	肇庆市气象局	2019 年 12 月
高要区气象公共安全技术支持中心	2019 年度集体嘉奖	广东省气象局	2020 年 7 月
高要区气象局	2018—2020 年度肇庆市文明单位	肇庆市精神文明建设委员会	2021 年 1 月
高要区气象局	2020 年度气象宣传工作先进集体	肇庆市气象局	2021 年 2 月
高要区气象局	2020 年度综合考评特别优秀等次	肇庆市气象局	2021 年 3 月
高要区气象公共安全技术支持中心	2020 年度集体嘉奖	广东省气象局	2021 年 8 月

表 5-20-1-3 四会市气象局集体荣誉一览表

单位名称	荣誉称号	颁奖单位	颁发时间
四会县气象站	先进集体	广东省人民委员会	1964 年 1 月
四会县气象站	农业服务先进单位	广东省委、省革命委员会	1977 年 1 月
四会县气象站	农业科学实验先进单位	广东省革命委员会	1978 年 4 月
四会县气象站	学大庆、学大寨先进集体	中央气象局	1978 年 10 月
四会市气象局	机关作风建设优秀单位	四会市委、市政府	2007 年 12 月
四会市气象局	安全生产监管工作先进单位	四会市人民政府	2009 年 3 月
四会市气象局	2008 年度先进测报组	广东省气象局	2009 年 5 月
四会市气象局	肇庆市文明单位	肇庆市委、市政府	2011 年 12 月
四会市气象局	2009 年度重大气象服务先进集体	肇庆市气象局	2011 年 3 月
四会市气象局	人民群众满意服务窗口	四会市委、市政府	2012 年 2 月
四会市气象局	2010—2012 年度四会市扶贫开发“双到”工作优秀帮扶单位	四会市委、市政府	2013 年 6 月
四会市气象局	2013 年度综合考评特别优秀单位	肇庆市气象局	2014 年 1 月
四会市气象局	流动红旗窗口	四会市委、市政府	2015 年 1 月
四会市气象局	气象现代化新型台站	广东省气象局	2015 年 10 月
四会市气象局	肇庆市文明单位	肇庆市文明委	2015 年 12 月
四会市突发事件预警信息发布中心	2019 年度集体嘉奖	广东省气象局	2020 年 7 月
四会市气象局	前汛期重大气象服务先进集体	肇庆市气象局	2020 年 8 月
四会市气象局	2018—2020 年度肇庆市文明单位	肇庆市文明委	2021 年 1 月
四会市气象局党支部	先进基层党组织	肇庆市委	2021 年 6 月

表 5-20-1-4 广宁县气象局集体荣誉一览表

单位名称	荣誉称号	颁奖单位	颁发时间
广宁县气象局	广东省农业技术推广奖三等奖	广东省农业技术评审委员会	1991 年 12 月
广宁县气象局	肇庆市农业技术推广奖二等奖	肇庆市农业技术评审委员会	1994 年 9 月
广宁县气象局	广宁县文明单位	广宁县委、县政府	1998 年 1 月
广宁县气象局	行政嘉奖	广宁县委、县政府	2002 年 2 月
广宁县气象局	2002 年度广东省先进测报组	广东省气象局	2003 年 1 月
广宁县气象局	第四届“体育节”活动先进单位	肇庆市体育局	2003 年 12 月
广宁县气象局	2003 年度广东省先进测报组	广东省气象局	2004 年 4 月
广宁县气象局	2004 年度防雷减灾先进集体	肇庆市气象局	2005 年 4 月
广宁县气象局	2004 年度“三防工作先进集体”	广宁县委、县政府	2005 年 4 月
广宁县气象局	2004 年度广东省先进测报组	广东省气象局	2005 年 4 月
广宁县气象局	肇庆市文明单位	肇庆市委、市政府	2006 年 1 月
广宁县气象局	2005 年度先进测报组、先进预报组	肇庆市气象局	2006 年 2 月
广宁县气象局	2005 年度先进测报组	广东省气象局	2006 年 3 月
广宁县气象局	固本强基先进基层党组织	广宁县委	2006 年 6 月
广宁县气象局	2006 年度先进测报组	广东省气象局	2007 年 2 月
广宁县气象局	2006 年度先进测报组、先进预报组	肇庆市气象局	2007 年 2 月
广宁县气象局	2007 年度先进测报组	肇庆市气象局	2008 年 2 月
广宁县气象局	2007 年度安全生产监督工作先进单位	广宁县政府	2008 年 4 月
广宁县气象局	2007 年度先进测报组	广东省气象局	2008 年 5 月

续表

单位名称	荣誉称号	颁奖单位	颁发时间
广宁县气象局	2010年度落实科学发展观政绩考核一等奖	广宁县委、县政府	2011年1月
广宁县气象局	2009年度先进测报组	肇庆市气象局	2011年3月
广宁县气象局	2010年度先进预报组	肇庆市气象局	2011年3月
广宁县气象局	先进基层党组织	广宁县委	2011年7月
广宁县气象局	后汛期重大气象服务先进集体	肇庆市气象局	2011年11月
广宁县气象局	2011年度先进测报组	肇庆市气象局	2012年3月
广宁县气象局	2012年度综合考评特别优秀单位	肇庆市气象局	2013年1月
广宁县气象局	2012年度观测与网络先进集体	广东省气象局	2013年3月
广宁县气象局	2012年度先进测报组	肇庆市气象局	2013年4月
广宁县气象局	2012年度区域自动站建设和维护先进集体	肇庆市气象局	2013年4月
广宁县气象局	2011—2012年度防雷减灾先进集体	肇庆市气象局	2013年5月
广宁县气象局	广东省农业科学技术推广奖二等奖	广东省农业科学技术评审委员会	2013年8月
广宁县气象局	防御台风“尤特”和抗洪救灾先进集体	肇庆市委、市政府	2013年9月
广宁县气象局	科学发展观政绩考核一等奖	广宁县委、县政府	2014年1月
广宁县气象局	2013年度气象宣传工作先进集体	肇庆市气象局	2014年4月
广宁县气象局	2012—2013年度广宁县文明单位	广宁县委、县政府	2014年7月
广宁县气象局	2014年度落实科学发展观政绩考核一等奖	广宁县委、县政府	2015年2月
广宁县气象局	2014年度观测与网络先进集体	广东省气象局	2015年3月
广宁县气象局	肇庆市文明单位	肇庆市文明委	2015年12月
广宁县气象局	2016年度重大气象服务先进集体	广东省气象局	2017年1月

续表

单位名称	荣誉称号	颁奖单位	颁发时间
广宁县气象局	广东省气象现代化新型台站	广东省气象局	2018 年 1 月
广宁县气象局	2017 年度综合考评特别优秀单位	肇庆市气象局	2018 年 2 月
广宁县气象局	广东省农业技术推广奖一等奖	广东省农业厅	2018 年 9 月
广宁县气象局	2018 年度综合考评特别优秀单位	肇庆市气象局	2019 年 2 月
广宁县气象局	2018 年度气象宣传工作先进集体	肇庆市气象局	2019 年 3 月
广宁县气象局	2018 年度气象依法行政及防雷减灾先进集体	肇庆市气象局	2019 年 8 月
广宁县突发事件预警信息发布中心	2018 年度集体嘉奖	广东省气象局	2019 年 9 月
广宁县气象局	重大气象服务先进集体	肇庆市气象局	2019 年 12 月
广宁县气象局	2019 年度气象宣传工作先进集体	肇庆市气象局	2020 年 4 月
广宁县防雷设施检测所	2019 年度集体嘉奖	广东省气象局	2020 年 8 月
广宁县气象局	2020 年度综合考评特别优秀单位	肇庆市气象局	2021 年 2 月
广宁县气象局	2020 年度防雷减灾先进集体	肇庆市气象局	2021 年 4 月
广宁县气象局	先进基层党组织	中共肇庆市委	2021 年 6 月
广宁县气象台	2020 年度集体嘉奖	广东省气象局	2021 年 8 月

表 5-20-1-5　怀集县气象局集体荣誉一览表

获奖单位	获奖项目	颁奖单位	颁发时间
怀集县气候站	农业社会主义建设先进单位	广东省人民政府	1958 年 12 月
怀集县气象局	怀集县文明单位	怀集县委、县政府	1999 年
怀集县气象局	抗洪救灾先进集体	肇庆市委、市政府	2006 年 9 月
怀集县气象局	怀集县文明单位	怀集县委、县政府	2008 年 1 月

续表

获奖单位	获奖项目	颁奖单位	颁发时间
怀集县气象局	肇庆市文明单位	肇庆市委、市政府	2008 年 2 月
怀集县气象局	2010 年度观测与网络先进集体	广东省气象局	2011 年 4 月
怀集县气象局	前汛期重大气象服务先进单位	广东省气象局	2012 年 8 月
怀集县气象局	肇庆市文明单位	肇庆市文明委	2014 年 2 月
怀集县气象局	前汛期重大气象服务先进集体	广东省气象局	2015 年 8 月
怀集县气象局	广东省气象现代化新型台站	广东省气象局	2015 年 10 月
怀集县突发事件预警信息发布中心	2018 年度集体嘉奖	广东省气象局	2019 年 9 月
怀集县气象台	2019 年度集体嘉奖	广东省气象局	2020 年 8 月
怀集县气象局党支部	先进基层党组织	中共广东省气象局党组	2021 年 7 月
怀集县突发事件预警信息发布中心	2020 年度集体嘉奖	广东省气象局	2021 年 8 月

表 5-20-1-6　封开县气象局集体荣誉一览表

获奖单位	获奖项目	颁奖单位	颁发时间
封开县气象站	红旗标兵营（连）	广州军区	1972 年
封开县气象局	1991 年度防灾抗灾气象服务先进单位	广东省气象局	1992 年 4 月
封开县气象局	1992 年度科技进步一等奖	肇庆市气象局	1993 年 1 月
封开县气象局	1992 年度防灾抗灾气象服务先进集体	广东省气象局	1993 年 5 月
封开县气象局	先进单位	广东省气象局	1994 年 5 月
封开县气象局	抗洪救灾先进集体	广东省气象局	1994 年 8 月
封开县气象局	固有资产产权登记工作鼓励奖	广东省气象局	1996 年 4 月
封开县气象局	1996 年度先进集体	肇庆市气象局	1997 年 1 月

续表

获奖单位	获奖项目	颁奖单位	颁发时间
封开县气象局	1995—1996 年度文明单位	广东省气象局	1997 年 3 月
封开县气象局	气象系统先进集体	广东省人事厅、省气象局	1997 年 3 月
封开县气象局	防汛抗洪气象服务先进集体	中国气象局	1998 年 10 月
封开县气象局	抗洪救灾先进单位	封开县委、县政府	1999 年 2 月
封开县气象局	先进集体	肇庆市气象局	1999 年 2 月
封开县气象局	1998 年度先进测报组	广东省气象局	1999 年 3 月
封开县气象局	1999 年度先进测报组	广东省气象局	2000 年 3 月
封开县气象局	2002 年度先进测报组	广东省气象局	2003 年 3 月
封开县气象局	科技档案管理先进单位	广东省档案局	2003 年 12 月
封开县气象局	先进基层党组织	中共肇庆市委	2005 年 7 月
封开县气象局	抗洪救灾先进单位	封开县委、县政府	2005 年 7 月
封开县气象局	“05 · 6”抗洪抢险气象服务先进单位	广东省气象局	2005 年 8 月
封开县气象局	肇庆市文明单位	肇庆市委、市政府	2006 年 1 月
封开县气象局	2007 年度先进预报组	肇庆市气象局	2008 年 2 月
封开县气象局	先进基层党组织	中共封开县委	2008 年 7 月
封开县气象局	2008 年度先进测报组	肇庆市气象局	2009 年 2 月
封开县气象局	封开县文明单位	封开县委、县政府	2009 年 3 月
封开县气象局	广东省气象现代化新型台站	广东省气象局	2015 年 10 月
封开县气象局	肇庆市文明单位	肇庆市文明委	2015 年 12 月
封开县气象局	2015 年度综合考评特别优秀单位	肇庆市气象局	2016 年 2 月
封开县气象局	2016 年度综合考评特别优秀单位	肇庆市气象局	2017 年 1 月

续表

获奖单位	获奖项目	颁奖单位	颁发时间
封开县气象局	2016 年度封开县绩效考核一等奖	封开县委、县政府	2017 年 2 月
封开县气象局	2016—2017 年度肇庆市文明单位	肇庆市文明委	2017 年 12 月
封开县气象局	先进基层党组织	中共封开县委	2018 年 6 月
封开县气象局	2018 年度封开县绩效考核一等奖	封开县委、县政府	2019 年 2 月
封开县气象局	2019 年度封开县绩效考核一等奖	封开县委、县政府	2020 年 1 月
封开县气象局	2019 年度重大气象服务先进集体	广东省气象局	2020 年 1 月
封开县气象局	2018—2020 年度肇庆市文明单位	肇庆市文明委	2020 年 12 月
封开县气象局	2020 年度重大气象服务先进集体	肇庆市气象局	2021 年 1 月

表 5-20-1-7　德庆县气象局集体荣誉一览表

获奖单位	荣誉称号	颁奖单位	颁发时间
德庆县气象局	1991 年信访工作目标管理达标单位	德庆县委、县政府	1992 年 6 月
德庆县气象局	广东省农业技术推广奖三等奖	广东省农业技术推广奖评审委员会	1993 年 3 月
德庆县气象局	“94・6”重大灾害天气预报服务先进集体	广东省气象局	1994 年 8 月
德庆县气象局	1996 年度先进集体	肇庆市气象局	1997 年 1 月
德庆县气象局	德庆县文明单位	德庆县委、县政府	1998 年 1 月
德庆县气象局	1998 年度重大气象服务先进单位	广东省气象局	1999 年 1 月
德庆县气象局	德庆县文明单位	德庆县委、县政府	2000 年 6 月
德庆县气象局	档案工作受表扬单位	德庆县政府	2003 年 12 月
德庆县气象局	2005 年气象业务先进集体	肇庆市气象局	2006 年 2 月
德庆县气象局	德庆县“十百千万”干部下基层驻农村先进驻村工作组	德庆县委	2008 年 1 月

续表

获奖单位	荣誉称号	颁奖单位	颁发时间
德庆县气象局	县级无主持人节目三等奖	广东省气象局	2009 年
德庆县气象局	2010 年气象宣传先进集体	肇庆市气象局	2011 年 2 月
德庆县气象局	2010 年度观测与网络先进集体	广东省气象局	2011 年 4 月
德庆县气象局	2011 年度重大气象服务先进集体	肇庆市气象局	2012 年 2 月
德庆县气象局	2012 年度重大气象服务先进集体	广东省气象局	2013 年 1 月
德庆县气象局	2013 年度气象宣传先进集体	肇庆市气象局	2014 年 4 月
德庆县气象局	2013 年度观测与网络先进集体	广东省气象局	2014 年 5 月
德庆县气象局	2014 年度重大气象服务先进集体	广东省气象局	2015 年 1 月
德庆县气象局	前汛期重大气象服务先进集体	广东省气象局	2015 年 7 月
德庆县气象局	广东省气象现代化新型台站	广东省气象局	2015 年 10 月
德庆县气象局	肇庆市文明单位	肇庆市文明委	2015 年 10 月
德庆县气象局	德庆县文明单位	德庆县委、县政府	2016 年 1 月
德庆县气象局	德庆县文明单位	德庆县委、县政府	2018 年 2 月
德庆县气象局	2019 年度重大气象服务先进集体	肇庆市气象局	2019 年 12 月
德庆县气象局	2019 年度气象依法行政暨防雷减灾先进集体	肇庆市气象局	2020 年 3 月
德庆县气象局	肇庆市文明单位	肇庆市文明委	2020 年 12 月
德庆县气象局	肇庆市文明单位	肇庆市文明委	2021 年 1 月
德庆县气象局党支部	先进基层党组织	中共德庆县委	2021 年 6 月
德庆县气象局	雷电防护装置检测职业竞赛团体综合技能三等奖	肇庆市气象局	2021 年 10 月

第二节　个人荣誉

一、肇庆市气象局个人荣誉（厅局级及以上奖项）（表 5-20-2-1）

表 5-20-2-1　肇庆市气象局个人荣誉一览表

颁奖单位	姓名	荣誉称号	颁发时间
广东省人民委员会	柳以虎	广东省先进工作者	1964 年 1 月
全国科学大会	何华庆、梁必骐等	“南海及其附近地区中层气旋分析研究”获全国科学大会奖	1978 年
国家气象局	何华庆	“在气象科学现代化方面做出积极贡献”三等奖	1986 年
广东省气象局	何华庆	1986 年度双文明建设先进工作者	1987 年 4 月
肇庆市人民政府	何华庆	“天气图与数值预报产品结合的暴雨预报技术”获肇庆市科技进步奖二等奖	1991 年 2 月
中国气象局	吴桂强	1991 年防汛减灾气象服务先进个人	1991 年 11 月
广东省气象局	何华庆	气象部门科技先进个人	1992 年 6 月
广东省气象局	吴新隆	1993 年防灾抗灾气象服务先进个人	1994 年 3 月
广东省气象局	何华庆	1991—1993 年先进工作者	1994 年 5 月
广东省气象局	朱杰文、柳以虎、吴新隆、郭浩森、黄赋友、温坚培、钟献忠	1994 年抗洪救灾先进个人	1994 年 8 月
肇庆市委、市政府	朱杰文	在抗洪抢险中做出突出贡献记功奖励	1994 年 9 月
肇庆市人民政府	何华庆、吴振强、朱杰文等	“肇庆市气象信息计算机远程网络系统的研究”获科技进步奖二等奖	1996 年
中国气象局	何华庆	1998 年度全国优秀值班预报员	1999 年 5 月
肇庆市委、市政府	黄天文	肇庆市农村基层组织建设先进工作者	2001 年 3 月
广东省气象局	黄天文	广东省“9210”工程建设先进工作者	2001 年 4 月
广东省气象局	彭端	第九届全国运动会气象服务先进工作者	2001 年 11 月

续表

颁奖单位	姓名	荣誉称号	颁发时间
广东省气象局	何华庆	2001 年度广东省优秀值班预报员	2002 年 5 月
广东省气象局	何华庆	气象科技工作个人奖	2002 年 10 月
中国气象局	彭端	2003 年度全国优秀值班预报员	2004 年 4 月
广东省气象局	彭端	“05·6”抗洪抢险救灾气象服务先进个人	2005 年 8 月
肇庆市委、市政府	何华庆	“05·6”抗洪抢险积极分子	2005 年 8 月
中国气象局	周静	2005 年度全国优秀值班预报员	2006 年 4 月
中国气象局	黄天文	2005 年度全国气象信息网络优秀业务人员	2006 年 4 月
广东省气象局	郭媚媚	“碧利斯”“格美”“派比安”热带气旋重大气象服务先进工作者	2006 年 9 月
中国气象局	郭媚媚	2006 年度全国优秀值班预报员	2007 年 5 月
广东省气象局	何伟芬	重大气象服务先进工作者	2007 年 6 月
广东省气象局	彭端	气象科技成果应用三等奖	2007 年 8 月
广东省气象局	周静	首届广东省气象行业天气预报技能竞赛个人全能第十八名	2007 年 11 月
广东省气象局	彭端	广东省气象行业技术能手	2007 年 11 月
广东省气象局	周静	2007 年广东省气象局重大气象服务先进个人	2008 年 1 月
广东省气象局	何伟芬	2007 年度广东省优秀值班预报员	2008 年 1 月
中华全国妇女联合会	彭端	全国三八红旗手	2008 年 3 月
广东省气象局	何伟芬	抗御低温雨雪冰冻灾害重大气象服务先进个人	2008 年 3 月
广东省气象局	唐洁	防御台风“浣熊”气象服务先进个人	2008 年 5 月
广东省气象局	周静	防御强台风“黑格比”重大气象服务先进个人	2008 年 11 月

续表

颁奖单位	姓名	荣誉称号	颁发时间
广东省气象局	彭端	2008 年度广东省气象局重大气象服务先进个人	2009 年 1 月
广东省气象局	周庆生	财务会计技能比赛优秀个人	2009 年 1 月
广东省气象局	彭端	2008 年度广东省优秀值班预报员	2009 年 5 月
广东省气象局	郭媚媚	第二届广东省重要天气预报技能竞赛个人综合三等奖（第 5 名）、实时天气预报单项三等奖（第 4 名）	2009 年 11 月
广东省气象局	郭媚媚	2009 年度广东省气象局重大气象服务先进个人	2010 年 1 月
广东省气象局	周静	前汛期广东省气象局重大气象服务先进个人	2010 年 7 月
广东省气象局	彭端	“弘扬气象工作者优良传统与作风”征文比赛三等奖	2010 年 7 月
广东省气象局	唐洁	后汛期重大气象服务先进个人	2010 年 11 月
广东省气象局	郭媚媚、曹明会	2010 年亚（残）运会暨年度重大气象服务先进个人	2011 年 1 月
广东省气象局	周庆生	2010 年度财务管理先进个人	2011 年 3 月
广东省气象局	周静、郭媚媚	2010 年度广东省优秀值班预报员	2011 年 4 月
广东省气象局	郭媚媚	“4・17”强降水过程重大气象服务先进个人	2011 年 6 月
广东省气象局	刘刚	2006—2010 年度广东省气象防雷减灾工作先进个人	2011 年 7 月
广东省气象局	唐洁	前汛期重大气象服务先进个人	2011 年 8 月
广东省气象局	郭媚媚	广东省气象行业技术能手、第三届广东省气象行业天气预报技能竞赛个人全能三等奖（第 10 名）、理论知识单项二等奖（第 2 名）	2011 年 10 月
广东省气象局	彭端	2011 年度广东省气象局气象科技奖（成果应用三等奖）	2012 年 1 月
广东省气象局	周庆生	2010 年度决算编报工作先进个人	2012 年 1 月

续表

颁奖单位	姓名	荣誉称号	颁发时间
广东省气象局	何伟芬	前汛期重大气象服务先进个人	2012 年 7 月
广东省气象局	郭媚媚	课题《西江流域强对流灾害性天气短时预报方法研究》获广东省气象局科技成果应用三等奖	2013 年 1 月
肇庆市委、市政府	郭媚媚	肇庆市劳动模范	2013 年 4 月
广东省气象局	赵鑫	2011—2012 年度全省气象防雷减灾工作先进个人	2013 年 4 月
广东省委办公厅、广东省政府办公厅	何程东	优秀驻村干部	2013 年 4 月
中国气象局	黄天文	2012 年度全国优秀值班预报员	2013 年 8 月
广东省气象局	唐洁	强台风“尤特”及西南季风强降水过程气象服务先进个人	2013 年 9 月
肇庆市委、市政府	唐宇、黄成南	抗洪抢险先进个人	2013 年 9 月
广东省气象局	郭媚媚	第四届广东省气象行业天气预报职业技能竞赛个人全能优秀奖（第 11 名）、“理论知识”单项竞赛三等奖（第 6 名）	2013 年 11 月
广东省气象局	何伟芬	2013 年度重大气象服务先进个人	2014 年 1 月
广东省气象局	钟震美	2013 年度观测与网络先进个人	2014 年 5 月
广东省气象局	黄成南	超强台风“海鸥”气象服务先进个人	2014 年 9 月
广东省气象局	郭春辉	广东省气象行业职业技能竞赛天气雷达探测单项三等奖	2014 年 10 月
广东省气象局	彭端	2014 年度重大气象服务先进个人	2015 年 1 月
广东省气象局	郭媚媚	2013 年度广东省优秀值班预报员	2015 年 1 月
广东省气象局	袁微、吴国锐	2014 年度观测与网络先进个人	2015 年 3 月
广东省气象局	钟震美、袁微、郭春辉	2014 年新一代天气雷达优秀业务员	2015 年 5 月
广东省气象局	何伟芬	前汛期重大气象服务先进个人	2015 年 8 月

续表

颁奖单位	姓名	荣誉称号	颁发时间
广东省气象局	翁佳烽	第五届广东省气象行业天气预报职业技能竞赛“实时天气预报”单项竞赛三等奖	2015 年 9 月
广东省气象局	郭媚媚	第五届广东省气象行业天气预报职业技能竞赛个人全能奖优秀奖	2015 年 9 月
中国气象学会、辽宁省气象学会	李文辉	沈阳第十届雨雪冰冻灾害论坛交流论文三等奖	2016 年 11 月
广东省气象局	陈国贞	重大气象服务先进个人	2016 年
广东省气象局	侯开	首届办公综合业务技能竞赛个人全能奖二等奖、“广东省气象部门技术能手”称号	2016 年 7 月
广东省气象局	郭春辉	气象行业职业技能竞赛天气雷达探测单项奖二等奖	2016 年 10 月
广东省气象局	翁佳烽	广东省第四届公共气象服务技能竞赛个人优胜奖三等奖、个人单项综合知识奖二等奖	2016 年 12 月
广东省气象局	钟震美、郭春辉、刘康	2016 年新一代天气雷达优秀业务员	2016 年 12 月
广东省气象局	翁佳烽	肇庆市青年岗位能手	2016 年 12 月
广东省人力资源和社会保障厅	翁佳烽	广东省技术能手、广东省职工经济技术创新能手	2016 年 12 月
广东省气象局	陈国贞	2016 年度重大气象服务先进个人	2017 年 1 月
广东省气象局	黄天文	2016 年度广东省优秀气象预报员	2017 年 7 月
广东省总工会、广东省人力资源和社会保障厅、广东省经济和信息化委员会、广东省科学技术厅	翁佳烽	广东省职工经济技术创新能手	2017 年 8 月
广东省气象局	翁佳烽	第六届广东省气象行业天气预报职业技能竞赛个人全能优秀奖	2017 年 9 月
广东省气象局	彭端	强台风“天鸽”和台风“帕卡”气象服务先进个人	2017 年 10 月

续表

颁奖单位	姓名	荣誉称号	颁发时间
广东省人力资源和社会保障厅	翁佳烽	广东省技术能手	2017 年 12 月
中国气象局	谢水金	百名优秀气象信息员	2017 年 12 月
广东省气象局	周义昌	2017 年度重大气象服务先进个人	2018 年 1 月
广东省气象局	郭春辉	2018 年广东省气象行业职业技能天气雷达探测单项二等奖	2018 年 8 月
广东省气象局	周义昌	8 月季风强降水和台风“山竹”过程气象服务先进个人	2018 年 10 月
中共肇庆市委、市政府	赵鑫、周静、周义昌、陈晓维	广东省第十五届运动会暨第八届残疾人运动会做出贡献个人	2018 年 10 月
广东省气象局	翁佳烽	广东省第五届公共气象服务技能竞赛个人优秀奖一等奖、个人单项综合知识奖一等奖	2018 年 11 月
广东省气象局	翁佳烽	2017 年度广东省优秀气象预报员	2018 年 12 月
广东省气象局	钟震美、郭春辉、刘康	2018 年新一代天气雷达优秀业务员	2019 年 1 月
广东省人力资源和社会保障厅	翁佳烽	广东省技术能手	2019 年 1 月
广东省气象局	周庆生	2018 年综合预算管理年活动先进个人	2019 年 2 月
广东省扶贫开发领导小组	刘刚	广东省脱贫攻坚突出贡献个人（2016—2018 年）	2019 年 2 月
政协肇庆市委员会	周静	2018 年度社情民意信息工作先进个人	2019 年 3 月
广州市科技局	林伊文	广州地区“讲科学、秀科普”大赛暨全国科普讲解大赛选拔赛总决赛二等奖	2019 年 4 月
广东省气象局	温坚培、赵鑫	记功	2019 年 7 月
广东省气象局	黄成南	2019 年度重大气象服务先进个人	2020 年
中国气象局	高俊杰	全国气象部门 2020 年优秀共产党员	2020 年 6 月
广东省气象局	郭媚媚	记功	2020 年 7 月
广东省气象局	郭春辉	广东省气象行业职业技能竞赛天气雷达探测单项二等奖	2020 年 8 月

续表

颁奖单位	姓名	荣誉称号	颁发时间
广东省气象局	赵玲、赖鹏宇	前汛期重大气象服务先进个人	2020 年 8 月
广东省气象局	宋晓君	2019 年度广东省优秀气象预报员	2020 年 9 月
广东省气象局	宋晓君	2020 年度重大气象服务先进个人	2021 年 1 月
政协肇庆市委	周静	2020 年度优秀政协委员	2021 年 2 月
中共广东省气象局党组	赵玲、陈国贞	广东省气象部门优秀共产党员	2021 年 7 月
中共广东省气象局党组	曾昭盛	广东省气象部门优秀党务工作者	2021 年 7 月
中共广东省委农村工作领导小组	王迁	广东省脱贫攻坚突出贡献个人（2019—2020）	2021 年 7 月
广东省气象局	翁佳烽	气象行业天气预报职业技能竞赛个人全能优秀奖	2021 年 9 月
九三学社中央委员会	周静	2018—2020 年参政议政先进个人	2021 年 11 月
广东省气象局	李厚伟	气象法治工作表现突出个人	2021 年 12 月

二、县（市、区）气象局个人荣誉（县处级或以上奖项）（表 5-20-2-2—表 5-20-2-7）

表 5-20-2-2 高要区气象局个人荣誉一览表

颁奖单位	姓名	荣誉称号	颁发时间
中国气象局	罗惠兰	质量优秀测报员	1987 年 12 月
中国气象局	罗惠兰	质量优秀测报员	1988 年 10 月
中国气象局	罗惠兰	质量优秀测报员	1990 年 7 月
广东省气象局	李永昌	1994 年抗洪救灾先进个人	1994 年 8 月
中国气象局	李年	质量优秀测报员	1999 年 4 月

续表

颁奖单位	姓名	荣誉称号	颁发时间
中共高要市委	黄伍娣	高要市农村工作队优秀工作队员	1999 年 7 月
中国气象局	罗惠兰	质量优秀测报员	1999 年 11 月
中共肇庆市委组织部、宣传部，中共肇庆市直工委、肇庆市人事局	苏燕广	五好个人	2000 年 2 月
广东省气象局	吴振强、苏燕广	防雷减灾先进工作者	2000 年 11 月
中共高要市委	陈达炎	优秀农村工作队队员	2001 年 1 月
广东省气象局	苏燕广	2000 年全省气象系统先进工作者	2001 年 2 月
中国气象局	李年	质量优秀测报员	2001 年 2 月
广东省气象局	苏燕广	防雷减灾工作先进个人	2002 年 2 月
广东省气象局	吴振强	2001 年全省防雷减灾工作先进个人	2002 年 2 月
中国气象局	李年	质量优秀测报员	2003 年 3 月
广东省气象局	陈达炎	2002 年重大气象服务先进工作者	2003 年 4 月
肇庆市气象局	陈达炎	2003 年肇庆市气象业务服务优质单项奖	2004 年 3 月
中国气象局	曹明会、侯金乾、陈达炎、李年	质量优秀测报员	2006 年 3 月
政协高要市委	陈达炎	优秀政协委员	2007 年
高要市政府	麦冠华	2006 年度“高要市安全生产先进个人”	2007 年 3 月
中国气象局	陈达炎	质量优秀测报员	2008 年 3 月
中国气象局	李年、潘家文	质量优秀测报员	2009 年 4 月
中国气象局	陈达炎	质量优秀测报员	2010 年 3 月
广东省气象局	戴瀚涛	2006—2010 年度全省气象防雷减灾工作先进个人	2011 年

续表

颁奖单位	姓名	荣誉称号	颁发时间
肇庆市气象局	麦冠华	气象宣传先进个人	2011 年
广东省气象局	陈达炎	观测与网络先进个人	2011 年 3 月
中国气象局	蔡喜迎	质量优秀测报员	2012 年
高要市政府	麦冠华	科技工作先进个人	2012 年
肇庆市气象局	麦冠华	防雷减灾工作先进个人	2012 年
肇庆市气象局	麦冠华	气象宣传先进个人	2012 年
肇庆市气象局	麦冠华	2011 年肇庆市气象部门气象宣传先进个人	2012 年 2 月
广东省气象局	陈达炎	观测与网络先进个人	2012 年 3 月
中国气象局	潘家文、陈达炎、罗锐轩、李年	质量优秀测报员	2012 年 4 月
广东省气象局	黎宾燕	台风“韦森特”气象服务先进个人	2012 年
中国气象局	梁慕慧、陈达炎、李年	质量优秀测报员	2013 年 1 月
广东省气象局	麦冠华	2012 年度气象科技成果应用三等奖	2013 年 1 月
肇庆市气象局	麦冠华	2012 年气象宣传先进个人	2013 年 3 月
肇庆市气象局	黎宾燕	2012 年先进预报员	2013 年 3 月
广东省气象局	陈达炎	观测与网络先进个人	2013 年 3 月
肇庆市气象局	麦冠华	2011—2012 年度气象防雷减灾工作先进个人	2013 年 5 月
广东省农业技术推广奖评审委员会	陈达炎	广东省农业技术推广二等奖	2013 年 8 月
中国气象局	李年、陈达炎、罗锐轩	质量优秀测报员	2014 年 4 月
肇庆市气象局	麦冠华	气象宣传积极分子	2015 年

续表

颁奖单位	姓名	荣誉称号	颁发时间
广东省气象局	麦冠华	公务员嘉奖	2017 年 5 月
广东省农业技术推广奖评审委员会	唐白冰	广东省农业技术推广奖二等奖	2017 年 12 月
肇庆市气象局	符文雄、梁茗茵	2017 年度气象科普和防灾减灾先进个人	2018 年 1 月
肇庆市文明委	刘房根	肇庆市创建全国文明城市先进个人	2018 年 3 月
肇庆市气象局	曹明会	台风“山竹”过程气象服务先进个人	2018 年 11 月
肇庆市气象局	陈晓维、杨平	第十五届省运会气象服务先进个人	2018 年 11 月
肇庆市气象局	唐白冰、符文雄、梁颖捷、杨楚雯、梁茗茵	2018 年度气象宣传工作先进个人	2019 年 3 月
肇庆市气象局	梁戈、郑思琪	2018 年度气象宣传工作积极分子	2019 年 3 月
肇庆市气象局	陈晓维	2018 年度肇庆市优秀值班预报员	2019 年 4 月
肇庆市气象局	陈自平、姚森泉	2018 年度肇庆市气象依法行政及防雷减灾先进个人	2019 年 5 月
肇庆市气象局	李彤	气象部门“不忘初心、牢记使命”主题演讲比赛二等奖	2019 年 6 月
肇庆市气象局	符文雄	前汛期气象服务先进个人	2019 年 7 月
肇庆市气象局	符文雄	庆祝新中国成立 70 周年演讲大赛二等奖	2019 年 9 月
肇庆市气象局	赖冬丽	庆祝新中国成立 70 周年演讲大赛三等奖	2019 年 9 月
肇庆市气象局	侯金乾、梁茗茵、罗锐轩、萧子淇、潘家文	2018 年度个人嘉奖	2019 年 10 月
肇庆市气象局	梁应	重大气象服务先进个人	2019 年 12 月
肇庆市气象局	梁戈	2019 年度依法行政暨防雷减灾先进个人	2020 年 3 月
肇庆市气象局	赖冬丽、符文雄	2019 年度气象宣传工作先进个人	2020 年 4 月
肇庆市气象局	杨平、袁业溶	2019 年度肇庆市优秀值班预报员	2020 年 4 月

续表

颁奖单位	姓名	荣誉称号	颁发时间
肇庆市气象局	杨帆、梁颖捷、梁戈、潘家文、杨楚雯、陈浚睿	2019 年度个人嘉奖	2020 年 8 月
肇庆市气象局	符文雄	前汛期重大气象服务先进个人	2020 年 8 月
肇庆市文明办	冯高明	肇庆市创文“月度之星”	2020 年 8 月
广东省气象局	黎跃浩	气象行业职业技能竞赛个人全能优秀奖	2020 年 9 月
广东省人力资源和社会保障厅	黎跃浩	广东省技术能手	2020 年 10 月
肇庆市文明办	黎宾燕	肇庆市创文“月度之星”	2020 年 12 月
广东省气象局	曹明会	2020 年亚（残）运会暨年度气象服务先进个人	2020 年
肇庆市气象局	黎跃浩	2020 年度重大气象服务先进个人	2021 年 1 月
肇庆市气象局	梁颖捷、梁茗茵、郑思琪	2020 年度气象宣传工作先进个人	2021 年 2 月
肇庆市气象局	郑思琪、杨浩	2020 年度肇庆市气象部门防雷减灾先进个人	2021 年 4 月
肇庆市气象局	梁颖捷、余海颖、曾健兵（团体）	“学党史、强党性、担使命、开新局”党史学习教育知识竞赛三等奖	2021 年 5 月
中共高要区委	梁茗茵	优秀党务工作者	2021 年 6 月
肇庆市气象局	黎跃浩、陈捷、伍玉珊、陈晓维、梁应	2020 年度个人嘉奖	2021 年 8 月
广东省气象局	陈晓维	入选 2021 年度气象高层次科技创新人才计划名单——县级技术带头人	2021 年 9 月

表 5-20-2-3　四会市气象局个人荣誉一览表

颁奖单位	姓名	荣誉称号	颁发时间
中共广东省委	熊绍元	先进工作者	1964 年 1 月
肇庆地区气象处	杨森槐	全地区两个文明建设先进工作者	1988 年 2 月

续表

颁奖单位	姓名	荣誉称号	颁发时间
广东省气象局	刘贵扬	1991—1993 年先进工作者	1994 年 5 月
广东省气象局	吴沐良	1994 年抗洪救灾先进个人	1994 年 8 月
广东省气象局	杨明兴	防雷减灾先进工作者	2000 年 11 月
肇庆市气象局	郑仕友	测报大比武二等奖	2005 年
肇庆市气象局	陈其飞	防雷减灾先进工作者	2005 年
中共四会市委	杨森槐	优秀共产党员	2005 年 7 月
肇庆市委、市政府	杨森槐	抗洪救灾先进个人	2006 年 9 月
肇庆市气象局	陈恩文	2007 年度重大天气过程气象服务先进个人	2008 年 2 月
中共四会市委	杨锦玲	优秀党务工作者	2008 年 6 月
肇庆市气象局	陈恩文	2009 年度气象宣传先进工作者	2010 年 3 月
广东省气象局	吴振强	前汛期重大气象服务先进个人	2010 年 7 月
肇庆市气象局	黎宾燕	2009 年度先进预报员	2011 年 3 月
肇庆市气象局	李文斌	2009 年度、2010 年度先进观测员	2011 年 3 月
肇庆市气象局	陈恩文	2010 年度肇庆市重大气象服务先进个人	2011 年 3 月
肇庆市气象局	吴振强	2006—2010 年度防雷减灾工作先进个人	2011 年 7 月
肇庆市气象局	郑仕友	2011 年气象宣传先进个人	2012 年 2 月
四会市委、市政府	吴振强	2011 年安全生产监管工作先进个人	2012 年 3 月
广东省气象局	李文斌	2011 年度观测与网络先进个人	2012 年 4 月
肇庆市气象局	邓龙、方金良	2011—2012 年度防雷减灾工作先进个人	2013 年 5 月
广东省气象局	陈晓维	前汛期重大气象服务先进个人	2013 年 9 月

续表

颁奖单位	姓名	荣誉称号	颁发时间
广东省气象局	李文斌	2013 年度观测与网络先进个人	2014 年 3 月
肇庆市气象局	沈碧辉	优秀值班预报员	2017 年 7 月
肇庆市气象局	林汝城、黎莉欣	党建知识竞赛二等奖	2017 年 10 月
肇庆市气象局	方金良	2013—2017 年度防雷减灾工作先进个人	2017 年 12 月
四会市委、市政府	史成	创建全国文明城市工作先进个人	2018 年 1 月
肇庆市气象局、肇庆市气象学会	史成、许春林	2017 年度气象科普和防灾减灾先进个人	2018 年 1 月
肇庆市气象局	黎莉欣	2017 年肇庆市气象宣传工作先进个人	2018 年 1 月
广东省气象局	熊卫军	2018 年气象行业职业技能个人全能奖三等奖、装备技术保障单项二等奖	2018 年 8 月
肇庆市气象局	严敏聪	台风“艾云尼”气象服务先进个人	2018 年 11 月
肇庆市气象局	沈碧辉、潘志豪	第十五届省运会气象服务先进个人	2018 年 11 月
肇庆市气象局	林汝城	台风“山竹”过程气象服务先进个人	2018 年 11 月
肇庆市气象局	严敏聪	2018 年度优秀值班预报员	2019 年 3 月
肇庆市气象局	许春林	重大气象服务先进个人	2019 年 12 月
肇庆市气象局	陈其飞	气象依法行政暨防雷减灾先进个人	2020 年 3 月
肇庆市气象局	严敏聪	2019 年度优秀值班预报员	2020 年 4 月
肇庆市气象局	陈思敏	2019 年度气象宣传工作先进个人	2020 年 4 月
肇庆市气象局	陈杏娟	前汛期重大气象服务先进个人	2020 年 8 月
广东省气象局	许春林	2020 年度重大气象服务先进个人	2021 年 1 月
肇庆市气象局	潘志豪	2020 年度重大气象服务先进个人	2021 年 1 月

续表

颁奖单位	姓名	荣誉称号	颁发时间
肇庆市气象局	郑仕友	2020 年度防雷减灾先进个人	2021 年 4 月
肇庆市气象局	林汝城、曾月丽、曾映彤	“学党史、强党性、担使命、开新局”党史学习教育知识竞赛一等奖	2021 年 5 月
中共四会市委	麦冠华	优秀共产党员	2021 年 6 月
肇庆市气象局	方金良、李文斌、曾月丽	雷电防护装置检测职业技能竞赛团队综合技能三等奖	2021 年 11 月

表 5-20-2-4　广宁县气象局个人荣誉一览表

颁奖单位	姓名	荣誉	颁发时间
中国气象局	梁家联	质量优秀测报员	1980 年 5 月
中国气象局	梁家联	质量优秀测报员	1981 年 9 月
中国气象局	曾雪飞、高连宽	质量优秀测报员	1992 年 10 月
广东省气象局	陈世豪	先进工作者	1991 年 3 月
广东省气象局	林作伍	1991—1993 年先进工作者	1994 年 5 月
肇庆市气象局	钟志成	气象工作先进个人	1999 年 2 月
中国气象局	钟志成、曾雪飞	质量优秀测报员	2001 年 2 月
中国气象局	高连宽	质量优秀测报员	2002 年 3 月
肇庆市气象局	钟志成	2001—2002 年度先进工作者	2003 年 1 月
广东省气象局	苏崇升	2004 年度防雷减灾工作先进个人	2005 年 3 月
肇庆市气象局	邓明	2004 年度防雷减灾工作先进个人	2005 年 4 月
肇庆市气象局	罗天福	气象业务比赛第一名	2005 年 9 月
广东省气象局	罗天福	地面气象测报业务技术比赛优秀奖	2005 年 11 月

续表

颁奖单位	姓名	荣誉	颁发时间
肇庆市气象局	罗天福	地面测报先进个人	2006 年 2 月
肇庆市气象局	钟志成	重大气象服务先进个人	2006 年 2 月
肇庆市气象局	罗天福	地面测报技术比武第一名	2006 年 8 月
肇庆市气象局	潘仕虎	地面测报技术比武第三名	2006 年 8 月
广东省气象局	罗天福	地面气象测报业务技术比赛三等奖	2006 年 9 月
广东省气象局	钟志成	2006 年度重大气象服务先进个人	2007 年 1 月
肇庆市气象局	钟志成	2006 年度重大气象服务先进个人	2007 年 2 月
肇庆市气象局	曾雪飞	2006 年度先进测报员	2007 年 2 月
肇庆市气象局	钟志成	2006 年度先进预报员	2007 年 2 月
肇庆市气象局	钟志成	2007 年度重大气象服务先进个人	2008 年 2 月
中国气象局	曾雪飞、罗天福、潘仕虎	质量优秀测报员	2008 年 3 月
肇庆市气象局	罗天福	2008 年度先进观测员	2009 年 2 月
中国气象局	罗天福	质量优秀测报员	2010 年 3 月
广东省气象局	丘志华	地面气象测报业务技能比赛优秀奖	2010 年 10 月
肇庆市气象局	曾雪飞	2010 年度气象宣传先进工作者	2011 年 2 月
肇庆市气象局	曾雪飞	2009 年度先进预报员	2011 年 3 月
肇庆市气象局	罗天福	2009 年度、2010 年度先进观测员	2011 年 3 月
中国气象局	罗天福	质量优秀测报员	2011 年 4 月
广东省气象局	罗天福	2010 年度观测与网络先进个人	2011 年 4 月
肇庆市气象局	陈晓明、陈显强	2006—2010 年防雷减灾工作先进个人	2011 年 7 月

续表

颁奖单位	姓名	荣誉	颁发时间
肇庆市气象局	丘志华	2011 年地面气象测报技能竞赛一等奖	2011 年 9 月
肇庆市气象局	罗天福	2011 年地面气象测报技能竞赛二等奖	2011 年 9 月
肇庆市气象局	钟志成	首届气象行业公共服务技能竞赛优秀奖	2011 年 9 月
广东省气象局	丘志华	2011 年地面气象测报技能竞赛个人全能优秀奖、基础理论三等奖	2011 年 9 月
广东省气象局	罗天福	2011 年地面气象测报技能竞赛个人全能优秀奖、气象报告编制三等奖	2011 年 9 月
肇庆市气象局	曾雪飞	2011 年度气象宣传先进工作者	2012 年 2 月
肇庆市气象局	罗天福	2011 年度先进观测员	2012 年 3 月
肇庆市气象局	钟志成	2011 年度先进预报员	2012 年 3 月
肇庆市气象局	唐仕佳	2011 年度重大气象服务先进个人	2012 年 3 月
中国气象局	钟志成、丘志华、罗天福、韩宁、李蕾、梁戈、唐仕佳	质量优秀测报员	2012 年 4 月
中共广宁县委	曾雪飞	2010—2012 年度创先争优优秀共产党员	2012 年 7 月
肇庆市气象局	丘志华	地面气象测报技能竞赛一等奖	2012 年 8 月
肇庆市气象局	罗天福	地面气象测报技能竞赛二等奖	2012 年 8 月
广东省气象局	钟志成	气象行业技能竞赛农业气象观测单项一等奖	2012 年 9 月
广东省气象局	丘志华	气象行业地面气象测报技能竞赛个人全能三等奖、基础理论单项二等奖	2012 年 9 月
广东省气象局	罗天福	气象行业地面测报技能竞赛个人全能优秀奖	2012 年 9 月
中国气象局	钟志成	质量优秀测报员	2013 年 1 月
肇庆市安全管理监督局	陈晓明	2012 年度企业安全生产工作先进个人	2013 年 2 月
广东省气象局	郑应强	2012 年度依法行政及防雷减灾先进个人	2013 年 3 月

续表

颁奖单位	姓名	荣誉	颁发时间
肇庆市气象局	曾雪飞	2012 年度气象宣传工作积极分子	2013 年 3 月
肇庆市气象局	钟志成	2012 年度先进测报员	2013 年 4 月
肇庆市气象局	孔树剑	2012 年度重大气象服务先进个人	2013 年 4 月
肇庆市气象局	陈晓明	2011—2012 年度防雷减灾工作先进个人	2013 年 5 月
肇庆市气象局	李蕾	地面气象测报技能竞赛二等奖	2013 年 8 月
广东省气象局	罗天福	前汛期重大气象服务先进个人	2013 年 9 月
广东省气象局	丘志华	天气预报技能竞赛个人全能优秀奖、“历史个例天气预报”单项三等奖	2013 年 11 月
肇庆市气象局	陈晓明	2013 年防雷检测技能选拔赛三等奖	2014 年 1 月
中国气象局	罗天福、李蕾、韩宁、丘志华	质量优秀测报员	2014 年 4 月
肇庆市气象局	曾雪飞	2013 年度气象宣传工作先进个人	2014 年 4 月
广东省气象局	孔树剑、苏崇升	公务员嘉奖	2014 年 5 月
广东省气象局	丘志华	前汛期重大气象服务先进个人	2014 年 8 月
广东省气象局	丘志华	测报技能竞赛个人全能二等奖、综合业务基础理论单项二等奖	2014 年 10 月
广东省气象局	罗天福	测报技能竞赛个人全能优秀奖、计算机综合处理单项三等奖	2014 年 10 月
广东省人社厅	丘志华	广东省技术能手	2014 年 11 月
广东省总工会、广东省人社厅、广东省经济与信息化委员会、广东省科技厅	丘志华	广东省职工经济技术创新能手	2014 年 11 月
广东省气象局	丘志华	第三届公共气象服务技能竞赛个人优胜三等奖、综合知识单项一等奖	2014 年 12 月
广东省气象局	罗天福	2014 年度重大气象服务先进个人	2015 年 1 月

续表

颁奖单位	姓名	荣誉	颁发时间
广东省气象局	丘志华	2014 年度观测与网络先进个人	2015 年 3 月
肇庆市气象局	曾雪飞	2014 年度气象宣传工作积极分子	2015 年 4 月
广东省气象局	苏崇升、丘志华	公务员嘉奖	2015 年 6 月
广东省气象局	罗定军	强台风“彩虹”及暴雨过程气象服务先进个人	2015 年 11 月
广东省气象局	苏崇升	个人三等功	2016 年 5 月
肇庆市气象局	曾雪飞	2015 年度气象宣传工作积极分子	2016 年 8 月
广东省气象局	丘志华	气象行业职业技能竞赛个人全能一等奖、技术保障单项一等奖及综合气象业务基础理论单项一等奖	2016 年 10 月
广东省气象局	罗天福	气象行业职业技能竞赛个人全能二等奖、技术保障单项三等奖及综合气象业务基础理论单项三等奖	2016 年 10 月
广东省气象局	丘志华	第四届公共气象服务技能竞赛个人全能二等奖、综合知识单项一等奖	2016 年 12 月
广东省气象局	丘志华	公务员嘉奖	2017 年 6 月
肇庆市气象局	方英城	2016 年度优秀值班预报员	2017 年 7 月
广东省气象局	许献麟	全国气象科技活动周会务优秀志愿者	2017 年 8 月
肇庆市气象局	陈汉烈、叶愉君	喜迎十九大暨“两学一做”党建知识竞赛优秀奖	2017 年 10 月
广东省人社厅	罗天福	广东省技术能手	2017 年 12 月
肇庆市气象局	潘仕虎	依法行政和防雷减灾工作先进个人	2017 年 12 月
肇庆市气象局、肇庆市气象学会	梁戈、许献麟	2017 年度气象科普和防灾减灾先进个人	2018 年 1 月
肇庆市气象局	梁戈	2017 年度气象宣传工作先进个人	2018 年 1 月
肇庆市气象局	曾雪飞、卢欣	2017 年度气象宣传工作积极分子	2018 年 1 月
肇庆市气象局	方英城	2017 年度优秀值班预报员	2018 年 3 月

续表

颁奖单位	姓名	荣誉	颁发时间
肇庆市气象局	陈汉烈	纪念改革开放四十周年演讲比赛二等奖	2018 年 6 月
广东省农业厅	方英城、关卓斌	农业技术推广奖一等奖	2018 年 9 月
肇庆市气象局	苏崇升	台风“山竹”气象服务先进个人	2018 年 11 月
肇庆市气象局	方英城	台风“艾云尼”气象服务先进个人	2018 年 11 月
肇庆市气象局	邓静华	第十五届省运会气象服务先进个人	2018 年 11 月
肇庆市气象局	叶愉君	2018 年度气象宣传工作先进个人	2019 年 3 月
肇庆市气象局	梁戈、方英城、陈显强、许献麟	2018 年度气象宣传工作积极分子	2019 年 3 月
肇庆市气象局	邓静华	2018 年度优秀值班预报员	2019 年 3 月
肇庆市气象局	陈显强、卢欣	2018 年度依法行政及防雷减灾先进个人	2019 年 5 月
肇庆市气象局	方英城	2019 年前汛期气象服务先进个人	2019 年 7 月
肇庆市人社局	罗天福	肇庆市西江人才计划肇庆市高层次人才（C 类）	2019 年 8 月
肇庆市气象局	邓静华	2019 年度重大气象服务先进个人	2019 年 12 月
肇庆市气象局	关卓斌	2019 年依法行政暨防雷减灾先进个人	2020 年 3 月
肇庆市气象局	方英城、肖文娟	2019 年度气象宣传工作先进个人	2020 年 4 月
肇庆市气象局	许献麟、莫火娇	气象行业职业技能竞赛三等奖	2020 年 4 月
肇庆市气象局	邓静华	2019 年度优秀值班预报员	2020 年 4 月
肇庆市气象局	方英城	公共气象服务技能竞赛三等奖	2020 年 4 月
广东省气象局	曾雪飞	公务员嘉奖	2020 年 6 月
广东省气象局	许献麟	气象行业测报技能竞赛个人全能三等奖	2020 年 8 月
肇庆市气象局	陈显强	前汛期重大气象服务先进个人	2020 年 8 月

续表

颁奖单位	姓名	荣誉	颁发时间
肇庆市气象局	方英城、肖文娟	2020年度气象宣传工作先进个人	2021年2月
肇庆市气象局	林俊超、陈显强	2020年度防雷减灾先进个人	2021年4月
广东省人社厅	许献麟	广东省技术能手	2021年4月
肇庆市人社局	罗天福	肇庆市五一劳动奖章	2021年4月
中共广宁县委	曾雪飞	优秀党务工作者	2021年6月
广东省气象局	潘仕虎	个人嘉奖	2021年8月
肇庆市气象局	姚森泉	雷电防护装置检测职业技能竞赛个人理论一等奖	2021年10月

表 5-20-2-5　怀集县气象局个人荣誉一览表

颁奖单位	姓名	荣誉	颁发时间
广东省气象局	孔维斌	先进气象工作者	1986年
海南省气象局	莫洁	先进气象工作者	1988年
广东省气象局	胡仕振	先进工作者	1990年
广东省气象局	胡仕振	“七五”期间先进工作者	1991年
海南省气象局	孔维斌	先进工作者	1992年
海南省气象局	孔维斌	先进工作者	1994年
怀集县委、县政府	孔维斌	怀集县劳动模范	1998年5月
怀集县委、县政府	谭自文	优秀共青团员	2003年5月
怀集县委、县政府	谭自文	优秀共产党员	2008年7月
广东省气象局	房文彬	观测与网络先进个人	2011年4月
怀集县委、县政府	卢素花	优秀共产党员	2011年7月

续表

颁奖单位	姓名	荣誉	颁发时间
广东省气象局	谭自文、房文彬	2006—2010 年度广东省气象防雷减灾工作先进个人	2011 年 7 月
广东省气象局	李辰俊	气象行业地面测报技能竞赛个人全能优秀奖	2012 年 9 月
广东省气象局	李辰俊	2012 年度观测与网络先进个人	2013 年 3 月
广东省气象局	莫开强	2011—2012 年度广东省气象防雷减灾工作先进个人	2013 年 3 月
广东省气象局	罗炽坤	“3·20”强对流天气过程气象服务先进个人	2013 年 5 月
广东省气象局	李辰俊	“弘扬气象精神”征文比赛三等奖	2013 年 8 月
广东省气象局	罗炽坤	“弘扬气象精神”征文比赛优秀奖	2013 年 8 月
肇庆市委、市政府	邬洪养	抗洪抢险先进个人	2013 年 10 月
广东省气象局	罗炽坤	“弘扬气象精神”演讲比赛优秀奖	2013 年 11 月
广东省气象局	邬洪养	2013 年度重大气象服务先进个人	2014 年 1 月
广东省气象局	卢素花	公务员嘉奖	2014 年 5 月
广东省气象局	卢素花	气象服务先进个人	2015 年 6 月
怀集县委、县政府	卢素花	怀集县 2014—2015 年度防汛防旱防风工作先进个人	2016 年 4 月
广东省气象局	张凯涛	气象行业职业技能竞赛个人全能三等奖、天气预报与服务专项三等奖、观测数据综合处理专项二等奖	2016 年 10 月
广东省气象局	赖燕冰	重大气象服务先进个人	2017 年 1 月
广东省人社厅	张凯涛	广东省技术能手	2017 年 12 月
怀集县委、县政府	房文彬	优秀共产党员	2018 年 7 月
广东省气象局	张凯涛	气象行业职业技能竞赛个人全能一等奖、决赛第一名、天气预报与服务二等奖、综合气象业务基础理论二等奖、观测数据综合处理一等奖	2018 年 8 月

续表

颁奖单位	姓名	荣誉	颁发时间
广东省气象局	李辰俊	气象行业职业技能竞赛个人全能二等奖、决赛第三名、综合气象业务基础理论三等奖	2018 年 8 月
广东省人社厅	张凯涛、李辰俊	广东省技术能手	2019 年 1 月
广东省气象局	李辰俊	重大气象服务先进个人	2019 年 1 月
中国气象局	房文彬	全国首届气象摄影大赛三等奖	2019 年 4 月
广东省气象局	邬洪养	公务员嘉奖	2019 年 7 月
肇庆市人社局	张凯涛、李辰俊	肇庆市高层次人才	2019 年 10 月
广东省人社厅	张凯涛	广东省五一劳动奖章	2019 年 12 月
怀集县委、县政府	房文彬、李玉环	全县党委系统信息工作先进个人	2020 年 3 月
广东省气象局	邬洪养	个人三等功	2020 年 6 月
广东省气象局	李辰俊	气象行业职业技能竞赛个人全能三等奖、综合气象观测基础理论单项三等奖、装备技术保障单项三等奖、应急观测数据处理单项三等奖	2020 年 8 月
广东省气象局	张凯涛	气象观测质量管理体系优秀内审员	2020 年 12 月
肇庆市委、市政府	李辰俊	肇庆市三八红旗手	2021 年 3 月
肇庆市委、市政府	刘光飞	优秀党务工作者	2021 年 6 月
广东省气象局	张凯涛	优秀共产党员	2021 年 6 月
肇庆市委、市政府	刘光飞	乡村振兴先进工作者	2021 年 7 月
肇庆市委、市政府	黎元枝	2019—2020 年肇庆市脱贫攻坚突出贡献个人	2021 年 7 月
广东省气象局	张凯涛	气象观测质量管理体系优秀内审员	2021 年 12 月

表 5-20-2-6　封开县气象局个人荣誉一览表

颁奖单位	姓名	荣誉称号	颁发时间
封开县政府	林炳坤、李明汉、梁域、朱杰文等	“封开县 91 年松毛虫发生量及第一代松毛虫发生研究”获封开县科技进步奖一等奖	1992 年 2 月
肇庆市农业技术推广奖评审委员会	林炳坤、李明汉、梁域、朱杰文等	“封开县松毛虫发生趋势及发生量与气象条件的研究”获肇庆市农业科技推广奖三等奖	1992 年 12 月
广东省气象局	林炳坤、李明汉、梁域、朱杰文等	“封开县松毛虫发生趋势及发生量与气象条件的研究”获广东省气象局气象科技进步奖二等奖	1993 年 6 月
中国气象局	林炳坤、李明汉、梁域、朱杰文、钟信南	“封开县松毛虫发生趋势及发生量与气象条件的研究”获中国气象局气象科技进步奖四等奖	1994 年 1 月
广东省气象局	李明汉、梁如南	抗洪救灾先进个人	1994 年 8 月
共青团广东省委、广东省科学技术委员会等 8 部门	梁域	广东省青年科技标兵	1995 年 5 月
广东省政府	李明汉	农村科学技术先进工作者	1996 年 9 月
中国气象局	李明汉	全国气象部门双文明建设先进工作者	1996 年 12 月
肇庆市气象局	梁域	先进个人	1997 年 1 月
封开县政府	李明汉	封开县首届十大杰出青年	1997 年 3 月
肇庆市气象局	李明汉	先进个人	1997 年 4 月
封开县政府	梁域、孔胜池等	《松脂生产与气象条件关系研究和应用》（1996 年度）获封开县科学技术进步三等奖	1997 年 6 月
中共封开县委	梁域	优秀共产党员	1998 年 7 月
肇庆市气象局	孔胜池	先进个人	1998 年 12 月
肇庆市气象局	梁洪初	五好个人	1998 年 12 月
肇庆市气象局	孔胜池	1998 年度工作先进个人	1999 年 2 月

续表

颁奖单位	姓名	荣誉称号	颁发时间
中共封开县委	梁洪初	优秀共产党员	1999年7月
封开县政府	陈乙洪	信访工作先进个人	2000年2月
中共封开县委	梁洪初	优秀共产党员	2000年7月
广东省气象局	孔胜池	防雷减灾先进工作者	2000年10月
中共封开县委	梁洪初	优秀共产党员	2001年7月
肇庆市政府	梁洪初	肇庆市农业科技先进工作者	2001年8月
封开县政府	梁洪初	科协先进工作者	2003年11月
封开县委、县政府	吴振强	抗洪救灾先进个人	2005年7月
肇庆市气象局	吴振强、苏秋霞	2005年度重大气象服务先进个人	2006年2月
肇庆市气象局	苏秋霞、吴燕凤	先进预报员	2007年2月
肇庆市安全生产监督管理局	孔树剑	先进个人	2009年3月
广东省气象局	梁洪初	前汛期重大气象服务先进个人	2010年7月
中共封开县委	孔树剑	优秀共产党员	2011年7月
中国气象局	苏秋霞	质量优秀测报员	2012年4月
肇庆市气象局	卢小玛	天气预报技能竞赛历史个例单项奖一等奖、综合奖三等奖	2017年7月
肇庆市气象局	周海龙	2017年度气象宣传工作先进个人	2018年1月
肇庆市气象局	何丽华	2017年度气象科普和防灾减灾先进个人	2018年1月
肇庆市气象局	何丽华	公共气象服务技能竞赛三等奖	2018年8月
肇庆市气象局	何丽华	台风“山竹”气象服务先进个人	2018年11月

续表

颁奖单位	姓名	荣誉称号	颁发时间
封开县政府	卢小玛	广东省第十五届运动会贡献奖	2018 年 12 月
肇庆市气象局	卢小玛	2018 年度优秀值班预报员	2019 年 3 月
肇庆市气象局	何丽华	前汛期气象服务先进个人	2019 年 7 月
肇庆市气象局	何丽华	天气预报技能竞赛综合奖二等奖	2019 年 8 月
肇庆市气象局	周海龙	2019 年度气象宣传工作先进个人	2020 年 4 月
肇庆市气象局	卢小玛	2019 年度优秀值班预报员	2020 年 4 月
肇庆市气象局	何丽华	气象行业职业技能竞赛二等奖、公共气象服务技能竞赛二等奖	2020 年 4 月
肇庆市气象局	卢小玛	气象行业职业技能竞赛三等奖、公共气象服务技能竞赛三等奖	2020 年 4 月
广东省气象局	赵鑫	公务员嘉奖	2020 年 6 月
肇庆市气象局	卢小玛	前汛期重大气象服务先进个人	2020 年 8 月
广东省气象局	何丽华	第六届公共气象服务职业技能竞赛“综合知识项目”二等奖	2020 年 8 月
肇庆市气象局	何丽华	2020 年度重大气象服务先进个人	2021 年 1 月
中共封开县委	卢小玛	优秀党务工作者	2021 年 6 月
肇庆市气象局	何丽华	天气预报技能竞赛综合奖三等奖	2021 年 6 月
肇庆市气象局	孔胜池	个人嘉奖	2021 年 8 月

表 5-20-2-7　德庆县气象局个人荣誉一览表

颁奖单位	姓名	荣誉	颁发时间
中共德庆县委	徐泳泉、何雪勇	抗洪抢险先进个人	1994 年 8 月
广东省气象局	徐泳泉、何雪勇	“94・6”重大灾害天气预报服务先进个人	1994 年 8 月

续表

颁奖单位	姓名	荣誉	颁发时间
肇庆市气象局	何雪勇	1996年度先进个人	1997年1月
德庆县委、县政府	谭国华	"98·6"抗洪抢险和救灾复产先进个人	1998年8月
德庆县委、县政府	何雪勇、李衍梧、谭国华、徐树清	文明标兵市民	2000年6月
广东省气象局	谭国华	广东省防雷减灾先进工作者	2000年10月
肇庆市气象局	何雪勇	2001—2002年度先进工作者	2003年1月
德庆县政府	徐泳泉	档案工作先进工作者	2003年12月
广东省气象局	何雪勇	"05·6"抗洪抢险救灾气象服务先进个人	2005年7月
中共肇庆市委	何雪勇	"05·6"抗洪抢险积极分子	2005年8月
广东省气象局	刘凤君	地面气象测报技术比武三等奖	2005年11月
肇庆市气象局	刘凤君	地面测报先进个人	2006年2月
德庆县委、县政府	何雪勇	抗击台风灾害先进个人	2006年8月
肇庆市气象局	舒顺承	地面气象测报业务比武第二名	2006年8月
德庆县委、县政府	徐树清	抗寒救灾工作先进个人	2008年2月
中共德庆县委	莫小梅	优秀共产党员	2008年7月
广东省气象局	何雪勇	"龙舟水"重大气象服务先进个人	2008年8月
广东省气象局	刘凤君	前汛期重大气象服务先进个人	2009年7月
肇庆市气象局	莫小梅	2009年度气象宣传积极分子	2010年3月
肇庆市气象局	莫小梅	2010年度气象宣传先进工作者	2011年2月
广东省气象局	刘凤君	"4·17"强降水过程重大气象服务先进个人	2011年6月
广东省气象局	叶华忠	2012年度观测与网络先进个人	2011年6月

续表

颁奖单位	姓名	荣誉	颁发时间
肇庆市气象局	李国栋	2006—2010年度防雷减灾工作先进个人	2011年7月
肇庆市气象局	刘凤君	气象行业公共服务技能竞赛优秀奖	2011年9月
肇庆市气象局	莫小梅	2011年度气象宣传积极分子	2012年2月
肇庆市气象局	叶华忠	先进观测员	2012年2月
肇庆市气象局	刘凤君	天气预报比武选拔赛二等奖	2012年11月
肇庆市气象局	李国栋	2011—2012年度防雷减灾工作先进个人	2013年5月
肇庆市气象局	莫小梅	2011年度气象宣传积极分子	2013年8月
肇庆市气象局	叶华忠	地面气象测报技能竞赛三等奖	2013年8月
肇庆市气象局	莫小梅	2013年度气象宣传积极分子	2014年4月
肇庆市气象局	刘凤君	天气预报技能竞赛实时天气单项奖第三名	2015年8月
广东省气象局	王威	2015年度重大气象服务先进个人	2016年2月
肇庆市气象局	刘凤君	公共气象服务技能竞赛二等奖	2016年8月
广东省气象局	刘凤君	第四届公共气象服务技能竞赛“综合知识项目”三等奖	2016年12月
广东省气象局	邱逸峰	2016年度重大气象服务先进个人	2017年1月
肇庆市气象局	刘晓和	2016年度优秀值班预报员	2017年7月
肇庆市气象局	覃伟明	2013—2017年度依法行政及防雷减灾先进个人	2017年12月
肇庆市气象局、肇庆市气象学会	覃伟明、刘晓和	2017年度气象科普和防灾减灾先进个人	2018年1月
肇庆市气象局	刘凤君	2017年度优秀值班预报员	2018年3月
肇庆市气象局	邱逸峰	台风“艾云尼”气象服务先进个人	2018年11月
肇庆市气象局	刘凤君、赵顺怡	第十五届省运会气象服务先进个人	2018年11月

续表

颁奖单位	姓名	荣誉	颁发时间
肇庆市气象局	周力群	台风“山竹”气象服务先进个人	2018年11月
肇庆市气象局	李春贵、孙淑铭	2018年度气象宣传工作先进个人	2019年3月
肇庆市气象局	何忠栩	2018年度依法行政暨防雷减灾先进个人	2019年4月
肇庆市气象局	刘晓和	前汛期气象服务先进个人	2019年7月
广东省气象局	周力群	公务员嘉奖	2019年7月
肇庆市气象局	何蕴林	重大气象服务先进个人	2019年12月
肇庆市气象局	吴松杰、谭达兴	2019年度依法行政暨防雷减灾先进个人	2020年3月
肇庆市气象局	赵顺怡	2019年度优秀值班预报员	2020年4月
肇庆市气象局	孙淑铭、李春贵	2019年度气象宣传工作先进个人	2020年4月
肇庆市气象局	赵顺怡	公共气象服务技能竞赛综合知识理论第一名	2020年4月
肇庆市气象局	刘晓和	公共气象服务技能竞赛综合知识理论第六名	2020年4月
共青团肇庆委员会	何蕴林	2019—2020年度优秀共青团员	2020年5月
肇庆市气象局	赵顺怡	前汛期重大气象服务先进个人	2020年8月
广东省气象局	赵顺怡	第六届公共气象服务职业技能竞赛“综合知识项目”三等奖	2020年8月
肇庆市气象局	冯水燕	2020年度防雷减灾先进个人	2021年4月
中共德庆县委	叶华忠	优秀共产党员	2021年6月
中共肇庆市委实施乡村振兴战略领导小组	叶华忠	2019—2020年肇庆市脱贫攻坚突出贡献个人、乡村振兴先进工作者	2021年7月
肇庆市气象局	姚国华、陈天宇	个人嘉奖	2021年8月
肇庆市气象局	冯水燕	雷电防护装置检测职业竞赛个人理论三等奖	2021年10月
广东省卫生健康委员会、广东省红十字会	舒顺承	2019—2020年度全省无偿献血奉献奖铜奖	2021年12月

附　录

附录一　1949 年以前肇庆地区重大气象灾害 *

（一）清代及以前

1. 水灾

984 年（宋太平兴国九年），新兴县新州（新兴县），江涨入南砦，坏军营。（按：太平兴国只有八年应作雍熙元年，五行志误作九年）

996 年（宋至道二年），高要县，秋，大雨水。康州（德庆县），秋闰七月，大雨水。封川县，闰七月，大水。

1199 年（宋庆元五年），康州（德庆县），广东诸州皆水。

1303 年（元大德七年），高要县，冬十月，大水。

1314 年（元延祐元年），高要县，秋九月（按：元史五行志作八月），大水。

1315 年（元延祐二年），肇庆，八月大水。

1321 年（元至治元年），高要县，冬十月，大水。

1325 年（元泰定二年），高要县，春正月，大雨水，饥。

1350 年（元至正十年），罗定县，夏，江水暴涨。封川县，五月，水溢伤稼。高要县，夏五月，江溢。德庆县，夏五月，江溢。

1409 年（明永乐七年），德庆县，夏四月，大水。高要县，夏四月，大水。

1436 年（明正统元年），高要县，秋七月，淫雨伤稼。

1465 年（明成化元年），封川县，七月，大水。德庆县，秋七月，大水。

1467 年（明成化三年），高要县，秋九月，大水。

1474 年（明成化十年），高要县，秋七月，大水。封川县，七月，大水。

1475 年（明成化十一年），德庆县，秋七月，大水，坏官民庐舍。

1479 年（明成化十五年），封川县，五月，大水。高要县，夏五月，大水。德庆县，五月，大水，城圮三十余丈①，民多流徙。

1480 年（明成化十六年），封川县，夏，大水。高要县，夏，大水。

1482 年（明成化十八年），高要县，夏五月，大水。封川县，五月，大水。德庆县，夏五月，大水，闭城门以御水，水渍门入，冲陷民居。

1485 年（明成化二十一年），高要县，夏五月，大水。德庆县，夏五月，大水，饥，城中水高丈余，漂没庐舍。封川县，闰四月大水。

---

* 该部分内容节选自 1985 年由广东省肇庆地区档案馆编纂的《肇庆地区自然灾害史料》。

① 1 丈≈3.33 米。

1492 年（明宏治五年），高要县，夏，大水。封川县，夏，大水。

1514 年（明正德九年），封川县，夏，大水。

1516 年（明正德十一年），高要县，大水。四会县，春，大雨水，潦暴涨，庐坏山崩，早稼不登，晚禾失种。

1517 年（明正德十二年），开建县，大水。

1521 年（明正德十六年），四会县，九月暴雨，水骤溢，太平都居民、桥梁坏者甚众，城西南隅冲溃。高要县，夏，大水，饥。封川县，五月，大水，饥。

1534 年（明嘉靖十三年），高要县，十月，大水。

1535 年（明嘉靖十四年），四会县，五月，大水，诸堤决。德庆县，夏五月，大水，平地水逾丈，坏民居禾稼。六月大水，城内水深一丈三尺[①]余。新兴县，夏五月，大水杀稼。高要县，夏五月，大水杀稼。封川县，五、六月，俱大水，水溢害稼。怀集县，夏五月，大水。

1536 年（明嘉靖十五年），高要县，春二月，大雨雹。夏五月，大水伤稼。德庆县，五月，大水伤稼。封川县，五月，大水。

1537 年（明嘉靖十六年），封川县，五月，大水。高要县，夏五月，大水。德庆县，夏五月壬午，大水。

1540 年（明嘉靖十九年），高要县，夏五月，大水。德庆县，夏五月，大水溃堤。

1542 年（明嘉靖二十一年），封川县，五月，大水。

1543 年（明嘉靖二十二年），高要县，夏五月，大水。

1547 年（明嘉靖二十六年），高要县，夏，大水。

1548 年（明嘉靖二十七年），高要县，夏，大水。

1552 年（明嘉靖三十一年），封川县，八月，大雨害稼。开建县，是年夏淫雨，山崩。

1553 年（明嘉靖三十二年），高要县，夏，大水。

1556 年（明嘉靖三十五年），封川县，冬，淫雨。

1558 年（明嘉靖三十七年），封川县，四月，大水。

1559 年（明嘉靖三十八年），四会县，三月，大水，山崩。

1560 年（明嘉靖三十九年），高要县，夏，大雨水，大雨五日，田皆没，秋苗得莳者仅三分之一。

1562 年（明嘉靖四十一年），封川县，五月，大水，前街陷。

1563 年（明嘉靖四十二年），封川县，六月，大水。高要县，夏六月，大水，堤决数处，护城漕湾堤将决。

1564 年（明嘉靖四十三年），德庆县，春，淫雨，自正月至八月。封川县，春，淫雨，自上年十二月至二月始晴，畜牲多冻死，米价三倍，是年洪水冲圮敬一亭。新兴县，大水。

1565 年（明嘉靖四十四年），广宁县，广宁大水。

1570 年（明隆庆四年），四会县，大水。

1571 年（明隆庆五年），开建县，大水，城内水高一丈。怀集县，夏五月，大水，漂没民舍。

---

① 1 尺≈0.33 米。

1572 年（明隆庆六年），四会县，河水横涨，倒树倾屋，坏堤桥禾稼不可胜数。

1573 年（明万历元年），高要县，夏五月至六月水，秋八月，又水。封川县，五月大水，六月大水，八月大水。

1581 年（明万历九年），高要县，夏，大雨水。

1586 年（明万历十四年），德庆县，秋七月，大水。封川县，四月、六月、七月俱大水，城门几尽淹，漂没田庐无数。西宁（郁南）县，大水，城圮百九十余丈。怀集县，春三月，古城大水。四会县，七月大水。高要县，秋七月，大水，是岁，自春徂夏淫雨不绝，七月十八日地震，有声如雷，西潦大至，江水泛滥，堤决九十余处，府城几陷。

1588 年（明万历十六年），封川县，六月，大水。

1589 年（明万历十七年），四会县，大水伤稼。

1592 年（明万历二十年），高要县，春、夏大水。

1595 年（明万历二十三年），德庆县，夏，大水。

1596 年（明万历二十四年），封川县，夏，大水

1597 年（明万历二十五年），新兴县，夏四月、五月，淫雨。高要县，秋，大水，山崩。

1601 年（明万历二十九年），开建县，大水入城，水深八尺。

1603 年（明万历三十一年），四会县，姚沙围决。

1604 年（明万历三十二年），高要县，五月、七月，大水。

1606 年（明万历三十四年），封川县，连年大水。

1607 年（明万历三十五年），四会县，姚沙围决。

1609 年（明万历三十七年），德庆县，七月，大水。新兴县，秋七月朔，大水，冲倾文昌桥二墩。

1610 年（明万历三十八年），肇庆府，秋，水灾。高要县，大水。封川县，六月，大水。

1611 年（明万历三十九年），肇庆，夏六月，大水，灾情之重，二百年来所未有。高要县，夏，大水。四会县，夏，大水。封川县，夏，大水。开建县，夏，大水。德庆县，五月，大水。怀集县，夏五月，大水。

1612 年（明万历四十年），高要县，秋八月，大水。

1613 年（明万历四十一年），高要县，附郭新江两堤决。

1614 年（明万历四十二年），德庆县，大水。高要县，夏五月，大水，决护城东堤，漂没田庐以万计，府城四门筑塞。

1616 年（明万历四十四年），高要县，夏六月，大水，诸堤多决。四会县，夏，大兴围决。广宁县，夏，大水。怀集县，夏五月，水忽暴涨，民居多没，田禾多损。

1617 年（明万历四十五年），高要县，夏四月至六月，俱大水。封川县，四月、五月、六月俱大水。

1618 年（明万历四十六年），封川县，闰四月，大水，城圮三十余丈。

1620 年（明万历四十八年），高要县，夏四月至八月俱大水。

1621 年（明天启元年），开建县，三月，大雨。

1624 年（明天启四年），高要县，五月，大水。

1625 年（明天启五年），高要县，春、夏多雨潦，秋七月，大水。

1627 年（明天启七年），高要县，头溪堤决。

1630年（明崇祯三年），高要县，夏六月，大水，大雨数日，山溪潦涨，水自西门入城，坏官民庐舍无算，为百年来所未见。

1635年（明崇祯八年），四会县，大水，坏民居、田庐无数。

1640年（明崇祯十三年），新兴县，秋八月，大水，越十日又大水。怀集县，秋，大水。

1642年（明崇祯十五年），高要县，秋七月，霖雨，山多崩，八月大水。

1644年（清顺治元年），罗定县，夏四月，秋九月淫雨，水暴涨，城圮七十余丈。

1647年（清顺治四年），封川县，五月大水，入城深数尺。高要县，夏五月，大水。新兴县，八月，大雨（初一大水，十二复大水）。德庆县，五月，大水，水平东门石限。

1648年（清顺治五年），德庆县，夏五月，大水。

1649年（清顺治六年），开建县，五月，大水。高要县夏五月，大水。怀集县，河水暴涨。

1657年（清顺治十四年），高要县，八月，大水。

1667年（清康熙六年），开建县，四月二十日，大潦山崩，每于半山塌有寻丈不等。

1670年（清康熙九年），罗定县，淫雨，城西南隅尽圮。

1673年（清康熙十二年），高要县，六月大水，雨霖四日夜，街道水深数尺，官民房舍倾圮者甚众。新兴县，六月，大水。

1674年（清康熙十三年），新兴县，六月，大雨飚风。

1678年（清康熙十七年），德庆县，八月，大水。高要县，夏，大水。四会县，春闰三月，大雨雹，水决仓丰、黄塘、姚沙等围，淹没田禾无数。

1679年（清康熙十八年），封川县，四月，大水，田禾尽淹。开建县，夏，水涨入城。

1681年（清康熙二十年），怀集县，夏四月水暴涨，漂没民居甚多。封川县，四月，大水。

1682年（清康熙二十一年），四会县，大水，连决数基，计数百丈，淹没田庐无数。封川县，五月，大水。

1684年（清康熙二十三年），罗定县，淫雨，城圮五十余丈。

1687年（清康熙二十六年），开建县，夏，水涨，西城圮数丈。四会县，四月大水，城颓，并冲决仓丰、大兴等围，淹没田禾无数。

1689年（清康熙二十八年），四会县，春闰三月大水，涌入城东南门内。

1693年（清康熙三十二年），高要县，夏，大水。封川县，三月二十三日大雨，潦涨，县后河坦村冲决，庐舍荡然。

1694年（清康熙三十三年），高要县，水，免水灾额赋。广宁县，夏五月大水，城垣崩陷八处，共六十余丈。

1695年（清康熙三十四年），封川县，四月大水。

1698年（清康熙三十七年），封川县，七月大水。

1700年（清康熙三十九年），开建县，大水。

1701年（清康熙四十年），四会县，五月，水。封川县，五月大水，淹没城门。德庆县，夏，大水，过东门石限四寸。高要县，附郭飞鹅潭堤裂，既乃决于黄江圩。

1704年（清康熙四十三年），高要县，夏，大水。新兴县，三、四月，淫雨。西宁（郁南）县，夏，大水。

1705年（清康熙四十四年），封川县，五月，大水。广宁县，秋七月，大水。

1707年（清康熙四十六年），新兴县，六月初六，飓风大水。德庆县，夏五月，大水。

1708年（清康熙四十七年），开建县，大水。

1709年（清康熙四十八年），封川县，七月初十辰刻大雨至十三日子刻乃止，西江、贺江并涨十余丈，田庐荡析，西城崩。怀集县，秋七月壬午大水，漂没居民甚多，西水里尤甚，说山崩。开建县，七月初十、十一等日大雨，黎九、黎十山崩。广宁县，七月十三日大水。

1712年（清康熙五十一年），德庆县，九月淫雨。广宁县，五月初六日大水。

1713年（清康熙五十二年），德庆县，春大水，三月饥，夏五月大水。

1714年（清康熙五十三年），德庆县，九月雨潦，坏民田庐。高要县，夏，大水。

1718年（清康熙五十七年），广宁县，秋八月大水。

1720年（清康熙五十九年），封川县，七月大水害稼。德庆县，夏五月大水。

1721年（清康熙六十年），德庆县，夏五月大水。

1722年（清康熙六十一年），封川县，六月、八月俱大水。德庆县，七月大水。

1724年（清雍正二年），高要县，夏四月西江水溢。

1725年（清雍正三年），德庆县，七月大水，九月大雨，潦。西宁（郁南）县，西江水溢。罗定县，秋九月淫雨，水暴涨，城圮。

1726年（清雍正四年），封川县，五月、六月、七月俱大水。德庆县，五月大水。四会县，春大水，姚沙、隆伏围决。

1732年（清雍正十年），开建县，大水，南丰圩屋没顶。

1735年（清雍正十三年），开建县，闰四月十五日大雨，水浸入城数日。

1740年（清乾隆五年），新兴县，七月大水害稼，河头营房多被水冲。

1742年（清乾隆七年），新兴县，五月大雨。

1743年（清乾隆八年），四会县，夏，水。肇庆、四会，夏雨连绵，山水徒发，两江水涨，淹毙人口，冲决基围，倒坏房屋。

1744年（清乾隆九年），高要县，水灾。

1746年（清乾隆十一年），德庆县，六月丁丑大雨潦，悦城淹毙十余人。

1747年（清乾隆十二年），开建县，大水。四会县，七月初四，日夜飓风大雨，至初六早风止，仍大雨。新兴县，七月大水。广宁县，春三月初五日霖雨一日夜，潦水涨至南门外直街。

1751年（清乾隆十六年），四会县，五月大水。

1757年（清乾隆二十二年），高要县，九月大水，伤稼。

1758年（清乾隆二十三年），西宁（郁南）县，大水伤稼。

1764年（清乾隆二十九年），开建县，四月大水，龙吟桥坍。

1768年（清乾隆三十三年），高要县，五月大水。

1769年（清乾隆三十四年），四会县，五月初一、二、三连日大雨。高要县，五月大水。

1776年（清乾隆四十一年），四会县，八月初八日辰巳时大雨，雷击落对冈塔顶铁葫芦。

1779年（清乾隆四十四年），封川县，夏，大水。高要县，夏五月大水。

1781年（清乾隆四十六年），广宁县，夏，大水。

1782年（清乾隆四十七年），高要县，夏五月大水。西宁（郁南）县，夏五月大水。新兴县，大水。

1784年（清乾隆四十九年），四会县，大雨，决仓丰围彭塘四十余丈。德庆县，夏，大水。西宁（郁南）县，夏六月大水，西潦盛涨，沿江田庐损坏无算。广宁县，大水，沿河民居多倾圮。封川县，六月大水，淹至城内关帝庙前，西厢民房倾塌无算，并坏城垣。高要县，夏六月大水，诸围基皆漫决，护城堤决数十丈，水透入城，县内官民庐舍倾塌者数十万。

1785年（清乾隆五十年），高要，大水。肇庆城被浸。

1788年（清乾隆五十三年），高要县，九月大水。

1791年（清乾隆五十六年），四会县，夏，大水，诸堤尽决。

1794年（清乾隆五十九年），封川县，五月至七月三次大水，田禾尽伤。高要县，夏，大水。高要县，盆塘、大湾、上南岸、银江、白猪、大榄、思霖、迪塘、陈塘、鸭塘、长利、院主、赤顶、丰乐、头溪、香山、金西、竹洞、南岸、白石、罗秀、泰和二十二围决。新兴县，夏大水。德庆县，夏，大水。西宁（郁南）县，夏，大水。

1795年（清乾隆六十年），高要县，夏，大水。

1796年（清嘉庆元年），封川县，夏，大水。

1797年（清嘉庆二年），广宁县，大水。

1799年（清嘉庆四年），四会县，夏，大水，诸堤尽决。

1803年（清嘉庆八年），广宁县，冬十月淫雨。

1806年（清嘉庆十一年），四会县，夏，大水，诸堤尽决。

1813年（清嘉庆十八年），高要县，泰和、长利、香山、头溪、盆塘、白石、丰乐、院主八围决。开建县，五月初三日大水，淹城中，崩城垣庐舍。德庆县，五月大雨，潦。封川县，五月初一夜大雨，初四乃止，水溢一丈，中旬、下旬复大雨。西宁（郁南）县，西潦盛涨。怀集县，夏六月大水，南门圮。广宁县，五月初二，邑中暴雨三昼夜，海水涨溢陵山硖谷，沿河一带居庐经久安堵者，亦多凋浸成圩。四会县，夏五月大水，诸堤尽决，倒屋甚多，早禾失收。

1817年（清嘉庆二十二年），高要县，泰和、金东、白石、香山、头溪、迪塘、丰乐、银江、白猪、院主、盆塘十一围决，借帑修之，其银分年征还。西宁（郁南）县，夏五月大水。封川县，五月十五日大水，半月始退。

1818年（清嘉庆二十三年），高要县，泰和、竹洞、金西、盆塘四围决。封川县，五月大水。

1820年（清嘉庆二十五年），高要县，冬十月大水。封川县，五月大水。

1821年（清道光元年），高要县，泰和、盆塘二围决。

1823年（清道光三年），西宁（郁南）县，夏五月至秋七月大雨水。四会县，七月大雨，水暴涨，黄塘、黄冈围决。广宁县，夏四月至秋七月连雨，四月二十四日大水，六月二十八日大水，七月初三初四连日大水，山崩田缺，倾圮民房，伤禾无算。高要县，夏五月至秋七月大雨水，江涨，决大小几围，其未决者水漫围内，田庐并淹。

1829年（清道光九年），德庆县，夏，大水。高要县，五月至六月大水，决堤十余处。四会县，五月至六月大水，姚沙、大兴围决。怀集县，大水。

1833年（清道光十三年），高要县，五月大水，七月飓风连雨。四会县，五月大水。德庆县，夏五月大水，秋复大水。封川县，五月、七月大水。新兴县，大水。

1834年（清道光十四年），封川县，五月大水，七月复大水。德庆县，五月大水。四会县，五月大水，大兴围决。高要县，夏五月大水如前（十三年）。高要县，夏四月二十九日雨至，五月十四日堤决，雨始休。

1837年（清道光十七年），德庆县，夏，大水，秋七月淫雨。四会县，大水。高要县，陈塘围决。怀集县，七月大水。

1838年（清道光十八年），德庆县，夏，大雨，金林山始崩。

1839年（清道光十九年），高要县，夏，大水。四会县，大水，大兴围决。

1844年（清道光二十四年），高要县，夏，大水。德庆县，夏五月大水。四会县，大水，大兴高路围决。西宁（郁南）县，夏，西潦大涨，水没东城。

1845年（清道光二十五年），罗定县，九月大水，十二月秋潦暴涨，冲塌城东北隅百余丈。

1847年（清道光二十七年），德庆县，夏，大水。

1848年（清道光二十八年），德庆县，正月丙子朔，迅雷大雨。

1850年（清道光三十年），高要县，泰和围决。新兴县，夏五月飓风大雨为灾，河潦入东门，淹没鱼塘人畜无算。

1851年（清咸丰元年），高要县，泰和围决。

1853年（清咸丰三年），高要县，下南岸围决。四会县，五月大水，大兴高路围决。

1854年（清咸丰四年），新兴县，八月十六日大雨为灾，山崩水涨，为历史所仅见。

1855年（清咸丰五年），高要县，丰乐围决。

1856年（清咸丰六年），高要县，泰和围决。西宁（郁南）县，夏，大雨，潦；秋七月，大水。四会县，大水。高要县，夏五月大水弥月，护城几溃。罗定县，夏六月，淫雨。德庆县，夏，大雨，潦；秋七月，大水。

1859年（清咸丰九年），高要县，泰和围决。四会县，七月二十一、二、三，连日大雨。

1860年（清咸丰十年），德庆县，夏，大水。高要县，四月至七月天降淫雨，江水泛溢淹浸民田。

1861年（清咸丰十一年），高要县，丰乐、泰和围决。四会县，大水，大兴围决。

1862年（清同治元年），怀集县，七月蓝洞、冷坑、下帅等处水暴涨丈余，坏田庐无算。四会县，大水，姚沙、横沥、黄冈堤决。

1864年（清同治三年），德庆县，夏，大水。四会县，大水，大兴围决。

1866年（清同治五年），德庆县，夏，大水。四会县，大水，大兴围决。高要县，夏，大水，溃堤一。

1870年（清同治九年），新兴县，九月初八日大雨为灾。

1871年（清同治十年），德庆县，夏，大水。四会县，八月久雨，东西城基塌三丈余。

1872年（清同治十一年），四会县，大水，大兴墩头围决。

1873年（清同治十二年），西宁（郁南）县，五月水灾。

1876年（清光绪二年），高要县，夏，大水，决堤一。

1877年（清光绪三年），德庆县，三月大水。西宁（郁南）县，春，西江大水。

1878 年（清光绪四年），西宁（郁南）县，三月初九大雷雨电，夏六月大水。高要县，夏五月大水。四会县，大水，黄冈大兴围决。新兴县，秋九月风雨为灾。

1879 年（清光绪五年），高要县，银江围决。四会县，大水，隆伏围决。西宁（郁南）县，秋，淫雨积旬，伤稼。

1880 年（清光绪六年），四会县，大水。高要县，陈塘、鸭塘、迪塘、丰乐、泰和等围决。西宁（郁南）县，夏四月西潦盛涨。

1881 年（清光绪七年），西宁（郁南）县，夏五月大水。德庆县，夏五月大水。

1883 年（清光绪九年），德庆县，五月淫雨，六月大水，山潦暴至。罗定县，夏六月飓大雨水，平地水深丈余。

1884 年（清光绪十年），德庆县，夏六月大雨潦，洞心、大塘诸村皆坏于水。四会县，大水，白鹤隆伏围决。西宁（郁南）县，六月大雨潦。

1885 年（清光绪十一年），高要县，五月初八日西潦暴涨，至十二日水溢堤面，决堤二十有一。西宁（郁南）县，夏，西潦盛涨，秋七月大雨潦。德庆县，五月西江盛涨，伤稼；七月大雨潦，马圩上下被灾尤甚。怀集县，夏五月大水为灾。四会县，五月初四、五日连大雨。

1887 年（清光绪十三年），德庆县，夏，大水。

1888 年（清光绪十四年），德庆县，五月大水。高要县，夏五月大水，决堤二。怀集县，夏五月大水。西宁（郁南）县，夏，大雨。四会县，大水，仓丰、姚沙、马安、马冈、高路、墩头围决。

1889 年（清光绪十五年），四会县，大水，冲坏西北隅城基。德庆县，四月大水，六月悦城江岸崩。

1890 年（清光绪十六年），高要县，迪塘、泰和等围决。新兴县，春三月大雨为灾。高要县，夏六月大水，决堤一。德庆县，六月大水。

1894年（清光绪二十年），高要县，秋七月二十三日大水，银江堤决；九月初三日淫雨，临允潦涨，堤再决。四会县，八月二十六、二十七、二十八,九月初二、三、四、五等日，疾风暴雨，昼夜不息，山水大涨，冲塌民房一千四百余间。

1900 年（清光绪二十六年），罗定县，秋八月十九日大雨水，潦水陡涨数丈，漂荡民庐无算，罗镜被灾尤甚。

1902 年（清光绪二十八年），高要县，夏六月，大水，决堤三。

1903 年（清光绪二十九年），西宁（郁南）县，春三月，淫雨，阴霾匝月，东、西、北三江水齐涨，滨江田禾尽淹没。

1906 年（清光绪三十二年），高要县，春三月霖雨至夏闰四月，潦水杀稼，决堤一。怀集县，夏六月，天降淫雨，满旬方止。封开县，春夏多雨，开汛早，四月二十三日西江水位达 21.6 米。西宁（郁南）县，三月，西潦大涨。

1907 年（清光绪三十三年），封开县，夏秋多风雨，十月降水量达 202 毫米，十月十日西江水位 16 米，低水晚禾无收，冬多雨。新兴县，丁未秋九月二十七日大雨为灾。罗定县，秋九月二十四日大雨，灾。西宁（郁南）县，九月大水，灾，四乡田庐多淹塌，邑南城崩十余丈。

1908 年（清光绪三十四年），高要县，银江、白猪、头溪等围决。封开县，六月十九日西江水位 23.27 米，秋多台风影响，十月西江水位 18.33 米，晚禾无收。新兴县，秋九月，飓风大作，淫雨为灾。西宁（郁南）县，五月，西潦大涨，附城一带顿成泽国。

1909 年（清宣统元年），怀集县，春三月大水。封开县，重阳时受台风影响，十一月西江水位 12.26 米，低水晚禾受浸。新兴县，秋九月大雨，山洪暴涨。

2. 旱灾

1205 年（宋开禧元年），高要县，旱。

1221 年（宋嘉定十四年），高要县，旱。

1253 年（宋宝祐元年），高要县，夏六月旱。

1325 年（元泰定二年），新州（新兴县），夏六月旱。

1390 年（明洪武二十三年），德庆县，旱。

1460 年（明天顺四年），高要县，夏旱。

1483 年（明成化十九年），高要县，夏旱。

1507 年（明正德二年），高要县，旱。

1528 年（明嘉靖七年），高要县，大旱。新兴县，夏大旱，自春徂夏弗雨，川泽皆竭，民费耕作。四会县，夏大旱。

1536 年（明嘉靖十五年），德庆县，春正月不雨至于夏四月。

1549 年（明嘉靖二十八年），封川县，旱，思劳竹（竹名）有花实，次年枯死。

1552 年（明嘉靖三十一年），封川县，三月旱。

1560 年（明嘉靖三十九年），高要县，秋，大旱；冬，竹实。

1561 年（明嘉靖四十年），高要县，夏四月大旱。

1572 年（明隆庆六年），高要县，夏大旱。德庆县，夏大旱。新兴县，春正月不雨，夏四月乃雨。

1575 年（明万历三年），怀集县，大旱。

1585 年（明万历十三年），高要县，春旱。怀集县，秋大旱，田禾尽伤。

1593 年（明万历二十一年），高要县，秋七月旱。

1594 年（明万历二十二年），高要县，夏四月旱，秋七月潮不至。怀集县，秋旱。

1595 年（明万历二十三年），高要县，夏、秋旱。新兴县，秋大旱。

1596 年（明万历二十四年），高要县，春、夏旱。

1603 年（明万历三十一年），高要县，旱。

1604 年（明万历三十二年），高要县，大旱。

1605 年（明万历三十三年），高要县，春夏旱。

1606 年（明万历三十四年），高要县，春旱。

1610 年（明万历三十八年），封川县，五月大旱。

1617 年（明万历四十五年），高要县，春旱。怀集县，旱。

1618 年（明万历四十六年），封川县，秋大旱。

1624 年（明天启四年），高要县，春大旱。

1626 年（明天启六年），高要县，春大旱。

1628 年（明崇祯元年），高要县，春大旱。

1629年（明崇祯二年），怀集县，秋旱。高要县，大旱。

1630年（明崇祯三年），怀集县，秋旱。

1631年（明崇祯四年），新兴县，秋七月旱。

1633年（明崇祯六年），高要县，九月旱。

1671年（清康熙十年），开建县，春旱无雨，是年岁歉。

1672年（清康熙十一年），开建县，岁歉，夏旱无雨。

1678年（清康熙十七年），德庆县，旱。

1680年（清康熙十九年），开建县，秋旱。

1681年（清康熙二十年），开建县，秋旱。罗定县，秋大旱。

1687年（清康熙二十六年），德庆、开建县，秋旱，无收。

1688年（清康熙二十七年），开建县，秋旱，失收。德庆县，秋七月大旱。

1696年（清康熙三十五年），德庆县，夏四月旱。

1697年（清康熙三十六年），新兴县，春三月大旱。

1702年（清康熙四十一年），德庆县，三月旱。新兴县，春三月大旱。

1711年（清康熙五十年），新兴县，夏四月旱。

1714年（清康熙五十三年），新兴县，夏四月旱。

1715年（清康熙五十四年），德庆县，春旱。秋九月旱。

1720年（清康熙五十九年），德庆县，旱。

1721年（清康熙六十年），开建县，晚造大旱。怀集县，秋旱。德庆县，春二月旱，秋七月旱。

1722年（清康熙六十一年），德庆县，春旱。

1724年（清雍正二年），德庆县，秋八月不雨至于十有二月。

1736年（清乾隆元年），开建县，八月旱，晚禾失收。

1737年（清乾隆二年），怀集县，秋旱。

1741年（清乾隆六年），广宁县，冬不雨。

1742年（清乾隆七年），广宁县，自春正月至三月不雨。开建县，春旱，高低田亩不能下插，井泉悉涸，至立夏方雨，早造无收。怀集县，旱。德庆县，春三月旱，秋复旱。

1743年（清乾隆八年），怀集县，旱。

1745年（清乾隆十年），德庆县，冬十一月江水竭。西宁（郁南）县，冬十一月西江水竭。

1747年（清乾隆十二年），封川县，夏旱。

1748年（清乾隆十三年），新兴县，旱亢旸，四月二十三日晚乃雨。四会县，夏四月大旱，自上年九月至是不雨。

1751年（清乾隆十六年），开建县，春旱。怀集县，旱。

1755年（清乾隆二十年），开建县，春旱。新兴县，春大旱，四月十九日乃雨。

1758年（清乾隆二十三年），封川县，春甚旱，至夏乃雨。

1767年（清乾隆三十二年），开建县，晚造旱。

1772年（清乾隆三十七年），高要县，春旱，秋又旱。西宁（郁南）县，春大旱，秋又旱。

1777年（清乾隆四十二年），高要县，春大旱。

1778年（清乾隆四十三年），四会县，大旱，无麦禾。

1781年（清乾隆四十六年），封川县，八月旱。

1782年（清乾隆四十七年），封川县，七月旱。

1785年（清乾隆五十年），高要县，春三月至秋八月不雨。

1786年（清乾隆五十一年），广宁县，大旱，五谷不登。四会县，大旱，禾麦俱无。封川县，八、九月旱。

1787年（清乾隆五十二年），高要县，秋七月大旱。广宁县，四月又旱。四会县，春夏旱，无禾。

1788年（清乾隆五十三年），封川县，四月旱，七月大旱。

1789年（清乾隆五十四年），封川县，四月旱。

1794年（清乾隆五十九年），封川县，九至十二月不雨。

1808年（清嘉庆十三年），四会县，秋旱，无禾。怀集县，旱。

1809年（清嘉庆十四年），西宁（郁南）县，夏大旱。

1813年（清嘉庆十八年），德庆县，春大旱。

1814年（清嘉庆十九年），德庆县，春大旱。

1817年（清嘉庆二十二年），封川县，九月旱。

1820年（清嘉庆二十五年），广宁县，夏四月大旱。

1830年（清道光十年），怀集县，旱。封川县，夏、秋旱，无禾。

1832年（清道光十二年），四会县，夏旱。

1834年（清道光十四年），高要县，冬十月不雨，至明年夏五月。

1835年（清道光十五年），新兴县，秋旱。

1851年（清咸丰元年），四会县，夏旱。

1856年（清咸丰六年），罗定县，秋大旱。

1857年（清咸丰七年），罗定县，立夏未雨。

1877年（清光绪三年），怀集县，旱。

1881年（清光绪七年），西宁（郁南县），八月秋旱。

1882年（清光绪八年），怀集县，秋大旱，晚稻歉收。

1885年（清光绪十一年），高要县，秋八月至冬十一月不雨。

1886年（清光绪十二年），罗定县，秋大旱，井潭皆涸。德庆县，秋旱。怀集县，秋旱，晚稻失收。

1891年（清光绪十七年），西宁（郁南）县，大旱。

1898年（清光绪二十四年），四会县，春旱。封川县、开建县，二至三月干旱，总降水量8.9毫米，十到十二月干旱，滴雨未下。

1899年（清光绪二十五年），封川县、开建县，一、三月干旱，九至十二月连续降水稀少，干旱。

1900年（清光绪二十六年），封川县、开建县，一至二月干旱，八月以后降水稀少，长期干旱，全年降水量975.4毫米。

1901年（清光绪二十七年），封川县、开建县，一至二月干旱，六月高温少雨，全月降水量仅55.8毫米，十至十一月滴雨未下。

1902年（清光绪二十八年），罗定县，秋大旱。新兴县，秋七月不雨，至明年一月乃雨。封川县、开建县，从前年十月到（今年）四月干旱少雨，十月到（今年）三月6个月降水量仅达20.9毫米。四月一日，西江最低水位1.9米，到五月上旬才开始降透雨，九至十月又秋旱。

1903年（清光绪二十九年），怀集县，秋旱，晚稻歉收。封川县、开建县，十至十二月干旱少雨，3个月总降水量14.5毫米。

1904年（清光绪三十年），封川县、开建县，前一年秋冬到（今年）初春连旱，从前年十月至（今年）二月5个月降水量仅16毫米。晚秋十月又旱。

1906年（清光绪三十二年），封川县、开建县，八月旱，降水量仅17毫米，十至十二月干旱少雨，3个月降水量为11.1毫米。

1909年（清宣统元年），封川县、开建县，晚春三月大旱，降水量9.9毫米，夏五月又旱。

1911年（清宣统三年），高要县，秋七、八月大旱。

3. 风灾

1546年（明嘉靖二十五年），高要县，秋九月飓风，城楼官舍民居俱坏。

1554年（明嘉靖三十三年），高要县，秋七月飓风。德庆县，秋七月飓。

1555年（明嘉靖三十四年），四会县，飓风。

1556年（明嘉靖三十五年），封川县，六月飓风自申达旦，拔树倾屋。

1558年（明嘉靖三十七年），四会县，夏四月飓风拔木，坏庐舍。

1569年（明隆庆三年），封川县，六月大风，七日乃止。

1571年（明隆庆五年），封川县，五月大风害稼。高要县，秋九月飓风害稼。

1574年（明万历二年），高要县，八月飓风。

1575年（明万历三年），高要县，春大风雨。

1585年（明万历十三年），新兴县，秋飓风撤屋。

1588年（明万历十六年），封川县，六月飓风作。

1600年（明万历二十八年），四会县，飓风，昼夜暴雨不止，水涨，冲堤十余处，淹没田产人畜无数。

1604年（明万历三十二年），高要县，五月大水飓风。

1609年（明万历三十七年），高要县，夏六月飓风。

1626年（明天启六年），高要县，夏闰六月飓风。

1640年（明崇祯十三年），新兴县，秋七月飓风。怀集县，务本里大风发屋。

1646年（清顺治三年），怀集县，大风拔木坏屋。

1665年（清康熙四年），德庆县，三月飓。

1670年（清康熙九年），高要县，秋八月大风雨拔木。

1674年（清康熙十三年），德庆县，夏六月飓。

1677年（清康熙十六年），四会县，夏四月飓风拔木。新兴县，秋八月飓风，破屋折木；九月又飓风。

1683年（清康熙二十二年），新兴县，大雨，飓风。

1702年（清康熙四十一年），新兴县，秋八月飓风大雨

1705年（清康熙四十四年），封川县，七月飓风大雨。

1706年（清康熙四十五年），新兴县，七月十三日巳时，飓风大雨。

1707年（清康熙四十六年），新兴县，六月初六日，飓风大雨。

1708年（清康熙四十七年），新兴县，八月飓风。

1709年（清康熙四十八年），新兴县，五月二十三日，狂风大雨；八月初一卯时日蚀，辰时飓风。

1710年（清康熙四十九年），封川县，七月飓风大雨。

1714年（清康熙五十三年），新兴县，秋八月雷震，大风伤禾。

1722年（清康熙六十一年），四会县，夏六月二十五、二十六日，飓风大雨。

1723年（清雍正元年），德庆县，夏六月甲子，飓。

1728年（清雍正六年），四会县，秋七月初六日夜飓风大作，拔树毁屋。

1734年（清雍正十二年），开建县，三月二十二日大风，损民居甚多。

1747年（清乾隆十二年），四会县，秋七月初四日夜飓风大雨，至初六早风止仍大雨。

1748年（清乾隆十三年），德庆县，三月丙戌，大风拔木。

1750年（清乾隆十五年），怀集县，秋八月乙酉大风。

1753年（清乾隆十八年），开建县，九月初一日大风雨，水涨。

1757年（清乾隆二十二年），高要县，秋九月飓风。新兴县，七月十六日飓风大雨，冲损民居。

1758年（清乾隆二十三年），西宁（郁南）县，秋九月飓风。

1761年（清乾隆二十六年），四会县，秋八月初四日夜飓风大作。

1784年（清乾隆四十九年），高要县，秋七月飓风。西宁（郁南）县，秋七月飓风。

1785年（清乾隆五十年），封川县，三月大风雨，文庙墀下松树二株，围丈余，西一株拔起，压倒戟门。

1798年（清嘉庆三年），封川县，五月二十九日大风雨，吹塌学宫棂星门。

1802年（清嘉庆七年），高要县，夏五月飓风。

1805年（清嘉庆十年），广宁县，二月二十日早晨飓风，雨如瀑注，冰雹雷电交作，倾楼复屋，瓦桷皆飞，县署榄树一株，大逾合抱，根蔃悉拔。

1819年（清嘉庆二十四年），四会县，秋八月二十一日，飓风大作，晚更甚，天后宫前拔大榕树一株。

1824年（清道光四年），高要县，八月飓风三日，坏船庐。西宁（郁南）县，秋八月飓风三日。

1829年（清道光九年），高要县，秋七月初十日飓，坏船庐屋宇。

1833年（清道光十三年），高要县，夏大水飓风。高要县，七月十一日大雨九日夜，水复涨如前（是年五月十三日大水），飓风二次，堤决殆尽，坏庐无算。四会县，秋七月十六日，飓风大作，历时四昼夜。

1835年（清道光十五年），高要县，闰六月十一日飓。

1848年（清道光二十八年），高要县，秋八月初三日夜飓，九月二十三日又飓。

1854 年（清咸丰四年），怀集县，六月大风，拔树坏屋。

1861 年（清咸丰十一年），高要县，秋八月初八日飓。

1862 年（清同治元年），四会县，秋七月初一日，飓风大作。高要县，七月朔飓。

1864 年（清同治三年），四会县，秋七月飓。

1865 年（清同治四年），罗定县，秋八月壬午飓。

1867 年（清同治六年），德庆县，春二月癸卯，金林大雨雹，大风拔木，伤人畜庐舍无算。

1869 年（清同治八年），四会县，春正月大风雨，坏民房及城墙。

1873 年（清同治十二年），西宁（郁南）县，四月飓风。

1874 年（清同治十三年），高要县，秋八月十二飓，发屋，拔树。

1883 年（清光绪九年），罗定县，夏六月飓。

1896 年（清光绪二十二年），四会县，六月十九夜，飓风大作，吹倒东城女墙四丈余，民房间有坍塌，大木斯拔。

1906 年（清光绪三十二年），高要县，八月初一日飓风撼击，新江云松岭文阁上三层倒塌无余，下二层石额破裂，墙壁崩颓。

1908 年（清光绪三十四年），高要县，秋九月飓风甚雨，新兴江涨，决大小三堤。

1911 年（清宣统三年），高要县，夏闰六月朔，大水飓风，决堤一。

4. 冻灾

1417 年（明永乐十五年），四会县，冬大雪。

1532 年（明嘉靖十一年），德庆县，冬十二月雪，粤故少雪，至是四乡皆遍。

1533 年（明嘉靖十二年），德庆县，冬十二月雪。

1536 年（明嘉靖十五年），德庆县，冬闰月雪，小如珠玑，俄顷盈掬。

1584 年（明万历十二年），高要县，春正月朔，雪。

1621 年（明天启元年），高要县，春二月雨雪。

1637 年（明崇祯十年），怀集县，冬大霜。

1654 年（清顺治十一年），开建县，十一月大雪，飞花六瓣。

1656 年（清顺治十三年），开建县，正月大雪，树木皆冰，有垂条似碧琉璃，深山积雪至半月方消，开建所罕有者。

1658 年（清顺治十五年），怀集县，冬，大雨雪。

1666 年（清康熙五年），德庆县，十二月大雪。

1690 年（清康熙二十九年），怀集县，冬大风雪，深潭鱼多有冻死者。开建县，冬大雪，树木尽折，瓶缶皆冰。

1698 年（清康熙三十七年），新兴县，冬大雪。

1708 年（清康熙四十七年），德庆县，春二月陨霜。

1712 年（清康熙五十一年），开建县，八月，天雨雪，晚造失收。

1717 年（清康熙五十六年），新兴县，十二月雪。

1720 年（清康熙五十九年），新兴县，正月雪。

1729 年（清雍正七年），德庆县，春二月大雪。

1741年（清乾隆六年），开建县，冬，雨雪。

1748年（清乾隆十三年），怀集县，冬十二月大雪。

1752年（清乾隆十七年），四会县，春正月寒甚。

1758年（清乾隆二十三年），封川县，春大雪寸许。

1809年（清嘉庆十四年），肇庆府各属，冬得雪二三寸不等。

1814年（清嘉庆十九年），开建县，冬，天大雨雪，树木折者无数，地水皆冰。

1832年（清道光十二年），封川县，十一月大雪，树木多枯死。

1834年（清道光十四年），四会县，冬十二月二十二日大雪漫天如飞絮，积地四寸余。

1835年（清道光十五年），新兴县，冬十二月二十四日大雪，平地积数寸。德庆县，冬大雪。高要县，冬十二月大雪，耆旧云未尝见。

1865年（清同治四年），罗定县，冬十二月雪。

1876年（清光绪二年），罗定县，春正月，大雪。

1887年（清光绪十三年），德庆县，冬大雪。

1891年（清光绪十七年），罗定县，冬十二月大雨雪。

1892年（清光绪十八年），高要县，冬季，连续20多天霜冻，乐城、水南以及禄步的坑口、双马等一带的桂树、菠萝、大蕉、龙眼树都被冻死。新兴县，冬十一月二十八日大雪。怀集县，冬大雪，平地厚二尺有奇，山谷积雪尤深。西宁（郁南）县，冬十一月十七、十八日大雨雪，平地积雪二寸余，县境皆遍，禽兽果木多冻死。四会县，冬十一月二十八夜大雪，积地三寸余。德庆县，冬十一月二十八日大雨雪。高要县，冬十一月二十八日自大雨雪，县境皆遍，厚数寸，岩谷间数日乃解。

1900年（清光绪二十六年），罗定县，冬十二月十六日大雨雪。

1903年（清光绪二十九年），新兴县，冬大雨雪，寒甚，毙鱼甚多。

5. 雨雹灾

1536年（明嘉靖十五年），高要县，春三月大雨雹。

1537年（明嘉靖十六年），德庆县，春二月大雨雹。封川县，二月大雨雹。

1548年（明嘉靖二十七年），德庆县，春二月大雨雹。

1549年（明嘉靖二十八年），新兴县，大雨雹。

1551年（明嘉靖三十年），封川县，二月雨雹。

1556年（明嘉靖三十五年），封川县，正月雨雹。

1557年（明嘉靖三十六年），四会县，春，大雨雹。

1561年（明嘉靖四十年），四会县，春三月雨雹。

1568年（明隆庆二年），高要县，春三月雨雹，夏六月又雨雹。

1577年（明万历五年），德庆县，春二月大雨雹。开建县，三月大雨雹。

1585年（明万历十三年），新兴县，秋八月大雨雹。

1594年（明万历二十二年），怀集县，春，雹。

1609年（明万历三十七年），德庆县，春正月大雨雹，三月大雨雹。

1628年（明崇祯元年），怀集县，夏大雹。

1630年（明崇祯三年），怀集县，春大雹。

1647 年（清顺治四年），新兴县，三月雨雹。

1654 年（清顺治十一年），德庆县，十一月大雨雹。

1666 年（清康熙五年），德庆县，冬十一月雨雹。

1678 年（清康熙十七年），四会县，春闰三月大雨雹。

1683 年（清康熙二十二年），封川县，六月大雨雹。

1687 年（清康熙二十六年），德庆县，夏雨雹。

1696 年（清康熙三十五年），新兴县，夏四月大雨雹。

1701 年（清康熙四十年），德庆县，春二月大雨雹。

1709 年（清康熙四十八年），怀集县，春二月大雨雹。

1710 年（清康熙四十九年），封川县，三月大雨雹。

1711 年（清康熙五十年），新兴县，三月初九日黄昏雨雹大如榴。

1722 年（清康熙六十一年），德庆县，三月大雨雹。

1723 年（清雍正元年），德庆县，春正月大雨雹。

1734 年（清雍正十二年），德庆县，春三月大雨雹。

1737 年（清乾隆二年），广宁县，春三月二十六日夜大雹。

1744 年（清乾隆九年），怀集县，正月大雨雹，伤牛。

1747 年（清乾隆十二年），德庆县，春正月大风，雹。

1748 年（清乾隆十三年），德庆县，春正月大雨雹。

1750 年（清乾隆十五年），怀集县，冬十二月大雨雹。

1781 年（清乾隆四十六年），封川县，三月大雨雹，多坏民房。

1782 年（清乾隆四十七年），封川县，三月大雨雹。

1784 年（清乾隆四十九年），高要县，春三月雨雹。

1786 年（清乾隆五十一年），高要县，冬十二月雨雹。

1805 年（清嘉庆十年），广宁县，二月二十日早晨飓风，雨如瀑注，冰雹雷电交加。

1813 年（清嘉庆十八年），高要县，秋七月大雨雹。

1816 年（清嘉庆二十一年），高要县，春三月大雨雹如拳，坏房屋。

1817 年（清嘉庆二十二年），开建县，二月初七日夜雨雹，伤损田秧庐舍。

1824 年（清道光四年），高要县，春二月雨雹。

1867 年（清同治六年），高要县，大雨雹，伤人畜。德庆县，春二月金林大雨雹。

1869 年（清同治八年），德庆县，春二月大雨雹，金林尤甚。

1877 年（清光绪三年），西宁（郁南）县，十一月二十九夜风雨雷电雪雹并至，阴寒逾月乃解。

1878 年（清光绪四年），罗定县，春三月大风，雨雹。

1881 年（清光绪七年），怀集县，夏四月初五、六大雨雹，屋摧树拔。德庆县，春三月悦城雨雹。

1884 年（清光绪十年），罗定县，夏四月大雨雹，大者如斗，小者如卵，屋瓦多坏，城南五里尤甚。

1886 年（清光绪十二年），德庆县，春正月雷，大雨雹。

1888 年（清光绪十四年），德庆县，春二月大雨雹。高要县，春二月十二日大雨雹，大如鸡卵。

1897年（清光绪二十三年），怀集县，春雨雹。

1903年（清光绪二十九年），怀集县，春雨雹，大风拔树，冷坑、文昌等处地陷数十丈。

1906年（清光绪三十二年），罗定县，冬十二月雷电，是夜大雨雹，大者如碗，州城（今县城）及三都等处屋瓦多坏。

（二）民国时期

1. 水灾

1912年（民国元年），高要县，夏，水决冈灶围，在大坡岗段崩决95尺。

1913年（民国二年），高要县，夏，大水飓风决东河围。

1914年（民国三年），高要县，夏，大水飓风为灾，丰乐、大湾、莲塘、银江、桃溪等围均崩溃，灾情遍全县。四会县，闰五月水灾。怀集县，五月，蓝洞、沙坪、中州、大基等处被水冲坏。

1915年（民国四年），高要县，堤围崩决受灾67万亩[①]，43.95万人，损失总值152万担[②]谷。夏历五月二十七日，广福围大围崩决，下游各子围均淹没无存，溺死人命无算。又景福围决口，世屯乡适当其冲，全乡尽成泽穴。后岗乡、均田乡、陈田乡、上瑶乡、下瑶乡、隔岗乡、独石村片瓦无存。下养和围亦崩决两处，一在古场，一在古柳，塌屋数十间。四会县，农历七月，西北潦暴涨，绥江河水泛滥成灾，县内仓丰、清莲、隆伏、黄岗、大兴、丰乐、江头等围尽崩决，堤围崩决受灾6万亩，3万4千人，损失总值17万担谷。广宁县，飞鹅、企田两围崩。封开县，七月多暴雨，七月十日西江出现历史最高洪峰27.06米，江口水位26.2米，汛期长。

1916年（民国五年），高要县，夏，水决思霖、白石、乐源等三围。

1917年（民国六年），高要县，夏，水决鹅塘、岗灶两围。四会县，大水，受浸田亩5615亩，损失稻谷12580担，倒塌房屋134间。

1918年（民国七年），高要县，夏，淫雨大水，决围27条，情况与民国三年略同，景福围、大湾围幸全，惟景福围内塱水大涨，杂粮作物被淹，大湾围内基南北子围同决。

1920年（民国九年），高要县，夏，大水，决鹅塘等十围。

1921年（民国十年），高要县，夏，水决金东、乐源等两围。

1922年（民国十一年），高要县，夏，水决银江、乐源、白沙、塱新等围。

1923年（民国十二年），高要县，夏，银江围决口516尺。

1924年（民国十三年），高要县，堤围崩决受灾20.9万亩，26万人，损失总值44万担谷。夏，大水决二十七围。景福围桂林一段裂百余尺，莲塘段亦告出险，皆抢救获全。四会县，堤围崩决受灾8000亩，3000人，损失总值17000担谷。夏，绥江河水上涨，清莲围崩决，受灾稻田6989亩，损失稻谷151万多斤[③]。

---

① 1亩≈666.67平方米。

② 1担=50千克。

③ 1斤=500克。

1925 年（民国十四年），高要县，夏，水决大湾、马宁、首洞等三围。

1926 年（民国十五年），高要县，夏，水决长利、丰乐、南岸、思霖、马宁、万福、孔湾等七围。

1927 年（民国十六年），高要县，夏，水决岗灶、白沙两围。

1928 年（民国十七年），高要县，夏，水决赤塘围。同时，景福围内塱水涨，全围田禾多被淹浸。

1929 年（民国十八年），高要县，夏，水决大湾、南岸、马宁等三围。

1930 年（民国十九年），高要县，夏，水决迪塘、罗秀、下泰、孔湾等四围。

1931 年（民国二十年），高要县，夏，水决赤塘、银江、马宁、东河等四围。

1932 年（民国二十一年），高要县，夏，大水决迪塘等十围。

1933 年（民国二十二年），高要县，夏，水决陈塘、鹅塘、马宁、冈灶等四围。

1934 年（民国二十三年），高要县夏，水决马宁、冈灶两围。

1935 年（民国二十四年），高要县，堤围崩决受灾 26 万亩，9 万人，损失总值 57 万担谷。夏，大水决陈塘等十三围。四会县，堤围崩决受灾 2.4 万亩，2 万人，损失总值 5 万担谷。绥江、龙江同时上涨，江谷、龙江、马陂、石狗、仓丰、清莲等围崩决，受灾稻田 40730 亩，损失稻谷 1019 万斤。

1936 年（民国二十五年），高要县，夏，水决长利等七围。

1937 年（民国二十六年），高要县，堤围崩决，受灾 21 万亩，7.5 万人，损失总值 39 万担谷。夏，大水决盆塘等十三围。

1937 年（民国二十六年），四会县，堤围崩决受灾 2 万亩，1 万人，损失总值 5 万担谷。绥江河水上涨，清莲、隆伏两围决，受浸稻田 19403 亩，损失稻谷 420 多万斤。

1941 年（民国三十年），高要县，夏，水决首洞、塱新两围。

1942 年（民国三十一年），高要县，堤围崩决受灾 24 万亩，8.5 万人，损失总值 49 万担谷。夏，大水决迪塘等九围及大湾内基南子围，余围多数出险抢救获全。四会县，堤围崩决受灾 0.3 万亩，0.2 万人，损失总值 0.5 万担谷。夏，河水上涨，清莲围决，受浸禾田 2676 亩，损失稻谷 49 万余斤。

1944 年（民国三十三年），高要县，堤围崩决受灾 22 万亩，8.6 万人，损失总值 48 万担谷。夏，大水决盆塘等十三围及大湾堤内基南子围。四会县，堤围崩决受灾 3 万亩，0.96 万人，损失总值 8 万担谷。夏，连天大雨，绥江暴涨，柑榄、清莲、大兴围崩决，共浸稻田 28375 亩，损失稻谷 731 万余斤，其中尤以大兴围受浸最惨，受浸禾田占全县的 70% 以上。

1945 年（民国三十四年），高要县，夏，水决迪塘等五围。

1947 年（民国三十六年），高要县，堤围崩决受灾 27 万亩，14.8 万人，损失总值 95 万担谷。夏，大水决盆塘等十四围。四会县，堤围崩决受灾 4.5 万亩，2 万人，损失总值 13 万担谷。

1948 年（民国三十七年），罗定县，山洪暴发较为严重，据不完全统计，死伤 195 人，冲毁房屋 512 间，受害田亩 10500 亩，其中有 31 个乡遭不同程度的损失。

2. 旱灾

1912 年（民国元年），封川县、开建县，秋九至十一月干旱少雨、3 个月降水量 43.9

毫米。

1915 年（民国四年），封川县、开建县，春旱、四月降水量仅 41.8 毫米。

1916 年（民国五年），封川县、开建县，前年十二月到当年三月干旱少雨，四、五月降水亦偏少，十至十二月干旱少雨。

1921 年（民国十年），封川县、开建县，一至四月少雨，十至十二月干旱少雨。

1923 年（民国十二年），封川县、开建县，一至三月干旱少雨，冬旱。

1924 年（民国十三年），封川县、开建县，晚春三至四月旱少雨、开汛晚，五月西江水位仍在 11.32 米，九至十二月连旱少雨，十一、十二月滴雨未下。

1928 年（民国十七年），封川县、开建县，春雨少、旱。开汛迟，四月西江水位 4.4 米。九月以后少雨有秋旱，全年降水少，仅 995.7 毫米。

1929 年（民国十八年），封川县、开建县，三月旱、月降水 13 毫米，开汛迟，六月西江水位 14.6 米以下。

1931 年（民国二十年），封川县、开建县，九至十一月少雨，旱。

1933 年（民国二十二年），封川县、开建县，自去冬十一月至（今年）四月降水量偏少，三月雨量仅 40.3 毫米，春插春种受影响，十月以后又旱。

1936 年（民国二十五年），封川县、开建县，三、四月干旱少雨，三月雨量仅 39.4 毫米，秋旱严重、十月雨量 3.8 毫米，全年总降水不足 900 毫米。

1937 年（民国二十六年），封川县、开建县，秋冬干旱少雨，其中十月滴雨未下。

1938 年（民国二十七年），封开县、开建县，春旱严重，四月降水 41.5 毫米。（本年）除九月外，其余各月雨量均偏少，年总雨量仅 870.3 毫米。

1939 年（民国二十八年），封川县、开建县，春季干旱少雨，二月雨量 17.8 毫米、三月 38.6 毫米、四、五月雨量继续偏少。

1942 年（民国三十一年），高要县，入秋久旱不雨。

1943 年（民国三十二年），罗定县，旱、禾苗干枯、禾稻失收。封川县、开建县，一至二月干旱少雨、四月又旱、仅 57.6 毫米，妨碍春耕春种、已插禾苗也枯死，秋八月旱，月雨量 0.4 毫米。高要县，冬连春旱，长达 120 天无透雨，竹树开花，田土龟裂、北部山区的坑水也枯竭，立夏才成水、无法依时插秧、全县不少禾田荒弃，早造收成甚差。

1945 年（民国三十四年），封川县、开建县，春夏酷热干旱，秋九、十月干旱少雨。

1946 年（民国三十五年），高要县、四会县，四、五月旱。高要县，旱、竹有花实，夏禾失收。封川县、开建县，早春干旱少雨，二月雨量 0.6 毫米，三月缺水播秧，春苗枯死，九至十一月干旱少雨，十月降水 0.3 毫米。郁南县，全县受旱面积 9.6 万亩，旱地 2 万亩，人口 10 万人，占全县人口一半左右。罗定县，天大旱，赤地千里，全县早造有 30.7 万亩农田插不下。云浮县，春旱面积达 16.5 万亩，成灾面积 16.5 万亩。新兴县，早造大旱，旱期持续 3 个多月。水稻受灾面积 19.5 万余亩。

1947 年（民国三十六年），封川县、开建县，八月以后转干旱、少雨，十月雨量仅 0.1 毫米。

3. 风灾

1913 年（民国二年），高要县，夏大水，飓风。

1923 年（民国十二年），高要县，五月二十三、四两日飓风为灾。

1931 年（民国二十年），高要县，三月二十七日夜九时狂风突由三门凹吹至九区白石二社村祠宗摧毁如平地，塌房屋 25 间，堤畔树木大如拱，亦被吹断，飘至江心，其他各村无恙。

1937 年（民国二十六年），高要县，三月中旬，金利的禄村出现龙卷。

4. 冻灾

1916 年（民国五年），封川县、开建县，早春大寒潮，冬大冷，有雪。

1917 年（民国六年），封川县、开建县，一月冷，降棉花雪，秋冷早。

1947 年（民国三十六年），封川县、开建县，早春暖，晚春冷，二月二十一日奇寒降雪，初冬大冷。

1948 年（民国三十七年），封川县、开建县，早春奇冷，高山积雪，二月三日寒潮，春插烂秧。

5. 雨雹灾

1914 年（民国三年），高要县，三月二十五日大雨雹，一区各乡民房损坏无数。

附录二 1949—2021年肇庆市历年主要气象灾害*

（一）1949—1958年

1. 水灾

1949年，江门专区洪水崩堤43条，占原有堤围的70%，其中（捍卫）万亩以上11条，受灾584950亩，人口274065人，损失稻谷139万担。早造遭受空前大水，沿江较大基围52条崩决39条，受灾面积551227亩，灾民达258914人，晚造又遭旱灾，普遍歉收。高要县，夏，大水，全县42条堤围已崩决36条，四区两造失收，水浸稻田62800多亩。四会县，绥江、龙江同时泛滥，隆伏、黄岗、大兴、丰乐、白鹤、龙江、马陂等围崩决，受浸稻田65219亩，损失稻谷1560万余斤。开建县，一、二、三区的一部分地区春潦水暴涨，排泄不通，各区低下之田禾被浸31200余亩，被浸时间五天，酿成巨灾。

1950年，西江专区，夏，水灾，沿江50条堤围90%溃决，受灾40.4万亩，两造失收，死亡300余人，灾民22.5万人，损失房屋3700多间，其中以高要县最惨。

1951年，高要县，涝灾13.12万亩，其中水田13.12万亩；成灾8.43万亩，其中水田8.43万亩。四会县，涝灾7.33万亩，其中水田7.33万亩；成灾2.69万亩，其中水田2.69万亩。德庆县，洪灾1.8万亩，其中水田1.8万亩；成灾0.8万亩，其中水田0.8万亩。云浮县，洪灾0.36万亩，其中水田0.36万亩；成灾0.14万亩。新兴县，8月8日受第14号台风外围影响，8日最大降水量125毫米。肇庆市，涝灾0.41万亩，其中水田0.41万亩；成灾0.41万亩，其中水田0.41万亩。

1952年，高要县，水灾乡16个，5万人，8万亩（占种植面积的9%），损失总值16.8万担谷。广四县（原四会境内），水灾乡12个，2.8万人，2.98万亩（占种植面积的11%），损失总值3.4万担谷。封开县，7、8月台风多，9月江口水位仍在15.41米，全年受灾62080亩，其中损失3成以上36350亩，损失粮食19500担，其中稻谷16500担。德庆县，洪灾1.5万亩，其中水田1.5万亩；成灾0.95万亩，其中水田0.95万亩。郁南县，一、二、三、四

* 该部分内容节选自1985年广东省肇庆地区档案馆编纂的《肇庆地区自然灾害史料》、中国气象局开发的《气象灾害管理系统》、气象出版社出版的《中国气象灾害大典·广东卷》、广东省肇庆地区档案馆编纂的《肇庆地区自然灾害史料》，以及肇庆市气象局收集的历史灾情相关资料。

区受灾1123亩。云浮县，洪灾3.04万亩，其中水田3.01万亩；成灾1.06万亩，其中水田0.88万亩。新兴县，夏收前后遭遇暴雨及连日大雨，河流急涨，冲毁、冲崩陂30座，基围3条，山塘一片，6227亩水田受灾，16200多亩受影响。

1953年，高要县，水灾乡16个，7万人，6.8万亩（占种植面积的8%），损失总值13.7万担谷。广四县（原四会境内），水灾乡9个，2.5万人，3万亩（占种植面积的12.3%），损失总值4.3万担谷。怀集县，洪灾1.73万亩，其中水田1.38万亩；成灾0.69万亩，其中水田0.55万亩。封开县，5月涝，12月降水特别多，达176.2毫米。全年水灾6.88万亩，损失粮食3.4万担。德庆县，洪灾1.17万亩，其中水田1.17万亩；成灾0.65万亩，其中水田0.65万亩。郁南县，水灾乡16个，5万人，1.4万亩（占种植面积的5.5%），损失总值2.2万担谷。云浮县，全县受灾7291亩，失收794亩，死亡3人，崩基围22条。

1954年，高要县，水灾乡16个，11万人，8万亩（占种植面积的9%），损失总值16.2万担谷。广四县（原四会境内），水灾乡8个，2.5万人，3.3万亩（占种植面积的13.5%），损失总值4.1万担谷。广四县（原广宁境内），4月24日22时30分，连续3小时暴雨后发生山洪暴发，被洪水浸死（塌屋压死）的有33人，重伤13人，轻伤42人，被浸稻田7.4万亩，倒塌房屋410间，损失国家财产达5.2亿元。封开县，先后受水灾两次，第一次在4月下旬，全县受淹、水冲稻田23741亩，山塘42个，崩屋压死3人；第二次在6月下旬，受淹13000亩，估计损失粮食32万斤。德庆县，洪灾3.85万亩，其中水田3.1万亩；成灾1.5万亩，其中水田1.5万亩。郁南县，水灾乡16个，5.1万人，2万亩（占种植面积的7.7%），损失总值4万担谷。罗定县，洪灾0.5万亩，其中水田0.5万亩。云浮县，水灾乡21个，5万人，1.4万亩（占种植面积的4.8%），损失总值5.6万担谷。新兴县，8月29日受第13号强台风影响，降大暴雨，日雨量155毫米，造成山洪暴发，河水上涨，内涝严重，受浸农田3万亩，全县冲崩陂坝、堤围、山塘共189处，城关镇粮局前紫铜围决。怀集县，洪灾4.07万亩，其中水田3.25万亩；成灾2.04万亩，其中水田1.63万亩。

1955年，高要县，水灾乡12个，7.5万人，5万亩（占种植面积的6%），损失总值11万担谷。四会县，水灾乡22个，6.2万人，8.6万亩（占种植面积的32%），损失总值21.48万担谷。广宁县，7月18—21日全县普遍连续降暴雨，全县106个乡，受灾的达40个。受灾稻田27800亩，占全县总耕地面积的11%。受灾户18064户、67860人，因灾死亡5人。怀集县，水灾乡21个，1万人，14.2万亩，占种植面积的33.8%。封开县（原封川境内），水灾乡9个，0.9万人，1.8万亩，占种植面积的15%。损失总值0.2万担谷。郁南县，水灾乡7个，4.7万人，1.2万亩，占种植面积的4.7%，损失总值1.8万担谷。云浮县，5月上旬、6月上旬、7月上旬，沿江一区7个乡、二区6个乡、六区3个乡，因西江水涨，沿江基围均已漫顶或冲毁，损失较大。3个区受灾面积14000亩，其中旱地971亩。新兴县，7月12日0时突下倾盆大雨，历时10个多小时，至10时48分共降水153.3毫米，致使山洪暴发。全县受淹70个乡，严重的23个乡，全县受浸农田75650亩，其中稻田36883亩（被冲毁1057亩），经济作物受灾38767亩（其中冲毁241亩），淹没鱼塘1324亩，冲崩房屋45间，大小桥梁53座。德庆县，洪灾1.28万亩，其中水田0.79万亩；成灾0.01万亩，其中水田0.01万亩。

1956年，高要专区5月、6月出现洪峰，全区总计受浸151836亩，损失产量3660万斤。高要县，洪灾0.18万亩，涝灾11.47万亩。四会县，水灾乡6个，1.8万人，1.1万亩（占种植面积的 4%)。广宁县，洪灾 0.25 万亩，其中水田 0.25 万亩；成灾 0.25 万亩。怀集县，7 月水灾，全县被浸稻田有 11.5 万亩，其中全部损失的有 1.1 万亩。封开县，洪灾 5.98 万亩，其中水田 4.7 万亩；成灾 3.22 万亩，其中水田 2.4 万亩。德庆县，全县 5 月、6 月总计受浸 34188 亩，损失产量 714.8 万斤，其中水田 34188 亩，损失产量 714.8 万斤。郁南县，洪灾 4.57 万亩，其中水田 3.71 万亩；成灾 3.65 万亩，其中水田 2.97 万亩。云浮县，水灾乡 21 个，4 万人，受灾面积 1.4 万亩（占种植面积的 5%），损失 6.9 万担谷。

1957 年，高要专区，上半年全区 11 个县受洪水袭击面积 19.7 万亩，其中全部失收 7.9 万亩，其中郁南、德庆、四会、广宁 4 个县受灾有 43584 户，169561 人。全区冲倒房屋 768 间，损坏大小水利 1 万处，死亡 21 人。全区各县中小河流在该年 7 月以来，因暴风雨连续带来了 3 次山洪暴发，先后冲毁了不少水利工程，使农业生产上遭受了不同程度的损失，尤以 9 月台风带来的暴雨山洪危害较大。

2. 旱灾

1950 年，德庆县，全年旱灾面积 0.25 万亩，其中水田 0.25 万亩，成灾水田 0.13 万亩。罗定县，全年旱灾面积 16 万亩，其中水田 16 万亩，成灾水田 12.5 万亩。新兴县，旱灾发生于春耕前，致使全县稻田不能按时下插，影响早造收成。其中以五区受灾最大。

1951 年，德庆县，全年水稻受灾面积 2 万亩，其中成灾 0.45 万亩。

1952 年，高要县，全年旱灾 9.68 万亩，其中水田 8.34 万亩；成灾 3.97 万亩，其中水田 3.23 万亩。广四县（原四会县境内）全年旱灾 7.68 万亩，其中水田 7.68 万亩，成灾水田 1.04 万亩。德庆县，全年旱灾 1.1 万亩，其中水田 1.1 万亩，成灾水田 0.3 万亩。罗定县，全年旱灾 12.5 万亩，其中水田 12.5 万亩，成灾水田 12.5 万亩。云浮县，春旱水稻 0.55 万亩，其中旱死 0.11 万亩；9 月，秋旱水稻 0.55 万亩。

1953 年，新兴县，夏收以来受旱，至 8 月 1 日统计，全县受旱达 4.25 万亩，晒死秧苗折谷种达 4000 斤。封开县，4 月少雨，6—8 月降雨偏少，晚禾缺水插田或插下受旱，全年旱灾面积 7.94 万亩。

1954 年，高要县，全年旱灾 12.51 万亩，其中水田 8.73 万亩；成灾 5.92 万亩，其中水田 5.13 万亩。四会县，全年旱灾 7.55 万亩，其中水田 7.55 万亩，成灾 1.29 万亩。广宁县，全年旱灾 0.92 万亩，其中水田 0.92 万亩。怀集县，全年旱灾 9.4 万亩，其中水田 6.58 万亩；成灾 4.71 万亩，其中水田 3.29 万亩。封开县，全年旱灾 5.77 万亩。德庆县，全年旱灾 2.13 万亩，其中水田 2.13 万亩，成灾水田 0.91 万亩。郁南县，全年旱灾 3.52 万亩，其中水田 3.2 万亩；成灾 1.94 万亩，其中水田 1.76 万亩。罗定县，全年旱灾水田 9 万亩，其中旱死 4.5 万亩。云浮县，春旱 23 个乡，受旱面积 1.24 万亩，损失粮食 1.14 万担，秋旱 1.2 万亩。新兴县，夏至以后，旱情不断扩大，影响夏耕工作进行，至 7 月 30 日，全县受旱面积 6.09 万亩。

1955 年，高要县，全年旱灾 27.96 万亩，其中水田 24.66 万亩；成灾 18.66 万亩，其中水田 15.97 万亩。四会县，春旱受旱 18.30 万亩，占下种面积的 20% 左右。秋旱面积 6.25 万亩，严重威胁禾苗抽穗扬花。广宁县，全县受旱稻田达 8.4 万亩（约占全县稻田面积的 33.4%）秧田 0.49 万亩，旱熟作物 3 万亩。怀集县，全年旱灾 24.96 万亩，其中水田 17.47 万亩；成灾 15.81 万亩，其中水田 11.06 万亩。封开县，1 月、2 月、4 月干旱少雨，全年旱灾 18.38 万亩。德庆县，全年旱灾 10.85 万亩，其中水田 8.8 万亩；成灾 0.67 万亩，其中水田0.67万亩。郁南县，全年旱灾11.82万亩，其中水田7.84万亩；成灾6.5万亩，其中水田4.31万亩。罗定县，春、夏、秋三季都不同程度受旱，以春旱最严重，全县受旱达24万亩，严重的20万亩。云浮县，全年旱情严重，秋旱持续50多天，受灾乡127个。新兴县，全年旱灾22.06万亩，其中水田22.06万亩，成灾水田10.4万亩。肇庆镇，全年旱灾3.25万亩，其中水田3.25万亩，成灾水田2.55万亩。

1956年，高要县，2月中旬至4月下旬完全没有下雨，全县受旱面积达40万亩，占早造应插面积的16%。封开县，晚造受旱严重受旱稻田6.48万亩，占全县总田亩的53%。

1957年，高要县，秋旱受灾19.68万亩。

3. 风灾

1950年，云浮县，二区4月发生风灾，损失粮食：都骑乡21万斤，杨柳乡44万斤，方平乡1.99万斤，降源乡0.4万斤。

1951年，开建县，发生风灾，损失早熟作物3～5成。新兴县，8月2日，三区东水乡风灾，损害面积100亩，估计损失稻谷12000斤；上半年城关镇风灾损失稻谷3170斤。

1952年，广四县，十二区马房乡于8月29日晚上突遭风灾袭击，倒塌茅房8间、空坯16间，压伤理发工人、贫农各1人，吹沉小艇2艘，艇上生产工具与家私全部丢于河上，并跌死女孩1人，据不完全统计，损失1200万元以上。德庆县，因冷锋过境，3月16日晚，官圩、马圩、悦城、九市、凤村等地风暴和冰雹维持近两小时，袭击的中心是马圩地区。全县塌房102间，全部揭瓦1977间，损失农作物2770亩，秧苗664亩，死1人。

1954年，高要县，4月17日发生9级大风，肇庆镇电灯线被击坏，全镇电灯无光。8月30日台风最大平均风速每秒12.5米，西江肇庆对岸沉没六吨木船1只，沉小木船1只，溺死6人。郁南县，全县风灾13236亩。新兴县，8月29日受13号强台风影响，降大暴雨，日雨量155毫米，受浸农田3万亩，全县冲崩堤坝、堤围、山塘189处，城关镇粮局前紫铜围决。

1955年，郁南县，全县风灾12371亩。

1956年，郁南县，全县风灾10026亩。

1957年，高要县，4月，新桥与白诸间出现龙卷，麻风院被吹倒房屋几间，死亡数人。9月22日、23日受台风袭击，平均风力10～11级，最大12级以上。封川县，9月22日遭10多年来未有过的飓风，摧毁禾苗2800亩，受灾稻田7200亩，经济作物435亩，倒塌房屋210间，压死1人。云浮县，9月22日，受台风影响，风力7～8级并有暴雨，全县倒住屋776间，农作物受到严重损失。新兴县，第19号强台风移经该县，9月22、23日狂风大雨，全县淹田11.98万亩，倒塌房屋2116间，死亡15人，冲毁桥梁46座，损失总值38538担谷。

4. 冻灾

1951年，封川县、开建县，去冬冷期长，强寒潮延至今年1月底，冰雪重，冻死鲮鱼，2月下旬至3月上旬烂秧严重。德庆县，秧苗冻死50%。新兴县，2月中旬至3月上旬气温低，阴雨连绵，早造烂种烂秧严重。云浮县，春季严重低温阴雨，出现烂秧死秧，冻死耕牛，全县估计损失谷种80万斤左右。

1952年，封川县、开建县，2月中旬强寒潮侵袭，水面结冰，冻死耕牛。

1954年，封开县，1月下旬和2月底到3月初强寒潮，造成低温阴雨严重。新兴县，由于去冬严寒侵袭，农村冬种作物很多被冻害，以致减产或失收（番薯、马铃薯为多）。

1955年，高要县，从去年12月29日入侵至1月11日结束的寒潮，是有记录以来影响最大的一次。气温从22.9 ℃降到－1 ℃，全县出现霜冻和结冰，北部低山地区冰层厚达半寸以上，水南和九坑山区的小池塘冰层可行人（估计该地最低气温达－4～－5 ℃，当年越冬作物受到严重的危害。封开县，冬春奇寒，1月12日最低气温－6.1 ℃，是自1893年以来60年一遇，霜冻重。云浮县，1月冻害严重，晚上室外气温在0 ℃以下，1月12日统计，全县冻死马铃薯3146亩，冬番薯2234亩。1月17日统计，六、九两区冻死耕牛50头。家藏种子均不同程度冻坏，据检查宁坡乡的家藏种子发芽率只有60%。

1956年，封开县，自去冬11月下旬寒潮入侵，霜日较多，2月中旬又寒潮，"雨水"前后出现低温阴雨，烂秧。

1957年，高要县，2月县城结冰3天。封开县，去冬冷，霜多，2月上旬寒潮入侵，山区雨凇严重，低温阴雨3月中旬才结束，全县烂秧严重，造成季节推迟（指延误农时）。云浮县，春季低温阴雨，冻死耕牛，死秧损失种子达90万斤。新兴县，2月上旬至3月中旬，异冷，阴雨连绵，造成烂种烂秧。

5. 雨雹灾

1950年，德庆县，清明前后西江两次降大冰雹，德庆县灾害最惨，死伤人畜和打烂房屋作物很多，航行在西南线的福利渡沉没。德庆县，全县一、二、三、五区雹灾户7573户，26446人，死伤5人，受灾禾苗4327亩，杂粮990亩，崩围1069丈。3月、4月，全县27个乡村受雹总面积6952亩，损失（包括物件）估价796899万元（旧币）。

1952年，郁南县，4月5日、6日大风雨冰雹，六区宁波乡、五区白石乡农作物损失达80%。新兴县，3月降大雨雹，车岗一带为最严重，很多房屋瓦面被打穿。

1957年，高要县，5月，乐城公社河社大队下直径10厘米左右的冰雹，并伴有大风雨，约5分钟时间，房屋瓦面被打烂，农作物受摧残不少，冰雹打死黄牛1头。

（二）1958—2021年

（**灾情统计说明：**1958年9月，肇庆市气象局的前身高要专区肇庆气象台成立，专区所辖10个县已有7个县建立了气象站，有了相对规范、稳定的气象记录。至1965年1月，高要、怀集、广宁、德庆、罗定、新兴、封开、四会、郁南、云浮10县均建立了气象站。1994年4月，云浮地级市成立，新兴、郁南、罗定归云浮市管辖。1997年1月，肇庆、云浮两市气象部门正式分开运作。）

1958年

高要，入春以来受旱15万亩，9月下旬受旱34万亩。

4月4日，广四县五和乡遭暴风雨袭击，受灾面积2111亩，各种木材损失值29457元，塌房67间，小麦损失24500斤，死1人。

怀建县，4月25日晚出现大风和冰雹，受灾7个乡，损毁民房6700余间，死1人，重伤 2 人，轻伤 5 人。

德封县，雹灾，打坏房屋 3269 间，打伤 32 人，损坏农作物 6492 亩。

高要县，9 月连续遭受 4 次台风侵袭。9 月 2 日，倒塌房屋 1174 间，死 6 人，伤 11 人。9 月台风雨，四会县倒塌房屋 592 间；广宁县倒塌房屋 17 间，伤 1 人；怀集县倒塌房屋 30 间；封川县倒塌房屋 293 间；开建县倒塌房屋 125 间，伤 1 人；德庆县倒塌房屋 7 间，死 2 人，伤 1 人。

1959 年

德封县、怀集县，2 月中旬寒潮入侵，持续低温阴雨，早稻烂秧，耕牛冻死。

怀集县，2 月 17 日 21 时左右，出现大风和冰雹。怀城公社受灾，吹烂民房 215 间，损失杂物等约值 5000 元，死亡 2 人，重伤 6 人，轻伤 39 人，全社损失秧苗 1240 亩，红豆 1240 亩，油菜 1080 亩，冬禾 1060 亩。

5 月 15—25 日，高要洪灾，水稻严重损失 25736 亩，全部冲浸死 242564 亩。受浸经济作物和早熟作物 3808 亩。

6 月 10—27 日，降雨持续多天，广四县决小型塘库 72 座，全县受灾农户有 36858 户，淹没稻田 222362 亩。

6 月 24 日，西江出现洪水，高要受浸早稻 27 万亩；浸死晚造秧苗 5289 亩，损失谷种 41 万斤；经济作物损失约 55 万元，淹没鱼塘损失约 180 万元；堤围塱基崩塌漫顶和主动决堤 119 条；受浸农户 125354 人，塌房 427 间，死 13 人。

6 月，怀集县受洪灾，受浸稻田 47475 亩，水稻被冲走 1232 亩，稻田被沙堆 454 亩；秧苗受淹 5000 亩，其他经济作物受淹 1228 亩；山塘崩 50 个，水圳崩 399 条；受淹房屋 1475 户，6637 人，倒塌房屋 505 间；死亡 1 人，伤 4 人，牲畜压死 12 头，鱼塘损失鱼 599031 条；杉木冲走 48310 条，竹冲走 3200 担，5 个公社 130710 人受灾，受灾田亩 7902.4 亩。

1960 年

德封县，2 月 11 日 17 时，江口、杏花、渔涝、官圩等地普遍发生雹灾。

广四县，3 月 10 日，出现大风、冰雹，大沙黄岗大队吹坏房屋草棚 127 间，伤 15 人。

德封县，3 月间发生雹灾，39 个大队受灾，受灾农作物 5622 亩，损坏房屋 3265 间，伤 32 人。

德封县，3、5 月部分地区遭受两次冰雹和台风袭击，打伤 32 人，打坏房屋 5965 间，损失经济作物 5662 亩。

5 月 3 日下午，高要县、肇庆（镇）一带出现大风。据查高要县沉船 6 艘，淹死 2 人，倒塌房屋 77 间，刮烂屋瓦 139 间，伤 20 人。广四县，5 月 3 日出现大风和冰雹，县拖拉机站塌房 1 座，压伤 7 人。

肇庆镇，早造风灾面积 2080 亩，损失 2 万元左右。

德封县全年受水灾农作物 77370 亩，受灾 2820 户，8452 人，死亡 5 人，伤 7 人。受浸村庄、圩镇 95 个，房屋 3333 间，倒塌 330 间。8 月上、下旬两次大雨，有 8 个公社 58 个大队受灾，受灾面积 25999 亩（稻田）。损失耕牛 3 头，倒塌房屋 827 间，冲崩山塘 21 宗，死亡 1 人。

怀集县全年洪灾受灾3.425万亩，成灾0.23万亩。

1961年

广四县，1月17日结冰，重霜。

德封县，怀集县早春大冷，1月寒潮入侵2～3次，降温急，霜冻严重。

4月18—25日，德庆全县连日降雨，山洪暴发，江河猛涨，沿江经济作物和低水稻田全部受浸。全县受灾大队192个。崩决河堤36段，堤围10条。受浸稻田83500亩。受浸村庄27个，房屋3893间，死4人，伤6人。被浸仓库1个，损失稻谷6万斤，冲走木材1360立方米。

4月21—25日，高要连降暴雨，26日出现洪峰，淹没村庄9个，房屋1350间，塌127间。受淹水稻28万亩。受淹经济作物、杂粮2万亩。

四会县，7月14日晚22时—22时30分出现大风，吹坏民房216间。

9月29日—10月1日，肇庆市、高要、四会、德庆遭受暴风雨袭击。肇庆市受灾农作物6411亩，塌房22间，伤2人。高要受灾农作物221735亩，塌房514间，死30人，伤17人。四会受灾农作物1192亩，塌房5间，伤2人。德庆受浸水稻3万多亩，塌房107间，冲垮山塘水库等205处。

肇庆市全年旱灾0.01万亩。

1962年

德庆县，1月26—29日，受寒潮影响，冻死耕牛73头，14亩番薯受轻冻害。

德庆县，3月16日晚10时发生风雨雹灾，有5个公社倒塌房屋102间，打烂瓦面的房屋1977间，受灾农作物2770亩，死2人，伤14人。

高要县，4月受旱16.89万亩，5月受旱12.3万亩。

肇庆专区，5月有8个县（市）受雹风雨袭击，受灾农作物24万多亩，倒塌房屋638间，死7人，伤38人。

5月5日，怀集县暴风骤雨，吹坏住房1295间。5月14—19日，连续暴雨，怀集受浸农作物77139亩，受浸房屋5113间，塌543间，损失鱼131343尾，冲走杉木14140立方米，死4人，伤5人。

6月22日起，西江、贺江出现洪水。封开受灾12个公社，56000人。受浸农作物45367亩，崩堤围4条，受淹村庄165个，淹死1人。

7月3日，高要出现洪水。13个公社受灾，32733人，受淹房屋14845间，倒塌2340间。受淹农作物15万亩。被淹晚造秧苗1674亩，鱼塘2095亩。

高要县，9月1日，受第13号台风影响，19个公社受浸和被山洪冲坏禾苗87940亩，浸死番薯1303亩，吹倒木薯5718亩，损坏山塘、坡圳等大小型水利110多宗。全塌房屋215间，损坏房屋662间，伤1人。

德庆，全年雹灾面积2770亩。

1963年

高要县，由于连日霜冻、结冰，冬薯受害7832亩，马铃294亩。

四会县，5 月 5 日，石狗、下茅出现雷雨大风和冰雹，石狗卫生院 1 人被雷击，下茅公社马破大队雷击死 1 人。

封开县，5 月 6 日下午，泗科公社岐岭大队出现暴风雨、冰雹袭击，打死打伤秧苗 901 亩，打死打伤杂粮 344 亩。

怀集县，5 月 7 日下午出现大风、冰雹、大雨，造成塌房压死 4 人，伤 82 人；打死耕牛 9 条，吹倒房屋 38 间，吹坏 2931 间。

封开县 6 月出现干旱。全县无水插秧 1 万亩。至 8 月 16 日止，受旱 4.8 万亩，成灾 4.08 万亩，减产粮食 680 万斤。

封开县，全年风雹成灾 1184 亩。怀集县，全年风雹成灾 17290 亩。

高要全年水灾 3420 亩，成灾 2760 亩。四会全年水灾 4600 亩，成灾 2035 亩。广宁全年水灾 1625 亩，成灾 852 亩。怀集全年水灾 37463 亩，成灾 10309 亩。德庆全年水灾 9375 亩，成灾 4116 亩。

1964 年

5 月 28 日，受第 2 号台风影响，高要县出现特大暴雨，受浸田 12 万多亩，失收 25000 多亩；倒塌房屋 1510 间；四会县受浸田 32180 亩，成灾 27209 亩，倒塌房屋 337 间，压死压伤各 1 人。

6 月，由于西江、绥江上游普降暴雨，两江水位急剧上涨。全区洪水浸田 102602 亩，冲毁公路桥 43 座，损坏房屋 6237 间。四会受浸房屋 5559 间，倒塌 144 间。封开有 5 个沿江公社受浸稻田 9287 亩；有 5 个公社因山洪受浸 10200 亩。德庆沿江公社受浸稻田 7782 亩；另有多个公社因山洪受浸 5350 亩。怀集受灾农田 21070 亩，冲塌桥梁 4 座。广宁受灾稻田 10470 亩，崩决桥梁 39 座，受浸房屋 678 间。

8 月 9 日，受第 11 号台风影响，高要出现暴雨。损失禾苗 6.6 万亩，吹坏瓦面 289 间，伤 2 人，冲崩桥梁 23 座；冲坏陂头 24 条；损失经济作物 1618 亩。四会县吹倒房屋 70 多间，吹坏瓦面 1500 多间，内涝积水受浸晚稻 24493 亩。德庆县损失禾苗 0.39 万亩。肇庆市损失禾苗 0.13 万亩。

9 月 5 日，受第 15 号台风影响，据高要、四会、广宁、云浮、新兴、肇庆六县（市）统计，损坏房屋 2480 间，受浸水稻 160555 亩，死 2 人，伤 21 人。高要县受灾禾苗 10 万亩，倒塌房屋 706 间，淹死 1 人，伤 10 人。肇庆市倒塌房屋 42 间，受涝水稻 8933 亩；蔬菜受害 594 亩，倒伏甘蔗 794 亩，毁艇 4 只，电死 1 人，电伤 2 人。广宁县受浸禾苗 475 亩，冲坏木薯 1702 亩，番薯 15 亩，倒塌房屋 12 间，轻伤 4 人。四会县倒塌房屋 572 间，冲崩坡圳 109 宗，毁坏桥梁 5 座，受灾经济作物 446 亩，受浸水稻 32893 亩，轻伤 5 人，死 2 人。

9 月中旬，受第 16 号台风影响，高要受浸 13.6 万亩，四会县受浸 3.8 万亩。

怀集县，全年风灾面积 4505 亩，成灾 4505 亩。

怀集县，雹灾面积 3150 亩，成灾 3150 亩。

广宁县，受旱 1.4 万亩，成灾 1.1 万亩。

1965 年

德庆县，4 月 4 日，风、雨、雹灾袭击德城镇和新圩、马圩、凤村 3 个公社，倒塌房屋

59间，冲走禾苗2800亩，秧苗450亩，瓜菜400多亩，伤4人。

怀集县，4月9日4时10—16分，县气象站出现雷雨和冰雹，倒塌房屋306间，损坏6767间，损坏播下稻田4000～5000亩，春播作物2500～3000亩；死3人，重伤55人，轻伤40人。封开，4月9日凌晨1时左右，长安公社、渡头公社等地，出现雷雨大风和冰雹，打死打伤玉米137亩，生烟30多亩，花生12亩。

四会县，7月15日20时，大沙公社马房大队出现龙卷，死1人，重伤6人，轻伤39人，摧毁民房17间，倒塌3间。公社共损失人民币30万元。全年风灾面积1815亩。

肇庆专区，10月6日，受第21号台风影响，云浮县、新兴县、高要县出现大暴雨。这3个县受灾较重的有17个公社，2万人，受浸水稻16.7万亩，失收0.9万亩，死7人，伤9人，倒塌房屋1241间，国家损失粮食9万斤。

封开县受旱面积8.76万亩，其中成灾2.2万亩，减产粮食550万斤。

1966年

封开县自1965年立秋到1966年3月全县受旱10.07万亩，5月受旱稻田5.04万亩，10月受旱稻田8.71万亩。

封开县，2月22—25日，受强冷空气影响，冻死耕牛12头。

封开县，3月7—10日，受冷空气影响，死秧267亩。

怀集县，4月4日晨4时，北部地区遭大风骤雨冰雹侵袭，被大风刮去瓦面和冰雹打烂的房屋共782间。

怀集、德庆，4月25日出现大风和冰雹，秀林大队吹坏房屋103间，播植公社龙福大队受灾562人，吹折禾苗480亩。

广宁县，4月27日14—15时，赤坑公社下了一场冰雹，受灾人口1333人，损坏房屋45座，禾苗被冲打357亩，打烂住房45座，打坏禾苗795亩，触电死2人。

高要县，4月28日小湘公社下冰雹，打伤禾苗300亩，永安公社倒塌水利工地民房2间，伤326人，重伤3人。封开县，4月28日，3个大队出现龙卷、冰雹、大雨，倒屋36间，打坏瓦面的房屋319间，死伤各1人；受害作物1675亩。

6月11日—7月18日，受强降雨影响，高要受灾人口44139人；受浸房屋2764间，死4人，伤1人；受灾水稻51700亩，经济作物11900亩。四会受灾人口45871人；受浸房屋489间；死1人；受灾水稻35000亩，经济作物3000亩；鱼塘2806亩。广宁受灾人口115798人；受浸房屋1318间；死4人，伤26人；受灾水稻43600亩，鱼塘269亩。怀集受灾公社5个，大队10个；塌房37间；受灾水稻32200亩，经济作物700亩。德庆受灾人口47573人；塌房258间，死4人，伤2人；受灾水稻45100亩，经济作物11200亩；受灾鱼塘1100亩。

6月上旬至7月中旬，沿西江、贺江的封开的6个乡镇遭受3次洪水袭击。封开受灾39782人；受浸村庄76个，房屋2803间。受浸水稻23055亩，旱地作物6541亩。总计损失稻谷423万斤，淹死1人。

6月11日晚至12日上午，封开出现大暴雨，倒塌房屋172间，冲崩水圳820条，冲毁桥梁8座，受浸农作物4.16万亩。

四会县，7月14日，台风影响，出现暴雨，倒塌房屋69间，受灾稻田4406亩。

四会县，9月29日17时，江谷公社江和大队扬村附近出现龙卷，塌房死亡1人，重伤3人，轻伤10人，吹坏房屋83间。

德庆县，9月30日，统计受旱9.4万亩。

1967年

高要县，入冬以来，冻死耕牛400头。

封开县，1月16日受冷空气影响，冻死耕牛269头，立春以来，受3次冷空气影响，死秧损失谷种19.8万斤。

封开县，3月干旱，7.5万亩缺水办田。6月中下旬至8月初，受旱4.68万亩。9月中旬至10月初，受旱稻田2.7万亩。

封开县，5月15日下午出现大风，西江沿岸吹沉运柴大木船2艘，渔船10只。

四会县，5月24日出现冰雹、大风，损失水稻3600多亩，花生等经济作物1千多亩，151间房屋受损。

封开县，5月29日江谷公社出现龙卷，吹坏民房83间，死1人，重伤3人。

8月3日，受第6号台风影响，封开出现大风和暴雨，塌房38间，崩堤63宗，死2人，伤3人，受浸稻田6547亩。

8月11日，受台风槽影响，封开受浸稻田11881亩。

1968年

封开县，1月底至2月26日，长期低温阴雨，冻死耕牛284头。

6月，受暴雨影响，四会全县受灾12个大队，2个农场，人口21950人，淹田48120亩，损失晚造谷种102万斤，淹塌房屋2510间。高要崩堤、过顶8条，受灾2370人，受浸8000亩，受浸房屋1700间。德庆64条堤围，崩堤、过顶62条，受浸46287人，受浸45000亩。封开受浸农作物36509亩，崩山塘7个，伤8人，死1人，受灾9021户。端州洪涝，受淹损失统计为600万元。

7月下旬洪水，高要受灾4.3万亩，漫顶崩决堤围16条，倒塌房屋292间，死3人，受灾85830人。四会受灾7.5万亩，漫顶崩决堤围5条，倒塌房屋2500间，死1人，受灾21900人。封开受灾4.2万亩，漫顶崩决堤围26条，受灾29000人。德庆受灾4.3万亩，漫顶决堤62条，倒塌房屋297间，受灾55886人。

封开县，4月中旬至5月4日，受旱1.63万亩。

1969年

封开县，山区出现雨凇，树木倒折，冻死耕牛1296头，烂秧损失谷种10.6万斤。

封开县，5月下旬至6月上旬普降大到暴雨，早稻受浸4070亩。

封开县，9月中旬至10月13日，各地出现旱情，晚稻受旱达5.86万亩。

1970年

封开县，2月27日—3月26日，持续低温阴雨，冻死秧苗损失谷种2万担，沤坏花生4294亩，玉米2485亩。

四会县，3 月出现低温阴雨，报废谷种约 200 万斤。

德庆县，10 月 16 日，受第 13 号台风影响，出现大暴雨，晚稻受浸半腰 2 万亩，过顶 1.8 万亩，倒伏 1.8 万亩，浸公路 28 段（共）10 千米，毁公路桥 1 座，电站 6 座，受浸 37 个大队，住房 686 间。

10 月 18 日，受第 13 号台风影响，四会普降大到暴雨，受浸水稻 34789 亩，倒伏 31800 亩。封开受浸水稻 15293 亩，倒伏 24547 亩，崩屋 135 间，冲崩河堤 53 处，崩山塘 2 宗。德庆晚稻浸半腰 2 万亩，倒伏 1.8 万亩，受浸 2715 人，房屋 1445 间。

1971 年

封开县，1 月 20 日—2 月 8 日，受强冷空气影响，冻死耕牛 232 头。

4 月 2—5 日，封开普降大到暴雨，受浸水稻 11705 亩，损失秧苗 1353 亩，冲崩山塘 8 宗，倒屋 9 间。四会县江谷出现龙卷，2 大队吹坏瓦屋 52 间，倒塌 1 间，佛仔塘大队周塘堀被吹走渡槽 6 卡，早稻受浸 57000 亩。

6 月 18 日，受第 8 号台风影响，肇庆地区全区受浸稻田 45 万亩，共损失稻谷 9710 万斤。受灾人口 2.9 万人，倒塌房屋 686 间，死 28 人，伤 38 人。高要受浸 14 万亩，共损失稻谷 2504 万斤。倒塌房屋 213 间，死 1 人。四会受浸水田 96695 亩，旱作物 7919 亩，村庄 28 个，倒塌房屋 326 间，伤 7 人。广宁受浸 1.5 万亩，损失稻谷 500 万斤，死 2 人，伤 7 人。怀集受浸稻田 5.7 万亩，损失稻谷 671 万斤。封开受浸稻田 3 万亩，损失稻谷 1400 万斤；受灾人口 1281 人，倒塌房屋 230 间，死 1 人。德庆受浸 4.6 万亩，共损失稻谷 925 万斤。受灾 6876 人，倒塌房屋 584 间，死 14 人，伤 6 人。肇庆市受浸 0.8 万亩，损失稻谷 167 万斤。

四会县，7 月 22 日，第 14 号台风影响，吹倒民房 60 多间，重伤 2 人，轻伤 4 人。

封开县，11 月 8 日，受 20 号强台风环流影响，普降暴雨，受浸晚稻 3200 亩，倒伏 6.4 万亩，塌房 8 间。

1972 年

封开县，2、3 月受强冷气影响，烂秧损失谷种 1200 担。

四会县春旱严重，到 4 月 5 日止受旱 14 万亩。

封开县 2、3 月 11.13 万亩缺水办田。6 月 24 日—7 月 23 日，受旱秧田 0.77 万亩，本田 4.96 万亩。8 月下旬至 10 月，受旱稻田 6 万亩。

肇庆地区，4 月以来，怀集、德庆、封开，四会等县 20 多个公社遭受冰雹、山洪、龙卷等自然灾害袭击，全区被冰雹打烂瓦面和山洪冲塌房屋共 6322 间，伤 56 人，死 3 人，水淹、沙积、冲毁农作物 83700 多亩。毁坏桥梁 103 座，冲毁崩塌水利工程 1720 多宗。

德庆县，4 月 7 日，马圩公社雷雨大风，刮去民房 304 间，倒塌牛棚 26 个，山洪浸稻田 1295 亩。

怀集县，4 月 18 日，汶朗公社受到冰雹和暴风雨袭击。受灾 809 户，破坏房屋 5620 间，冰雹打伤 33 人，受灾 4026 人，打坏秧苗 736 亩，花生 310 亩。

德庆县，4 月 21 日，4 个公社出现大暴雨，受淹稻田 2.8 万亩，受浸房屋 150 间。

四会县，5 月 3 日，出现龙卷、暴雨，930 间房屋受不同程度的破坏，伤 15 人。

封开县，5 月上旬，普降大到暴雨，受浸农作物 25410 亩，鱼塘 58 张。

11 月 8 日，受第 20 号台风影响，高要受浸晚稻 15 万亩，倒塌民房 20 多间。广宁受浸稻田 11228 亩，损失稻谷 150 万斤，倒塌房屋 10 间，伤 1 人，毁坏桥梁 47 座。怀集受浸晚稻 1 万亩，冬种作物 5000 亩。德庆晚稻受浸 36513 亩，受浸经济作物 5123 亩，冬种作物 25000 亩，倒塌房屋 34 间。

1973 年

封开县冬暖春无暖，全县受旱大田 5.74 万亩，秧田 0.16 万亩。

5 月下旬至 6 月初，怀集、广宁、封开、德庆连降大雨到暴雨，局部大暴雨，沿绥江 5 个圩镇受浸，作物受浸达 23575 亩。5 月 28 日—6 月 1 日，洪灾，广宁受浸 2.26 万亩，倒塌房屋 227 间，死 5 人，冲毁堤围 4 条，冲毁桥梁 22 座。5 月下旬西江水涨加内涝，封开受浸农作物 31645 亩，受浸村庄 11 个，冲崩水利工程 45 宗，死 3 人。

6 月 4 日，德庆出现暴雨，怀集、广宁、四会出现大暴雨，绥江水位上涨。4 日下午至 6 日，四会城被洪水淹，受浸作物 101692 亩，经济作物 13308 亩，浸屋 4385 间，仓库 27 间，其他房屋 284 间；冲坏坑基 451 宗，山塘 10 宗，陂坝 207 宗，桥梁 61 宗，受伤 4 人。

四会县，6 月 11、12 日，受第 7 号台风影响，受浸晚稻 4.7 万亩，浸死 1 万亩。

德庆县，6 月 28 日下午，出现大风，受灾 11 个公社 40 个大队，刮走瓦面 985 间，压死 2 人。

肇庆地区，8 月 11—13 日，受第 7 号台风影响，各地普降大雨到暴雨，局部大暴雨，受浸晚稻达 47000 亩，浸死 1 万多亩。

8 月 20—26 日，第 10 号台风影响，受浸 12.6 万亩，倒塌房屋 133 间，死亡 11 人，封开县死 6 人。

封开县，8 月 21 日，受热带低压环流影响，出现雷雨大风，南丰都斛水库沉艇 1 只，死 4 人。杏花公社出现龙卷，倒树拔木 230 株。

肇庆地区，10 月 19 日、20 日，受第 18 号台风影响，全区受浸 10 万亩，死 3 人，倒塌房屋 1947 间，冲垮堤围 4 条。

1974 年

封开县，去冬今春大冷，全县冻死耕牛 753 头，烂秧损失谷种 825 担。

封开县，2—4 月，干旱少雨，受旱稻田 0.75 万亩。8 月 24 日—9 月 23 日，受旱稻田 1.66 万亩。9 月 25 日—10 月 18 日，受旱 5.6 万亩。

四会县，2 月 23 日下午，受强冷空气影响，到 27 日止共死烂秧苗 1628 亩，损失谷种 251100 斤，冻死耕牛 508 头。

怀集县，4 月 8 日，冷坑公社受大风和冰雹影响，吹毁民房 303 间，被吹走瓦片的房屋 9800 间，死小孩 1 人，重伤 5 人。

高要，7 月中、下旬，受洪水台风致灾，受浸 8099 亩，冲毁堤围 8 条，受灾 5319 人，死 16 人，损失谷种 21.7 万斤。

受第 22 号台风影响，封开县倒伏水稻 18827 亩；肇庆地区倒伏水稻 32 万亩，受浸 7 万亩，甘蔗倒伏 1.7 万亩；高要受涝 16800 亩。

1975 年

5 月中旬至下旬，各地出现连续性降雨，出现洪水。四会城崩决小堤基 5 条，受浸民房 200 多间，内涝积水浸水稻 31900 亩。广宁受浸水稻 17504 亩，受浸房屋 261 间，塌 85 间，浸死 9 人，冲毁堤围 2 条，冲垮大小桥 24 座。怀集受浸稻田 5 万多亩，倒塌房屋 565 间，冲崩山塘、水库 7 个，损失鱼 2 万斤，死亡 10 人。封开受浸水稻 24172 亩，倒塌房屋 363 间，冲崩山塘 21 宗，水陂 8 处，死 4 人。

肇庆地区，8 月 14、15 日，第 6 号台风影响，受浸 19 万亩，冲决堤围 3 条，死 5 人。

肇庆地区，受第 13 号台风影响，高要、四会、肇庆三县（市）3 条三万五千伏、12 条一万伏高压线被吹断。高要、新兴、四会、广宁、云浮、肇庆 6 个县（市）禾苗倒伏 22.6 万亩，受浸稻田 17.8 万亩，倒塌房屋 293 间，冲塌山塘 7 宗，陂闸 70 个，冲塌堤围、河基 32 处，沉船 2 只。

四会县，10 月连续受第 13、14、15 号台风影响，10 月 6 日出现大风和暴雨。倒伏晚稻 8.8 万亩，受浸 4.9 万亩，全县 40 多个大队电讯中断，吹毁房屋 177 间。

高要县，12 月 8—19 日，受强寒潮影响，冻死耕牛 255 头，猪 40 头，冻死伤红萍 392 亩，冬烟 3335 亩，番薯 7313 亩，甘蔗 220 亩。封开县，12 月 12—19 日，冻死耕牛 217 头，冬烟 300 亩，红萍 30 亩。德庆县，12 月 15—31 日，冰冻、霜冻，冬薯、木瓜、大蕉等全部受害，冻死耕牛 70 多头。怀集县，12 月 15 日，高山飘雪。

1976 年

四会县，入春以来出现两次明显低温阴雨天气，其中 3 月 19 日至 4 月中旬中期，出现严重的“倒春寒”天气，早稻烂秧严重，补播谷种达 600 万斤。

封开县，2—3 月，低温阴雨，冻死谷种 172 万斤，冻死插下禾苗 988 亩，补播谷种 166 万斤。

封开县，入秋以来，受寒露风、低温冷害影响，平均每亩比 1975 年减产 214 斤。

4 月 18—19 日，四会出现大暴雨，受浸禾苗 5.5 万亩，毁房屋 351 间，仓库 19 间，石九公社倒房重伤 3 人。

6 月底至 7 月底，封开县高水地区受旱 1.13 万亩，秧田受旱 0.14 万亩。8 月底至 9 月，受旱 2.03 万亩。

7 月 14 日，端州发生洪涝，下黄岗河滩堤决口 20 米。景福围、江滨堤外，淹浸耕地 2055 亩，淹浸房屋 538 间。

德庆县，8 月 23 日，沙旁公社出现雷雨大风冰雹，打伤社员 2 人。

肇庆地区，9 月 19—21 日，受第 19 号台风影响，受浸晚稻 31.7 万亩，经济作物受浸 2.6 万亩，冲垮堤围 26 条，冲崩山塘水库 42 宗，倒塌房屋 2626 间，死亡 22 人。

高要，9 月 19—20 日，受第 19 号台风影响，出现暴雨。受浸禾苗 5.19 万亩，受浸村庄 17 个，房屋 268 间，崩堤 4 条，漫顶 3 条。

广宁县，全年风灾 5.3 万亩，成灾 0.5 万亩。德庆县，全年风灾 23 万亩。

肇庆市，全年冻灾 2.5 万亩。四会县，全年冻灾 2.5 万亩，成灾 1.8 万亩。广宁县，全年冻灾 0.5 万亩。怀集县，全年受冻成灾 8.2 万亩。

怀集县，全年受旱成灾 0.36 万亩。

1977 年

四会县春旱严重。山塘水库基本干涸，5 月上旬全县受旱近 10 万亩。

广宁县，1976 年 11 月初至 1977 年 3 月 1 日，普遍出现干旱，到 3 月 22 日，受旱 8.94 万亩。

封开县，1976 年 10 月 22 日—1977 年 4 月 9 日，受旱面积 14.81 万亩，无水插田 11.63 万亩。到 5 月底，全县受旱面积 1.21 万亩。9 月，受旱稻田 8.3 万亩。

封开县，1 月 1—15 日和 1 月 27 日—2 月 11 日，持续低温阴雨或霜冻，全县冻死耕牛 768 头。

四会县，2 月 3—11 日，出现霜冻，全县损失谷种 35 万斤。

封开县，6 月 22 日，西江、贺江水位复涨，环城路一带被淹，受浸水稻 2690 亩，甘蔗 216 亩，花生 291 亩，8 月 5 日西江水涨，封开受浸 2566 亩。

1978 年

封开县，1 月 15 日 14 时，出现大风、大雨和冰雹。打死打坏小麦 6350 亩、蚕豆 875 亩、冬烟 2125 亩，被揭起或打穿瓦面的房屋 1787 间，打伤 1 人，压死耕牛 3 头。

封开县，2 月 11—23 日，持续低温阴雨霜冻，烂秧损失谷种 2155 担。3 月中、下旬“春分”后受强冷空气影响，冻死谷种 10183 担。

广宁县，3 月连续阴雨，冻死谷种 163.68 万斤，补播谷种 142.45 万斤。

封开县，3 月受旱 0.55 万亩。6 月底至 7 月 22 日干旱少雨，缺水拌田 6.26 万亩，秧田受旱 1.42 万亩。

4 月 30 日，黄田公社和清塘公社出现龙卷，并有大雨冰雹。全县塌房 21 间；损坏民房 591 间，厂房 4 间，仓库 6 间。压伤 17 人，压死 1 人，禾苗受浸 1.13 万亩，吹倒 1870 亩。

5 月 18—25 日，各地发生洪水、内涝、山洪。高要漫顶堤围 1 条，受灾人口 5853 人，受浸房屋 1900 间，受浸 11.6 万亩。四会受浸村庄 19 个，圩镇 5 个，人口 4690 人，受浸房屋 890 间，受浸 1 万多亩。怀集受浸 3.5 万多亩。德庆漫顶堤围 15 条，崩决 4 条，受浸村庄 66 个，圩镇 1 个，人口 16841 人，受浸房屋 2068 间，受浸 4 万亩。

高要县，6 月 26—28 日，出现大暴雨，受浸稻田 81210 亩。

8 月 28 日，受第 12 号台风外围影响，高要出现暴雨，受浸水稻 8 万亩，吹倒吹折甘蔗 4400 亩，木薯 1200 亩。四会出现大雨，受浸水稻 2.5 万亩，损失经济作物 1411 亩。

广宁县，10 月，受寒露风及寒潮影响，晚稻空壳率普遍达 40%，三季稻部分达 80%。

封开县，10 月 27 日—11 月 4 日，受强冷空气影响，禾苗倒伏 7855 亩，与 1977 年相比，平均每亩减产 66 斤。

高要县，全年风灾 51 万亩，成灾 38.8 万亩。四会县，全年风灾 21 万亩。怀集县，全年风灾 35 万亩。德庆县，全年风灾 21 万亩。

肇庆地区，全年受雹成灾 1 万亩。

封开县，全年霜冻 15 万亩，成灾 4103 亩。

1979 年

封开县，1 月底至 2 月 5 日，受强冷空气影响，全县冻死耕牛 113 头。3 月 12—19 日和

4 月 2—5 日，出现倒春寒，全县烂秧损失谷种 16614 担。

3 月 12—19 日，出现低温阴雨天气，封开县损失谷种 163.56 万斤。四会县损失谷种 120 万斤。

4 月 19 日，受暴雨影响，高要受浸 11.5 万亩；德庆受浸 3.88 万亩，沙积 3720 亩，死 1 人，冲毁桥梁 14 座。

5 月 14 日，高要、四会出现大雨到暴雨。高要受浸 3.46 万亩，四会受浸 5790 亩。

封开县，7 月高温少雨，全县大田受旱 5.93 万亩，秧田 1.12 万亩，旱死秧亩 298 亩。10 月晚稻受旱 2.80 万亩。

8 月 2—4 日，受第 8 号台风影响，各地出现大雨到暴雨。高要受浸水稻 2.99 万亩，倒塌房屋 792 间，损坏房屋 2466 间，死 2 人。四会县受浸已插水稻 2670 亩，揭瓦面的房屋 1260 间。

封开县，9 月 5—6 日，出现暴雨，受浸水稻 8410 亩。

德庆县，全年霜冻 5 万亩，成灾 1.5 万亩。肇庆地区，全年霜冻 24 万亩，成灾 7 万亩。

1980 年

高要县，1 月下旬末至 2 月中旬初，出现持续低温阴雨，造成烂秧（折合损失谷种）8 万多斤。

封开县，3 月 4 日 14 时，长安公社下冰雹。受灾生产队 104 个，打烂房屋 15871 间，打坏秧苗 273 亩，打坏生产队仓库 2081 间，课室 54 间。

广宁县，4 月 7 日，受旱 2.59 万亩；4 月 8 日，怀集县受旱 8.5 万亩，封开县受旱 4.8 万亩，德庆县受旱面积 3 万亩；10 月 15 日，怀集县受旱 15 万亩，德庆县受旱 6.3 万亩；9 月上旬后期，封开县受旱 9.19 万亩。

四会县，4 月 12—13 日，受雷雨大风、冰雹影响，受浸农田达 2.9 万亩，雷击死 2 人，塌房压死 1 人，吹坏民房 83 间。德庆县倒屋、揭去瓦面的屋 1000 间，受浸水稻 1.7 万亩，死 1 人，有 13 个单位损失 30 万元；怀集县有 2 个公社被揭开、打烂瓦面的房屋 2110 间。

德庆县，4 月 22 日凌晨，受暴风雨、冰雹袭击，被打烂民房 346 间，受灾 10960 人。

4 月 24—25 日，出现暴雨、冰雹，封开县都平公社 1500 亩秧田受害。广宁县受浸禾苗 5 万亩，冲毁和沙积 0.8 万亩，鱼塘过基 202 张，231 亩。倒塌房屋 138 间，死亡 5 人，摧毁电站 3 座，冲毁山塘 20 个。高要县受浸水稻 4.1 万亩。

高要县，受暴雨影响，5 月 3—4 日，受浸水稻 3267 公顷；5 月 7—8 日，受浸水稻 2934 公顷。

7 月下旬，受第 9 号台风影响，肇庆地区倒伏水稻 70 万亩，因灾死亡 4 人。高要县倒伏水稻 17 万亩。怀集县受浸水稻 3.8 万亩，损失稻谷 60 万斤，鱼塘过基 650 亩，损失 8 万元，倒塌房屋 366 间。四会县倒伏水稻 11 万亩。

肇庆地区，全年霜冻 6420 亩，成灾 1420 亩。

四会县秋旱严重，全县到 10 月初受旱晚稻 6.2 万亩。高要县受旱面积 9.08 万亩。

1982 年

4 月 26—27 日，受暴雨、大风、局部冰雹影响，德庆县、郁南县、四会县、封开县有

15 个公社受灾损失，冲崩河基 58 处，冲崩小山塘 71 宗，渡槽、虹吸营断裂 6 座，受水淹和冰雹伤害的水稻作物 38000 多亩，经济作物 1700 多亩，房屋、线杆损坏和倒塌一批，5 人受伤，1 人死亡。

1983 年

3 月 25 日，新兴县、封开县、罗定县、高要县气象站分别观测到短时冰雹，伴有雷阵雨。灾害造成 5 人受伤，房屋、仓库等建筑损坏 68000 多间，秧苗损失 4600 多亩，电信线路损坏 1 万多米，电力线路损坏 30 米。

10 月 14 日，受 8314 号台风影响，肇庆地区农作物受灾面积达到 1545 公顷。

1985 年

8 月 26—29 日，高要县出现大到暴雨。灾害造成水稻受浸面积 10050 亩；鱼塘 395 亩；冲垮小山塘 2 个，大小坝头 11 个，河堤缺口 130 处，河堤险段 5 处，冲垮公路桥 4 座；倒塌民房 13 间，危房 11 间，造成死 1 人，伤 1 人。总损失折价为 821595 元。

9 月 5 日，受 8515 号台风影响，全区共受伤 11 人，死亡 7 人，房屋、仓库等损坏 745 间，倒塌 117 间，农田受淹 69 万亩，公路损坏 52 千米，电力线路损坏 245 套。

9 月 21—23 日，受 8517 号台风和冷空气的共同影响下，肇庆地区强降雨导致堤围、河堤、坑基洪水漫顶溃决，农作物被淹，圩镇村庄受浸，大批的水利设施被冲毁损坏。全区受灾人口 80 万人，受浸圩镇 126 个，村庄 1656 个。受伤 49 人，死亡 21 人，房屋、仓库等建筑损坏 55168 间，倒塌 9249 间，受浸农田 79.81 万亩，电力线路损坏 22 条。

1987 年

4 月 6—7 日，受暴雨影响，全区有 45 个村受灾，受浸农作物 40 万亩，受浸房屋 1312 间，倒塌房屋 48 间，冲崩陂头 80 个，冲毁山塘 2 宗，冲崩坑基 322 条，冲毁桥梁 13 座，公路路段 24 处，肇庆至四会、广宁、怀集公路主干线曾一度中断不能通车，许多镇、村电话中断。

1988 年

7 月 19—21 日，受 8805 号台风影响，广宁、四会、怀集、德庆降暴雨。

1989 年

4 月 2 日 17 时 10—30 分，四会县威整镇发生冰雹，造成 700 多间房屋的瓦面被打烂，打烂房屋的居住人数达 2100 多人，作物损坏面积达 2000 多亩。

4 月 3 日，受大风影响，怀集县受灾村数 10 多个，受灾户数 300 户，损坏瓦面瓦块 60 万块，价值 36000 元，吹倒民房 5 间，教室 1 间，压断价值 4 万～5 万元的高压线。

5 月 20—24 日，受 8903 号台风影响，高新区（大旺）北围片受淹面积达 5000 多亩，失收面积 2880 多亩，减产面积 700 多亩，直接经济损失 663 万元。

1990 年

8 月 9 日—11 月 4 日，肇庆市降水明显偏少。德庆和高要出现严重干旱。全市农作物受旱受灾面积 31720 公顷。

1993 年

4 月 20—28 日，受暴雨及冰雹影响，高要河台镇、乐城镇、水南镇直接经济损失 195 万元。

4 月底至 5 月初，高新区内连降暴雨，西围、北围大部分面积受淹，直接经济损失超过 450 万元。

6 月 29 日，受暴雨影响，高要蛟塘镇受浸房屋 500 间，受浸农田 14000 亩。

1994 年

6 月中旬，北、绥江发生特大洪水，导致内涝，西围有 600 亩耕地减产，360 亩完全失收，直接经济损失达 520 万元。

6 月中、下旬，西江、贺江上游出现了连续性的暴雨降水，引起西江水位剧涨。封开县直接经济损失 6.985 亿元。德庆县有 39 条出现决口或浸顶，受淹房屋 27800 间，倒塌房屋 5260 间，受灾人口 8.865 万人，直接经济损失达 5.36 亿元。高要笋围小湘河段决堤，6.13 万人受灾，2.46 万人被洪水围困，经济损失 3.9 亿元。

7 月 22—24 日，贺江上游出现了大范围暴雨，导致贺江水位急剧上涨，封开县贺江沿岸 11 个镇，86 个管理区，1357 个自然林，138 万人受灾，117 万人受洪水围困，5.4 万人需紧急转移，至 7 月 26 日直接经济损失已超过 7.5 亿元。

1996 年

2 月 17—28 日，受寒潮影响，肇庆市出现了大面积长达 12 天的低温阴雨天气，全市农作物冻伤 3400 公顷，冻死水果 333 公顷，冻死耕牛 330 头、鸡 2.15 万只、猪 838 头、山羊 454 头，受灾鱼塘 10670 公顷、鱼苗塘 800 公顷，冻死鱼 7000 吨、鱼苗 1800 万尾。

4 月 19 日，受暴雨洪涝影响，高要南岸南科排洪渠张坑山塘溢洪道段渠基崩决长 16 米，造成市区街道受浸。

8 月 15 日，受暴雨影响，高要南岸象山电视塔上山公路全路面下塌 1.8 米左右，山顶方向约有 120 米出现裂缝。

1997 年

5 月 8 日，高要水南镇暴雨，造成山洪暴发，受浸房屋 260 间；冲毁耕地 1300 亩，冲毁大小桥梁 25 座、灌溉水陂 54 座和引水灌渠 6000 米；冲毁县级公路 3 千米；损坏供电、邮电线路、线杆一批，直接经济损失 600 万元。

7 月，受暴雨影响，北江高水位顶托，库区内多甘蔗、鱼塘受淹，部分民房受浸崩塌，通往三水六和镇的公路受淹，交通中断近一星期，造成直接经济损失 3200 万元。7 月 17 日、18 日，端州区遭受大暴雨袭击，造成山洪暴发，内（朗土）受浸，二桂干渠黄塘段渠基大部分漫顶，决口九处，北岭排洪渠黄岗镇坎脚段上山塌方长 30 米，渠基外坡崩塌 50 米。

1998 年

6 月中、下旬，西江上游的广西地区连降暴雨，致使西江水位急剧上涨。市千亩以上堤围崩决 2 条，千亩以下堤围崩决 68 条，倒塌房屋 8257 间，损坏房屋 18927 间，受浸农作物 22.95 万亩，321 和 324 国道受浸 46 千米，毁坏路基 178000 立方米，全市直接经济损失约 7.6 亿元。

6 月下旬，受洪涝影响，端州区全区受浸农作物 3300 亩，受浸房屋 954 间，受灾人口 170 户 585 人，直接经济损失 390.7 万元。

1999 年

12 月中旬后期开始，受北方强冷空气影响，肇庆市出现长达 8 天的低温霜冻和冰冻天气过程。全市农作物被冻害 7230 公顷，冻死耕牛 127 头、塘鱼 2.4 万斤，损失农作物产量 9200 万斤，经济损失 4.7 亿元。

2001 年

7 月 2 日，高要县小湘镇上围南排和西排洪渠发生洪水，内朗受浸面积约 1000 亩。禄步镇“豆腐山”发生山体滑坡，受灾人口 10110 人，房屋受损 30 间，水稻受浸面积 12000 亩，鱼塘漫顶 800 亩，经济作物受浸 450 亩，经济损失 500 多万元。

2003 年

7—8 月，长时间的高温热害对肇庆市供水供电造成了严重影响。

2004 年

6 月 20 日 18 时，四会市大沙镇马房新基脚遭雷击，造成 1 人身亡，5 人受伤。

12 月，各地出现重旱，德庆、四会和高要出现严重干旱。肇庆市受旱面积 56600 公顷，水田缺水面积 3610 公顷，旱地缺墒面积 5150 公顷，受旱人口 54.7 万。

2005 年

5 月 29 日，高要出现暴雨洪涝灾害，造成南岸城区水浸街长达 26 个小时。金渡镇西头村前受浸水稻 700 亩。

6 月，因西江上游及本地持续降雨，造成西江水位上涨，高要 15 个乡镇受灾，倒塌房屋 36 间，农林牧渔业直接经济损失 0.21 亿元。封开 10 个镇受灾，受灾人口 84285 人，倒塌房屋 584 间，直接经济损失 1.55847 亿元。

2006 年

6 月 15 日，受滑坡影响，高要水南镇社坑村委会石田村受灾人口 51 人，1 间民房崩塌，2 人死亡。

7 月 15—17 日，受 0604 号台风“碧利斯”影响，封开县 8 个乡镇 48 个村庄受灾，9844 间民房受浸，受洪水影响人口 43200 人，受灾水稻 16000 亩，受灾经济作物 4596 亩。怀集马宁、岗坪两镇受浸稻田 7431 亩、鱼塘 489 亩、受浸房屋 310 间，直接经济损失 4000 万元。

广宁县需紧急转移人口 450 人。

8 月 2—6 日，受 0606 号台风“派比安”外围环流影响，肇庆市 9 个县（市）区 97 个乡镇受灾，受灾人口达 24.201 万人，倒塌房屋 1.0377 万间，死亡 9 人，直接总经济损失达 13.7405 亿元；农作物受灾面积 40697 公顷，农作物成灾面积 24276 公顷，农作物绝收面积 6137 公顷，减收粮食 3.17275 万吨；水产养殖损失面积 10427.7 公顷，数量 5.2063 万吨。农林牧渔业直接经济损失 7.151 亿元，工业、交通运输业直接经济损失 2.8667 亿元。

8 月 4 日 13 时左右，大旺区亚铝工业城和高要市金渡工业园遭受龙卷袭击。有 11 家企业受到不同程度的破坏，造成 23 人受伤，其中 5 人伤势较重。

2007 年

7 月 8 日—8 月 5 日，持续长时间的高温炎热天气，致使怀集遭遇五十年一遇的旱情，其他各市县也出现了不同程度的旱情。

7 月 16 日 17 时 35 分，封开县长岗镇新丰村的贺村莫某家遭雷击，造成 3 人身亡，3 人受伤。损坏室内电话机 3 台、吊扇 1 把。

2007 年 10 月 5 日—2008 年 1 月 24 日，肇庆市各地降水明显偏少，导致出现了明显的旱情，受旱作物 16870 公顷。11 月 10 日 13 时左右，肇庆市鼎湖区莲花镇富廊管理区发生森林火灾，过火面积约 300 公顷。11 月 29 日 19 时左右，高要市金渡镇腰岗管理区发生森林火灾，过火面积约 326.67 公顷。

2008 年

1 月 13 日—2 月 19 日，受强冷空气影响，肇庆市各地出现有气象记录以来最寒冷的、持续时间最长、降雨最显著的一次低温阴雨天气过程。全市农业受灾直接经济损失达到 5.89 亿元，农作物受灾面积 8180 公顷，成灾面积 2760 公顷，绝收 806.67 公顷；果树经济损失 3.83 亿元；渔业经济损失 1.58 亿元；畜牧业经济损失 4792.48 万元。

6 月 16 日，高要河台镇发生山洪灾害，损毁和倒塌房屋 5 间，冲毁农作物 75 亩。乐城镇的山洪灾害事件，损毁房屋 1 间，冲毁农作物 300 亩。端州区 2 个镇受灾，受灾人口 0.03 万人，全区直接经济损失 100 万元。

6 月 25—27 日，受 0806 号台风“风神”影响，封开县 7 个镇受灾，直接经济损失 123.37 万元。广宁县 20409 人受灾，总经济损失 896 万元。德庆县受灾人口 2.7 万人。

11 月 22 日—12 月 28 日，肇庆市降水明显偏少，怀集、封开出现中旱，高要达到重旱。封开县 4 个镇受灾人口 570 人，农作物受灾面积 1930 公顷。怀集县柑橘受灾面积 2670 公顷。

2009 年

5 月 25 日，高要禄步镇发生山洪灾害事件，650 多人受灾，1450 亩农田受浸。

7 月 19—20 日，受 0906 号台风“莫拉菲”影响，德庆县 4 个镇受灾人口 136 人，倒塌房屋 12 户 36 间，损坏房屋 63 间，直接经济损失 38 万元。

9 月 15—16 日，受 0915 号台风“巨爵”影响，德庆、封开等县 7 个乡镇出现房屋倒塌 84 间，受灾人口 203 人，直接经济损失 86 万元。

2010 年

5 月 28 日，受强降雨影响，怀集县中洲镇出现山洪暴发，冲毁鱼塘 10 亩，损失鱼 5 万元，损失佛手果 3 万元，损失羊 10 万元，大坝工程损失 16 万元。

6 月 14—16 日，怀集县出现暴雨洪涝灾害。全县 7 个乡镇受灾人口 13700 人，倒塌房屋 839 间，受灾作物面积 3429.8 公顷，直接经济损失 6070.475 万元。

6 月 24 日晚—25 日，受暴雨影响，怀集县 18 个镇受灾自然村 62 个，受灾人口 8974 人，受浸房屋 1790 间，倒塌房屋 220 间，受灾农作物面积 58908 亩，直接经济损失 5713 多万元；封开县 15 个镇受灾人口 2.0411 万人，倒塌房屋 155 间，农作物受灾面积 14453 亩，损失 942 万元。

9 月 20—21 日，受台风“凡亚比”环流引起的暴雨洪涝影响，怀集县受灾作物面积 3000 亩，房屋倒塌 6 间，受灾人口 325 人，直接经济损失 127 万元。

12 月 17—18 日，受寒潮影响，怀集县出现了大面积的低温霜冻和冰冻天气。怀集县受灾农作物 4.5 万亩，种植业总经济损失 4230 万元。

2011 年

4 月 17 日 10—13 时，德庆县出现大到暴雨，悦城、官圩、九市等乡镇出现强雷暴、8 ～ 10 级大风及冰雹等强对流天气。受灾乡镇 12 个，受灾人口 2790 人，死亡 1 人，农作物受灾总面积 582 公顷，损坏房屋 206 间，直接经济损失 2649 万元。

9 月 29—30 日，受 1117 号台风“纳沙”影响，广宁县 5 个镇受灾人口 338 人，受灾农作物共 5800 亩，直接经济损失 249.5 万元。

10 月 13—14 日，广宁县出现了暴雨洪涝灾害，5 个镇受灾人口 261 人，受浸房屋 44 间，受灾农作物共 1065 亩，直接经济损失 118.5 万元。

2012 年

4 月 5 日至 9 日夜间，德庆县出现大雨，局部暴雨，4 个镇受灾人口 74 人，倒塌房屋 21 间，直接经济损失 195 万元。

5 月 4 日夜间至 5 日凌晨，受暴雨影响，德庆县 4 个镇出现洪涝灾害，受灾人口 1352 人，倒塌房屋 17 间，受灾农田 550 公顷，直接经济损失 322.5 万元，无人员伤亡，水利设施直接经济损失 295.2 万元。

6 月 21—23 日，封开县和贺江上游广西地区普降暴雨，14 个镇受灾，倒塌房屋 47 间，受灾人口 35146 人，农作物受灾面积 2.588 万亩，直接经济损失 5010.649 万元。怀集县 14 个镇受灾人口 701 人，农作物受灾 1.996 万亩，倒塌房屋 90 间，直接经济损失 1199.16 万元。

7 月 23—28 日，受 1208 号台风“韦森特”影响，全市 3 个县 32 个乡镇受灾，受灾人口 9746 人，农作物受灾面积 1367 公顷，倒塌房屋 43 间，直接经济损失 1815.480 万元。7 月 25 日 07 时左右，怀集县永固镇苍岭村委会和平自然村一居民楼屋后山体崩塌，2 人受伤，2 人死亡。

10 月 29—31 日，受台风“山神”残留环流和冷空气共同影响，广宁县普降暴雨到大暴雨，全县受灾人口 0.806 万人，受浸（损）房屋 17 间；农作物受灾面积 271.1 公顷。

2013 年

5 月 15—16 日，怀集县普降大雨局部大暴雨，3 个镇 120 人受灾，农作物受灾面积 2.05 公顷，倒塌房屋 90 间，直接经济损失 169.77 万元。

5 月 16 日，受大风、短时强降水影响，德庆县 6 个镇 76 人受灾，倒塌房屋 33 间，直接经济损失 41.4 万元。

6 月 5 日，广宁县普降大雨到暴雨，4 个镇受灾人口 325 人，农作物受灾面积 34.3 公顷，1 人轻伤，直接经济损失 63 万元。

6 月 5 日，德庆县出现雷雨大风和强降水，11 个镇 222 人受灾，倒塌房屋 49 间，直接经济损失 130.360 万元，水利设施直接经济损失 57.175 万元。

6 月 9—10 日，怀集县普降暴雨，局部大暴雨。怀城镇梅石坑九队发生山体滑坡，有一人被泥土掩埋，经抢救无效死亡。农作物受灾面积 1453 亩，倒塌房屋 42 间。

6 月 10—11 日，暴雨造成广宁县 9 个镇受灾人口 4738 人，农作物受灾面积 253.2 公顷，直接经济损失 190 万元。

7 月 1—2 日，强热带风暴“温比亚”造成肇庆市 4 个县（市、区）1260 人受灾，农作物受灾面积 11.4 公顷，直接经济损失 928.6 万元。7 月 2 日 13 时 15 分，肇庆端州区黄岗街道办事处受强对流天气影响，造成 4 人受伤，经济损失约 500 万元。

7 月 31 日—8 月 1 日，受热带风暴外围环流影响，德庆莫村出现了 8 级大风，造成 1 人死亡，1 人受伤。

8 月 13—19 日，受台风“尤特”影响，肇庆市 5 个县（市）75 个乡镇受灾，农作物受灾面积 11911.6 公顷，受灾人口 173498 人，倒塌房屋 543 间，直接经济损失 5.6711 亿元。共发生 17 宗地质灾害，因山体滑坡死亡 2 人。

8 月 22—29 日，受台风“潭美”残留环流影响，德庆县 11 个乡镇受灾人口 1795 人，农作物受灾面积 172 公顷，倒塌房屋 69 间，直接经济损失 1631.28 万元。

9 月 22—24 日，受台风“天兔”影响，广宁县 5 个镇受灾人口 60 人，直接经济损失 42.3 万元。

2014 年

3 月 29—31 日，受暴雨影响，德庆县 11 个镇 1885 人受灾，农作物受灾面积 190 公顷，直接经济损失 2425 万元。广宁县 8 个镇 5289 人受灾，农作物受灾面积 230 公顷，直接经济损失 516 万元。

4 月 24 日上午，怀集县连麦镇四乌学校发生雷击，7 名学生受伤，经济损失 1 万元。

5 月 17 日白天至 20 日早晨，受暴雨、雷雨大风影响，怀集县丰安村一居民住房倒塌，造成 3 人受伤，1 人死亡；健营村一居民住房倒塌，1 人死亡。

5 月 18—19 日，受雷雨大风影响，德庆县 9 个镇受灾人口 533 人，倒塌房屋 24 间，农作物受灾面积 45.3 公顷，直接经济损失 482 万元。

5 月 20—27 日，受暴雨影响，肇庆市 5 个县（市）36 个乡镇受灾。怀集县受灾人口 42014 人，农作物受灾面积 1199.3 公顷，直接经济损失 52070.558 万元，死亡 3 人。广宁县 9 个镇受灾人口 3237 人，农作物受浸 176.3 公顷，直接经济损失 1065.6 万元。

5 月 22 日 12 时，高要禄步镇佛燃天然气有限公司遭雷击，直接经济损失 10 万元。同日 15 时 31 分，封开县一泥水厂工人遭雷击身亡。

7 月 8 日下午，高要南岸镇中国南方电网广东电网高要供电局遭雷击，直接经济损失 7 万元。

8 月 12—14 日，德庆县、广宁县发生暴雨洪涝灾害。广宁县受灾人口共 2298 人，直接经济损失 388 万元。德庆县 9 个镇遭受灾，101 人受灾，直接经济损失 100.4 万元。

8 月 18—20 日，受暴雨影响，广宁县 10 个镇受灾人口 6477 人，直接经济损失 935 万元。

2015 年

5 月 19 日夜间至 24 日早晨，受暴雨影响，封开县 13 个镇受灾人口 23845 人，农作物受灾面积 1.235 万亩，直接经济损失 1052.52 万元。怀集县受灾人口 40438 人，直接经济损失约 4907.76 万元。

10 月 3—7 日，受台风“彩虹”外围云系影响，肇庆市鼎湖区、怀集县、广宁县、四会市出现暴雨洪涝灾害。鼎湖区受灾人口 9185 人，直接经济损失达 6431.4 万元。广宁县 15 个镇受灾人口 38414 人，直接经济损失 1381.5 万元。怀集县受灾人口 317 人，直接经济损失约 435.6 万元。

2016 年

1 月 21—27 日，受寒潮影响，全市农作物受灾面积 1530 公顷，农作物成灾面积 414.47 公顷，农作物绝收面积 73.33 公顷，农林牧渔业直接经济损失 5.88 亿元。

1 月 28—30 日，受暴雨影响，广宁县 10 个乡镇受灾人口 739 人，直接经济损失 739 万元。

5 月 9—11 日，受暴雨影响，怀集县农作物受灾面积 11032 亩，水产业经济损失 52.5 万元。

8 月 1—3 日，受台风“妮妲”的影响，肇庆市普降暴雨到大暴雨，鼎湖区 2 个镇受灾，农作物受灾面积 150 亩，农林牧渔业直接经济损失 2.9 万元。

8 月 10—13 日，封开县出现强雷雨天气，2 个镇受灾人口 5525 人，直接经济损失 356.5 万元。

9 月 10—13 日，受暴雨影响，德庆县 3 个镇水利设施直接经济损失 103 万元。广宁县 5 个镇受灾人口共 6760 人，直接经济损失 258 万元。怀集县受灾人口 11202 人，直接经济损失 830 万元。

2017 年

4 月 27 日，受持续降水影响，怀集县农田受灾面积 500 亩，受浸房屋 15 间。

6 月 16—21 日，受局地强降水影响，怀集县一处山坎松散土石跌落，致 1 人受伤，1 人死亡。

7 月 2—3 日，广西柳州、桂林等地区出现了持续强降水，造成封开县沿江两岸低洼乡镇受浸，16 个镇受灾，受灾人口 19248 人，直接经济损失 7778 万元。德庆县受灾人口 1515 人，农作物受灾面积 222.47 公顷，直接经济损失 218 万元，其中水利设施经济损失 18 万。

7 月 30 日 17 时 30 分，德庆县永丰镇南田村委罗胜村遭雷击，1 人死亡。

8 月 22 日，受台风“天鸽”影响，德庆县 5 个镇农作物受灾面积 101.5 公顷，直接经济损失101万元。广宁县受灾人口7585人，直接经济损失150万元。封开县6个镇直接经济损失197.1万元。端州区4个镇（街）直接经济损失2130万元；鼎湖区直接经济损失1951万元。高要直接经济损失1128万元。四会直接经济损失195万元。

8月26日，受台风"帕卡"影响，广宁县6个镇受灾人口9363人，直接经济损失310万元。端州区直接经济损失103万元。鼎湖区直接经济损失47万元。封开县直接经济损失4万元。

2018年

1月8—11日，受强冷空气影响，德庆县2个镇农作物受灾面积188亩，成灾面积176亩，直接经济损失40万元。

1月26日—2月1日，受持续冷空气影响，封开县农村公路绿化工程受损10.8万元；怀集县公路林木损坏103棵，损失金额约6.5万元。

5月9日—5月11日，受暴雨影响，德庆县武垄镇倒塌房屋1间，受灾人口1人，直接经济损失5万元。广宁县6个镇受灾人口843人，水浸（冲坏）损坏房屋2间，农作物受灾面积300亩，直接经济损失82万元。

6月5—9日，受台风"艾云尼"影响，德庆、封开、广宁、高要、端州、鼎湖等县（区）均出现不同程度的暴雨洪涝灾害。德庆县受灾农作物面积268亩，直接经济损失总共868万元。广宁县倒塌房屋12间，直接经济损失3393万元。高要受灾总人数38113人，倒塌房屋9间，淹浸农田10.2652万亩，鱼塘受浸3.1936万亩，直接经济损失2.9亿元。端州、鼎湖、肇庆高新区受灾人口14630人，直接经济损失8355万元。

6月12—13日，受暴雨影响，封开县5个镇受灾人口0.341万人，农作物受灾面积0.1705万亩，直接经济损失134万元。德庆县2个镇直接经济损失59.8万元。

7月29日16时10分，受雷击影响，怀集县诗洞镇六龙付良村2人死亡。

8月9日，受第16号台风"贝碧嘉"影响，德庆县2个镇受灾人口12人，倒塌房屋2间，直接经济损失9.0万元。

8月27日，受暴雨影响，怀集受灾人口30人，倒塌房屋间数18间，直接经济损失27万元。

9月16—18日，受台风"山竹"影响，肇庆市受灾人口39098人，倒塌房屋36间，损坏房屋44间，农作物受灾面积约10万亩，直接经济损失约4.76亿元。

2019年

4月18—20日，受暴雨影响，怀集县受浸农作物面积20242亩，受浸房屋195间，倒塌房屋2间。封开县13个镇受灾人口4194人，倒塌房屋5间，农作物受灾面积12852亩，直接经济损失1669.74万元。广宁县15个镇受灾人口25084人，水浸（冲坏）损坏房屋265间，农作物受灾面积7131亩，直接经济损失850.58万元。高要区1人失踪，2人死亡，倒塌房屋6间，农作物受浸面积约5700亩。德庆县受灾人口55人，农田受浸面积约1620亩，直接经济损失793万元。

4月26日，受强雷雨影响，广宁县共有37间房屋受浸，直接经济损失37万元。

6月2日16时，端州区牌坊广场管理中心遭雷击，直接经济损失6.5万元。

8月25日，受台风“白鹿”影响，肇庆城区59人受灾，直接经济损失10万元。高要区受灾人口约3000人，受浸（损坏）房屋58间，农作物受浸面积2830亩，直接经济损失约960万元。四会城区农作物受灾面积4197亩。广宁13个镇受灾人口20024人，水浸（冲坏）损坏房屋392间，倒塌泥砖屋35间，农作物受灾面积7632亩，直接经济损失1392万元。封开经济总损失171.6万元，农作物受灾面积0.0978万亩。德庆受灾人口33人，农作物受灾面积1836亩，直接经济损失45万元。

2020年

3月26—27日，受强降水影响，封开县受浸农作物约2万亩。德庆县农作物受灾面积1666亩，受灾人口111人，直接经济损失376万元。怀集县受浸农田26478.7亩，受灾房屋133间。广宁县损坏房屋14间，直接经济损失19万元。

6月3日16时20分，端州区启业路3号肇庆童星食品有限公司遭雷击，300个烟感报警器被击坏，直接经济损失6.03万元。

6月5—9日，受持续强降水影响，广宁县受浸房屋10间，倒塌泥砖屋2间，直接经济损失11万元。怀集县农作物受灾面积4166.77亩，直接经济损失3339.495万元。高要区禄步镇受浸农田946亩，农田成灾面积227亩。封开县农作物受浸面积2161亩，水利设施直接经济损失120万元。

6月21日，封开县出现旱情，造成农作物受旱面积9398亩，轻旱8568亩，重旱480亩。

2020年10月28日—2021年2月9日，肇庆市降水量明显偏少，大部分地区气象干旱已达到重旱，其中端州和高要城区部分地区达到严重干旱。2020年9月—2021年1月，封开县发生多起森林火灾，水库蓄水不足。

2021年

5月30日，受暴雨影响，封开县3间农房倒塌，直接经济损失约5万元。

6月2—3日，受强雷雨影响，德庆县马圩镇3间农房倒塌，直接经济损失约5万元。

6月22日，受雷雨天气影响，德庆县高良镇3间农房倒塌，直接经济损失约5万元。广宁县江屯镇新坑村委会倒塌房屋2户7间，直接经济损失约10万元。

8月9—13日，受连日强降雨天气影响，封开县9间农房倒塌，直接经济损失约19.8万元。

附录三　1954—2021年肇庆市气象要素平均值和极值

要素名称	平均值	极值（最大、最小）	出现时间
年日照时数	1705.1 小时	最多：2097.9 小时	1963 年
		最少：1365.8 小时	2012 年
月日照时数		最多：213.4 小时	7 月
		最少：62.6 小时	3 月
年平均气温	21.5 ℃	最高：22.6 ℃	2021 年
		最低：20.5 ℃	1984 年
月平均气温		最高：28.5 ℃	7 月
		最低：12.5 ℃	1 月
日平均气温		最高：33.9 ℃	2005 年 7 月 19 日（高要）
		最低：1.1 ℃	1977 年 1 月 31 日（封开）
极端气温		最高：40.6 ℃	2003 年 7 月 23 日（怀集）
		最低：−4.2 ℃	1967 年 1 月 17 日（广宁）
年高温日数	25.9 天	最多：70.3 天	2021 年
		最少：2.0 天	1955 年
年低温日数	14 天	最多：32.3 天	1963 年
		最少：3.2 天	1998 年
年霜冻日	4.8 天	最多：22.2 天	1962 年冬季
		最少：0 天	1997 年冬季
年降雨量	1638.4 毫米	最多：2055.8 毫米	1973 年
		最少：1099.1 毫米	1956 年
汛期降雨量	1273.7 毫米	最多：1760.2 毫米	1961 年
		最少：888.6 毫米	2021 年

续表

要素名称	平均值	极值（最大、最小）	出现时间
开汛时间	4 月 5 日	最早：3 月 1 日	1983 年
		最迟：5 月 12 日	1991 年
前汛期降雨量	722.0 毫米	最多：1097.9 毫米	2005 年
		最少：368.9 毫米	1963 年
后汛期降雨量	551.7 毫米	最多：1004.5 毫米	1961 年
		最少：312.8 毫米	2021 年
月平均降雨量		最多：269.6 毫米	5 月
		最少：33.7 毫米	12 月
极端月降雨量		最多：559.3 毫米	2008 年 6 月
		最少：0.3 毫米	1980 年 11 月、1981 年 12 月、1999 年 2 月
最大日降雨量		297.6 毫米	1971 年 6 月 18 日（德庆）
最大时降雨量		79.9 毫米	2005 年 6 月 15 日（德庆）
年降雨日数	161 天	最多：217 天	1975 年
		最少：121 天	2003 年
月平均降雨日数		最多：20 天	6 月
		最少：8 天	10 月、11 月、12 月
年暴雨日数	5.5 天	最多：8.9 天	2012 年
		最少：2 天	1956 年（高要）
月平均暴雨日数		最多：1.1 天	5 月
		最少：0.1 天	1 月、2 月、11 月、12 月
年平均相对湿度	80.3%	最大：83.5%	1975 年
		最小：74.4%	2007 年
极端最小相对湿度		24%	2008 年 1 月 1 日（怀集）
年蒸发量（1954—2021 年，高要）	1497.7 毫米	最多：1805.3 毫米	1999 年
		最少：901.0 毫米	1997 年
月平均蒸发量（1997—2021 年）		最多：129.8 毫米	7 月
		最少：60.1 毫米	2 月

续表

要素名称	平均值	极值（最大、最小）	出现时间
年平均风速（1954—2021 年）	1.5 米 / 秒	最大：1.8 米 / 秒	1955 年、1959 年、1960 年、2011 年、2013 年、2016 年、2018 年、2019 年、2020 年、2021 年
		最小：1.1 米 / 秒	1982 年
年主导风向（1991—2021 年，高要）	NE（16%） NNE（11%）、ENE（11%）		
月平均风速（2004—2021 年）		最大：1.5 米 / 秒	1—4 月、7 月
		最小：1.4 米 / 秒	5—6 月、8—12 月
最大风速		27.3 米 / 秒	2018 年 9 月 16 日（高要）
极大风速		40.7 米 / 秒	2008 年 9 月 16 日（高要）
年大风日数（1993—2021 年）	3.5 天	最多：8 天	2016 年
		最少：0.4 天	2002 年
年平均气压	1008.5 百帕	最高：1011.3 百帕	1954 年、1955 年（高要）
		最低：1004.4 百帕	2019 年
极端气压		最高：1032.7 百帕	2016 年 1 月 24 日（四会）
		最低：981.3 百帕	1969 年 7 月 29 日（怀集）
影响肇庆的台风年个数	3.3 个	最多：8 个	1961 年、1964 年
		最少：0 个	1987 年、1998 年
影响肇庆的台风出现时间		最早：4 月 18 日	2008 年
		最迟：12 月 2 日	1974 年
年雷暴日数（高要）	82 天	最多：118 天	1959 年
		最少：53 天	1990 年
初雷出现时间（高要）	3 月 2 日	最早：1 月 2 日	1988 年
终雷出现时间（高要）	10 月 11 日	最迟：12 月 22 日	1997 年
年雾日数	27 天	最多：66.5 天	2016 年
		最少：9.5 天	2011 年

附录四 重要文件摘编

文件名	文号	内容摘要	发文机构	发文时间
《批转省气象局关于我省气象部门管理体制恢复以省气象局领导为主的报告》	粤府〔1980〕71号	全省各级气象局（台、站）恢复由省气象局与当地政府双重领导，以省气象局为主的管理体制。实行局台合一、局站合一，两块牌子，一套班子	广东省人民政府	1980年4月25日
《关于同意成立市防雷设施检测所的复函》	肇府办函〔1989〕26号	同意成立“肇庆市防雷设施检测所”，所需人员自行调剂解决	肇庆市人民政府	1989年8月
《广东省台风、暴雨、寒冷预警信号发布规定》	广东省人民政府令第62号	台风预警信号分5种，暴雨和寒冷预警信号分3种	广东省人民政府	2000年8月26日
《关于转发〈广东省气象部门机构编制方案〉的通知》	粤机编〔1996〕180号	各级气象机构仍实行以气象部门为主与地方政府双重领导的管理体制。地级以上市气象机构实行局、台合一，为正处级，内设机构一般不超过6个，局领导职数按一正二副配备。县级气象机构实行局、站合一，为正科级，内设机构一般不超过3个，局领导职数按一正一副配备	广东省机构编制委员会	1996年7月16日
《关于下发〈肇庆市气象部门机构编制方案〉的通知》	粤气人字〔1996〕115号	明确市气象局的职能和主要职责。实行局、台合一，内设和下设7个正科级机构：办公室、业务科（与防雷监理科合署）、财务科、人事劳动科（与党组纪检组合署）、预报科（并挂肇庆市应用气象科学研究所牌子）、专业服务科、肇庆市防雷设施检测所（并挂肇庆市防雷中心牌子），市气象局领导职数3名，其中局长1名，副局长2名；党组纪检组（副处级）1名；科级领导职数15名。所辖6个县（市）气象局领导职数，各按2名配备	广东省气象局	1996年12月6日
《关于印发〈广州市及地级市气象管理机构依照国家公务员制度管理实施方案〉的通知》	粤气〔2002〕3号	广州市及地级市列入气象管理机构编制限额内的工作人员（工勤人员除外），依照国家公务员制度进行管理	省气象局、省人事厅	2002年4月

续表

文件名	文号	内容摘要	发文机构	发文时间
《关于转发〈肇庆市国家气象系统机构改革方案〉的通知》	肇机编办〔2002〕12号	肇庆市气象局的机构规格为正处级，实行省气象局为主的管理体制，市气象局机关内设办公室、业务科、政策法规科3个正科级职能机构，市气象局直属正科级事业单位有4个：肇庆市气象台（市气象预警信息发布中心、应用气象科学技术研究所）、肇庆市防雷中心（市防雷设施检测所）、肇庆市气象局财务核算中心、肇庆市气象局机关服务中心。另外，设肇庆市防雷设施检测所鼎湖区分所、大旺分所，为2个副科级直属事业单位	肇庆市编办	2002年2月22日
《关于印发〈肇庆市国家气象系统机构编制调整方案〉的通知》	粤气〔2006〕215号	新增的职能：组建西江流域水文气象分中心；加强的职能8项；新组建肇庆市气象科技信息服务中心。重组调整的机构：肇庆市气象台（肇庆市气象预警信号发布中心、肇庆市应用气象科学技术研究所、西江流域水文气象分中心）、肇庆市气象局财务核算中心（肇庆市气象局后勤服务中心）。组建高要、广宁、四会、怀集、封开、德庆国家气象观测站。直属正科级事业单位调整为：肇庆市气象台（肇庆市气象预警信号发布中心、肇庆市应用气象科学技术研究所、西江流域水文气象分中心）、肇庆市防雷中心（肇庆市防雷设施检测所）、肇庆市气象局财务核算中心（肇庆市气象局后勤服务中心）、肇庆市气象科技信息服务中心。县（市）气象局（台）分别加挂气象预警信号发布中心牌子。肇庆市国家气象系统人员编制核定为98名，肇庆市气象局设局长1名，副局长2名；党组纪检组领导干部的配备、非领导职务的设置，按照国家和中国气象局有关规定执行；市气象局机关内设机构科级领导职数6名。市气象局直属事业单位科级领导职数10名。所辖6个县（市）气象局科级领导职数各按2名配备	广东省气象局	2006年7月

续表

文件名	文号	内容摘要	发文机构	发文时间
《关于增核肇庆市气象局国家气象系统编制的通知》	粤气〔2007〕226号	增核肇庆市机关业务科应急与装备保障岗位机关公务员编制1名，增核后机关公务员编制由16名增加为17名	广东省气象局	2007年7月
《关于印发〈肇庆市气象局所属事业单位分类改革方案〉的通知》	肇机编办〔2010〕104号	将市防雷设施检测所承担的防雷工程专业设计、施工资质审核职能回归机关	肇庆市编办	2010年12月27日
《关于设立地方气象事业机构问题的复函》	肇机编办〔2012〕145号	同意设立肇庆市防雷减灾管理中心、肇庆市人工影响天气中心、肇庆市突发气象灾害预警信息发布中心。3个机构经费按财政补助一类拨付	肇庆市编办	2012年10月16日
《关于整合健全肇庆市突发事件预警信息发布中心有关问题的复函》	肇机编办〔2013〕237号	同意将肇庆市突发气象灾害预警信息发布中心更名为肇庆市突发事件预警信息发布中心	肇庆市编办	2013年12月24日
《广东省气象局关于印发广东省肇庆市国家气象系统全面深化气象改革机构优化调整实施方案的通知》	粤气〔2015〕45号	肇庆市气象局加挂肇庆市气象台牌子，实行局、台合一。直属单位调整为：肇庆市专业气象台（肇庆市应用气象科学技术研究所）、肇庆市气象公共服务中心、肇庆市防雷设施检测所、肇庆市气象局机关服务中心。正科级内设机构7个：气象灾害防御管理办公室（重大气象灾害应急指挥部办公室）、办公室（监察审计科）、站网管理科、预报科、发展改革与财务科、人力资源科、政策法规科	广东省气象局	2015年5月
《广东省气象局关于各市、县防雷中心（防雷设施检测所）更名的通知》	粤气〔2015〕101号	各地级市和各县（市、区）防雷中心（或防雷设施检测所（分所））更名为气象公共安全技术支持中心	广东省气象局	2015年12月
《关于划转市气象公共安全技术支持中心编制和人员的通知》	肇机编办〔2016〕182号	同意划转市气象公共安全技术支持中心1名事业编制和工作人员李文羡至市政务综合服务站。划转后重新核定市气象公共安全技术支持中心事业编制2名，其余机构编制事项不变	肇庆市编办	2016年10月27日

续表

文件名	文号	内容摘要	发文机构	发文时间
《广东省气象局关于市、县气象局机构优化调整的通知》	粤气〔2017〕63号	各市、县气象局不再加挂气象台牌子，其内设机构设置为：各地级市气象局一般设置4个内设机构，分别是办公室（财务科）、业务科（防灾办）、人事科、法规科（公共安全监察科）；各县气象局设置2个内设机构，分别是综合管理科（股）、防灾减灾科（股）。各地级市气象局设置4个直属事业单位，分别为气象台、气象公共服务中心、公共安全技术支持中心和一个地方特色的机构；省气象局独立设置的县级气象机构继续委托各所在地市气象局管理；各县气象局一般设置2个直属事业单位，分别为气象台、公共安全技术支持中心，其中气象台设置为副科级事业单位	广东省气象局	2017年10月
《广东省气象局关于广东省气象部门国家气象业务系统事业编制优化调整的通知》	粤气〔2019〕25号	对全省气象部门事业编制进行优化调整，肇庆市气象局重新核对事业编制21名，县气象局综合业务编制调整为：高要气象局10名，怀集气象局7名，广宁气象局10名，封开气象局9名，德庆气象局7名，四会气象局7名	广东省气象局	2019年4月11日
《广东省气象局关于调整肇庆市气象局国家气象系统人员编制的通知》	粤气〔2019〕38号	减核肇庆市气象局国家气象系统财政补助事业编制1名。调整后为国家气象系统财政补助事业编制共98名，其中机关财政补助事业编制41名（含肇庆市气象局机关财政补助事业编制17名），全市业务系统财政补助事业编制57名	广东省气象局	2019年4月26日
《关于肇庆市气象公共安全技术支持中心等3个机构更名问题的复函》	肇机编办〔2019〕115号	肇庆市气象公共安全技术支持中心（地方机构）更名为肇庆市防雷设施检测所，肇庆市气象公共安全技术支持中心鼎湖区分中心、肇庆市气象公共安全技术支持中心大旺分中心分别更名为肇庆市防雷设施检测所鼎湖区分所、肇庆市防雷设施检测所大旺分所	肇庆市编办	2019年7月1日
《广东省突发气象灾害预警信息发布规定》	粤府令第255号	共规定了台风、暴雨、高温、寒冷、大雾、灰霾、雷电大风、道路结冰、冰雹和森林火险10种气象灾害预警信号，自2019年1月1日起施行。2006年3月27日广东省人民政府第十届89次常务会议通过的《广东省突发气象灾害预警信号发布规定》同时废止	广东省人民政府	2018年10月25日

续表

文件名	文号	内容摘要	发文机构	发文时间
《中华人民共和国气象法》	中华人民共和国主席令第23号	本法律规范气象工作，准确、及时地发布气象预报，防御气象灾害，合理开发利用和保护气候资源，为经济建设、国防建设、社会发展和人民生活提供气象服务。自2000年1月1日起施行。1994年8月18日国务院发布的《中华人民共和国气象条例》同时废止。最新版本为2016年11月7日第十二届全国人民代表大会常务委员会第二十四次会议第三次修正	国务院	1999年10月31日
《人工影响天气管理条例》	国务院令第348号	规定了在中华人民共和国领域内从事人工影响天气活动应当遵守的规定，自2002年5月1日起施行，根据2020年3月27日国务院令第726号《国务院关于修改和废止部分行政法规的决定》修订	国务院	2002年3月13日
《广东省防御雷电灾害管理规定》	广东省人民政府令第284号	从广东省气象灾害防御工作实际和特点出发，从气象灾害的预防、监测、预报、预警、应急处置等方面，规范健全相关机制和制度，共六章三十一条，自2021年9月1日起施行	广东省人民政府	2021年5月22日
《广东省气象灾害防御条例》	省十二届人大常委会公告第27号	为了加强气象灾害防御，避免、减轻气象灾害造成的损失，保障人民生命和财产安全，根据《中华人民共和国气象法》《气象灾害防御条例》等有关法律、行政法规，结合广东省实际，制定本条例，适用于广东省行政区域和管辖海域内的气象灾害防御活动，自2015年3月1日起施行	广东省人民代表大会常务委员会	2014年11月26日
《肇庆市人民政府关于印发〈肇庆市气象灾害防御规定〉的通知》	肇府规〔2019〕5号	进一步明确了气象灾害防御工作“政府主导”的原则；加强了与相关法律法规的衔接，修订完善了恶劣天气停课、停工机制的相关内容；增加了气象灾害防御重点单位管理的相关要求；修订部分预警信号含义及防御指引。对改革后的应急管理、水利、住建、城市管理等有关部门及其相应职责作了具体明确的规定。贯彻国务院建设工程防雷许可改革的要求，对相应的内容进行修改	肇庆市人民政府	2019年4月13日

附录五　历年公开发表科技论文目录

论文名称	发表期刊	作者	发表年度及卷期号
《太阳能与水稻产量关系的分析》	广东农业科学	钟信南	1983（5）
《试用完全预报方法作单站降水预报》	气象	何华庆、冯玉卿	1984（3）
《经验分型与客观分型作华南暴雨中期MOS预报》	中山大学学报论丛	何华庆、莫友棠、梁甜女	1994（5）
《暴雨短期预报专家系统》	中山大学学报论丛	何华庆、梁甜女、刘谦等	1994（5）
《肇庆雷暴与防雷》	广东气象	黄赋友	1994，16（2）
《青皮竹生产与气候生态环境的关系》	广东气象	钟信南、陈世豪	1994，16（4）
《肇庆市香蕉生产的气象条件与气象灾害》	广东气象	钟信南、何程东	1995，17（1）
《“94·6”西江流域致洪暴雨的分析》	广东气象	何华庆、陈海燕、朱杰文	1995，17（2）
《肉桂生产的气候条件分析》	广东气象	钟信南	1995，17（4）
《估算灾区最大风速的一种方法》	气象	林务荣、何华庆	1996（11）
《“4·19”飑线灾情分析》	广东气象	何振图	1996，18（1）
《开发利用山区气候资源，发展反季节蔬菜生产》	广东气象	陈世豪、陈其修、钟信南	1996，18（3）
《“96·2·18”寒潮天气分析》	广东气象	何振图	1997，19（1）
《室外电缆馈线接头实用处理技术》	广东气象	莫伟元	1998，20（3）
《肇庆市冬季暴雨的气候统计浅析》	广东气象	叶海平	1999，21（1）
《排除测报仪器故障几例》	广东气象	蔡礼其、杨蜀鸿	1999，21（1）

续表

论文名称	发表期刊	作者	发表年度及卷期号
《气象资料的自动收集、处理和实时监控系统》	广东气象	魏中、彭端、黄天文等	1999（S1）
《高山无线电通信基站联合接地体的设计》	广东气象	李明汉、苏燕广、孔胜池	1999（S2）
《星座图与肇庆的若干异常气候》	广东气象	方壮乐	2000，22（1）
《9903 号台风分析》	广东气象	彭端、梁甜女、何华庆	2000，22（3）
《高要西江洪涝水位预测》	广东气象	卢志就、陈达炎	2000，22（3）
《浅谈三维动画在影视制作中的应用》	广东气象	焦飞、黄天文	2000，22（4）
《西江流域致洪暴雨的相似预报》	中山大学学报（自然科学版）	何华庆、黄天文、刘谦	2001，40（4）
《“2000・7”肇庆市一次连续性暴雨中尺度分析》	广东气象	彭端、叶海平、梁甜女	2001，23（2）
《如何开好质量分析会》	广东气象	李年、梁敏妍	2003，25（1）
《南海夏季风与肇庆汛期旱涝》	广东气象	彭端	2003，25（4）
《肇庆地区低温霜冻气候特征及环流形势》	广东气象	郭媚媚	2003，25（4）
《利用“企业短信通”拓展气象服务》	广东气象	何伟芬、钟震美	2004，26（4）
《门限回归模型预测粤中西部冬春气温》	中山大学学报（自然科学版）	彭端、温坚培、周静等	2005，（S2）
《用逐步回归模型预测肇庆市汛期降水》	广东气象	彭端、黄天文、郭媚媚等	2005，27（2）
《用 Visual C# 制作浏览器界面》	广东气象	黄天文、彭端	2005，27（4）
《浅谈建筑物的防感应雷技术》	辽宁气象	赖亚胜	2005（2）
《肇庆市一次超级单体的多普勒雷达资料分析》	气象	郭媚媚、麦冠华、胡胜等	2006（6）
《数据挖掘技术在气温长期变化趋势预测中的应用》	广东气象	焦飞、黄天文、何华庆	2006，28（2）
《日照纸的涂药要领》	广东气象	吴燕凤	2006，28（2）

续表

论文名称	发表期刊	作者	发表年度及卷期号
《西江流域夏季严重旱涝的气候背景及前兆强信号》	广东气象	彭端、温坚培、唐洁	2006，28（3）
《CDMA1X 在自动气象站监控系统中的应用》	广东通信技术	周东明、何伟芬	2006（5）
《基于 VC++ 的气象地面填图系统的设计与实现》	现代计算机	黄天文、焦飞	2006（4）
《Visual C# 在气象自动站要素查询系统中的应用》	电脑知识与技术	黄天文、焦飞	2006（29）
《利用 VC++ 实现风向与风速作图》	电脑学习	焦飞、黄天文	2006（3）
《2005 年 6 月广东特大暴雨垂直螺旋度分析》	气象	尤红、姜丽萍、彭端等	2007，33（4）
《一段遥测气压异常值的判定与处理》	广东气象	李年	2007，29（1）
《地面气象测报数据的自动备份》	广东气象	陆志良、钟志成	2007，29（3）
《出现强对流天气时地面测报工作要点》	广东气象	钟志成、曾雪飞	2007，29（4）
《Q 矢量诊断在肇庆前汛期强降水预报中的释用》	广东气象	唐洁、彭端、舒锋敏等	2007，29（4）
《肇庆前汛期异常旱涝的大气环流及海温场特征》	广东气象	何伟芬、彭端、唐洁等	2007，29（4）
《站址迁移对高要站气候资料序列的影响和分析》	气象研究与应用	李年、曹明会、彭端	2007（3）
《气候场主分量逐步回归模型预测粤中西部汛期降水》	气象研究与应用	彭端、何华庆、黄天文等	2007，（S2）
《平稳过程的交叉理论作西江洪水水位极值特征诊断》	气象研究与应用	彭端、何华庆、周静等	2007（S2）
《三次西江特大致洪暴雨环流形势特征比较分析》	气象研究与应用	何华庆、彭端、唐洁等	2007（S2）
《广东水果与气象灾害》	现代农业科技	曹明会、孙云智	2007（4）
《基于 .NET 的 HDF 光栅图像数据的读取与处理》	计算机系统应用	焦飞、黄天文	2007（10）
《小图报处理与作图系统的设计与实现》	计算机工程与设计	焦飞、黄天文、滕少华	2007（9）

续表

论文名称	发表期刊	作者	发表年度及卷期号
《热带印度洋—太平洋夏季 OLR 变化的时空特征及其与我国夏季降水的关系》	中山大学学报（自然科学版）	刘晓冉、史成、赵桉梆等	2008，47（S1）
《西江流域强对流天气特征》	广东气象	郭媚媚、麦冠华、何伟芬等	2008，30（1）
《一次连续性强降水过程形成的原因》	广东气象	曾雪飞、钟志成	2008，30（1）
《2007 年一次强雷暴的多普勒雷达特征及雷电防御》	广东气象	李厚伟、周静、胡端英等	2008，30（2）
《申报“连续 250 班无错情”需重视的工作细节》	广东气象	曹明会、孙云智、李年	2008，30（2）
《酸雨观测应注意的事项》	广东气象	曾雪飞、钟志成、罗天福	2008，30（3）
《0606 号台风暴雨的物理量诊断分析》	广东气象	周静、李厚伟、唐洁等	2008，30（4）
《测报报表封底“主要天气过程”栏的记录》	广东气象	孙云智、曹明会	2008，30（4）
《培训地面气象见习观测员的带班方法与技巧》	广东气象	李年、孙云智、林敏芳等	2008，30（6）
《怀集新、旧气象站部分气象要素的差异》	广东气象	卢素花、刘光飞、王文波等	2008，30（S2）
《基于 .NET 的培训课件设计与制作》	计算机系统应用	黄天文、焦飞	2008（7）
《基于 .NET 的市县天气会商辅助系统的探讨与设计》	电脑知识与技术	何华庆、黄天文、焦飞	2008（36）
《运用体积降水量预测 2008 年西江洪水的方法》	气象研究与应用	彭端、许春林、李厚伟等	2008（S2）
《雷电风险评估工作的思考和建议》	气象研究与应用	麦冠华、戴瀚涛、郭媚媚	2008（S2）
《2008 年初寒冷阴雨天气转折过程的预报回顾及经验总结》	气象研究与应用	郭媚媚、麦冠华、何华庆	2008（S2）
《肇庆市种植黄金梨的可行性气候分析》	现代农业科技	苏秋霞	2008（3）
《应用指数曲线模式对热带气旋路径的模拟预报方法》	广东气象	晋鹏、周雁翎、李厚伟等	2009，31（2）
《保障日照自记纸感光迹线清晰的方法》	广东气象	周国丽、卢素花、王文波等	2009，31（2）

续表

论文名称	发表期刊	作者	发表年度及卷期号
《蒸发量记录的预审分析方法》	广东气象	陆志良	2009，31（3）
《肇庆远程气象服务通道的设计与制作》	广东气象	吴国锐、李友、莫伟元	2009，31（4）
《高要市的气候对罗非鱼生长适应性的影响》	广东气象	陈达炎	2009，31（4）
《2008 年初肇庆罕见持续低温阴雨天气的成因》	广东气象	何伟芬、唐洁、何华庆等	2009，31（5）
《天气现象霜形成的有利条件和观测技巧》	广东气象	李年、潘家文、卢伟东	2009，31（5）
《台风“鹦鹉”登陆过程中肇庆降水显著偏弱的原因》	广东气象	许春林、王文波、杨森槐等	2009，31（6）
《准确辨别与记录水稻发育期，提高农业气象观测质量》	广东气象	陈达炎	2009，31（6）
《肇庆市地质灾害与降水的耦合特征及预报方法》	气象与环境科学	彭端、王文波、温坚培	2009，32（S1）
《怀集县地理气候环境对农业产业化生产的影响》	广东农业科学	刘少梅、卢素花	2009（12）
《行星波对平流层剩余环流的影响》	气象研究与应用	史成、赵桉梆	2009，30（3）
《诱发德庆县地质灾害的强降雨特征与分区预警指标》	气象研究与应用	王文波、温坚培、彭端等	2009，30（S2）
《通信基站防雷检测重点》	气象研究与应用	戴瀚涛、王红宇、麦冠华	2009，30（S2）
《SL3-1 型雨量传感器的维护》	气象水文海洋仪器	陆志良、邬洪养	2009，26（3）
《高要市无公害蔬菜的气候环境与效益评价》	广东科技	陈达炎	2009，18（14）
《德庆县近 39 年低温霜冻天气分析》	现代农业科技	刘凤君、林展新	2009（23）
《德庆县雷暴气候特征统计分析》	现代农业科技	莫小梅	2009（20）
《台风“浣熊”过程分析》	河北农业科学	赵桉梆、周静、李厚伟	2009，13（8）
《高要市水资源合理利用的探讨》	农技服务	陈达炎	2009，25（1）

续表

论文名称	发表期刊	作者	发表年度及卷期号
《太阳能热水器的防雷》	企业科技与发展	林展新、李中国	2009（24）
《肇庆霜冻大气环流背景特征及预报技巧探讨》	安徽农业科学	何伟芬、唐洁、何华庆	2010，38（16）
《2008 年初珠三角地区罕见持续低温阴雨天气成因初探》	安徽农业科学	何伟芬、唐洁、彭端等	2010，38（17）
《台风派比安外围龙卷天气分析》	安徽农业科学	何伟芬、郭媚媚、彭端等	2010，38（18）
《灰色理论在肇庆地区干旱预测中的应用》	安徽农业科学	周静、周雁翎、李厚伟等	2010，38（32）
《区域自动气象站市电电压不稳定的解决办法》	广东气象	罗天福、云利利	2010，32（1）
《2009 年夏季肇庆罕见高温的天气形势及气象要素分析》	广东气象	郭媚媚、黄荣、赵桉梆等	2010，32（5）
《天气现象雾的观测发报要领》	广东气象	莫小梅	2010，32（6）
《VS.NET 结合 Dreamweaver 综合开发网络考试系统》	电脑知识与技术	黄天文、焦飞、陈昌兴	2010，6（33）
《利用春秋分日照迹线特征进行日照计的安装检验》	气象水文海洋仪器	刘凤君、林展新、王文波	2010，27（1）
《数值预报产品在一次强降水过程中的释用》	气象研究与应用	叶朗明、莫小梅、苏耀墀	2010，31（S2）
《加油加气站防雷技术探讨》	气象研究与应用	赖亚胜	2010，31（S2）
《浅谈室内装修工程中的防雷注意事项》	气象研究与应用	戴瀚涛、林卓宏、麦冠华	2010，31（S2）
《爆炸危险环境建筑物防雷分类应注意的问题》	气象研究与应用	曾敏、梁钊扬	2010，31（S2）
《四会市砂糖橘栽植与气象条件的关系》	现代农业科技	黎宾燕、何佳苗、张艳玲	2010（2）
《德庆县柑橘种植的气象灾害及防御对策》	现代农业科技	莫小梅	2010（21）
《SL3-1 型翻斗式雨量计的维护》	企业科技与发展	丁志平、郑仕友、林展新等	2010（14）
《区域自动气象观测站报警系统》	企业科技与发展	郑仕友、丁志平、林展新等	2010（14）

续表

论文名称	发表期刊	作者	发表年度及卷期号
《自动站报表制作和审核分析》	企业科技与发展	林展新、苏崇升、刘凤君	2010（20）
《建筑物电子信息系统的综合防雷》	沿海企业与科技	莫小梅、王福	2010（2）
《浅析自动气象站雷电保护》	科学之友	钟震美	2010（24）
《高要市暴雨天气气候特征分析及其对农业生产的影响》	安徽农业科学	唐洁、曹明会、周静	2011，39（1）
《基层台站气象服务如何开展》	广东气象	曹明会、孙云智	2011，33（2）
《WP3103 型自动气象站故障部件更换注意事项》	广东气象	陆志良、徐树清	2011，33（3）
《避免人为因素造成 E-601B 型蒸发器的蒸发误差》	广东气象	蔡喜迎、曹明会	2011，33（5）
《广宁县旅游气候舒适度分析》	广东气象	丘志华、钟志成、李锦洪	2011，33（6）
《通信基站下的雷击安全隐患与防范措施》	气象研究与应用	曾昭盛、赵永云、刘刚	2011，32（S2）
《高速公路特大桥雷电防护技术探讨》	气象研究与应用	赖亚胜、赵俊朋、叶发新	2011，32（S2）
《基于 Weather Central 的气象影视演播室系统架构》	气象研究与应用	汤沛、史成、曾昭盛等	2011，32（S2）
《广东省怀集县地质灾害预警系统的设计和实现》	气象研究与应用	史成、赵永云、曾昭盛等	2011，32（S2）
《高要市中小学防雷设施整改方案》	气象研究与应用	戴瀚涛、卢炜、麦冠华	2011，32（S2）
《对做好肇庆气象科普工作的若干思考》	气象研究与应用	何伟芬、林展新、郑仕友	2011，32（S2）
《气象微博公共气象服务新途径探索》	气象研究与应用	何伟芬、林展新、莫小梅	2011，32（S2）
《浅谈建筑物防雷设计装置施工图的技术审核》	气象研究与应用	赖亚胜、叶发新、赵俊朋	2011，32（S2）
《农村女气象信息员队伍的建设与管理》	现代农业科技	何伟芬、郑仕友、林展新	2011（14）
《计算机电子信息系统雷击风险评估与电磁脉冲的防护》	气象研究与应用	赵永云、刘刚、史成	2011，32（S2）

续表

论文名称	发表期刊	作者	发表年度及卷期号
《气象经济发展现状及对策》	现代农业科技	卢素花、刘光飞、莫开强等	2011（9）
《探讨现代智能建筑中防雷装置的施工要求》	广东科技	苏燕广	2011，20（22）
《建立县级公共气象服务体系的实践与思考》	经济研究导刊	何伟芬、林展新、郑仕友	2011（25）
《Belfort M6000 能见度传感器实测距离与人工目测距离的对比分析》	科技创新导报	吴振强、李文斌、杨森槐等	2011（32）
《探讨基于 Delphi 用多种方法统计灰霾数据》	电脑知识与技术	何伟芬、汤莉莉、郑仕友	2011，7（14）
《探讨气候可行性论证项目的领域》	科技资讯	李文斌、杨森槐、吴振强	2011（12）
《GSM 数据业务感知度提升优化分析》	广东通信技术	周东明、何伟芬	2011，31（9）
《论高校计算机实验室管理与维护》	中国现代教育装备	焦飞、黄天文、王静	2011（7）
《论如何提高地面气象测报工作质量》	企业科技与发展	黄慕亚、吴伟清、林展新	2011（14）
《如何做好大气探测仪器的管理和日常养护》	安徽农学通报（下半月刊）	郑仕友、丁志平、许春林等	2011，17（6）
《如何做好气象灾害监测预警体系的建设》	科技风	黎宾燕、何佳苗	2011（9）
《移动通信基站防雷接地浅析》	科技风	赵永云、刘刚、曾昭盛	2011（12）
《2011 年 4 月 17 日广东强冰雹天气过程的成因及特征分析》	热带气象学报	郭媚媚、赖天文、罗炽坤等	2012，28（3）
《马尔可夫概型分析方法在肇庆市旱涝预测中的应用》	广东气象	周静、周雁翎、李厚伟等	2012，34（1）
《高要市 1961—2010 年气候变化特征》	广东气象	温坚培、陈达炎、罗锐轩等	2012，34（1）
《广宁县种植砂糖橘的气候适应性和不利性分析》	广东气象	钟志成、邓明、丘志华等	2012，34（1）
《肇庆两次持续低温过程的比较分析》	广东气象	唐洁、周静、李厚伟	2012，34（2）
《肇庆地区大雾气候特征分析》	广东气象	唐洁、梁慕慧、李厚伟等	2012，34（3）

续表

论文名称	发表期刊	作者	发表年度及卷期号
《影响肇庆地区两次东风波结构与雨带变化的分析》	广东气象	黄天文、陈辛动、焦飞等	2012（4）
《云浮市低温霜冻特征及预报技巧初探》	广东气象	胡端英、梁域、周静等	2012，34（5）
《广宁县1960—2009年雷暴的气候特征》	广东气象	李蕾、孔树剑、钟志成等	2012，34（6）
《多媒体教室自动化管理系统》	计算机系统应用	焦飞、黄天文、连钦兴等	2012，21（11）
《10cm地温数据异常分析及仪器故障排除》	气象水文海洋仪器	莫小梅、林展新、苏崇升	2012，29（2）
《计算北回归线附近蒸发量的经验公式》	气象水文海洋仪器	李文斌、史成、杨森槐等	2012，29（3）
《6月西江特大致洪暴雨物理量场特征》	气象研究与应用	彭端、林展新、唐洁等	2012，33（S1）
《一起雷击事故谈太阳能热水器的雷电防护》	气象研究与应用	刘刚、赵永云、卢炜	2012，33（S1）
《对突发灾害性天气事件新闻宣传工作的思考》	气象研究与应用	何伟芬、温坚培、王宇欣	2012，33（S1）
《肇庆农村雷电灾害防御分析》	气象研究与应用	赵永云、刘刚、曾昭盛	2012，33（S1）
《浅谈自动气象观测站的雷电防护》	气象研究与应用	云利利、罗天福	2012，33（S1）
《浅谈高山移动通信基站接地》	科技与企业	陈强、萧子淇、阮翠艺	2012（4）
《广宁县雷暴基本特征及防御对策》	现代农业科技	李蕾、韩宁、郑应强	2012（24）
《浅析加油加气站防雷措施》	科技资讯	云利利	2012（31）
《费歇判别准则在气象中的应用》	科协论坛（下半月）	李文斌、史成、邓明	2012（8）
《广东省郁南县实验中学教学楼防雷设计》	民营科技	彭自强、莫小梅、孔正圆等	2012（1）
《电子信息系统雷击风险评估的计算方法》	科技风	云利利、孔树剑、潘仕虎	2012（17）
Impacts of Sea Spray on The Boundary Layer Structure of Typhoon Imbudo	海洋学报	唐洁	2013，32（11）

续表

论文名称	发表期刊	作者	发表年度及卷期号
《不同品种水稻开花量估算模型》	中国农业气象	胡凝、曹明会、江晓东等	2013，34（4）
《肇庆市春季“回南天”天气特征》	广东气象	郭媚媚、麦冠华、高俊杰等	2013，35（1）
《西江上游流量与降水对下游站水位的影响个例分析》	广东气象	孔树剑、曾敏	2013，35（3）
《广东灾害天气历史个例库系统的设计与实现》	广东气象	黄成南、炎利军、莫满堂等	2013，35（3）
《肇庆城市发展规划中的气象问题与解决对策》	广东气象	彭端、黄成南、唐洁等	2013，35（4）
《广宁县2007—2012年酸雨的特征分析》	广东气象	李蕾、唐仕佳、孔树剑等	2013，35（5）
《肇庆持续低温天气的气候背景与前期海气异常特征》	广东气象	唐洁、周静、李厚伟	2013，35（6）
《广宁县近40年气温变化的特征分析》	广东气象	唐仕佳、李蕾、孔树剑等	2013，35（6）
《CINRAD/SA雷达回扫充电电路中IGBT的损坏成因及其判定方法》	气象水文海洋仪器	梁钊扬、舒毅、吴国锐	2013，30（4）
《风光互补供电系统在自动气象站中的应用》	气象水文海洋仪器	李文斌、史成、刘祖健等	2013，30（4）
《粤西四会防雹作业催化剂常用量的估算》	安徽农学通报	李文斌、史成、吴振强等	2013，19（18）
《酸雨观测记录月报表的预审》	现代农业科技	李蕾、孔树剑、韩宁等	2013（1）
《减轻地面气象观测员工作压力的措施》	现代农业科技	李蕾、韩宁、孔树剑等	2013（2）
《四会市低温与霜冻气候变化特征分析》	现代农业科技	陈晓维、周力群、吴振强等	2013（3）
《1959—2010年四会市主要气象灾害分析及对策》	现代农业科技	陈晓维、周力群、郑仕友	2013（11）
《乡村的防雷现状与防御措施》	广东科技	黄伍娣、陈达炎	2013，22（16）
《汽车加油站防雷设施检测探讨》	气象研究与应用	赵永云、林志辉、曾昭盛	2013，34（S1）
《浅谈防雷工程风险控制》	气象研究与应用	曾昭盛、赵永云、钟震美等	2013，34（S1）

续表

论文名称	发表期刊	作者	发表年度及卷期号
《探讨新农村建设中防雷减灾工作》	气象研究与应用	赖亚胜、叶发新、赵俊朋	2013，34（S1）
《新一代天气雷达所配备的仪表使用》	气象研究与应用	梁钊扬、郭泽勇	2013，34（S1）
《东部华侨城“云海索道”防雷解决方案》	气象研究与应用	林佩谊、王红宇、戴翰涛	2013，34（S1）
《新一代多普勒天气雷达馈线系统常见故障与维护》	气象研究与应用	梁钊扬、杨朝晖、马贵东	2013，34（S1）
《德庆贡柑产销期间农业气象条件分析》	农业与技术	刘凤君、林展新、叶华忠	2013，33（3）
《易燃易爆危险品工厂仓库防雷设施检测》	科技资讯	云利利、罗天福、丁志平	2013（14）
《广东省德庆县“5·6”漏报暴雨分析》	北京农业	刘凤君、叶华忠、覃志明	2013（12）
《广东省德庆县“天兔”台风天气过程分析》	北京农业	王威	2013（30）
《信息机房防雷与接地技术的探讨》	科技风	云利利	2013（6）
《建筑物防雷检测流程及注意事项》	科技风	云利利、罗天福、孔树剑	2013（12）
《德庆一次寒潮天气特点及御寒对策》	农民致富之友	刘凤君、王威、叶华忠等	2013（8）
《用两种极值推断法推算粤中上百年一遇最大日降雨量》	广东气象	李文斌、吴振强、史成等	2014，36（1）
《自动化转型后如何保持地面气象测报的高质量》	广东气象	李年、吴振强、罗锐轩等	2014，36（2）
《广宁县白花油茶种植的气候条件分析》	广东气象	钟志成、郑应强、罗天福等	2014，36（3）
《四会市灰霾天气的变化特征及影响因子》	广东气象	杨守懋、王娟怀、陈晓维等	2014，36（4）
《1963—2012年广宁县日照时数的变化特征》	广东气象	陈明丽、丁志平	2014，36（6）
《如何做好酸雨观测样品质量的考核》	广东气象	李蕾、苏崇升	2014，36（6）
《粤中地区木本植物春季物候特征及其对气候变化的响应》	气象与环境科学	吴振强、杜尧东	2014，37（1）

续表

论文名称	发表期刊	作者	发表年度及卷期号
《多普勒天气雷达径向干扰回波的识别与消除》	气象水文海洋仪器	郭春辉、王旭、袁微	2014，31（2）
《A 文件浅深层地温数据查异软件》	气象水文海洋仪器	李文斌、史成、吴振强等	2014，31（3）
《肇庆金银花种植气候适应性研究》	安徽农业科学	苏秋霞、任荣健、刘刚等	2014，42（25）
《用 VisualBasic 语言设计地面气象月报辅助审核软件》	贵州气象	李文斌、吴振强、史成等	2014，38（2）
《新型自动气象站常见故障及处理》	北京农业	丘志华、丁志平、李锦洪	2014（24）
《气候变暖对广宁县农作物种植的影响》	现代农业科技	韩宁、李蕾、孔树剑	2014（14）
《论气象信息在农业服务中的应用》	中国农业信息	舒顺承	2014（19）
《肉桂的生物学特性与科学栽植技术》	农技服务	陈达炎、赵玲、吴振强	2014，31（6）
《土壤电阻率在建筑物防雷的应用》	电子世界	裴苏华、伍玉珊、裴苏清	2014（12）
《防雷检测中接地电阻的重要性及其影响因素的探讨》	电子世界	杨建明、裴苏清、卢炜	2014（12）
《基于 GIS 绘制等射束高度图分析肇庆雷达的探测能力》	电子世界	梁钊扬、吴国锐、林高斌	2014（14）
《防雷装置设计审核和竣工验收工作中常见问题及解决措施的探讨》	电子制作	温燕梦、卢炜、李厚伟	2014（7）
《肇庆雷达站防雷设计的基本内容和方法》	广东气象	戴瀚涛、梁钊扬、卢炜	2015，37（1）
《近 15 年来影响肇庆地区的热带气旋统计分析》	广东气象	周静、周义昌、李厚伟等	2015，37（2）
《2014 年 3 月 28—31 日肇庆强降水和强对流天气的分析》	广东气象	郭媚媚、麦冠华、彭端等	2015，37（5）
《灰色系统模型在肇庆地区春季干旱年预测中的应用》	广东气象	史成、李厚伟、杨守懋等	2015，37（6）
《1965—2012 年紫金县雾的气候特征分析》	广东气象	陈国贞、陈锐、唐洁等	2015，37（6）
《日照迹线记录在气象要素数据分析中的应用》	广东气象	李年、陈都、符文雄等	2015，37（6）

续表

论文名称	发表期刊	作者	发表年度及卷期号
《云模式多媒体教室自动化管理系统设计与实现》	现代计算机（专业版）	焦飞、黄天文、杜尧东	2015（4）
《浅论肇庆市地理环境对空气质量的影响及改善措施》	城市地理	王文波	2015（10）
《2004—2012 年影响肇庆市区的台风统计分析》	现代农业科技	何伟芬、丘志华	2015（17）
《2015 年 5 月广东降水异常偏多的成因分析》	广东气象	王娟怀、胡娅敏、杨守懋	2016，38（1）
《肇庆地区近 60 年气温变化特征分析》	广东气象	史成、杨守懋、李厚伟等	2016，38（2）
《一次罕见的冬季暴雨过程分析》	广东气象	李厚伟、周静、周义昌等	2016，38（2）
《封开县麒麟李生长适应性的气候条件分析》	广东气象	周力群、陈晓维、苏秋霞	2016，38（2）
《雷击参数记录仪在防雷科技服务中的应用》	广东气象	戴瀚涛、梁钊扬、卢炜	2016，38（3）
《CINRAD 雷达运行状态监控系统的设计与应用》	广东气象	郭春辉、袁微、周彦	2016，38（3）
《肇庆灰霾和环境气象条件的分析》	广东气象	刘谦、郭媚媚，陈国贞等	2016，38（3）
《提高市级电视天气预报节目水平的思考》	广东气象	周静、李厚伟、史成等	2016，38（4）
《肇庆市年高温日数的特征及预测方法》	广东气象	李文辉、张艺腾、翁佳烽	2016，38（5）
《肇庆气象行政许可档案管理工作的规范化——以防雷行政许可档案管理为例》	广东气象	李厚伟、周静、邓龙等	2016，38（5）
《广东省一次强对流天气过程成因分析》	广东气象	梁钊扬、林高斌、胡端英	2016，38（6）
《四会雾的气候特征及天气成因分析》	气象研究与应用	杨守懋、王娟怀、史成等	2016，37（2）
《1522 号强台风“彩虹”特征及成因分析》	气象研究与应用	郭媚媚、唐洁、李文辉等	2016，37（3）
《肇庆市近 54a 气温变化特征分析》	气象研究与应用	陈国贞、李文辉、翁佳烽	2016，37（3）

续表

论文名称	发表期刊	作者	发表年度及卷期号
《建设肇庆气象科普教育基地的设想》	广东科技	周静、李厚伟、高俊杰等	2016，25（15）
《异常天气对汶朗蜜柚生产的影响》	农业研究与应用	梁桥芳、张凯涛、黎树华等	2016（4）
《国家地面气象观测站报文上传状态提示软件的设计》	贵州气象	李文斌、史成、潘志豪	2016，40（2）
《我国台风预报业务的现状与思考》	科技展望	梁文健、张凯涛	2016，26（15）
《浅谈建筑防雷工程施工质量通病及其控制》	建材与装饰	陈强、曾昭盛、萧子淇	2016（3）
《防雷检测中测点电阻差异探讨》	电子测试	裴苏华、伍玉珊、梁经茂等	2016（5）
《肇庆 CINRAD/SA 天气雷达故障与维护经验浅谈》	电子测试	钟震美	2016（Z1）
Data Transfer and Extension for Mining Big Meteorological Data	*Lecture Notes in Computer Science*	黄天文、焦飞	2017（10361）
《时间幂函数与 LSF 在气温预测中的应用研究》	肇庆学院学报	焦飞、黄天文	2017（5）
《肇庆市突发事件预警信息发布决策辅助系统的设计和应用》	广东气象	黄成南、王文波、陈妍	2017，39（1）
《局站分离测报无人值守班的业务流程简介》	广东气象	丁志平、丘志华、方英城	2017，39（3）
《三种方法统计肇庆灰霾日数的结果比较和特征分析》	广东气象	郭媚媚、范绍佳、李文辉等	2017，39（4）
《2015 年肇庆开汛暴雨环境条件和雷达风廓线产品特征分析》	广东气象	翁佳烽、周义昌、郭春辉等	2017，39（4）
《肇庆高新区雷暴的频次特征及危化场所防雷策略》	广东气象	丁志平、陈国贞	2017，39（4）
《广东省天气形势相似个例系统的设计与开发》	广东气象	黄成南、炎利军、彭端等	2017，39（4）
《高要近 50 年雷暴的气候特征》	广东气象	杨平、唐白冰	2017，39（5）
《四会市近 56 年气温变化特征分析》	安徽农业科学	陈晓维、周力群	2017，45（9）
《图形图像技术在雷达图处理中的应用研究》	电脑知识与技术	焦飞、黄天文	2017，13（9）

续表

论文名称	发表期刊	作者	发表年度及卷期号
《时间幂函数与 LSF 在气温预测中的应用研究》	肇庆学院学报	焦飞、黄天文	2017，38（5）
《基于 Web 的肇庆天气雷达站业务工作平台设计》	气象水文海洋仪器	袁微、郭春辉	2017，34（2）
《新时期气象探测环境保护工作的探索》	农业与技术	罗天福、黄河、云利利等	2017，37（18）
《气候变暖对柑橘种植的影响及应对措施》	农业与技术	李国栋、舒顺承	2017，37（24）
《怀集新岗茶与气候的关系》	农技服务	卢素花、张凯涛、李辰俊等	2017，34（2）
《地面气象观测中存在的问题及解决办法》	农技服务	邓琳、李玉环	2017，34（23）
《基层农用天气预报业务及其有关问题的探讨》	农技服务	李玉环、邓琳	2017，34（24）
《建筑物防雷装置检测要点分析》	河南农业	李文、冯水燕、谭达兴	2017（5）
《县级突发事件预警信息发布中心功能设计及运行模式标准化初探》	中国标准化	李春贵、林展新、舒顺承	2017（14）
《2015 年内蒙古阿拉善左旗 5.8 级地震前震兆异常回顾》	防灾减灾学报	李春贵、李国斌	2017，33（2）
《四会市一次强降水个例分析》	南方农业	林汝城、罗天福、沈碧辉	2017，11（33）
《2016 年 1 月 22—25 日四会市强寒潮天气过程分析》	现代农业科技	罗天福	2017（18）
《建筑物防雷接地工程施工研究》	江西农业	李秀财、李文、冯水燕	2017（7）
《基层气象部门防雷规范化管理探析》	山西农经	谭达兴、李秀财、孙淑铭	2017（4）
《基于 GPRS 多要素农业气象自动站的雷电防护》	内蒙古气象	侯金乾	2017（3）
《德庆县贡柑园小气候特征分析》	乡村科技	刘凤君、叶华忠、刘晓和等	2017（30）
《基层气象业务设施综合防雷措施分析》	信息记录材料	梁裕昌	2017，18（12）
《基层气象部门防雷规范化管理探析》	山西农经	谭达兴、李秀财、孙淑铭	2017（4）

续表

论文名称	发表期刊	作者	发表年度及卷期号
《计算机网络安全的隐患与管理策略的思考》	数字通信世界	吴国锐	2017（10）
《一种便携式天气雷达数字中频测试系统》	电子测量技术	舒毅、梁钊扬、杨苏勤等	2017，40（5）
《德庆县农村中小学防雷工程设计施工》	科技风	冯水燕、孙淑铭、李文	2017（7）
《肇庆人工影响天气业务管理平台》	科技风	罗天福、云利利	2017（7）
Study on Image Processing Based on Region Growing and Arc-Length Methods. Lecture Notes in Computer Science	*Lecture Notes in Computer Science*	焦飞、黄天文	2018（10954）
《基于图像合成修改雷达产品背景信息的实现》	广东气象	郭春辉、罗聪、雷卫延等	2018，40（1）
《肇庆市强对流天气的时空分布特征》	广东气象	唐洁	2018，40（4）
《肇庆市肉桂种植的气候资源分析与区划》	广东气象	赖亚胜、彭端、叶发新	2018，40（4）
《肇庆市切变线暴雨的精细化时空分布及其环流型特征》	广东气象	翁佳烽、周静、周义昌等	2018，40（5）
《肇庆城区空气污染 EOF 分解及与气象要素的相关性分析》	广东气象	周义昌、翁佳烽、周静等	2018，40（5）
《肇庆市不同强度灰霾天气特征及气象因子分析》	广东气象	郭媚媚、范绍佳、麦冠华等	2018，40（6）
《高要区粉尘涉爆企业的防雷现状调查分析》	气象研究与应用	麦冠华、程晓彬、杨浩	2018，39（1）
《肇庆市伴月湖社区体育公园雷击风险的分析与计算》	气象研究与应用	麦冠华、陈强	2018，39（2）
《肇庆天气雷达径向遮挡订正系统设计》	气象水文海洋仪器	郭春辉、袁微、雷卫延	2018，35（1）
《大数据时代的气象服务应用研究》	农业与技术	吴松杰、何忠栩、赵顺怡	2018，38（18）
《开展特色农业气象服务的实践与思考》	农业与技术	邱逸峰	2018，38（18）
《气象防雷技术未来发展前景研究》	农业与技术	覃伟明、曾嘉宇、吴松杰	2018，38（18）
《雷电频发季节如何优化气象防雷》	农业与技术	曾嘉宇、何忠栩、覃伟明	2018，38（18）

续表

论文名称	发表期刊	作者	发表年度及卷期号
《健全农业气象服务和农村气象灾害防御体系》	农业与技术	李国栋、孙淑铭	2018，38（18）
《自动气象站的防雷与接地技术》	农业与技术	曾嘉宇、覃伟明、何忠栩	2018，38（20）
《气象观测站防雷技术的应用研究》	农业与技术	覃伟明、曾嘉宇、吴松杰	2018，38（22）
《1981—2010 年肇庆市二十四节气气温与降水分析》	现代农业科技	梁倩敏、伍小红	2018（8）
《四会市农业气象服务工作开展现状及发展对策》	现代农业科技	沈碧辉、符靖茹、吴斯敏	2018（22）
《怀集县一次强对流天气过程分析》	南方农业	张凯涛、卢素花、李辰俊等	2018，12（8）
《MDOS 系统中气象报表的预审分析》	南方农业	李玉环、梁倩敏、邓琳	2018，12（9）
《德庆县紫淮山生长适应气候条件分析》	河南农业	邱逸峰、刘晓和、舒顺承等	2018（32）
《广东农业气象服务发展现状及未来发展趋势》	吉林农业	卢中清、卢欣	2018（21）
《肇庆市旅游气候舒适度评价》	科学技术创新	梁倩敏、李玉环	2018（7）
《肇庆市农村雷击伤亡事故原因分析及防雷措施》	南方农机	钟靖、李愉杨、吴鸿迅	2018，49（19）
《浅谈 WP3103 区域自动气象站防雷装置定期检测》	科技风	梁远妹、陆志良	2018（5）
《肇庆多普勒天气雷达综合防雷安全措施研究》	无线互联科技	钟震美、梁裕昌、刘康等	2018，15（11）
《气象雷达原理及故障维护》	无线互联科技	刘康、陈阳	2018，15（20）
《计算机机房雷电感应危害计算分析及防护措施研究》	无线互联科技	陈阳、刘康	2018，15（20）
《华南家居环境舒适度计算系统》	城市地理	李文斌、熊卫军	2018（2）
《不同气象条件小区通风与污染物扩散模拟》	中山大学学报（自然科学版）	翁佳烽、林满、王宝民等	2019，58（1）

续表

论文名称	发表期刊	作者	发表年度及卷期号
Application of Graphic and Image Technology in Strong Convective Weather Monitoring and Early-Warning System	*Pattern Recognition and Image Analysis*	焦飞、黄天文	2019（4）
《华南两次强台风暴雨过程的水汽与湿位涡对比分析》	广东海洋大学学报	彭端、翁佳烽、梁钊扬等	2019，39（6）
《珠三角地区典型浓雾和灰霾天气过程气象条件对比研究》	生态环境学报	刘畅、彭端、杜尧东等	2019，28（9）
《肇庆 X 波段双偏振天气雷达资料质量分析》	成都信息工程大学学报	郭春辉、袁微、王旭等	2019，34（5）
《近 35 年肇庆开汛暴雨的气候特征及环流形势》	广东气象	卢素花、李辰俊、李玉环等	2019，41（1）
《肇庆市臭氧污染的气象影响及预测方法》	广东气象	王文波、翁佳烽、梁倩等	2019，41（1）
《影响肇庆柑橘生长的气象灾害分析》	广东气象	梁钊扬、赵玲、郭媚媚	2019，41（1）
《基于 Logistic 回归的肇庆市区雾天气的预报模型》	广东气象	陈荣泉、彭端、赖燕冰等	2019，41（2）
《封开县新旧站气象观测资料对比分析》	广东气象	覃丰阜、吴桂明、林益才等	2019，42（2）
《基于 Morlet 小波的四会气温周期分析》	广东气象	林汝城、沈碧辉、严敏聪等	2019，41（2）
《1965—2015 年广东省日照时数时空变化特征》	广东气象	吴桂明、覃丰阜、林益才	2019，41（3）
《用 Fischer 判别分析法建立感冒发病趋势预报方程》	广东气象	李文斌、梁钊扬、郑仕友等	2019，41（3）
《X 波段双偏振天气雷达径向干扰回波订正算法研究》	广东气象	郭春辉、袁微、王文波等	2019，41（4）
《时间序列均生函数模型在降水量预测中的应用》	广东气象	李文辉、陈妍、梁嘉雯等	2019，41（4）
《基于 Web 的肇庆市气象灾情管理平台设计与实现》	广东气象	袁微、郭春辉、陈晓维等	2019，41（4）
《台风“艾云尼”（201804）引发肇庆地区暴雨的成因分析》	广东气象	赵顺怡、吴松杰、刘晓和等	2019，41（4）
《肇庆市雷电活动的规律》	广东气象	赵鑫、赵永云、黎凤娇等	2019，41（5）

续表

论文名称	发表期刊	作者	发表年度及卷期号
《气象科普讲解大赛的优质传播效果》	广东气象	林伊文、赵玲、章文鑫等	2019，41（5）
《1971—2018 年高要降水的气候特征》	广东气象	杨平、唐白冰、梁茗茵等	2019，41（5）
《肇庆市台风影响及预报预警服务工作刍议》	广东气象	周华娣、赖燕冰、吴礼凤等	2019，41（6）
《粤中西部 2016 年初强寒潮影响评估及应急气象服务思考》	气象研究与应用	梁钊扬、彭端、裴苏华等	2019，40（1）
《新一代天气雷达产品地图升级系统的设计》	气象水文海洋仪器	梁裕昌、郭春辉、王文波等	2019，36（1）
《基于 Web 的巨灾指数保险计算平台的设计与实现》	气象水文海洋仪器	王文波、平晓峰、郭春辉等	2019，36（1）
《封开县区域自动气象站数据传输稳定性研究》	科学技术创新	覃丰阜、吴桂明、林益才	2019（5）
《2019 年元旦期间德庆县寒潮天气影响及气象服务措施》	农业灾害研究	王威、冯水燕、邱逸峰等	2019，9（5）
《广东省高要区春花生生长期气候因子与品质的关系研究初探》	南方农业	章文鑫、宋晓君、陈阳等	2019，13（20）
《浅谈新《政府会计准则》下固定资产的核算与管理》	财经界	周庆生	2019（20）
《浅析地面气象观测站无人值守的现状》	农业与技术	卢素花、赖燕冰、张凯涛等	2019，39（4）
《春运防范道路结冰专业有偿气象服务初探》	企业科技与发展	孔树剑、胡端英、梁戈	2019（6）
《新型自动气象站雷电灾害的原因分析及雷电防护》	电子测试	陈阳、章文鑫	2019（16）
《三维可视化技术在天气雷达中的应用研究》	电子测试	刘康	2019（24）
《基于聚类分析法的肇庆市 $PM_{2.5}$ 客观天气分型研究》	环境科学学报	翁佳烽、梁晓媛、谭浩波等	2020，40（2）
Study on Data Transfer in Meteorological Forecast of Small and Medium-Sized Cities and Its Application in Zhaoqing City	*The Computer Journal*	黄天文、焦飞	2020（7）
《基于统计和天文周期模型的怀集县年降水预测》	广东气象	王迁、李丹丹、赵玲	2020，42（3）

续表

论文名称	发表期刊	作者	发表年度及卷期号
《广东省第十五届运动会气象服务系统设计与应用》	广东气象	赖鹏宇、黄天文、李厚伟等	2020，42（4）
《台风“天鸽”和“山竹”对肇庆风雨影响的对比分析》	广东气象	宋晓君、章文鑫、周静等	2020，42（4）
《2009—2019 年肇庆城市热岛效应变化特征》	广东气象	周义昌、袁业溶、袁微等	2020，42（4）
《基于保序回归的 X 波段天气雷达衰减订正算法》	广东气象	郭春辉、袁微、王旭等	2020，42（5）
《大气环流指数对肇庆市极端涝旱的响应研究》	广东气象	陈荣泉、章文鑫、蔡孙平等	2020，42（5）
《广宁县新旧气象站观测资料对比分析》	广东气象	邓静华、李蕾、陈汉烈等	2020，42（5）
《广宁一次典型辐射雾特征分析》	广东气象	莫火娇、林颖仪、李蕾等	2020，42（6）
《肇庆市旅游气象服务发展对策探讨》	气象研究与应用	赵玲、梁钊扬、章文鑫	2020，41（1）
《基于强降水气象指数模型的巨灾保险方案设计》	气象水文海洋仪器	郭春辉、袁微	2020，37（2）
《肇庆国家天气雷达站塔楼综合防雷整改应用》	气象水文海洋仪器	黄雷、梁裕昌、姚登鑫	2020，37（4）
《区域自动气象站 4G 通信系统升级过程故障分析》	气象水文海洋仪器	符文雄、张凯涛、陈晓维	2020，37（4）
《防雷检测服务移动终端的研发与应用》	数字技术与应用	肖文娟、范梓豪	2020，38（2）
《浅谈无人机技术在气象服务中的作用》	科技风	章文鑫、陈阳、林伊文	2020（6）
《不同季节肇庆市 $PM_{2.5}$ 和 O_3 污染特征及潜在源区分析》	环境科学研究	翁佳烽、梁晓媛、邓开强等	2021，34（6）
《基于 ARIMA 和 Holt-Winters 的消费行为预测》	计算机系统应用	黄天文、焦飞	2021，30（8）
《珠江三角洲秋季典型 O_3 污染的气象条件及贡献量化》	中国环境科学	洪莹莹、翁佳烽、谭浩波等	2021，41（1）
《珠三角一次严重雾霾混合污染数值模拟分析》	气象与环境科学	彭端、杜尧东、樊琦等	2021，44（5）
Precursory Strong Signal of Abnormal Flood in Xi River and Characteristic Diagnosis of Extreme Value of Flood Water Level	*Earth and Environmental Science*	彭端、张羽、周华娣等	2021，6（2）

续表

论文名称	发表期刊	作者	发表年度及卷期号
《基于 SPI 指数近 57 年肇庆市干旱特征分析》	广东气象	袁业溶、周义昌	2021，43（2）
《基于强降雨巨灾保险的自动站雨量统计方法》	广东气象	袁微、郭春辉、陈明丽等	2021，43（5）
《基于互联网 + 的防雷检测服务平台设计与实现》	广东气象	陈慧、赖亚胜、陈聪	2021，43（5）
《气候变化背景下肇庆市农业气候资源特征》	广东气象	宋晓君、梁嘉雯、吴礼凤等	2021，43（5）
《一次 El Niño 背景下副高异常事件的基本特征》	广东气象	李文辉	2021，43（6）
《土壤电阻率测试分析》	气象水文海洋仪器	谭永池、钟鸣峻、陈超等	2021，38（1）
《肇庆市南部与北部降水特征对比分析》	现代农业科技	陈妍、陈国贞、李文辉	2021（14）
《做好防雷施工现场安全管理工作的若干思考》	南方农机	陈其飞	2020，51（7）
《智能建筑物防雷工程设计施工要点及质量控制》	南方农机	陈其飞	2020，51（9）
《防雷减灾气象服务科技体系建设》	科技风	陈显强	2021（2）
《怀集县柠檬种植气候适宜区划研究》	乡村科技	黎树华、卢素花、赖燕冰	2021，12（28）
《山区风力发电场的综合防雷技术分析》	集成电路应用	潘仕虎、肖文娟	2021，38（5）

附录六 图表索引

图 1-1-1-1 肇庆市逐候平均气温 …… 26
图 1-1-1-2 肇庆市逐旬降雨量和日照时数 …… 27
表 1-1-1-1 肇庆市各月风向频率（高要站为代表） …… 7
表 1-1-2-1 肇庆市自然季节分配情况 …… 28
图 1-2-1-1 1954—2021 年肇庆市历年日照时数 …… 31
表 1-2-1-1 1954—2021 年肇庆市各月平均日照时数 …… 31
图 1-2-2-1 1954—2021 年肇庆市历年平均气压 …… 32
表 1-2-2-1 1954—2021 年肇庆市各月平均气压 …… 32
图 1-2-3-1 1954—2021 年肇庆市历年平均气温 …… 33
表 1-2-3-1 1954—2021 年肇庆市各月平均气温 …… 34
表 1-2-3-2 1954—2021 年肇庆市历年极端最高气温、最低气温 …… 34
表 1-2-3-3 1954—2021 年肇庆市各月极端最高气温、最低气温 …… 35
图 1-2-4-1 1954—2021 年肇庆市历年平均相对湿度 …… 36
表 1-2-4-1 1954—2021 年肇庆市各月平均相对湿度 …… 36
图 1-2-5-1 1954—2021 年肇庆市历年平均年降雨量 …… 37
表 1-2-5-1 1954—2021 年肇庆市各年代平均年降雨量 …… 37
图 1-2-5-2 1954—2021 年肇庆市历年汛期平均降雨量 …… 38
表 1-2-5-2 1954—2021 年肇庆市各月降雨量 …… 39
表 1-2-5-3 1954—2021 年肇庆市历年日最大降雨量 …… 40
表 1-2-5-4 1954—2021 年肇庆市各月日最大降雨量 …… 40
图 1-2-5-3 1954—2021 年肇庆市历年降雨日数 …… 41
表 1-2-5-5 1954—2021 年肇庆市各年代平均年降雨日数 …… 41
表 1-2-5-6 1954—2021 年肇庆市各月降雨日数 …… 42
图 1-2-5-4 1980—2021 年肇庆市降雨分等级强度 …… 43
图 1-2-6-1 1954—2021 年肇庆市历年蒸发量 …… 43
表 1-2-6-1 1997—2021 年肇庆市各月蒸发量 …… 44
表 1-2-7-1 1954—2021 年肇庆市各月平均风速 …… 45
表 1-2-7-2 1991—2021 年肇庆市（高要）年风向频率 …… 45
图 1-2-7-1 1991—2021 年肇庆市（高要）年风向玫瑰图 …… 45
表 1-2-7-3 1993—2021 年肇庆市最大风速、极大风速 …… 46
表 1-3-1-1 1961—2021 年对肇庆市有严重影响的台风统计 …… 49
表 1-3-2-1 1954—2021 年肇庆市大暴雨、特大暴雨个例 …… 55

表 1-3-2-2　1954—2021 年肇庆市各月大暴雨、特大暴雨日数…………………… 57
图 1-3-2-1　1954—2021 年肇庆市“龙舟水”期间降雨量…………………………… 58
表 1-3-3-1　1954—2018 年肇庆市各月雷暴日数…………………………………… 59
图 1-3-4-1　1954—2021 年肇庆市历年高温日数…………………………………… 61
表 1-3-4-1　1954—2021 年肇庆市夏季各月平均高温日数………………………… 61
表 1-3-6-1　1954—2021 年肇庆市历年寒潮过程（高要站）……………………… 63
图 1-3-6-1　1954—2021 年肇庆市历年低温日数…………………………………… 63
表 1-3-6-2　1962—2021 年肇庆市历年霜冻日数…………………………………… 64
图 1-3-8-1　1962—2021 年肇庆市历年雾日数……………………………………… 66
表 1-3-8-1　1962—2021 年肇庆市各月雾日数……………………………………… 66
表 2-4-2-1　肇庆市气象机构体制沿革 ……………………………………………… 76
表 2-4-2-2　肇庆市气象局历任领导人 ……………………………………………… 77
表 2-5-1-1　气象灾害防御管理办公室（重大气象灾害应急指挥部办公室）
历任负责人 ……………………………………………………………… 79
表 2-5-1-2　办公室（与监察审计科合署）历任负责人 …………………………… 80
表 2-5-1-3　人力资源科（人事科）历任负责人 …………………………………… 81
表 2-5-1-4　站网管理科（业务科）历任负责人 …………………………………… 81
表 2-5-1-5　预报科（气象科、气象台）历任负责人 ……………………………… 82
表 2-5-1-6　政策法规科（法规科）历任负责人 …………………………………… 83
表 2-5-1-7　发展改革与财务科（财务核算中心、财务科、计财科）历任负责人 …… 83
表 2-5-1-8　装备科（通信科）历任负责人 ………………………………………… 83
表 2-5-2-1　气象科技信息服务中心历任负责人 …………………………………… 84
表 2-5-2-2　机关服务中心历任负责人 ……………………………………………… 85
表 2-5-2-3　肇庆市专业气象台（肇庆市应用气象科学技术研究所）历任负责人 …… 85
表 2-5-2-4　肇庆市气象公共服务中心历任负责人 ………………………………… 86
表 2-5-2-5　肇庆市气象公共安全技术支持中心（肇庆市防雷设施检测所、肇庆市
防雷中心）历任负责人 ………………………………………………… 86
表 2-5-2-6　肇庆市防雷设施检测所鼎湖区分所历任负责人 ……………………… 87
表 2-5-2-7　肇庆市防雷设施检测所大旺分所历任负责人 ………………………… 87
表 2-5-2-8　肇庆市防雷减灾管理中心历任负责人 ………………………………… 88
表 2-5-2-9　肇庆市人工影响天气中心历任负责人 ………………………………… 88
表 2-5-2-10　肇庆市突发事件预警信息发布中心历任负责人 ……………………… 89
表 2-6-1-1　高要区气象局历任负责人 ……………………………………………… 93
表 2-6-2-1　四会市气象局历任负责人 ……………………………………………… 100
表 2-6-3-1　广宁县气象局历任负责人 ……………………………………………… 106
表 2-6-4-1　怀集县气象局历任负责人 ……………………………………………… 114
表 2-6-5-1　封开县气象局历任负责人 ……………………………………………… 120
表 2-6-6-1　德庆县气象局历任负责人 ……………………………………………… 126
表 2-7-1-1　中共肇庆市气象局党总支及其下属党支部历任负责人 ……………… 133

表 2-7-2-1 肇庆市气象学会历任领导和组织机构 …… 137
表 2-7-3-1 肇庆市气象局工会历年举办活动一览表 …… 142
表 2-7-3-2 肇庆市气象局工会历任负责人 …… 143
表 4-14-3-1 肇庆市气象局厅局级以上立项课题一览表 …… 199
表 4-14-3-2 肇庆市气象局科研人员在核心刊物发表论文一览表 …… 200
表 4-14-3-3 肇庆市气象局首批创新团队情况一览表 …… 201
表 4-14-3-4 肇庆市气象局 2017 年创新团队情况一览表 …… 201
表 4-15-3-1 肇庆市气象局获得正高级工程师任职资格名单 …… 206
表 4-15-3-2 肇庆市气象局获得高级工程师任职资格名单 …… 206
表 4-15-4-1 肇庆市气象部门离退休人员名单（截至 2021 年底） …… 208
表 4-15-5-1 调出或者离开肇庆市气象部门人员名单（截至 2021 年底） …… 211
表 4-15-5-2 肇庆市气象部门 1958—2021 年逝世人员名单 …… 212
表 4-18-2-1 肇庆市气象现代化历年评分及排名 …… 226
表 4-18-2-2 肇庆市各县（市、区）历年气象现代化综合指数得分 …… 227
表 5-20-1-1 肇庆市气象局集体获奖名录 …… 241
表 5-20-1-2 高要区气象局集体荣誉一览表 …… 244
表 5-20-1-3 四会市气象局集体荣誉一览表 …… 247
表 5-20-1-4 广宁县气象局集体荣誉一览表 …… 248
表 5-20-1-5 怀集县气象局集体荣誉一览表 …… 250
表 5-20-1-6 封开县气象局集体荣誉一览表 …… 251
表 5-20-1-7 德庆县气象局集体荣誉一览表 …… 253
表 5-20-2-1 肇庆市气象局个人荣誉一览表 …… 255
表 5-20-2-2 高要区气象局个人荣誉一览表 …… 261
表 5-20-2-3 四会市气象局个人荣誉一览表 …… 265
表 5-20-2-4 广宁县气象局个人荣誉一览表 …… 268
表 5-20-2-5 怀集县气象局个人荣誉一览表 …… 274
表 5-20-2-6 封开县气象局个人荣誉一览表 …… 277
表 5-20-2-7 德庆县气象局个人荣誉一览表 …… 279

编后记

《肇庆市气象志》是肇庆市第一部气象专业志，由肇庆市气象局组织编纂。本志编纂的筹备工作始于2021年底，随后成立了编纂委员会，肇庆市气象局局长陈辛动担任主任。编纂委员会委托温坚培担任主编，聘请原局长（二级巡视员）梁域、原局长朱杰文、原气象台长何华庆3位退休人员为顾问，并担任专家审核组成员。

2022年5月正式开展《肇庆市气象志》的编纂工作，11月完成初稿，经初审后进行了较大的修改。2023年4月完成第二稿，编委会组织专家对该稿进行审核并提出了修改意见。经再次修改后形成第三稿（送审稿），6月初交由气象出版社编辑出版。

《肇庆市气象志》是集体智慧的结晶，是集体辛勤劳动的结果，凝聚了肇庆市新老气象工作者的心血！

《肇庆市气象志》由正文5篇20章以及概述、大事记和附录等部分组成，约66万字。志首设照片、凡例。陈辛动为志书作序。志稿的主要编纂人员有：彭端（第十一章《天气预报预警》、第十二章《气象服务》），郭媚媚（第一篇《天气与气候》以及附录二《1949—2021年肇庆市历年主要气象灾害》、附录三《肇庆市气象要素均值和极值》的资料整理），谭丹凤（第四章《组织机构》、第五章《内设机构与直属单位》、第十四章《教育与科研》、第十五章《人事管理》、第十九章《人物简介》），吴礼凤（第二十章《获奖名录》以及《大事记》、附录一《1949年以前肇庆地区重大气象灾害》、附录四《重要文件摘编》的资料整理）。赵玲、钟志成、袁微、吴国锐、王迁、邹志强、孙云智、周静、李厚伟、罗炽坤、陈明丽、陈少朗、陈妍、钟震美、李维华等参与了部分章节的编写。李文辉、周义昌、宋晓君、陈荣泉、李慧仪、何恬思、杨帆、梁嘉雯等参加了气候资料的分析统计。温坚培撰写了概述部分，负责全书的统筹、汇编和总纂。

本志在编写过程中，广东省气象局办公室、预报处和肇庆市党史研究室（市志办）给予了及时的指导和帮助；在资料收集、志稿修改中得到肇庆市档案馆以及肇庆市气象局和各县（市、区）气象局干部职工、退休老同志的大力支持。特别是梁域、朱杰文、何华庆3位顾问，自始至终参与志稿的审核把关，并提出了很多中肯的修改意见，付出了大量汗水和心血。对上述单位的热情帮助和相关人员的无私奉献，在此一并表示衷心感谢！

由于本志涉及的人、事、物时限长、范围广，加上编纂人员水平有限、经验不足，错漏之处在所难免，敬请读者批评指正。

编者
2023年10月